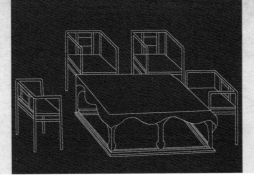

中国宋代家具 [校订本]
研究与图像集成

邵晓峰 ◉ 著 | 东南大学出版社

中国博士后基金资助项目
（编号：20060400907）
江苏省规划重点出版图书

本书获得：

教育部第六届高等学校科学研究优秀成果奖
中国大学出版社第二届图书奖学术著作一等奖
江苏省第十二届哲学社会科学优秀成果奖二等奖

绘图人员

邵晓峰 杜 月 尹秋生 王晓雯

万 庆 徐萌笛 潘 胤 高先镇

杨铮铮 盛 静 刘小菁 孙秀红

图书在版编目（CIP）数据

中国宋代家具/邵晓峰著.—南京：东南大学出
版社，2010.2（2021.9重印）
ISBN 978-7-5641-2061-0

Ⅰ.①中… Ⅱ.①邵… Ⅲ.①家具-简介-中国-宋
代 Ⅳ.①TS666.204.4

中国版本图书馆CIP数据核字(2010)第022821号

装帧设计：邵晓峰
书名篆刻：邹水平
责任编辑：刘庆楚

出版发行：东南大学出版社
出 版 人：江建中
社 址：南京市四牌楼2号（210096）
网 址：http://press.seu.edu.cn
印 刷：南京顺和印刷有限责任公司
经 销：全国各地新华书店
开 本：889 mm × 1 194 mm 1/16
印 张：34.25
字 数：970千字
版 次：2010年3月第1版
印 次：2021年9月第5次印刷
书 号：ISBN 978-7-5641-2061-0
定 价：280.00元

彩

图

彩图·陈设1　宋佚名《槐阴消夏图》（故宫博物院藏）中的榻、香桌、屏风、足几

彩图·陈设2　北宋佚名《文会图》（台北故宫博物院藏）中的大食案、藤墩

彩图·陈设3　山西平阳金墓砖雕（加彩绘）中的桌、椅、足承

彩图·陈设4　宋佚名《十八学士图·观画》（台北故宫博物院藏）中的玫瑰椅、藤墩、案、榻

彩
图

彩图·陈设5 山西平阳金墓砖雕中的凳、足承、花几

彩图·卧具1　辽代印花三彩陶床，引自聂菲《中国古代家具鉴赏》，四川大学出版社，2000年版

彩图·卧具2　北宋定窑孩儿瓷枕(故宫博物院藏)中的榻

彩图·卧具3　北宋李公麟《维摩诘像》（日本京都国立博物馆藏）中的榻

彩图·卧具4　北宋李公麟《维摩天女像》（日本圣福寺藏）中的榻、凭几

彩图·卧具5　北宋李公麟（旧题）《维摩演教图》（故宫博物院藏）中的榻、足承

彩
图

彩图·卧具6 南宋陆信忠《佛涅槃图》（日本奈良国立博物馆藏）中的榻

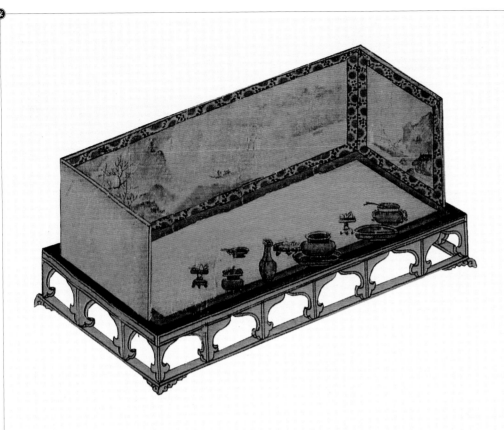

彩图·卧具7
南宋高宗书《孝经图》（台北
故宫博物院藏）中的榻(上)

彩图·卧具8
南宋高宗书《孝经图》（台北
故宫博物院藏）中的榻（下）

彩图·卧具9
南宋佚名《蚕织图》（黑龙江
省博物馆藏）中的榻（上）

彩图·卧具10 南宋牟益《捣衣
图》（台北故宫博物院藏）中
的榻、屏风（下）

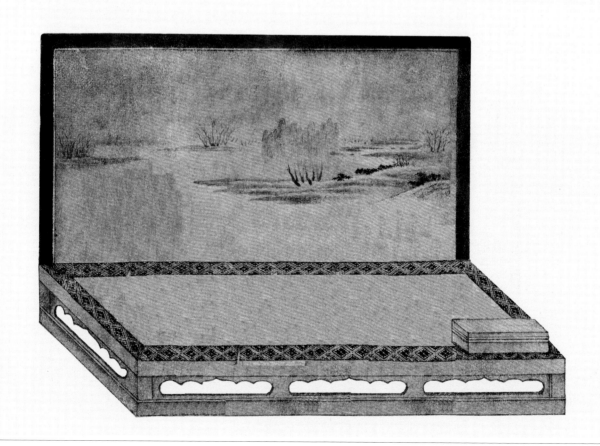

彩图·卧具11
南宋张思恭（传）《猴侍水星神图》（美
国波士顿艺术博物馆藏）中的榻（上）

彩图·卧具12
宋佚名《维摩图》（台北故宫博物院藏）
中的三围子榻（下）

彩
图

彩图·坐具1　金代木靠背椅（北京辽金城垣博物馆藏）

彩图·坐具2
内蒙古解放营子辽墓出土木靠背椅（上）

彩图·坐具3
江苏江阴宋孙四娘子墓出土木靠背椅（下左）

彩图·坐具4
江苏武进南宋墓出土木靠背椅（下右）

彩图·坐具2
内蒙古解放营子辽墓出土木靠背椅（上）

彩图·坐具3
江苏江阴宋孙四娘子墓出土木靠背椅（下左）

彩图·坐具4
江苏武进南宋墓出土木靠背椅（下右）

013

中国宋代家具

彩图·坐具5
《宋代帝后像·徽宗》（台北故宫博
物院藏）中的靠背椅、足承（上）

彩图·坐具6
《宋代帝后像·仁宗后》（台北故宫
博物院藏）中的靠背椅、足承（下）

彩图・坐具7
内蒙古额济纳旗黑水城出土西夏
《玉皇大帝图》中的须弥座式靠
背椅（上）

彩图・坐具8
四川大足南山第5号窟南宋石刻
玉皇大帝像中的椅、足承（下）

彩图·坐具9
四川泸县南宋墓石刻靠背椅（上）

彩图·坐具10
山西平阳金墓砖雕墓主人像中的靠背椅（下）

彩图·坐具11
南宋龚开《中山出游图》（美国弗瑞
尔美术馆藏）中的抬椅（上）

彩图·坐具12
南宋佚名《十六罗汉之四》（日本高
台寺藏）中的树根靠背椅（下左）

彩图·坐具13
南宋佚名《罗汉图之二》（日本嘉堂
文库藏）中的靠背椅、足承（下右）

中
国
宋
代
家
具

彩图·坐具14　南宋佚名《韩熙载夜宴图》（故宫博物院藏）中的6件靠背椅

彩图·坐具15
宁夏贺兰县拜寺口双塔出
土西夏彩绘木椅（上左）

彩图·坐具16
北京房山区天开塔地宫出
土辽代木扶手椅（上右）

彩图·坐具17
山西太原北宋晋祠圣母殿
内的宝座（下）

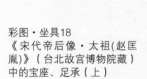

中国宋代家具

彩图·坐具18
《宋代帝后像·太祖(赵匡
胤)》（台北故宫博物院藏）
中的宝座、足承（上）

彩图·坐具19
《宋代帝后像·真宗后》
（台北故宫博物院藏）中的
宝座、足承（下）

彩图·坐具20　南宋佚名《孝经图》（辽宁省博物馆藏）中的美人靠

彩图·坐具21　南宋赵大亨《薇亭小憩图》（辽宁省博物馆藏）中的美人靠

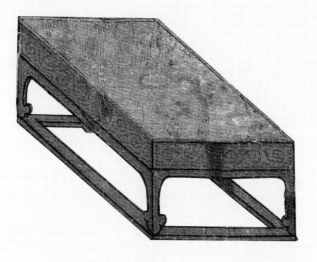
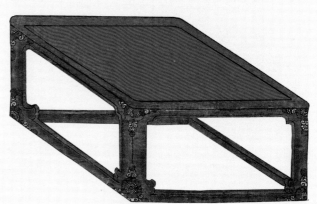

彩图·坐具22
南宋苏汉臣《靓妆仕女图》（美国波
士顿艺术博物馆藏）中的凳（上左）

彩图·坐具23
南宋金大受《十六罗汉图》（日本东
京国立博物馆藏）中的凳（上右）

彩图·坐具24
南宋佚名《十六罗汉像之三》（日本
高台寺藏）中的树根凳（下右）

彩图·坐具25
北宋王居正《纺车图》（故宫博物
院藏）中的小板凳（下左）

彩图·坐具26
南宋马和之《女孝经图》（台
北故宫博物院藏）中的绣墩
（上）

彩图·坐具27
北宋佚名《文会图》（台北故
宫博物院藏）中的藤墩（下）

彩图·坐具28　南宋马和之《女孝经图》（台北故宫博物院藏）中的圆墩（上左）

彩图·坐具29　南宋苏汉臣《秋庭婴戏图》（台北故宫博物院藏）中的鼓墩（上右）

彩图·坐具30　北宋李公麟《维摩演教图》（故宫博物院藏）中的须弥座（下）

彩图·坐具31
北宋铜鎏金《菩萨造像》（浙江省博物馆藏）中的座（上）

彩图·坐具32
辽铜鎏金《佛坐像》（故宫博物院藏）中的莲花座（下）

彩
图

彩图·坐具33
宋代《文殊菩萨铜像》（故宫博
物院藏）中的座（上左）

彩图·坐具34
北宋建隆二年（961）铭敦煌壁画
《水月观音变相图》（四川省博
物馆藏）中的须弥座（上右）

彩图·坐具35
南宋佚名《柳枝观音像》（四川
省博物馆藏）中的须弥座（下）

彩图·坐具36
山西平阳金墓砖雕须
弥座、莲花台（上）

彩图·坐具37
山西平阳金墓砖雕须
弥座（下）

彩
图

中国宋代家具

彩图·承具1
江苏武进村前6号南宋墓出土木桌（上）

彩图·承具2
金代木桌（北京辽金城垣博物馆藏）（下）

彩图·承具3
金代石桌（哈尔滨金上京历史博物馆藏）（上）

彩图·承具4
南宋佚名《柳阴群盲图》（故宫博物院藏）中的树根桌（中）

彩图·承具5
河北宣化辽张文藻墓出土大木桌（下）

彩
图

彩图·承具6　南宋佚名《蚕织图》（黑龙江省博物馆藏）中的方桌、长桌与供桌

彩图·承具7　宁夏贺兰县拜寺口西塔出土西夏供桌（上）

彩图·承具8　北京房山区天开塔地宫出土辽代木桌（下）

彩
图

彩图·承具9
南宋佚名《歌乐图》（上海
博物馆藏）中的案（上）

彩图·承具10
北宋建隆2年（961）铭敦
煌壁画《水月观音变相图》
（四川省博物馆藏）中的案
（下）

彩图·承具11
南宋佚名《柳枝观音像》（四川省
博物馆藏）中的花几（上）

彩图·承具12
北宋李公麟《维摩演教图》（台北
故宫博物院藏）中的香几（下）

彩图·承具13
南宋佚名《罗汉图之二》（日本
嘉堂文库藏）中的香几（上）

彩图·承具14
山西平阳金墓砖雕几上架几式花
几（下）

彩

图

彩图·承具15　四川大足北山佛湾第177号窟北宋石雕地藏菩萨像中的凭几

彩图·庋具1　江苏武进出土南宋戗金莲瓣形朱漆盒
（右为盒盖，盖上绘《园林仕女图》）

彩图·庋具2　浙江慧光塔出土北宋描金堆漆檀木经盒
（上为外盒，下为内盒））

彩图·庋具3　山西大同金墓出土剔犀盒

彩图·皮具4
浙江瑞安慧光塔出土北宋描金堆漆舍利盒（上左）

彩图·皮具5
江苏虎丘云岩寺塔出土北宋初期楠木箱（上右）

彩图·皮具6
江苏武进出土南宋戗金花卉纹黑漆填朱盒（下左）

彩图·皮具7
福州市茶园山南宋墓出土剔犀菱花形盒（下右）

彩图·庋具8　江苏常州市博物馆藏南宋戗金长方形朱漆盒，左图为盒上所绘《出游图》

彩图·屏具1　南宋高宗书《孝经图》（台北故宫博物院藏）中的车载屏风

彩图·屏具2　辽代彩绘木雕马球屏风（下为局部），引自付红领《辽代民间"奥运会"写真——彩绘木雕马球运动屏风》，《艺术市场》2008年第1期

彩图·屏具3　南宋刘松年《罗汉图》（台北故宫博物院藏）中的三折屏风

彩
图

彩图·屏具4　南宋马和之《女孝经图》（台北故宫博物院藏）中的屏风（上）

彩图·屏具5　南宋佚名《蚕织图》（黑龙江省博物馆藏）中的屏风（下左）

彩图·屏具6　南宋佚名《孝经图》（辽宁省博物馆藏）中的屏风（下右）

彩图·屏具7
山西平阳金墓砖雕加彩绘屏心（上）

彩图·屏具8
山西平阳金墓砖雕屏风（下）

彩
图

彩图·屏具9
南宋高宗书《孝经图》（台北故宫博物院藏）中的屏风（上）

彩图·屏具10
山西太原北宋晋祠圣母宝座后的屏风（下）

中国宋代家具

彩
图

彩图·屏具11
南宋佚名《韩熙载夜宴图》（故
宫博物院藏）中的屏风（上）

彩图·架具1
西夏羊铁灯架（内蒙古鄂尔多斯
博物馆藏）（下）

彩图·架具2
甘肃武威西夏墓出土木衣架（上左）

彩图·架具3
河北宣化辽张文藻墓出土木盆架（上右）

彩图·架具4
南宋陆兴宗《十王图》（日本奈良国立博
物馆藏）中的镜架（下左）

彩图·架具5
南宋佚名《白莲社图》（辽宁省博物馆
藏）中的炉架（下右）

彩图·架具6
南宋佚名《歌乐图 》（上海博物馆藏）中的
方响架（上左）

彩图·架具7
河北宣化辽墓壁画中的茶碾架（上右）

彩图·架具8
南宋佚名《杂剧·打花鼓图》（故宫博物馆
藏）中的鼓架（下左）

彩图·架具9
宁夏拜口寺双塔出土西夏彩绘花瓶架（下右）

彩图·架具10
北宋景德镇窑影青蟠龙枕（湖北汉阳出土）枕架（上左）

彩图·架具11
金代铜香薰架（吉林塔古城出土）（上右）

彩图·架具12
南宋佚名《女孝经图》（故宫博物院藏）中的纺轮架（下左）

彩图·架具13
北宋王居正《纺车图》（故宫博物院藏）中的纺轮架（下右）

中国宋代家具

　　邵晓峰，男，1972年生于江苏南京。

　　南京林业大学教授、博士生导师、艺术学院美术与设计研究中心主任,艺术学出站博士后。香港大学饶宗颐学术馆访问学者、香港城市大学中国文化中心访问学者，江苏省政府"333高层次人才培养工程"第二层次中青年科技领军人才、南京市青年美术家协会主席、江苏省徐悲鸿研究会副会长兼秘书长、江苏省收藏家协会古典家具委员会副主任兼秘书长、南京市颜真卿书画院副院长、中国美术家协会会员。曾于江苏省美术馆、南京师范大学美院展厅、南艺后街展览中心、南京艺+美术馆举办个展，于中国美术馆、新加坡义安文化中心、江苏省美术馆、南京市美术馆、烟台美术博物馆、浙江大学西溪美术馆、东南大学前工院展厅举办大型联展。出版画集《水色墨之道——邵晓峰画集》、《邵晓峰艺术之山水卷》、《邵晓峰泼彩山水专辑》等，发表作品200余幅。

　　80余篇论文发表于《人大复印资料•造型艺术》、《美术研究》、《新美术》、《美术》、《民族艺术》、《艺术百家》、《国画家》等国家权威专业期刊。其中，《<韩熙载夜宴图>断代新解》（原载《美术＆设计》2006年第1期）被《人大复印资料•造型艺术》2006年第4期头版头篇全文转载；《艺术普遍性的早期传载》（原载《东南文化》2008年第3期）被《人大复印资料•造型艺术》2008年第5期全文转载；《偏见与孤行》（原载《美术研究》2003年第3期）被《美术》2003年第12期"艺海文摘"摘录，并被李军、谢峰梅编《大河之舞——中国文化年报》（兰州大学出版社，2004年版）摘录3000字；《<韩熙载夜宴图>的南宋作者考》（原载《美术》2008年第3期）被《荣宝斋》2008年第4期"观点荟萃"摘录；《复兴正大之美，展现中国气派》（原载《美术》2009年第7期），被《国画家》2009年第5期"艺海文摘"栏目摘录；《宋代家具材料探析》（原载《家具与室内装饰》2007年第8期）被《2007年辽宋西夏金元经济史研究述评》述评（中国社会科学院《中国经济史研究》，2008年第2期）。《民族艺术》2013年第1期刊载《民族艺术》主编廖明君先生对邵晓峰的专访——《图像中家具文化的学术空间——邵晓峰教授访谈录》。

　　出版专著《中国泼彩山水画史》、《艺术凝思录》、《水色墨的艺术世界》、《中国宋代家具》，其中《中国宋代家具》填补了海内外长期学术空白，新获我国人文社科领域最高奖项——"教育部第六届高等学校科学研究优秀成果奖"以及"中国大学出版社第二届图书奖学术著作一等奖"、"江苏省第十二届哲学社会科学优秀成果奖二等奖"。

中国宋代家具

　　本书是目前国内第一次对宋代家具进行的较为深入而系统的研究，通过对大量图像、文献史料与实物资料的总结、归纳，并以图、史、物互证，展现了丰富多彩的宋代家具世界，填补了这一领域的空白。书中分析了宋代家具的发展源泉与社会背景，根据卧具、坐具、承具、庋具、屏具、架具六大分类在整体上进行了剖析。在个案研究中，以画中家具为代表选取了《韩熙载夜宴图》中的文人家具、《清明上河图》中的市井家具、宋代绘画中的佛教家具、《宋代帝后像》中的皇室家具、宣化辽墓壁画中的家具进行了深入研究。这些均是前人未曾深入涉及的重要内容，对它们的分析与探讨为宋代家具研究提供了更为具体的信息，其间的一些设问与论证也将研究进展到新的层面，改写了家具史和绘画史中的某些内容。书中探析了宋代家具材料的运用状况与特征。论述了宋代家具在框架结构、收分与侧脚、束腰造型、椅子搭脑、栌斗形式与等级性、理性美、多样性方面与宋代建筑的密切联系。在分析宋代家具与社会生活的关系的过程中提出宋代家具不但体现了起居方式的巨大转变，是当时社会习俗的重要载体，而且反映了宋代生活与设计的密切关系。而且从理念与风格、造型与结构、装饰等方面揭示了作为明式家具之源的宋代家具的艺术特征，并结合实例分析了宋代家具对现当代家具设计艺术的深刻启示。

　　本书的彩图、插图、附图中列出了1600余幅图像（110余幅彩图+340余幅插图+1170余幅附图），堪称宋代家具图像集成，对于宋代家具的深入研究意义重大。

　　关 键 词: 宋代家具；设计艺术；绘画

中国宋代家具

Abstract

By presenting multitudes of pictures, documents and historical materials of Song Dynasty furniture and providing corroboration between them, this book, an unprecedented in-depth and systematic research, exhibits a rich and colourful world of Song Dynasty furniture. In this book, a thorough analysis is made on the source and social background of Song Dynasty furniture which are categorized into a thing to lie on, a thing to sit on, a thing to bear, a thing to take in, a thing to screen, a thing to put up. In the section of case study, this book chooses as research objectives five typical furniture examples from five different paintings, including furniture of literati in *The Night Revels of Han Xizai*, furniture of folks as in *Qingmingshanghetu*, Buddhist furniture in Song Dynasty paintings, royal furniture in *The Portraits of Song Dynasty Emperor* and Empress and furniture in the frescoes of Liao Tomb in Xuanhua. The case study, offering unprecedented content of furniture research and more specific information of Song Dynasty furniture, promotes the study of Song Dynasty furniture to a new level and rewrites the history of furniture and painting research to a certain degree. Besides the discussions concerning the application of furniture materials and features, the author also explores an affinity between Song Dynasty furniture and Song Dynasty architecture from the aspects of Frame Structure, Shoufen and Cejiao, Shuyao modeling, Danao of chair, Ludou form, thus presenting its unique beauty in terms of hierarchy and rationality to the reader. And during the analysis of the relationship between Song Dynasty furniture and social life, the author puts forward the view that as an important carrier of Song Dynasty social custom, the Song Dynasty furniture not only embodied the enormous change of living manners, but also reflected the close ties between the Song Dynasty life and design. What is more, from angles of concept and style, modeling and structure, decoration, etc, this book reveals artistic characteristics of Song Dynasty furniture which was the source of the Ming dynasty style furniture, and analyzes with examples the profound enlightenment from Song Dynasty furniture to contemporary furniture design.

There are over 1600 images(110 color images+340 illustrations+1170 accompanying drawings) in the book, therefore, it may be rated as an integration of Song Dynasty furniture images, and plays a significant role in the further research of Song Dynasty furniture.

目 录

Contents

中国宋代家具

目
录

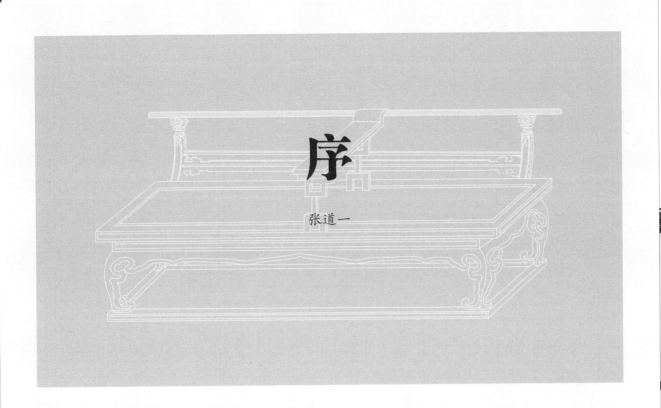

序

张道一

一个人自童蒙到成年，长期生活在一个特定的环境中，一切物质条件和习俗等必然影响到他的生活方式，从衣食住行到人文礼仪，形成习惯，所谓"乡言难改"，产生一种乡情。生活方式既受到生产力的制约，又有文化的约定俗成，其改变也是渐进的、缓慢的，很少有突变现象。对于一个人来说，"少成若天性，习惯如自然"，长期养成的习惯不易改变。

就因为这缘故，我初次到日本奈良，那里还保存着许多我国唐代风格的建筑和唐代遗物。在拜会东大寺的住持时，由于生活习惯的差异，便遇到了尴尬。首先是席地而坐，正规的坐式是"跽坐"，以两膝著地，两股贴于两脚跟上。所谓"股不著脚跟为跪，跪而耸身直腰为跽"。按照礼节，这种规范我是懂得的，不得简慢，但是真正"跽坐"起来，两腿就不听使唤了。另一种是"盘腿而坐"，这是自由式，时间久了两腿也会发麻的。为了不出"洋相"，只好率直而曰：一千年前，我们的

祖先也是这样坐的，但以后开始坐高板凳了，也就不屈膝盘腿了。东大寺的住持笑着说：这种坐法也是从中国学来的，现代有不少日本人也坐高板凳了。您如果感到不舒适，可以随便。于是，我的两腿得到了解放。接着是饮茶。主人敬了两道茶：一道是清茶，我们是习惯的；另一道是日本"茶道"之茶，近似于我国唐宋时期的"煮茶"和"碾茶"，即将茶叶碾成粉末，然后用沸水冲泡。递茶碗和饮茶的程序也很讲究，表示主客之间的相互尊重。我虽然看过有关的介绍，却没有亲自实践。还是怕出"洋相"，便开玩笑地说：这是我们宋朝的皇帝喜欢饮的茶，宋徽宗还写过一本《大观茶论》，并且有"斗茶"的游戏。但是，到了明朝的皇帝就改了，明太祖提倡直接泡茶了。于是，解决了"喝三口半"的讲究，并且在最后半口要喝出声音来。急性子的人可能以为这是自找麻烦，但在人类文明的积淀中是少不了的，如此也成为文化的一种载体。

现在回头来谈古人的席地而坐。早在原始时代，人们只能如此，因为还没有创造出可坐的用具。这里可能关系到对"膝"部的认识问题。人体的各个部位，是个相互关联的有机体。大腿与小腿交接的部分，内有大腿骨（股骨）和小腿骨之一的胫骨连接而成的膝关节，主要作用是伸直和弯屈运动；如果停下来休息，便以臀部着物，小腿部分就无用了，只好将它弯起来，坐在脚跟上，叫做"膝席"。所以说，这种坐法并没有坐凳子舒适，一面垫起了臀部，一面搁置了小腿。但是，要认识到这一点，不知经过了多少年的生活实践。春秋时期的《考工记》表明当时的工匠在造物活动中已经掌握了"人的尺度"。对于车轮的尺寸，其中记有："加轸与轐焉，四尺也。人长八尺，登下以为节。"这里讲的"人长八尺"，大约相当于现在的1.6米。车盘离地四尺，恰好是人体高度的一半，也就是0.8米。这是适于腰部的尺寸，而上车需要考虑的是膝部。在江苏邳州出土的一块汉代画像石上，画面中心表现二人在长榻上博弈。客人是乘牛车来的，在画面左侧，车童坐在板凳上与牛相戏。有人说这是"杌子"，即一种小板凳，是供人登车用的。即使如此，人们已经充为坐具，看出了高坐家具的端倪。

高坐家具的产生，不仅是坐卧舒适的问题，人体的上身活动量增大了，更为舒展，很明显会影响到人的精神面貌，以及人际活动的诸多方面，包括相互之间的礼仪。

任何时代的造物活动都是以当时的生产力发展水平为基础的。中国古代的"百工"技艺，最大也是用途最广的莫过于木工，所以木匠被称为"大匠"。虽说在席地而坐的时代就有不少种类的木器，但到高坐家具的产生时期，家具体系才算完成。不仅促成了起居方式的重大转变，在文化生活的氛围中和社会各层的习俗上也引起了很大的变化。这些问题的阐明，都在邵晓峰新著《中国宋代家具》中得到论述。这既是一部研究家具的专著，又是阐述生活方式的论说。它虽然只写了一个宋代，实际上是上下关联，深刻说明了中国家具史的重大转折，即由席地而坐向高坐家具的过渡。他将宋代家具分作卧具（床、榻）、坐具（椅、凳、墩）、承具（桌、案、几）、皮具（箱盒、橱柜）、屏具（屏风）、架具（灯架、巾架、盆架、衣架、镜架、鼓架等）六大方面。表明在起居生活的诸方面已很周到、齐全。有些家具虽在宋代之前已经出现，但随着高坐家具的流行，其形制也必然有所改变。如果单纯从设计或制作的角度看，可以现代"人机工程学"和"工艺学"进行考量。但此书的显明之处是联系到人与物的关系，包括生活方式、风俗习惯以及有关的礼仪等，阐述了相当丰厚的一个文化层面。这些都表现在若干个案的研究中。

就我所知，此书是对宋代家具进行系统而深入研究的一部著作，在此之前尚未见有如此全面者。邵晓峰以大量的图物互证、史论结合，既将家具本身理出一个设计的体系，又阐明了深刻的人文内涵。由此所揭示的问题已经远远超出了宋代家具本身，对设计艺术理论、工艺美术史乃至中华民族的文明史研究等，必然会产生多方面的作用和影响。

2008年4月29日于龙江寓中

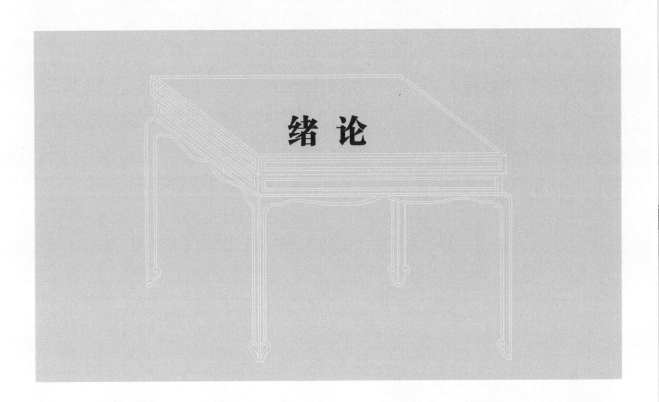

绪 论

本书研究的是广义上的中国宋代家具，因此，同一历史时期的宋、辽、金、西夏、大理国的家具[1]均被纳入了研究范畴。宋代包括北宋（960～1127）和南宋（1127～1279），当时中国处于几个政权并存与转换的时期，时间跨度长达320年。故今人研究宋代历史，面对的已不再是一个王朝，而通常是一个历史阶段。当时，辽、金、西夏、大理国对于宋朝来说均非附属政权，而是在诸多方面都能够与之抗衡的王朝。当然，宋朝作为中原王朝，其政治制度、社会经济和思想文化在当时的中国所具有的核心地位和主导作用是举世公认的，所以宋朝家具对周边其他国家的影响是巨大的，同样，宋朝家具也不可避免地受到了周边其他国家的一些影响。

家具作为中国古代艺术的重要组成部分，在不同的时代背景下，遵循着中华民族特有的哲学思想与审美观念，通过一定的材料和工艺，展现了人们艺术化的生活方式和内在精神，并以其恢宏的历史与非凡的魅力，令人一见倾心、倍加珍爱。宋代家具作为中国古代家具文化的一个重要领域，长期以来尚未得到足够重视，其研究深度与力度与时下热门的明清家具相比则有天壤之别。至今国内外尚未有专门涉及宋代家具的著作，对它的研究零星地体现在濮安国《中国红木家具》、胡文彦《中国家具鉴定与欣赏》、李宗山《中国家具史图说》、方海《西方现代家具设计中的中国风》等和陈振《宋史》等宋代历史著作的个别章节中，但这些叙述还谈不上系统，也不够深入，甚至有的存在某些误读。10年前，陈增弼先生通过对浙江宁波东钱湖南宋石椅的研究展开了这一领域个案的精深探索，近年来，南京林业大学张彬渊先生和上海博物馆刘刚先生也投身于这一领域，在个案研究上取得了一些重要成果。

宋代不但是我国历史上承前启后、继往开来的时代，其设计文化对后世产生了深远影

绪论

001 宋

中
国
宋
代
家
具

图0-1　王世襄编著《明式家具研究》封面，三联书店，2007年版

图0-2　王世襄编著《明式家具珍赏》封面，文物出版社，2003年版

响，而且是中国高坐家具定型的一个关键时期。人们的起居活动从低矮向高处发展，室内陈设改变了，日用器皿也从地上逐渐移至高型承具上，它们的形态和装饰的部位都发生了重要变化。但是，宋代家具并未被研究者们充分发掘与深入剖析，而使之成为中国家具艺术研

究的瓶颈。迄今为止，国内外尚未有一部正式的《中国家具史》出版，其原因之一也许正在于此。所以，把宋代家具的问题研究清晰，对于充分研究后世的家具，对于撰写一部完整的《中国家具史》具有积极意义。

而且，要研究好当下热门的明式家具也需下大力气研究好其源头——宋代家具，虽然目前以王世襄先生编著的《明式家具研究》(封面见图0-1)、《明式家具珍赏》(封面见图0-2)为代表的中国传统家具研究已结出丰硕之果，世人皆知明式家具的杰出成就和在国际设计艺术舞台上的崇高地位，但是往往会忽略作为明式家具发展基础的宋代家具。其实，明式家具的种类、造型、结构、装饰、风格等要素在宋代家具上已有丰富的体现，因此，对宋代家具进行系统而深入的研究势在必行。

本书的研究方法主要基于系统查阅典籍与图像资料，考察考古和绘画史、家具史研究的新成果，然后进行整理、归纳、分析、总结、挖掘。对宋代家具的实物、图像与文献资料进行比对研究时，力图以图证史、以物证史、以史论图、以史论物、图物互证，促进三者间研究的有机结合，并试图从这一研究中摸索出研究其他断代艺术的更好方法。目前明清家具研究多从工艺材料、榫卯结构、装饰风格等角度入手，本文的着眼点除了这些，还特别强调宋代家具是一种在特定哲学思想与审美观念的观照下，在多彩的社会生活中产生的艺术、设计与生活融合的载体，并尝试以揭示艺术的本质属性来贯穿宋代家具研究的过程。另外，还需重视前人忽视的环节，在此基础上提出自己的见解。并且结合当前设计艺术实际，突出研究的现实意义。在研究过程中遵循由点及面、点面结合的原则，深入浅出地把握好宋代家具中

的总体问题和重点问题。多求教于与此领域相关的专家学者，以求得到更多的启示与发现。

值得一提的是，此项研究不但利用现代信息技术广泛搜集了所需文字与图像资料，而且运用多种计算机图形软件对绘画中反映的宋代家具进行了分析比对。笔者与手下团队花费大量精力重绘了数量众多的宋代家具图像，还对其中许多的漫漶不清者、只看出局部者、被人物遮挡过多者，根据家具的造型与结构原理进行了审慎的还原工作，这些为进一步研究奠定了较好基础。

目前，"宋学"已成为显学，在世界高度融合的今天，继承与发展自宋代以来一脉相承的优秀传统仍有着不可估量的现实意义。在此背景下，对宋代家具领域的深入研究既可填补家具史和家具文化研究的空白，又可充实"宋学"之研究。在中国艺术研究领域中，正式完整的绘画史、建筑史等通史、断代史的研究此起彼伏，大型出版物屡见不鲜，而一部完整而系统的家具史的撰写却仍处于历史使命阶段，更不要说宋代家具的专门研究了，故而，其研究价值是显而易见的。另外，总结出它对现当代设计艺术的启示对于凸显中国传统艺术的现代意义大有裨益，足可引发人们对家具等中国传统物质文化的关注，使中国当代设计艺术更富于文化内涵。这些对于指导设计实践，深化设计的文化内涵，推出成功的中国当代设计均有重要借鉴。

注释：

[1] 以西夏家具为例。西夏是北宋位于西北的国家，一度十分强大，其现存家具也较有特点，除了具有本国特色，也受到了汉文化的重要影响。

例如，其木桌、木椅的形制已与中原木桌和木椅较为接近。现有的一些文献也表明，西夏境内生活器具的木质化程度较高，这也导致了当时西夏木家具的发达。例如，《天盛改旧新定律令》卷十《司序行文门》记载在西夏官府第五品中列有"木工院"（史金波等译注《天盛改旧新定律令》卷十《司序行文门》，法律出版社，2000年版，第364页），说明木器等手工制作已在政府的统一管理下进行了。而西夏《番汉合时掌中珠》中记载的竹木器的写法受到了宋朝的影响，即不但西夏文中的许多字在造字时已从"木"旁，而且书中所写汉字也接近当时或现在常用的汉字，亦往往带有"木"旁。例如，"碗、匙、箸、勺、筷篱、橐子、盏、盘、甑、盖"等西夏文字均从"木"旁（〔西夏〕骨勒茂才《番汉合时掌中珠》，转引黄振华等整理本，宁夏人民出版社，1989年版，第47~48页）。一些汉字，如与"碗、碟"等相对应的西夏字，不从石而从木，"勺"字亦添"木"旁。这说明了当时西夏人使用的以上器皿可能多是木制的，而非陶、瓷制成。对于西夏时期境内日常器皿的木质化特点，韩小忙先生在其《西夏的木器》（《银川晚报》1993年2月4日第3版）中进行了如下推断：其一，西夏所占地盘在地域上是干旱或半干旱地区，且矿产资源贫乏，由此导致了西夏经济的一系列问题，如商品经济中流通的货币大量是宋钱而非西夏钱。宋代是我国古代瓷器发展的鼎盛时代，但是，西夏皇家所用的陶瓷器却比两宋甚至辽、金的质量要差一些，更不用说民用陶瓷了，这些亦可从西夏瓷窑发现器物的数量及其分布情况上得到反映。其二，宋代模仿木结构的砖室墓比较流行，表明这一时期日常生活中木构件及木器使用较多，否则，何以连墓室也要做成假木构式的呢？第三，西夏民族中的主体——党项族原居于川、甘、青交界的河曲一带，生活习俗自然与西南各兄弟民族比较相似。据民族学资料反映，西南少数民族日常生活用品中许多物件还是竹木制品。

1 宋代家具的发展背景

1.1 宋代家具的发展源泉

唐、五代家具是宋代家具的发展之源。

唐代国力强盛，贸易发达，国人自信开放，胡人的一些生活习俗在中土成为时尚，而且在佛教生活的促进下，墩、胡床、绳床、靠背椅等高型坐具也在汉文化地区生根开花。垂足而坐的"胡式"起居方式先在宫廷流行，继而影响到民间，带来了其他家具形式的变革，这些对在中国已延续了几千年之久的席地而坐的起居方式形成了巨大挑战。在中国家具史上，这一时期是早期古典家具向晚期古典家具的过渡阶段，即从低坐家具向高坐家具的转变阶段。在这种转型过程中，同时伴随着四种家具演进方式，即低坐风尚的延续、本土家具的发展、高坐家具的进入和外来家具的汉化。[1]这一历程漫长而复杂：一方面，高型家具在一些聪慧的中国家具制作者的不断改进下渐渐

融入中国人的生活，使他们的起居方式逐渐升高；另一方面，传统的低型家具体现了长久的生命力，它和高型家具的混用使人们的起居方式变化得颇为微妙，以至于它从来就没有在中国人的生活中彻底消失过。对于这样一个家具形态的混合历程，这一时期的绘画（如《敦煌壁画》）给予了充分反映。总的来看，唐代是我国高型家具的重要形成期之一，多种高型家具形式业已出现，家具多以圆厚为美，装饰趋于多样化，用材粗厚，浑朴大方，制作工艺已较为精湛。

在距宋代最近的五代，其家具大体上延续了唐代的风尚与特征。这一时期的实物家具发现很少，较有代表性的考古出土物可见于1975年4月出土于江苏邗江蔡庄五代墓的扁腿木榻（图1-1-1）与六足木几等家具。其中的木榻长188cm，宽94cm，高57cm。榻面大边与抹头尚未使用格角榫，只以45度格角相接，再以铁钉钉成构架。大边之间有7根托档，另有9根木条

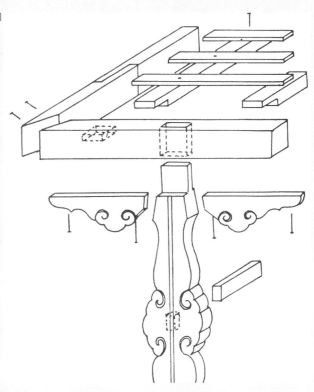

图1-1-1　江苏邗江蔡庄五代墓出土木榻线描解析图

以铁钉固定于这些托档上，托档与大边以暗半肩榫相接。四足以透榫与大边相接，并以楔钉榫固定。足材扁方，中起凹线，两侧饰以精致的对称式如意云纹。侧足间设一横档，在足与大边相交处饰以用铁钉固定的云纹角牙。[2]此榻的腿部造型与装饰和宋人摹五代周文矩《重屏会棋图》和五代王齐翰《勘书图》中的榻颇相似，即腿部扁平，以如意云纹作为装饰。作为难得的五代家具实物，它在中国古代家具史上具有重要价值，其用以装饰的如意云纹扁腿式样，从隋唐五代一直延续到宋元明清。

由于现存五代家具实物稀少，所以五代绘画（或宋人摹五代绘画）为研究五代家具提供了巨大帮助，例如宋人摹五代周文矩《琉璃堂人物图》、宋人摹五代周文矩《重屏会棋图》、宋人摹五代周文矩《宫中图》、五代王齐翰《勘书图》、五代卫贤《高士图》就为我们描绘了当时的桌、几、扶手椅、圈椅、凳、

榻、箱、屏风等家具的造型和特征。这时，传统壸门托泥式箱型结构与四足立柱式框架结构的家具均在发挥着作用，并在起居方式的逐渐转变中不断进行适应与改进。总的来看，五代家具仍保留了一些唐代家具的特征，如有的比较粗厚，有的比较拙朴，椅、桌等高型家具在结构与造型上得到了发展，家具功能区别明显，家具陈设格局趋于稳定。

值得注意的是，家具史以及相关艺术史上关于五代家具的看法是"五代十国时家具风格一改故辙，变唐家具之厚重为轻简，更唐家具的浑圆为秀直"[3]。这里虽然胡文彦先生讲得言简意赅，但是像他这样的相似观点在目前的家具史以及相关艺术史的著述中是较为流行的。而实际上，这一结论的得出，主要源于一幅画，即著名的《韩熙载夜宴图》。此画较流行的说法是为五代南唐画家顾闳中的作品（或是宋代画家临摹复制顾闳中的作品），画中所

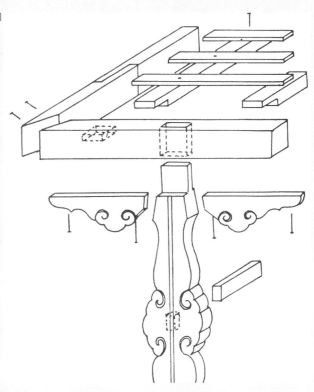

描绘的应是五代南唐的生活场景，其中绘制的数十件家具也自然成了五代家具的典范之作，甚至成为这一时期家具风格与特征的标尺，这样一来，"轻简"、"秀直"的结论似乎也就水到渠成了。然而，经笔者的深入研究，《韩熙载夜宴图》实际上在较多方面和前述宋人摹五代周文矩《琉璃堂人物图》、宋人摹五代周文矩《重屏会棋图》、宋人摹五代周文矩《宫中图》、五代王齐翰《勘书图》、五代卫贤《高士图》等画中的家具特征是有较大差异的，和前述江苏邗江蔡庄五代墓出土的扁腿木榻风格也有明显不同。再鉴于对许多其他因素展开的比较与论证，此画似乎更有可能是南宋画家的创作。[4]鉴于此，我们对五代家具的认识就不能轻易地停留于某一幅画上，而要作全方位的观照。综合来看，虽然五代家具对唐代家具进行了改进与发展，但是就大的方面而言，五代家具仍应从属于唐代家具的范畴。虽然，

大致可以认为"五代时的家具是宋代家具简练、质朴新风的前奏。"[3]但是，家具上真正简练质朴的新风应始于北宋中后期，成熟于南宋。而五代家具则在诸多方面为宋代高坐家具的进一步成熟积累了经验、奠定了基础。

注释：

[1] 详见邵晓峰《敦煌壁画在中国古代家具嬗变研究中的独特价值探微》，《美术&设计》2004年第4期。

[2] 详见扬州博物馆《江苏邗江蔡庄五代墓情况》简报，《文物》1980年第8期。

[3] 胡文彦《中国家具鉴定与欣赏》，上海古籍出版社，1994年版，第57页。

[4] 具体论证见邵晓峰《<韩熙载夜宴图>断代新解》，《美术&设计》2006年第1期。此文后被《中国人民大学复印报刊资料·造型艺术》2006年第4期全文转载。

图1-1-1　陕西韩城北宋晚期墓（2008年出土）壁画中的家具陈设

1.2 宋代家具的社会背景

纵观宋代历史，虽然一个"弱"字足以概括它的对外军事与政治表现，但是这一时代文化丰富多元，尤其是士大夫文化发达，对后世影响极大。中国历史进入宋代以后，唐代盛行的"佛道相伴，胡华并举"的国际性文化逐渐被消化吸收为偏于本土性的多种文化的表现，其中主要是士大夫文化和市民文化，这两股文化相互排斥与影响，进而相互融合，形成了独具特色的宋代文化，并具有生活化、世俗化、精致化、典雅化的倾向。

多数宋代统治者深知文化的重要性，例如，宋太祖赵匡胤虽为行伍出身，却重视文化艺术，懂得文治的意义，而被后人广为引用的"书中自有黄金屋，书中有女颜如玉"即出于宋真宗赵恒的《劝学诗》。在这种背景下，宋代皇室中也出了不少文人、画家和书法高手。宋朝对文人的礼遇既超越前代，又足为后世楷模。据宋代科举制度研究专家张希清先生统计，北宋共开科69次，取进士19281人，其他诸科16331人，包括特奏名及史料缺载者，取士总数约为61000人，平均每年约360人，而唐代每年才20～30人，最多的开元天宝年间也才60余人，有限的名额中还有一部分为权贵占夺，

公平竞争很难实现。[1]而且到了中晚唐这种情况愈加明显。社会普遍存在着下层读书人，他们仕途无路，投靠无门，生活凄苦，甚至有的客死他乡。宋代则在很大程度上改善了这种不合理情况，通过增设封弥、糊名、誊录等相关制度尽量实现机会均等而使文人公平竞争。如此一来，参加科举的人数剧增，977年，参加省试的有0.52万名，983年有1.02万名，992年有1.73万名。而唐代最多的时候是唐宣宗大中年间（847～858），不过0.3万人左右。正是由于统治阶级的扶持，庶族求仕的积极性空前高涨，布衣入仕的人数与比例大增。例如，宋代名相中，赵普、寇准、范仲淹和王安石等人均出于寒门，但他们这一类人却成为宋代文官政府的核心力量。政治地位与待遇的提高，使得广大文人争相报效朝廷与社会，从而在文化艺术上使宋代达到了繁荣昌盛的局面。为此，钱钟书先生说："在中国文化史上有几个时代是一向相提并论的：文学就说'唐宋'，绘画就说'宋元'，学术思想就说'汉宋'——都得数到宋代。"[2]

除了士大夫文化的昌盛，宋代科学技术也领先于世界。英国科技史家李约瑟为此曾说，谈到11世纪，我们犹如来到最伟大的时期，而这一时期中国的文化与科学都达到了前所未有的高峰。[3]宋代官方手工业管理机构庞大，当时的工部"掌金银犀玉工巧及采绘装钿之饰"（《宋史·职官志》），重要工种达42种。所以，这一时期手工业的发达为宋代商业的繁荣提供了坚实保障。此时的城市经济繁荣，贸易活动突破了以前坊与市、昼与夜的限制，这些在宋孟元老《东京梦华录》、宋吴自牧《梦粱录》等笔记中均有较为详细的记载。作为手工业综合性水平代表的建筑业也获得了大发

展，使其水平达到了一个新高度。当时高水平的建筑层出不穷，并有了对当时建筑实践进行总结的著作。例如，北宋初期的名匠喻皓就著有《木经》[4]，北宋官方推出的建筑技术与施工标准规范用书——李诫《营造法式》更是对当时及以后的建筑发展起到了巨大的推动作用。另外，宋代的书法、绘画以及文人画理论也取得了巨大的成就与影响。而且，此时工艺美术所获得的业绩与地位也是举世瞩目的。总的来说，宋代工艺美术具有典雅平正的艺术风格，其家具、陶瓷、漆器、染织多造型古雅、色彩纯净，并且内敛天真，不事雕琢，以质朴取胜，给人清淡雅致之感。其中，以宋代瓷器的简雅之美影响最大，它既是中国瓷器长期进步的结果，也是宋代特有环境的产物。譬如，以低贱模仿高贵，以材质低廉的器物模仿材质珍贵的器物是工艺美术史上的一般规律，但是一些宋瓷却反其道而行之，如有的瓷器在造型上就模仿竹篓等普通百姓使用的日用品，这显然是宋代文人趣味的作用，这种审美趣味甚至一直流传到今天。和宋瓷相似，宋代漆器也朴实无华，多以生活器皿为主，简洁优美，并流行单色漆，颜色以黑色居多，紫色次之，朱红色又次之，但多无纹饰。也许正是在瓷器的影响下，它去掉了多余装饰，只以匀称的造型、舒适的比例、润泽的表面产生含蓄之美。宋代之前，漆器大多讲究彩绘、镶嵌与雕饰；到了宋代，漆器风格一转，以讲究线形与比例的素器取胜。宋代漆器凝炼的造型也会让人自然想起西方现代主义设计理念中的"少就是多"，而且比较一下宋代漆器和后来日本现代漆器，会发现后者和前者在理念与风格上有惊人的相似之处。另外，宋代服饰也趋于简洁化和儒雅化，这不但是对唐代开放、热烈、雍容、华美

的服饰风尚的一种革新，而且对后世（尤其是明代）的服饰无论在形式上还是观念上都有深刻影响。和唐朝服饰相比，宋代服装显得简朴适意，休闲自在。

当然，以上这些宋代工艺美术审美风格的形成源于一定的时代语境。

其一，政府的倡导。

与其他的统治者相比，宋代帝王们大多数提倡简朴。以修建陵墓为例，历史上的许多皇帝很早就开始给自己修墓，如秦始皇十三岁登基后就给自己修坟；康熙八岁继位不久就给自己建陵。通常是皇帝不死，皇陵工程不能竣工。这样下来，陵墓之奢华可想而知。而宋朝则规定皇帝身前不能建造陵墓，皇帝死后，仅有七个月时间建造陵墓，因此宋代皇陵之简朴在历史上是少见的，和汉唐那种以山为陵的气派根本无法相比。宋朝政府还颁布一系列政策来倡导俭朴。如大中祥符元年 (1008)，真宗下诏："宫殿苑囿，下至皇亲、臣庶第宅，勿以五彩为饰。"[5]天圣七年(1027)，仁宗下诏："士庶、僧道无得以朱漆饰床榻。九年，禁京城造朱红器皿。"[6]

也有不少宋代名臣推崇俭朴的重要性，如程颐建议皇帝"服用器玩，皆须质朴，一应华巧奢丽之物，不得至于上前。要在侈靡之物，不接于目"。[7]苏轼也认为，禁止奢侈应从后宫始，他说："臣窃以为外有不得已之二虏，内有得已而不已之后宫。后宫之费，不下一敌国，金玉锦绣之工，日作而不息，朝成夕毁，务以相新，主帑之吏，日夜储其精金良帛而别异之，以待仓卒之命，其为费岂可胜计哉。今不务去此等，而欲广求利之门，臣知所得之不如所丧也。"[8]司马光甚至认为要想上下风俗清明，仍必须依赖于法律的执行，他说："内

自妃嫔，外及宗戚，下至臣庶之家，敢以奢丽之物夸眩相高，及贡献赂遗以求悦媚者，亦明治其罪，而焚毁其物于四达之衢。"[9]高锡也执此种看法，他在《劝农论》中说，只有如此，"则奇伎淫巧，浮薄浇诡，业专于是者尽息矣。"[10]当然，即使有政府的大力提倡，也不排除有些人，甚至包括统治者，继续沉浸于奢侈的享受而不能自拔，这又另作别论。

其二，简淡的文人审美观。

宋代文人在审美上讲究简与淡。欧阳修与梅尧臣最先提倡"古淡"和"平淡"，欧阳修有诗曰："世好竞辛咸，古味殊淡泊。"[11]"词严意正质非俚，古味虽淡醇不薄。"[12]梅尧臣也有诗曰："做诗无古今，唯造平淡难。"[13]"中作渊明诗，平淡可比伦。"[14]"因吟适性情，稍欲到平淡。"[15]苏轼在艺术审美上也认为应当"发纤秾于简古，寄至味于淡泊"，这一思想在他的文人画理论中格外突出，被后人奉为楷模。特别是宋朝偏安江南后，南宋园林凭借着优越的自然环境和文化背景，与诗词书画相结合，强调意境深长，进一步崇尚简洁疏朗的审美格调。

诚然，"宋代最重要的审美理想是'淡'，审美意识是'韵'。绘画美学上，唐代朱景玄提出神、妙、能、逸四画品，逸品居后，但到宋代翻了个儿，逸品居首，而且被推崇到几乎无以复加的地步：'莫可楷模'。在审美形态上，宋代出现文人词、文人画、文人园，最能体现宋代美学精神，进而出现三项结合：诗画一体、词园相合、书画同源(进一步延续到元代)，也就最能代表宋代美学特点，从而也最具有美学史地位。"[16]

这一观念还要归功于理学的影响。面对历次荣辱兴衰，宋人进入了一个理性思考的阶

图1-2-1　南宋佚名《萧翼赚兰亭图》中的四出头扶手椅

段。这是一个以"理"闻名、以"理"取胜的时代，以程朱为代表的理学成为理性观念的象征，并在宋代自然审美中留下印迹。经过了五代十国的风风雨雨，宋代的文人进入了一个冷静思考的时代，这时候出现的理学是佛、道渗入儒家哲学之后形成的一个新儒学。在宋代文人眼里，天地万物不只有声色之美，更关乎人生之道，人们可以从自然审美中获得理性智慧。宋代理学家程颢说："天地万物之理，无独必有对，皆自然而然，非有安排也。每中夜以思，不知手之舞之，足之蹈之也。"[17]这种见解用于艺术创造，自然使当时的艺术格外崇尚自然之美，当然，这也与理学们有机汲取了道家的美学思想有关。而且，宋代理学提倡的"格物致知"使得宋代的文艺重视对天地万物之中蕴含的"理"进行深入细致地观察与体悟，并使之成为宋代艺术，尤其是绘画的一大特色。正是由于宋人尊崇自然，倡导秩序，讲究简炼，提倡节简，追求规范，这些观念体现

在家具上就使之呈现出一种隽秀之美，这时候的文人家具在这方面的表现尤为明显。而即使是当时的佛教家具也表现出类似的审美追求（虽然也有一些佛教家具是华丽繁缛的）。例如以天工质朴为美，这可见于南宋佚名《萧翼赚兰亭图》中的四出头扶手椅（图1-2-1），它以树枝与藤条制作，古朴苍然，是当时僧侣参禅打坐的坐具，后世也称之为禅椅。这种家具的设计意味在南宋时大理国《张胜温画卷》中的初祖达摩大师与四祖道信大师所坐树枝椅上也能体现出来。

简淡的文人审美观还派生出宋代文人对自由适意、灵活便捷的追求与风尚。这一时期，家具名称与功能的对应逐渐趋于细致和明确，并且在一次次的分化中使品种不断增加与完备。不过，变化中一个较为恒定的原则是室内空间与陈设的自由与灵活，并与诗、词和画意相结合，家具在室内的布置上有了一定格局，大体上有对称和不对称式。例如，书房与卧室的布局通常采用不对称式，这也为以后（如明清时期）的文人居室设计奠定了基础。而且，进入日常生活的高型家具也多保持着便于移动的特性，比如椅子和桌子即是如此，胡床和交椅更是如此。这些室内与家具设计的观念在无形中又促进了宋代文人审美观的发展。

其三，建筑的影响。

宋代大兴土木，建筑事业的发展在很多方面超越了前代，建筑的繁荣和其他工艺美术的进步与相互促进密不可分。李诫《营造法式》是王安石推行改革的产物，是在喻皓《木经》基础上发展而来的，其目的是为了形成设计与施工标准，保证工程质量，节约开支，对各种建筑的设计、结构、用料和施工予以规范。《营造法式》中所强调的标准化、模数化思想

在当时的建筑中产生了重要作用，也自然会对其他的实用艺术产生影响。另外，《易·传》提出"守中"，"中"也是中国人的处世之道，儒家将之发展成为"中庸"，建筑家将它开拓为"轴对称"，而这一思想运用到建筑中的家具上便在宋代形成了各种矩形造型、趋于方正的框架结构家具。总的看来，宋代家具在框架结构、收分与侧脚、束腰造型、椅子搭脑、栌斗形式与等级性、理性美、多样性等诸多方面与宋代建筑有着直接或间接的联系。[18]当然，宋代家具结构、造型等因素的变化又反过来促进了宋代室内设计乃至建筑设计的变革。

其四，金石学的影响。

宋代的文人们在热衷于研究笔、墨、纸、砚等文房用具之余，还迷恋上了收藏古代器物。宋代之前，古物收藏多是帝王之事，但至宋代，收藏金石的风气开始流行于文人之中，一些昔日不可亲近的庙堂重器被引入书斋，有些成了赏玩的陈设。正所谓："明窗净几，罗列布置，篆香居中，佳客玉立相映，时取古人妙迹，以观鸟篆蜗书，奇峰远水；摩挲钟鼎，如亲见商周。端研涌岩泉，焦桐鸣玉佩，不知身居人世，所谓受用清福，孰有逾此者乎！是境也，阆苑瑶池，未必是过。"[19]金石学在宋代兴起，发展不及百年就已相当兴盛，这使得宋代成为中国历史上第一个出现"收藏热"的时代。今日留下来的当时有代表性的金石学著述有欧阳修《集古录》、赵明诚《金石录》、陈思《宝刻丛录》、洪适《隶释》等。王国维说："近世学术多发端于宋人，如金石学，亦宋人所创学术之一。宋人治此学，其于搜集、着录、考订、应用各面，无不用力。不百年间，遂成一种之学问。""汉、唐、元、明时

人之于古器物，绝不能有宋人之兴味，故宋人于金石书画之学，乃陵跨百代。近世金石之学复兴，然于着录考订皆本宋人成法，而于宋人多方面之兴味，反有所不逮，故虽谓金石学为有宋一代之学无不可也。"[20] 而且，宋人搜集古器之风兴盛于私人，譬如著名画家李公麟就博物精鉴，能为一器而捐千金。此外，李公麟《考古图》、无名氏《续考古图》、王复斋《钟鼎款识》及《集古》、《金石》二录跋尾往往于器下注明藏家，其人不下数十。徽宗敕撰的《宣和博古图》在体例上明显就是借鉴李公麟《考古图》、刘敞《先秦古器图》等私人著述的。南宋周密《云烟过眼录》记有南方收藏家的藏品，可见此风至南宋仍浓。

金石学的兴盛反映了宋人对古玩的兴趣，这对诸门艺术皆有一定影响。当时仿古业盛行，比如有专仿古玉的作坊，其技艺高超，令人真假难辩。孔子曰："述而不作，信而好古。"[21]这种审美上的"好古"也使得宋代的许多工艺美术（特别是文人喜好的工艺美术）超出了一味地描金画银、嵌珠缀玉，以及对大量人力、物力与财富占有的炫示，而能达到较高的审美精神层面，对古代的审美思想作积极体悟，所以，天工、清新、古朴、质拙的审美境界成为当时许多文人的自觉追求。

总之，宋代的时代环境为这一时期的家具形成了较好的发展条件，也为家具从其他工艺美术门类中汲取营养，创造出自己的审美特征提供了多种可能。

注释：

[1] 张希清《北宋贡举登科人数考》，北京大学传统文化研究中心《国学研究》第二卷，第422～423页，北京大学出版社，1994年版。

[2] 钱钟书《中国文学史》，人民出版社，1992年版。

[3] 《李约瑟文集》，第115页，《中国科学技术史》第1卷第1册，第284页。

[4] 《五杂俎》中誉他为"工巧盖世"，"宋三百年，一人耳"。欧阳修《归田录》说其著有《木经》三卷行于世。还说喻皓有一女，年十岁，每卧则交手于胸为结构状，如此逾年，撰成《木经》三卷。但是，《木经》今已失传。

[5] 《续资治通鉴长编》卷六九，大中祥符元年六月丁酉条。

[6] 《宋史》卷一五三《舆服志五》。

[7] 《二程文集》卷二《论经筵第二劄子》。

[8] 《苏轼文集》卷九《御试制科策一道(并策问)》。

[9] 《司马光奏议》卷八《论见方利疏》。

[10] （宋）高锡《劝农论》，《宋文卷》卷九三。

[11] （北宋）欧阳修《送杨辟秀才书》。

[12] （北宋）欧阳修《读张李二生文赠石先生》。

[13] 《四部丛刊》本《宛陵先生集》卷四八《读邵不疑学士诗卷》。

[14] 《四部丛刊》本《宛陵先生集》卷二五《寄宋次道中道》。

[15] 《四部丛刊》本《宛陵先生集》卷二八《依韵和宴相公》。

[16] 吴功正《再论建构中国美学史的学科体系——以宋代为案例》，南通大学学报(哲学社会科学版)2005年第1期。

[17] 《二程遗书》卷十一。

[18] 详见本书《5 宋代家具与建筑》。

[19] （宋）赵希鹄《洞天清禄集》。

[20] 《王国维遗书·宋代之金石学》。

[21] 《论语·述而》。

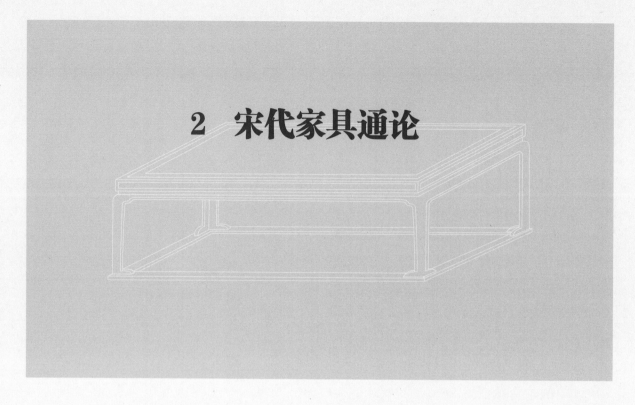

2 宋代家具通论

2.1 宋代家具分类法

　　就目前可见的宋代家具实物、图像与文献资料而言，宋代家具可有多种分类法，如制作材料分类法、结构方式分类法、组合方式分类法、使用对象分类法、使用功能分类法等。

　　工艺美术中常以研究对象的制作材料作为分类法的依据，以此法分，宋代家具可分为木家具、竹家具、藤家具、草家具、陶家具、瓷家具、石家具、皮家具等，其中，木家具占主要比重。

　　以结构方式分，宋代家具可分为箱形结构（如见图2-1-1）、框架结构、板式结构、折叠结构等。

　　以组合方式分，宋代家具可分为单体家具、连体家具、组合家具等。

　　以使用对象分，宋代家具可分为皇室家具、贵族家具、文人家具、民间家具、佛教家具等。

　　以客观形态分，宋代家具可分为绘画中的家具、雕塑中的家具、明器家具[1]等。

　　以使用功能分，宋代家具可分为卧具、坐具、承具、庋[2]具、屏具、架具等。家具在宋代也被称为"家生"，譬如，南宋吴自牧记载了当时家具的分类，他说："家生动事如桌、凳、凉床、交椅、兀子、长桃（音同挑，指床板）、绳床、竹椅、枡笄、裙厨、衣架、棋盘、面桶、项桶、脚桶、浴桶、大小提捅、马子、桶架。"[3]这些家具的分类基本上是以使用功能来作为区分依据的。

　　以上这些分类表明宋代家具在诸多方面已比较丰富而成熟，它们可以为后人研究提供较为充足的材料。在以上几个方面的分类法中，以使用功能的不同来区分家具是目前家具界较为流行的分类法，其优点在于家具的使用功能和人们的衣食住行的关系是直接的，它和我们今天的家具使用功能状况也较为接近，人们对此比较熟悉。因此，我们下面在进行宋代家具的通论时即以此法为主要原则。

注释：

[1] 这一时期出土的家具实物大部分是明器类的陪葬家具，不过基本上是按实用比例缩小制成的，有的墓葬甚至是成套出土，这使我们能了解宋代实用家具的结构、造型特征与使用状况，它们所揭示的内容往往是一些历史文献和传世绘画不能比拟的。

[2] 音同轨，意为搁置、收藏。

[3]（南宋）吴自牧《梦梁录》卷一三《诸色杂货》。

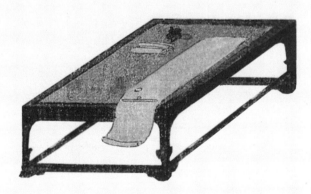

图2-1-1 南宋马远《西园雅集图》中的画案

2.2 卧具

宋代卧具主要有床和榻。

2.2.1 床

我国早期的床包括两个含义，既是坐具，又是卧具。东汉许慎《说文解字》云："床，安身之坐者。"表明当时流行的观念认为坐是床的主要功能。西汉后期出现了"榻"这个名称，主要指坐具。东汉刘熙《释名》说："榻，言其体，榻然近地也，小者曰独坐，主人无二，独所坐也"。六朝以后的床榻打破了传统习惯，高度增加，形体变大。习惯上仍是床榻并称，并将榻看作床的一种。直到唐代中期及以前，坐具、卧具仍多称床，也称榻，坐具称为小床，坐面使用绳条的称为绳床，今天的马扎（折叠凳）也被叫做胡床。成语——"东床快婿"中的"床"指的也应是榻（或胡床），而非睡觉用的床。此故事出于《晋书》，"太尉郗鉴使门生求女婿于导（王导），导令就东厢遍观子弟。门生归，谓鉴曰：'王氏诸少并佳，然闻信至，咸自矜持。唯一人在东床坦腹食，独若不闻。'鉴曰：'正此佳婿邪！'访之，乃羲之也，遂以女妻之。"[1]睡觉用的床应放于卧室，王羲之大白天"坦腹食"的地方按理也不会在其卧室，而以榻或胡床来解释，似乎较能说得通。另外，唐代李白著名的《静夜思》中"床前明月光，疑是地上霜。举头望明月，低头思故乡"中的"床"结合时代背景与动作发生的合理性来看，较合理的解释也非睡觉之床，而是胡床。

到了宋代，床之含义的多变性依然存在。例如，南宋陆游引徐敦立言说："梳洗床、火炉床家家有之，今犹有高镜台，盖施床则与人面适平也。"[2]再如宋王谠说："宰相别施一床，连上事官床，南，坐于西隅，谓之压角。"[3]这里的"梳洗床"、"火炉床"、"别施一床"、"官床"应该均不是我们今天所谓床的概念，应是榻、凳一类的家具。另外，南宋洪迈《夷坚甲志》载："张公为桂林守，尝令曝书于檐间，简取三足木床登之。"[4]这里的"三足木床"也许是一种三足木凳。

甚至到了元代，榻也会被称作床。例如，近人卢弼《三国志集解》中在解释《吴志·鲁肃传》中的"合榻"一词时，引元胡三省的话说："榻，床也，有坐榻、卧榻。"

为避免字意的混乱而导致理解的差异，本文研究的床主要指的是用于人们睡觉的卧具，这也是今天的概念。虽然在宋代，床也可以用于他用，例如供人垂足而坐，但其主要使用功能是睡觉。在宋代文献中，涉及床的有不少，例如宋邵雍有诗曰："梦中说梦重重妄，床上安床叠叠非。"[5]宋周辉记有："蔡卞之妻七夫人，颇知书，能诗词，蔡每有国事，先谋于床笫（音同子，指竹篾编织的床垫），然后宣之于庙堂。"[6]

宋人还对床的某些局部有特定称谓，如

床敷（床铺）、床棱（床承坐面的棱角）、床锐（床棱）、床垠（床边）、床裙（长方形，多为布制，安装于床的四周，用以防止沾污床帐）等。对于床敷，北宋王安石有诗曰："床敷每小息，杖屦或幽寻。"[7]南宋陆游也有诗曰："如何得一室，床敷暖如春。"[8]对于床棱与床锐，北宋苏辙有诗曰："故人隐山麓，燕坐销床棱。"[9]"床锐日日销，髀肉年年肥。"[10]对于床垠，北宋梅尧臣有诗曰："空余破窗月，流影到床垠。"[11]对于床裙，《宋史》载："凡帐幔、缴壁、承尘、柱衣、额道、项帕、覆荐、床裙，毋得用纯锦徧绣。"[12]

由于床主要供人们睡觉，所以它具有的私密性远比榻强，这样一来，无论是在墓室壁画上，还是在传世绘画作品中对床的描绘就不像榻那样多。从实物和壁画看，当时的床周围有间柱，有栏杆，也有围板，床体有箱形壸门结构和四足形结构，其中，目前能看到的辽、金栏杆式围子床较具特色。这主要由于此时北方地区的人们虽然仍逐水草而居，但是在吸收汉文化的基础上，他们的起居习惯已经有了较大程度的改变，从而影响了家具形制。我国北方地区气候寒冷，人们睡眠时多睡卧在一种用土坯或砖石砌筑而成的设施上，这种设施被称为"炕"。当时的北方民族睡眠除了使用炕外，床榻的使用也逐渐增加。而且，此时北方的家具制作技术有了提高，这与被掳来的汉族工匠的经验与技术的传授大有关系，使得北方的家具生产质量与规模得以发展，有能力制造出较为精美的家具来。

关于当时的实物床，我们可以在山西大同金代阎德源墓出土的围子床、小榻床(也有研究者称之为儿童床)、山西襄汾金墓出土的围子床、内蒙古翁牛特旗解放营子辽墓出土的围子床，以及四川广汉宋墓出土的棺床中找到具体信息。在以上5件床的实物中，有4件是带有围栏的，其中3件为三面围栏式，别具特色。最独特的是山西大同金代阎德源墓出土的围子床（图2-2-1），围栏除了设置在左、右、后三面，还延伸至床正面的左、右两边，宽度各占床正面宽度的三分之一，在结构上和其余的围栏一气呵成，只留出床正面中间三分之一的空档供人上下床。这种设计在安全性上的考虑是极为周到的。床围借鉴建筑中栏杆的形制，以6根蜀柱为主导来设置分为两层的围栏，在力学承受上以横木担当的比重最多。由于这种只留一个小缺口的围栏在造型上和露台一类的建筑十分相像，因此它和河北宣化辽韩师训墓壁画中的围栏桌（图3-5-8）这一类的家具一样，都是灵活驾驭家具与建筑的相通法则而作出的独特设计。

这几件实物床中，只有内蒙古翁牛特旗解放营子辽墓（1970年出土）的栏杆式围子床（图2-2-2）使用了长方形底座式的箱形结构。此床保存比较完整，通高72cm，宽112cm，长237cm，床上铺装木板。左、右、后三面有栏杆，此床上半部的造型即以纵横相接的栏杆为主要结构，疏密有致，虚实相间。床的左、右两面的角柱之间有两根方形间柱，后面有四根方形间柱，角柱和间柱之间用薄木板镶嵌格棂，板上有墨书汉字"三"、"五"、"六"等字样，当为工匠所记。左、右、后三面间柱分上下两部分，上部为栏杆式，下部为围板形。方形角柱以榫卯固定于床板，栏柱上有雕饰。床面与床座没有以榫卯固定，可自由挪动，便于搬运与陈设。正面床沿镶有8个壶门形式的图案，内涂朱红色，较为精美。镶嵌的

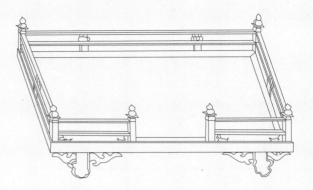

图2-2-1　山西大同金代阎德源墓出土围子床

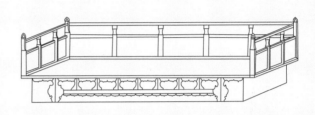

图2-2-2　内蒙古翁牛特旗解放营子辽墓出土围子床

假云板足和腰衬下边都采用与以上壶门图案相似的曲线花饰。这种箱形结构的床下空间较难利用，这也是一类床榻的缺陷所在。

其余几件床均采用足的支撑形式，但具体表现形式较为丰富，以山西大同金代阎德墓出土的小榻床（图2-2-3）为例，明器，杏木质，为四足栏杆式围子床，长40.4cm，宽25.5cm，高20cm。床由足、围板、间柱、床板4部分组成，床的上半部与下半部之间用一圈围板遮护，承上启下，使两部分联为一体。床面下有雕饰为如意云纹的板状四足，两侧的前后足间有横枨，增加了结构强度。而该墓出土的围子床使用的则是较粗的柱状四足，且足两旁均装有卷草纹牙头。

最简洁的是山西襄汾金墓出土的围子床（图2-2-4），长170cm，宽75cm，栏柱高

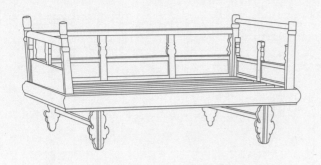

图2-2-3 山西大同金代阎德墓出土小榻床

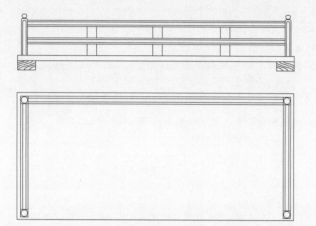

图2-2-4 襄汾金墓出土围子床正视图与顶视图

图2-2-5 四川广汉宋墓出土棺床

25cm，足十分低矮，只采用矩形断面的2根横木支垫，并以竹钉加固。其床围子保存较好，形制简洁，造型与结构近于前述内蒙古翁牛特旗解放营子辽墓出土木床。三面栏柱与栏杆的断面为大、小八楞柱，出八楞头，这种断面是

辽金时期的流行线型，受唐代造型用线的影响较大。

最复杂的是四川广汉宋墓出土的棺床（图2-2-5），四足粗厚，饰有曲线纹，并有作曲线变化的牙头与牙条。床的正面分为两个装饰部位，上部有复杂装饰，下部属于足、牙头、牙条的功能部位，表面也有装饰。

画中床具形象主要见于南宋佚名《韩熙载夜宴图》、南宋佚名《五山十刹图》和山西汾阳金墓壁画，若论形象性与艺术性的高超表现，南宋佚名《韩熙载夜宴图》中的床具堪称代表。该图中画有两件床（图2-2-6），均为三面围子的帐床，也可称作架子床。床围上饰有山水画，能看出是边角构图。床上铺床单，下垂至地面，一件床帐为布满圆形纹样的红色织物，另一件为布满红绿相间圆形纹样的深灰色织物。画面中，两件床帐全部打开，以丝带系成蝴蝶结收于两侧。山西汾阳金墓壁画中描绘的也是帐床（图2-2-7），在装饰上比较重视。图左侧为2号墓北壁壁画上的床，床上有床围，围子分为3个界格，内饰花纹。床外有格扇门，上面饰有菱花、如意等图案。图右侧为4号墓西壁壁画上的床，床帐向两侧卷起，外侧有两条较宽的带花纹的系帐彩带，两带之间还悬挂一个大绣球。其床围子较高，也分为3个界格，格内饰有图形。汾阳金墓壁画中的这两件床的特色在于二者分别处于一室之中，增加了卧具的私密性，这也形成了后来的床具与卧室家具陈设的发展方向。

我们在《五山十刹图》中的方丈坐床（图2-2-8）与径山僧堂长连床（图2-2-9）中则可发现在尺寸、比例、结构上更真实的卧具测量图。由于《五山十刹图》具有较为具体的测量数据，因此南宋寺院中的这两种卧具特点被充

分展现出来。

《五山十刹图》在表现与说明上和现在的制图法不同，有其自身特点，但是图形表达得还是比较清楚的。方丈坐床为三围式，后围子最高，在结构上也最复杂，且有"背"、"侧"之分，主要分布有4个大单元，每个大单元中又以垂直线与水平线分割而形成大小不一的矩形组合。两侧的围子叫"板头"，高一尺七寸(当时的一尺相当于今天的31cm)。床面长5尺，宽3尺1寸，板心厚3寸7分。从其床面长度尺寸说明来看，经换算只有今天的155cm，是无法令人伸直腿躺下的，因此，《五山十刹图》中虽定名为"坐床"，而在实际功能上它应是一件榻，图中称其为"坐床"，从"坐"字可知，它是供僧人盘足坐于上面休息的。"坐床"从正面看有5足，有曲线纹牙头、牙条的统一结构与装饰。

径山僧堂坐床是供众僧坐禅、饮食、躺卧的家具，图中描画的是一件长连床。床靠窗而设，上置"函柜"(图中原名)，以《千字文》中的"天地玄黄，宇宙洪荒"为序排列床位序号。床从正面看有4只饰有线脚的粗壮足，足间有简略的牙条相连，足高1尺6寸，两侧的围子(板头)高2尺2寸。

当时上层人物使用的床还设足承(脚踏)。如《宋史》记载宋仁宗的刘贵妃曾在盛夏"以水晶饰脚踏"，结果遭到仁宗的呵斥。[13]足承在当时又称为踏床，如《宋史》载："皇后乘肩舆龙檐，衬脚床褥，靠背坐褥及踏床各一。"[14]

从制作材料来说，当时的床有木床、竹床、藤床和土床等，其中以木床最为流行，有的富贵人家还喜欢在上面大作装饰，例如北宋苏辙记载李允则家"床榻皆吴、越漆作"[15]。

图2-2-6　南宋佚名《韩熙载夜宴图》中的床

图2-2-7 山西汾阳金墓壁画中的床

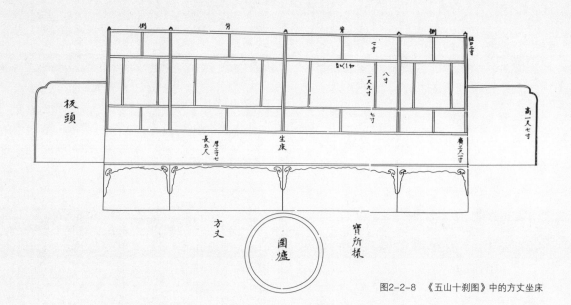

图2-2-8 《五山十刹图》中的方丈坐床

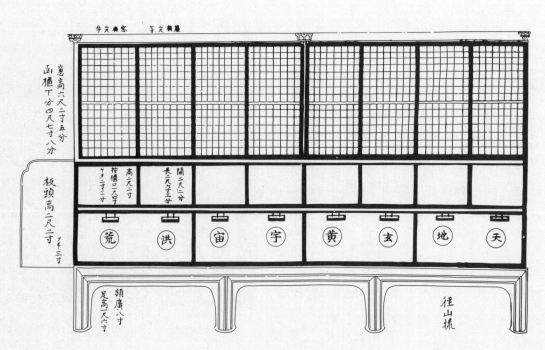

图2-2-9 《五山十刹图》中的径山僧堂长连床

邵伯温说宋仁宗提倡节俭，用的是"素朱漆床"[16]。

竹床在宋代较多见，南宋杨万里就作有《竹床》诗[17]，宋吕荥阳有诗曰："竹床瓦枕虑堂上。"[18]苏轼也曾说成都青城山老人村中有"竹床"。[19]

藤床在宋代也有使用，如宋人朱彧记载："王荆公妻越国吴夫人，性好洁成疾，公任真率，每不相合。自江宁乞骸归私第，有官藤床，吴假用未还，吏来索，左右莫敢言。公一旦跣而登床，偃仰良久，吴望见，即令送还。"[20]

北宋沈括《忘怀录》（转引自元陶宗仪《说郛》七十四）记载了一种使用藤绷的木（或竹）床："其座方二尺，足高一尺八寸，档高一尺五寸，从地至档，共高三尺三寸。木制藤绷，或竹为之，尺寸随人所便，增减为床，长七尺，广三尺，高一尺八寸。自半以上别为子面，嵌大床中间。子面广二尺五寸，长三尺，皆木制。靠坐欲涩，欲眠令身不褪常。下虚二寸，床下以板称之，勿令通风。又子面嵌下与大床平，一头施转轴，中间子面底设一拐撑，分五刻。子面首挂一枕，若欲危坐，即撑起，令子面直上，便可靠背，以枕承脑。欲稍偃，即退一刻尺，五刻即与大床平矣。凡饮酒，不宜便卧，常倚床而坐，稍倦，则稍偃之，困即放平而卧。使一童移撑，高下如意，不须移身，可以遂四体之适。"此床的靠背可调节，坐卧转换便捷，堪称多功能，可惜这种颇能体现宋代格物致用精神的家具在现存实物与图像资料中尚未被发现。

土床流行于北方地区，宋代文献屡有提及，如宋人张载有诗云："土床烟足紬衾暖。"[21]这里所言的"土床"其实是土炕。南

图2-2-10 南宋苏汉臣《婴戏图》中的榻

图2-2-11 宋佚名《乞巧图》中的榻

图2-2-12 南宋李嵩《听阮图》中的榻

图2-2-13　宋佚名三彩陶枕画《柳阴读书》中的榻

图2-2-14　南宋马和之《荷亭纳爽图》中的榻

图2-2-15　山西平阳金墓砖雕《二十四孝·王武子妻割股奉亲》
　　　　　中的榻

方也有用土床的，例如南宋陆游诗中有"土床纸帐卧幽寂"[22]，"煮药土床前"[23]。宋郭彖转引仪真报恩长老子照言："绍兴间，尝与同辈三人，行脚至湖南，经山谷间，迷惑失道，暮抵一古废兰若，相与投宿。墙屋颓圮，寂无人声。一室掩户，若有人居，中惟土榻地炉，以灰掩微火……"[24]这里的"土榻"应指睡觉用的土床。

2.2.2　榻

宋代榻的功能较为多变，它既可以供人躺卧休息，也可以供人在上面活动，摆放东西，而且也可以供人垂足而坐，这时似乎它已在使用功能上转变为坐具。目前我们可以看到的这一时期的榻的形象多于床，其形制也比床丰富，由于榻在使用功能上的多种选择，因此这一时期的榻无论是在结构上，还是在装饰与造型上都有丰富的表现，宋词中屡有涉及，如宋吕谓老有词曰："十年禅榻畔，风雨扬茶烟。"[25]宋人欧阳澈有词曰："解榻聚宾挥玉麈。"[26]北宋初期，由榻还引出一个著名典故。南唐在强大的北宋政权面前奴颜婢膝，以求苟延残喘。但赵匡胤在准备完成后还是发动了对南唐的战争。后主李煜派使节去问赵匡胤征讨之因。赵匡胤回答："卧榻之侧，岂容他人酣睡？"毫不掩饰其政治雄心。之后，这句以"卧榻"喻事之语成为名言。

在结构上，这时的榻主要分为箱形结构与框架结构。箱形结构为隋唐以来的传统形式，与此形式相结合的是束腰与托泥的形式。这种榻古朴端庄，底座多带有壸门装饰，和后来兴起的框架结构的榻相比，不免多费材料，工艺性也变复杂了，例如，宋佚名《维摩图》（彩

中国宋代家具

图·卧具12）中的三围子榻即是如此。为此，王世襄先生在《谈几种明代家具的形成》一文中说："从研究家具制作及演变的角度来看，宋人《维摩图》是一幅很重要的绘画。古代画家很少将家具的细部刻划得如此仔细精到。他使我们看到床围子的制作是攒框装板做。边框素混面起双阳线，边框内子框起脊纹和边框的一条阳线交圈。边框转角处委角。子框和边框用大格肩榫相交。框内的装板一律用浅色的瘿木，取得不同木材色泽对比和天然活泼纹理与谨严精密的木工对比的脱俗、耐看的效果。这些做法我们都可以在明代家具中看到，故感到亲切而熟悉，足以说明明代家具如何继承了宋代家具的造型、结构和线脚，包括选料和配料。不过，《维摩图》中的床身却与明代的罗汉床大不相同，我们还举不出一件采用台座式造型的明代壸门床。我们不妨说明代家具继承并发展了床的上部而简化了其下部。我们有可能在传世实物中发现一件明制罗汉床其围子近似《维摩图》中所见，但其床身将是四足的，而不会是台座式平列壸门的。明代对宋代家具既有继承，也有简化和摒弃。"[27]

属于束腰托泥式的有北宋《妙法莲花经》插图、北宋李公麟《维摩演教图》（彩图·卧具5）、宋佚名《十八学士图》、南宋苏汉臣《婴戏图》（图2-2-10）等画中的榻。

而属于有托泥而无束腰式的远多于前者，例如北宋王诜《绣栊晓镜图》、宋佚名《白莲社图》、宋佚名《宫沼纳凉图》、宋佚名《孝经图》、宋佚名《白描大士像》、北宋李公麟《维摩诘像》（彩图·卧具3）、宋佚名《维摩图》、宋佚名《羲之写照图》、宋佚名《乞巧图》（图2-2-11）、南宋佚名《槐阴消夏图》（彩图·陈设1）、南宋高宗书《孝经图》（彩图·卧具7与8）、南宋李嵩《听阮图》（图2-2-12）、南宋马和之《孝经图》、南宋牟益《捣衣图》（彩图·卧具10）、南宋时大理国

图2-2-16　南宋佚名《韩熙载夜宴图》中的2件榻

图2-2-17　南宋马和之《唐风图》中的榻

图2-2-18　镇江市博物馆藏北宋景德镇窑影青孩儿枕中的榻

《张胜温画卷》（维摩大士坐榻）、南宋佚名《荷亭对弈图》、南宋佚名《女孝经图》等画中的榻。

属于框架结构的则有贵州遵义永安乡南宋杨粲墓出土石雕榻，而宋佚名《高僧观棋图》、宋佚名《薇亭小憩图》、宋佚名三彩陶枕画《柳阴读书》（图2-2-13）、宋佚名《东山丝竹图》、南宋赵伯骕《风檐展卷》、南宋马和之《荷亭纳爽图》（图2-2-14）、南宋佚名《韩熙载夜宴图》、南宋佚名《蚕织图》（彩图·卧具9）、南宋佚名《荷亭婴戏图》、山西平阳金墓砖雕《二十四孝·王武子妻割股奉亲》（图2-2-15）等中的榻也是如此，其典型结构形式为有四足，部分足间有横枨，与前述箱形结构榻相比，它们在形态上趋于简洁，在装饰上大为减少。

在造型上，这一时期的榻大多比较低矮，属于高榻的较少，北宋《妙法莲花经》插图、宋佚名《维摩诘像》中绘有高榻形象。

另外，多数的榻属于板榻，即有一块平板的榻面供人坐卧休息。板榻又被称为"四面床"，使用这种无围子的榻，一般需要使用凭几或直几作为辅助家具，如宋佚名《梧阴清暇图》中使用直形腋下几，而宋佚名《白描大士图》中使用天然树根三足曲几。

宋代也有围子榻，这种榻多设置三面围子，如宋佚名《维摩图》、南宋马和之《孝经图》、南宋苏汉臣《婴戏图》等画中均有这样的榻，贵州遵义永安乡南宋杨粲墓出土的石榻也是三围子榻。这种榻的结构更为科学，利于装饰，到了明代更为盛行，清人还将具有三面围子（高度较低）的榻称为罗汉床。如前所述，王世襄先生就将宋佚名《维摩图》中的三面围子榻叫做罗汉床。

南宋佚名《韩熙载夜宴图》中的两件榻（图2-2-16，线图见附图2-2、附图2-3）通身髹黑漆，色调沉着。框架结构，四角立有角柱，角柱下部有牙头与牙条进行加固。榻的左、右、后三面设计了高度相同的高围子，围子上均饰以绘画。榻的坐面均呈"凹"形，其前部还在两边配置了两块高度约为围子一半的挡板，中间留出约有五分之二榻宽的空档供人上下。挡板兼具扶手功能，譬如韩熙载的手就扶于其上。这种颇具文人气息的榻造型别致，为后世罕见。

另有相当部分的宋榻背后设置屏风，这在贵族与士大夫家中颇为流行。这种榻屏一般为独屏，偶见多屏，如宋佚名《槐阴消夏图》中的木制凉榻后就立有一座山水画独屏，轻便适用，宋佚名《孝经图》中则绘有三屏榻屏形象。屏风上以山水画作为装饰的最多，例如宋佚名《白描大士图》、宋佚名《高僧观棋图》、宋佚名《乞巧图》、宋佚名《十八学士图》、宋佚名《羲之爱鹅图》、南宋刘松年《补衲图》、南宋牟益《捣衣图》、南宋佚名《荷亭对弈图》等画中的榻均是如此。

这一时期，山水画之所以能够如此盛行于

榻屏有着深刻的文化背景，即山水观念在宋代文人审美思想中占据了重要位置，这种对自然物的观照可以使他们摆脱尘世的喧嚣，澄净自己的内心。

宋佚名《白描大士像》（附图1-39）中的榻较为独特，底座不是常见的壶门造型，而是加以了简化，以方取胜，别有特色。榻后有屏风，为榻屏中罕见的二折型。榻屏中间的装饰极为复杂，为类于龟甲纹的四方连续图案，周边也为花边与多瓣花朵的组合。

榻本是低坐起居时代中较具代表性的家具品种，在宋代这一重要的家具转型期，榻依然表现了旺盛的生命力，既有早期箱形结构的发展，又有基于建筑大木梁架结构的家具框架结构的更新。譬如，南宋马和之《唐风图》中的榻（图2-2-17）仍具有早期箱形结构榻的特征；镇江市博物馆藏北宋景德镇窑影青孩儿枕(图2-2-18)中女孩儿所卧的榻较为拙厚，通身饰以卷草纹，有粗矮的足，保留了唐代家具的风尚而有所发展；而南宋《蚕织图》中的板榻已十分简洁实用，榻面45度格角榫的形式以及足间牙头、牙条的设置使得榻本身已具备了宋代家具的典型特点，也可以看作是后世明式家具经典风格的源泉所在。

在制作材料上，宋榻以木榻为主，另有竹榻、石榻等。竹榻主要用于夏天，如："淳熙三年夏，吴伯秦如安仁，未至三十里，投宿道上白云寺，泊一室中。喜竹榻凉洁，……不解衣曲肱而卧。"[28]石榻较少见，《宋朝事实类苑》载："王樵，字肩望，淄川人。性超逸，……预卜地为崅，名茧室，中置石榻……"[29]

就整体而言，宋榻较为朴素，这和当时政府大力倡导节俭不无关系，如"天圣七年，诏

士庶、僧道不得以朱漆床榻"[29]。但是仍然有些富贵人家贪图享受，我行我素，在榻上大肆装饰，例如，"至宣和间，蔡行家虽卧榻亦用滴粉销金为饰，赵忠简公亲见之。其奢俭不同如此。"[30]

注释：

[1] 《晋书·王羲之传》。
[2] (南宋)陆游《老学庵笔记》卷四。
[3] （宋）王谠《唐语林·补遗四》。
[4] （南宋）洪迈《夷坚甲志》卷一三《马简冤报》。
[5] （宋）邵雍《闲行吟》之三。
[6] （宋）周辉《清波杂志》卷三。
[7] （北宋）王安石诗《半山春晚即事》。
[8] （南宋）陆游诗《午睡》。
[9] （北宋）苏辙诗《次韵子瞻上元见寄》。
[10] （北宋）苏辙诗《闲居五咏·杜门》。
[11] （北宋）梅尧臣诗《五月十七日四鼓梦与孀人谢恩至尊令作诗枕上口占》。
[12] 《宋史·舆服志五》。
[13] 《宋史》卷二四三《刘贵妃传》。
[14] 《宋史·舆服志二》。
[15] （北宋）苏辙《龙川别志》卷下。
[16] （北宋）邵伯温《邵氏闻见录》卷三。
[17] （南宋）杨万里《诚斋集》卷三一。
[18] 转引自《齐东野语》卷一八，周密《昼寝》。
[19] （北宋）苏轼《仇池笔记》。
[20] （宋）朱彧《萍洲可谈》卷三。
[21] （宋）张载诗《土床》，《宋文鉴》卷二八。
[22] （南宋）陆游诗《霜夜》。
[23] （南宋）陆游诗《枕上》。
[24] （宋）郭象《睽车志》卷一。
[25] （宋）吕渭老词《水调歌头·送季修同希文去秀》。
[26] （宋）欧阳澈词《蝶恋花·拉朝宗小饮》。
[27] 王世襄《谈几种明代家具的形成》，《收藏家》1996年第4期。
[28] （南宋）洪迈《夷坚支志》癸卷五《白云寺行童》。
[29] 《宋朝事实类苑》卷四一《王樵》。
[30] （宋）周辉《清波杂志》卷七《卧榻缕金》。

2.3 坐具

宋代坐具主要有椅、凳、墩等。

2.3.1 椅

在几百年逐渐形成的概念中，坐具里椅和凳的最大区别在于椅有靠背，除了供人垂足坐，还可供人倚靠，所以早期的椅子也称"倚子"。在中国，目前可见的关于"倚子"的最早文字记载见于唐德宗贞元十三年(798)，时任河南府济源县令的张洗《济渎庙北海坛祭器碑》的碑阴除了记有"绳床十"，还在注中记有"内四倚子"[1]的说法，其中的"倚子"就是今天我们所说的椅子，之所以用"倚"字就是强调其倚靠功能。而椅子一词的最早记载则见于日本天台宗高僧慈觉所著的《入唐求法巡礼行记》，其中记有："相公及监军并州郎中、郎官、判官等皆椅子上吃茶，见僧等来，皆起立，作手宣礼，唱：'且坐。'即俱坐椅子，啜茶。"此文所记为唐文宗开成三年(838)之事，可知唐代不但出现具有椅子功能的家具，而且已有椅子这一称谓。

尽管如此，从唐代到北宋，更多的人还是愿意将这种有靠背的坐具叫做"倚"或"倚

子"。比如，北宋欧阳修就记有："今之士族，当婚之夕，以两倚相背，置一马鞍，反令婿坐其上，饮以三爵。"[2]甚至到了南宋时期，赵与时还说："京（蔡京）遣人廉得有黄罗大帐，金龙朱红倚卓，金龙香炉。"[3]而这一时期椅则常被人们用来指代椅树或椅木，例如，北宋秦观有诗曰："果欲鸣凤至，还当种椅梧。"[4]这里的"椅"指的就是椅树。北宋曾巩也有诗曰："乃独采樗栎，不知取椅檀。"[5]这里的"椅檀"指的是椅木和檀木，泛指良材。

到了南宋，将有靠背的坐具称做椅子的说法逐渐增多，譬如，南宋陆游引徐敦立言："往时士大夫家，妇女坐椅子、兀子，则人皆讥笑其无法度。"[6]南宋朱熹集注引北宋程颐曰："且如置此两椅，一不正，便是无序，无序便乖，乖便不和。"宋王铚记有："李后主入宋后，徐铉往见，引椅稍偏乃坐。"[7]孟元老记载北宋都城汴梁婚礼时，"于中堂升宋榻，上置椅子，谓之高坐。"[8]但是也有宋人对这一说法持有异议，而且说得颇有道理，例如，北宋黄朝英（建州人，绍圣后举子）就说："今人用倚卓字，多从木旁，殊无义理。字书：'从木从奇乃椅字，于宜切，诗曰其桐其椅是也。从木从卓乃棹字，直教切，所谓棹船为郎是也。'倚卓之字虽不经见，以鄙意测之，盖人所倚者为倚，卓之在前者为卓，此言近之矣。何以明之？《淇奥》曰：'猗重较兮。'新义谓：'猗，倚也。重较者，所以为慎固也。'由是知人所倚者为倚。《论语》曰：'如有所立卓尔说者，谓圣人之道，如有所立卓然在前也。'由是知卓之在前者为卓。故杨文公《谈苑》有云：'咸平、景德中，主家造檀香倚卓一副。'未尝用椅棹字，始知前

辈何尝谬用一字也。"[9]尽管如此，也许正因为宋初以后越来越多的椅子以木材来制作，早期的"倚"才逐步从"木"而演化为我们今天所熟知的"椅"并约定俗成，下面我们对椅子的讨论也是基于今天的概念。

椅作为高坐家具的代表，在宋代有了更为成熟的表现。宋代椅子可分为靠背椅、扶手椅、交椅、圈椅、宝座、连椅、玫瑰椅等，其中的靠背椅是当时使用数量最多的椅子。

2.3.1.1 靠背椅

靠背椅的造型尽管并不复杂，但是宋人将其发展得丰富多彩，其结构美与装饰美被结合得较为出色。从现存绘画和出土实物看，宋代靠背椅的搭脑多为出头式，多数向两侧伸出很多，与宋代官帽的幞头展翅有一定程度的联系，在形式感上也增加了对比性。以搭脑形状分，宋代靠背椅可以分为两大类：直搭脑靠背椅与曲搭脑靠背椅。

直搭脑靠背椅又可分为横向靠背与纵向靠背两种（这里靠背的横向与纵向指的是靠背与人的脊柱接触处主要木条的方向），其中以直搭脑纵向靠背椅为多。这种造型的椅子图像可以在北宋张先《十咏图》、宋佚名《孟母教子图》、宋佚名《文汇图》、南宋佚名《女孝经图》等画中看到，具体造型还可见于河北孤台4号墓出土宋椅、江苏武进村前南宋墓出土木靠背椅、浙江宁波南宋石靠背椅（图2-3-1，据陈增弼先生精心推测而复原，详细尺寸图见附图3-8）。此件南宋石靠背椅在浙江省宁波市东15公里的东钱湖被发现。石椅原为南宋史诏墓道前的随葬品，这在我国古代墓葬形式中是比较特殊的。据其墓志铭记载，史诏

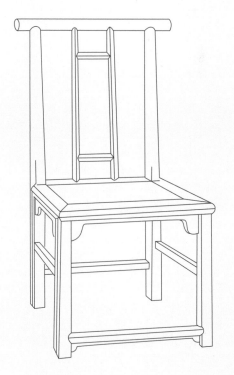

图2-3-1 浙江宁波东钱湖南宋石椅实景照片（上）与复原图（下）

图2-3-2　宋佚名《女孝经图》中的靠背椅、足承

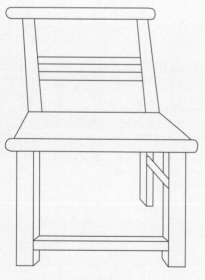

图2-3-3　内蒙古林西辽墓出土木靠背椅

（1057~1130）以教书为业，宋徽宗曾下诏请他入京作官，史诏不受，并从城内迁居至东钱湖隐居，死后葬于此地。史诏有五子，其中史师才是政和八年（1118）的进士，官至参知政事，墓前的石雕和石椅就是他替父亲雕造的。原先石椅有两件，一件后被破坏，另一件于上世纪90年代由文物管理部门从农民家收集后归放原处。

石椅根据当时真实大小的木椅造型与结构雕制而成，是宋代典型的灯挂椅。石椅中间部分为实芯，大部分被椅披覆盖，下设足承。座屉下有牙角。水平搭脑有残缺，圆形断面，从残存痕迹看，搭脑应是向两侧挑出的。四足有侧脚，两后足略向后倾斜，使倚靠舒适。侧枨线脚使用了剑脊线（一种宝剑的断面造型），使此椅成为较早运用剑脊线的实例。椅子两侧座屉下部使用具有结构与装饰双重作用的牙板，此外在巨鹿宋椅、江阴宋椅、盐城宋椅上也使用了牙板，说明在宋代已广泛使用牙板，并为明清家具沿用。陈增弼先生认为石椅座屉使用的是"两格角榫座屉"[10]做法，这为我们认识南宋椅类家具提供了较为直接的尺寸与数据。

我们还可以在宋佚名《女孝经图》中看到这种直搭脑纵向靠背椅（图2-3-2）为文人所使用。

至于直搭脑横向靠背椅，可见于江苏江阴孙四娘子墓出土木靠背椅（彩图·坐具3）、内蒙古林西辽墓出土木靠背椅（图2-3-3）、北京辽金城垣博物馆藏金代木靠背椅（彩图·坐具1）和宁夏泾源北宋墓砖雕椅等，北宋张择端《清明上河图》中的双人连椅也有如此特征。

另外，由于人物或椅披的遮挡，其靠背看不出是横向还是纵向的有以下一些直搭脑靠背

椅：河南方城宋墓出土石靠背椅、江苏扬州宋
邵府君王氏石刻椅、山东高唐虞寅墓壁画中的
两件靠背椅、山西汾阳金墓砖雕靠背椅、宋佚
名《孝经图》中的靠背椅、南宋佚名《韩熙载
夜宴图》中的5件靠背椅（客人坐）、四川泸县
南宋墓石刻靠背椅、南宋赵伯驹《汉宫图》中
的连椅等。

　　根据直搭脑靠背椅搭脑的是否出头，还可
以将其分为出头型与不出头型，出头型靠背椅
的搭脑两端向外挑出，有的形成富有情趣的弓
形，这种式样颇似江南农村用来悬挂油灯灯盏
的竹制托座，即灯挂，它可以挂于灶壁，灯挂
的托座平，提梁高。王世襄先生认为这种椅子
的式样及名称均是从南方传到北方来的。灯挂
椅为宋代常见椅子形式之一。

　　曲搭脑靠背椅也可分为横向靠背与纵向靠
背两种。

　　曲搭脑纵向靠背椅有河北巨鹿宋城遗址
出土木靠背椅、江苏溧阳竹箐乡李彬夫妇墓出
土陶椅等，其形象还可见于北宋张择端《清明
上河图》（岸边酒楼里的）、宋佚名《十八
学士图》（图2-3-4）、南宋佚名《韩熙载夜
宴图》、南宋佚名《五山十刹图》（灵隐寺椅
子）等宋画。

　　曲搭脑横向靠背椅实物在河北宣化下八里
辽张匡正墓、张世本墓、张文藻墓，内蒙古赤
峰辽墓，内蒙古翁牛特旗解放营子辽墓，内蒙
古喀喇沁旗娄子店乡辽墓等中皆有出土。

　　以内蒙古翁牛特旗解放营子辽墓出土靠背
椅（图2-3-5）为例。此椅通高50cm，座面高
22cm，椅面长35.5cm，宽36.5cm。座面近于攒
边做，中间部位为薄木板制成，与卯合的四框
齐平，前大边与左右抹头两端的交接处向外突
出，并做了一定圆角处理。前沿横枨上的挡板

图2-3-4　宋佚名《十八学士图》中的靠背椅

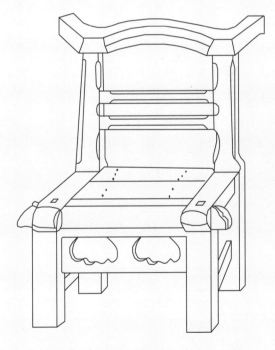

图2-3-5　内蒙古翁牛特旗解放营子辽墓出土木靠背椅

图2-3-6　河北宣化张文藻墓出土木靠背椅

有2个桃形开光。椅背横靠背作弓背状，下附加2根三棱形细横枨。

　　河北宣化辽张文藻墓出土的2件木椅和前述椅子虽然出土地点不同，但是在造型与结构上是一脉相承的。张文藻墓木椅被发掘时是置于桌旁的，应是桌子的配套家具。其中一件木椅（图2-3-6）通高78cm（其中足高32.5cm），座面长42cm，宽35.5cm。座面也近于攒边做，只是前大边与左右抹头两端的交接处向外突出的部分未做圆角处理，而是呈现原有的方形截面。前后边框凿铆，中置串带两条，带上托椅座面。座面和横带用四枚木钉楔合加固。四足为方木制成，前两足和椅座边框相卯合，中间装横枨，椅子正面横枨上置挡板，上透雕花朵三。后两足向上伸延成弓形椅背，背上置两角上翘的串带。四足及横枨压出阴线纹。椅子除足根部腐朽外，保存基本完好。另一件木椅已散架，但可复原，形制同上，靠背为弓形。座长37.5cm，宽33cm，残高

46cm。发表于《文物》1996年第9期的河北省文物研究所《河北宣化辽张文藻壁画墓发掘简报》对此有较为详细的报道。

　　除了以上两墓，内蒙古赤峰辽墓、内蒙古喀喇沁旗娄子店乡辽墓等其他辽墓也出土了较为类似的靠背椅，其鲜明特征是椅面前大边与左右抹头两端的交接处有向外突出的部分，呈十字形。这反映了一定的区域特征，也和一定的审美心理有关，也许由于椅面前端的这种十字形突起没有实际的功能价值（甚至妨碍臀部的活动），所以后来并没有被继承下来。

　　属于曲搭脑横向靠背椅还有辽宁省博物馆藏辽代靠背椅、四川广汉雒阳镇北宋墓出土的两件陶椅和山西闻喜县下阳金墓壁画中的4件靠背椅等。

　　而由于人物或椅披的遮挡，其靠背看不出横、纵方向的有以下一些曲搭脑靠背椅：河南洛宁北宋乐重进石棺画像《赏乐图》、河南荥阳宋墓石棺线刻、河南禹县白沙宋墓壁画、江苏淮安北宋墓壁画、内蒙古辽墓壁画、南宋夏圭《山居留客图》、南宋高宗书《孝经图》、南宋佚名《女孝经图》、四川泸州凤凰山宋墓石刻浮雕等中的椅子，而四川大足南山第5号窟南宋三清古洞群像中的靠背椅、四川大足南山第5号窟南宋石刻玉皇大帝像坐椅也是如此。

　　另外，宋佚名《宋代帝后像（南熏殿旧藏）》中有近20位帝后坐的是曲搭脑靠背椅，也是因为均有椅披，其靠背的具体形制也很难推测。

　　曲搭脑靠背椅在搭脑的弯曲造型上也有较大的变化，例如著名的河北巨鹿宋城遗址出土木靠背椅的搭脑就呈现出一定向下弯曲的弧形变化。而南宋佚名《五山十刹图》中的径山化城寺客位椅子在搭脑上则呈现出三段变化，中间一段最高，且边端作弧形变化，两侧的两段

偏低，其两边也作弧形变化。

在一些重要人物所坐的靠背椅曲搭脑末端
则出现了龙头的造型变化。例如四川大足南山
第5号窟南宋三清古洞群像中的靠背椅、四川
大足南山第5号窟南宋石刻玉皇大帝像中的靠
背椅、宋佚名《女孝经图》中的靠背椅、宋佚
名《孝经图》中的靠背椅、宋佚名《宋代帝后
像（南熏殿旧藏）》中10多位帝后坐的靠背椅
等。

在宋代靠背椅的许多形象中，由于描写
的是侧面形象，叫人难以分清究竟是直搭脑还
是曲搭脑。这种情况多出现在"一桌二椅"的
家具陈设形式中。例如：河南安阳小南海北
宋墓壁画、河南安阳新安庄西地44号宋墓西壁
壁画、河南辉县百泉金墓壁画、河南洛阳涧西
宋墓壁画、河南禹县白沙宋赵大翁墓壁画（图
2-3-7）、山西闻喜寺底金墓壁画、山西闻喜
县下阳金墓北壁壁画、河北曲阳南平罗北宋墓
壁画等壁画中的靠背椅均是如此。另外，河南
郑州宋墓砖雕上的靠背椅形象也大致相似。

综上所述，河南地区对于"一桌二椅"的
家具陈设形式的运用最多，也最成熟。在高坐
起居方式的家具中，桌和椅是最重要的家具品
种，在这里它们的组合已经定型，说明高坐起
居方式已经在这一地区开始普及。

宋代椅子实物的发现很少，其中占比重最
大的是一些明器，若论当时的实用椅子遗物范
例，当属解放前于河北巨鹿北宋遗址出土的木
靠背椅。由于其背后有明确的墨书题款纪年，
显示为："崇宁叁年（1104）叁月贰拾肆日造
壹样椅子肆只"，另一处墨书显示为"徐宅
落"3字。说明当时的工匠共为徐宅制作了4件
这种款式的椅子。

此椅沉睡于泥沙之下八百余年，出土时虽

图2-3-7　河南禹县白沙宋赵大翁墓壁画中的"一桌二椅"式

散架，但构件基本上保存完整，通体髹饰过桐
油，后经过修复，藏于南京博物院。图2-3-8
为濮安国先生在《中国红木家具》中重新绘制
的，椅高115.8cm，坐高60.8cm，座屉宽50cm，
椅深54.6cm，出头搭脑向外挑出，并呈下弯的
弓形，为灯挂椅式造型。座屉抹头与前大边采
用45度格角榫做法，但抹头与后大边不交接，
未采用45度格角榫做法，而是分别与后腿直接
相连。如前所述，对于这一手法，陈增弼先生
称为"两格角榫座屉"。座屉由两块面板拼合
而成，面板端头与短抹使用落槽拼合法，但在
大边处不入槽，与其只是平合拼接，采用的也
不是"攒边做"手法，由此可见，我国家具中
的这一做法在北宋晚期尚处于形成阶段。座屉
下与前腿交接处有两个长牙头，几乎相连，但
仍未形成牙条。四足间有枨，为"步步高"
式，前腿间近地处有两个横枨，枨下均无角
牙。此件北宋实用木椅的出土可谓是北宋末年
宋徽宗时期民间木家具的珍贵实物资料，为研
究我国宋代家具树立了标准，对研究我国古代

图2-3-8 河北巨鹿北宋遗址出土木靠背椅

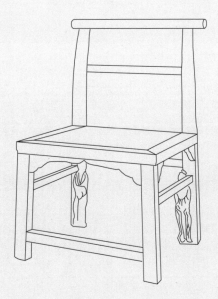

图2-3-9 江苏江阴孙四娘子墓出土木靠背椅

坐具有重要价值。

1980年，江苏省江阴县北宋"瑞昌县君"孙四娘子墓出土，墓中的明器中有一件杉木靠背椅（图2-3-9,实物见彩图·坐具3）。椅

高66.2cm，坐高33cm，座屉宽41.5cm，椅深40.5cm，椅面厚3cm。座屉结构方法与前述的巨鹿木椅大致相同，也为"两格角榫座屉"，可以看作是北宋后期流行制作程式的产物。座屉面框设一横档，承托心板，心板（厚1.1cm）与框内侧斜口（长0.2cm）嵌合。足高30cm，断面为4cm×4.1cm，足间有步步高枨，座屉与前足间有牙头与牙条。椅背设一横档，向后微弯。特别需要值得注意的是这件木椅的两后腿均钉有双手合拢于腹前的侍俑（此墓出土的木桌也是如此），这种家具设计应是当时当地特定风俗的产物，别有含义，寄予了生者对死者的某些丧葬观念，这有待于进一步研究。

2.3.1.2 扶手椅

扶手椅是指两侧增添扶手的靠背椅。在使用功能上，它显示了比普通靠背椅更好的优越性，即双手可以放在扶手上。其造型通常也比靠背椅复杂，由于多了扶手，在设计制作时，如何使它和椅子的其余部分协调是首先要解决的问题。

根据搭脑形状，宋代扶手椅也可以分为两大类：直搭脑扶手椅与曲搭脑扶手椅。

①直搭脑扶手椅实物可见于日本正仓院藏宋代（带托泥）木扶手椅（图2-3-10）和山西大同金代阎德源墓出土木扶手椅（图2-3-11）等。后者为明器，高20.5cm，式样为四出头官帽椅。其搭脑和扶手平直出头，其中的搭脑出头甚长，按比例来看，是目前笔者所见四出头官帽椅中搭脑出头最多、最具宋代官帽硬翅特征者。背板为竖向整板。椅足上细下粗，四足间均有枨，足与座屉间饰有圆头牙子。

直搭脑扶手椅的图像可见于以下宋画：宋佚名《勘书图》、宋佚名《孟母教子图》、宋佚名《十八学士图》（3件）、宋佚名《西园雅集图》、宋佚名《佛像》、宋代版画《天竺灵签》、宋佚名《白描罗汉册》、宋佚名《罗汉图》、南宋刘松年《四季山水图卷·夏》、南宋马公显《药山李翱问答图》、南宋张训礼《围炉博古图》、南宋时大理国《张胜温画卷》（慧可、慧能、神会大师坐椅）、南宋佚名《博古图》、南宋佚名《净土五祖图》等。其中南宋刘松年《四季山水图卷·夏》和宋代版画《天竺灵签》中的扶手椅又属于设计别致的特色躺椅。

其中，日本正仓院藏宋代（带托泥）木椅、山西大同金阎德源墓出土木椅、南宋时大理国《张胜温画卷》中的慧可、慧能、神会大师的坐椅、宋佚名《白描罗汉册》中的扶手椅又属于四出头扶手椅（也叫四出头官帽椅）的范畴。

② 曲搭脑扶手椅实物有宁夏贺兰县拜寺口双塔出土西夏木扶手椅（彩图·坐具15）、北京房山区天开塔地宫出土辽代四出头木扶手椅（彩图·坐具16）。

在现存的西夏家具中，贺兰县拜寺口双塔（西塔）出土的彩绘木椅较为精致华丽，这与佛教在西夏王朝中的地位重要有关。此坐具高88cm，由靠背、扶手和底座构成。靠背上部有起伏状曲搭脑，搭脑出头部分饰灵芝纹。靠背中部装一背板，背板上部雕成升起的如意云头，下部开出一壶门。扶手分两层，上层以短柱分为4小框，框内开光为椭圆形，边襜红、黄、黑等色。下层则以高度两倍于上层柱的柱子分成3部分，中间部分面积最大，约占一半，3部分均有彩绘。扶手有出头，雕成如意灵芝

图2-3-10 日本正仓院藏宋代扶手椅

图2-3-11 山西大同金代阎德源墓出土木扶手椅

状。底座较为简单，只由4块条板组合而成。这种坐具在严格意义上并不能叫椅子，因为它没有适合人垂足而坐的椅足，人们只能跪坐或盘坐于其上，是适合僧侣用的坐具。它也近于"养和"，只是多了扶手。关于"养和"，南宋林洪《山家清事》"山房三益"条记载：

图2-3-12 贵州遵义永安乡南宋杨粲墓石雕宝座

名《白描罗汉册》、南宋佚名《六尊者像》、宋佚名《十王图轴》、宋佚名《孝经图》、宋佚名《十六罗汉·伐弗多罗尊者》、宋佚名《十六罗汉·矩罗尊者》，宋佚名《宋代帝后像（南熏殿旧藏）》中的《宋宣祖像》、《宋太祖像》、《宋真宗后像》，南宋金处士《十王图》、南宋陆兴宗《十六罗汉图》、南宋陆信忠《地藏十王图》、南宋李嵩《仙寿增庆图》、南宋时大理国《张胜温画卷》（达摩、道信、弘忍、僧璨和法光和尚的坐椅）、南宋佚名《五山十刹图》（东福寺本灵隐寺椅子与前方丈椅子）、南宋佚名《净土五祖图》等。

一些扶手椅的曲搭脑末端出现了龙头的造型变化，例如，宋佚名《宋代帝后像（南熏殿旧藏）》中的《宋宣祖像》、《宋太祖像》、《宋真宗后像》中的扶手椅，贵州遵义永安乡南宋杨粲墓出土的石雕扶手椅等均有如此特点。另外，山西繁峙岩山寺金代壁画《宫中图》中的扶手椅则是在扶手末端呈现龙头造型变化。

而在一些僧侣使用的扶手椅的搭脑与扶手上也出现了龙或凤的造型变化，例如南宋时大理国《张胜温画卷》中的道信大师所坐扶手椅的曲搭脑呈现出一条龙的完整造型，其扶手也呈现龙头与龙尾的造型，该画卷中的弘忍大师所坐扶手椅的曲搭脑则呈现出凤头的造型。

还有一些扶手椅的曲搭脑末端出现了灵芝纹的造型变化，例如宁夏贺兰县拜寺口双塔出土辽代木扶手椅、山西太原北宋晋祠圣母殿中的扶手椅、南宋陆兴宗《十六罗汉图》中的扶手椅、宋佚名《十六罗汉·矩罗尊者》中的扶手椅、南宋佚名《五山十刹图》中的东福寺本灵隐寺椅子、南宋佚名《五山十刹图》中的前方丈椅子等均有如此特点。而南宋佚名《六尊

"采松樛枝作曲几以靠背，古名'养和'。"宋人又称"养和"为"懒架儿"，如宋佚名《大宋宣和遗事·亨集》描写宋徽宗微服会李师师，"二人归房，师师先寝，天子倚着懒架儿暂歇，坐间忽见妆盒中一纸文书。"明张自烈《正字通》解释"养和"为"今之靠背也"。总的看来，这种坐具体现了中国家具由低坐向高坐发展时期的混合特征，是一种较为独特的坐具。

曲搭脑扶手椅的雕塑作品见于山西太原北宋晋祠圣母殿中的扶手椅、贵州遵义永安乡南宋杨粲墓出土的石雕扶手椅和江苏溧阳竹箦乡李彬夫妇墓出土陶肩舆等。

曲搭脑扶手椅的图像可以见于以下宋画：山西繁峙岩山寺金代壁画《宫中图》、北宋佚名《闸口盘车图》、敦煌62窟宋代壁画、宋佚

者像》中的扶手椅的曲搭脑末端则出现了莲花纹的造型变化。

由于一些扶手椅体量大，装饰华丽，供地位高贵者使用，也被称为宝座。在前述的扶手椅中，例如山西太原北宋晋祠圣母殿中的扶手椅（彩图·坐具17）、贵州遵义永安乡南宋杨粲墓石雕宝座（图2-3-12），以及山西繁峙岩山寺金代壁画《宫中图》（附图3-86）、宋陆信忠《地藏十王图》、宋佚名《十六罗汉·伐弗多罗尊者》、宋佚名《十六罗汉·矩罗尊者》、宋佚名《宋代帝后像（南熏殿旧藏）》中的《宋宣祖像》、《宋太祖像》、《宋真宗后像》，宋佚名《佛像》、南宋金处士《十王图》、南宋陆兴宗《十六罗汉图》、南宋佚名《净土五祖图》等画中的扶手椅均属于宝座。

在曲搭脑的靠背椅和扶手椅中，这一时期有不少椅子的搭脑形状很像一张弓，或是牛头，所以也有人将搭脑具有这种造型特点的椅子称为"牛头椅"，这种椅子在宋元时期比较流行，我们前述的一些曲搭脑的靠背椅和扶手椅就属于"牛头椅"这一类型。

2.3.1.3 玫瑰椅（折背样）

前述宋代直搭脑扶手椅中有一种基本可以纳入玫瑰椅范畴，但又与明清玫瑰椅在形制上有所不同的椅子，其图像可见于宋佚名《十八学士图》、宋佚名《孟母教子图》、宋佚名《佛像》、南宋佚名《净土五祖图》、南宋佚名《博古图》等画中，但至今未见实物出土。其特点是靠背高度低矮，多数与扶手齐平（也有个别的靠背高于扶手而与后来的玫瑰椅基本相同），我们可称其为"平齐式扶手椅"。

它属于一种过渡形式，可视为明清玫瑰椅的前身。本文为具体区别于后世所谓玫瑰椅，称其为玫瑰椅（折背样）。"折背样"这一说法较早见于唐末李匡乂《资暇录》(也称《资暇集》，三卷，旧本有称为李济翁所撰，这是宋代刻本为避宋太祖讳之故)。《古今图书集成·经济汇编考工典》所收《资暇录》中有一段记载："近者绳床（指椅子），皆短其倚衡，曰'折背样'。言高不过背之半，倚必将仰，脊不遑纵。亦由中贵人创意也。盖防至尊（指帝王）赐坐，虽居私第，不敢傲逸其体，常习恭敬之仪。士人家不穷其意，往往取样而制，不亦乖乎！"

"短其倚衡"即指椅背低矮，"折背样"中的"折背"言其椅背高度相当于普通椅子高度的一半，而非指其靠背可折叠。玫瑰椅（折背样）的原始意图按李匡乂《资暇录》说法是为了"不敢傲逸其体，常习恭敬之仪"，因为坐者倚靠过分则使其仰斜，但是当时的文人"取样而制"恐怕未必是"不穷其意"，笔者认为这似乎更与当时文人崇尚雅洁简朴之风相关。玫瑰椅（折背样）的结构简练，主要体现的是功能性的结构，构件多细瘦有力，几乎将框架式结构精简到了无法再减的程度，故而没有材料与工艺上的浪费，后来西方现代主义设计中的一些简洁风格的家具与此是不谋而合的。譬如，南宋马远《西园雅集图》（图2-3-13）、南宋佚名《商山四皓会昌九老图》（图2-3-14）、南宋佚名《南唐文会图》等画中的玫瑰椅(折背样)就均十分凝练，全以结构为主，甚至没有牙头、牙条、牙板的加固与装饰，体现了后来现代主义设计观念中的"结构也是一种美"的审美特征。譬如，西方现代主义设计教育的摇篮——包豪斯的优秀毕业生、

图2-3-13　南宋马远《西园雅集图》中的玫瑰椅（折背样）

图2-3-14　南宋佚名《商山四皓会昌九老图》中的玫瑰椅（折背样）

图2-3-15　布劳耶于1925年设计的《瓦西里椅》

匈牙利设计师马歇·布劳耶（Marcel Breuer，1902~1981）于1925年为其师瓦西里·康定斯基（Wassily Kandinsky,1866~1944）设计的《瓦西里椅(Wassily chair)》（图2-3-15）在无形中就暗合了中国宋代玫瑰椅（折背样）的某些结构美学特征。

北宋张先《十咏图》、北宋张训礼《围炉博古图》、北宋李公麟《高会习琴图》、宋佚名《孟母教子图》、宋佚名《博古图》、宋佚名《勘书图》等画中的玫瑰椅（折背样）则或在牙头、或在背板上多了局部的曲线变化，显得丰富了一些。宋佚名《博古图》中的玫瑰椅(折背样)主体结构非常简洁，只是背板较为复杂，既有开光，又有云纹装饰，与椅身形成一种鲜明的对比。而北宋李公麟《高会习琴图》中的2件玫瑰椅（折背样）稍显复杂，不但均有椅披，而且一件的牙头曲线变化较为丰富，另一件的椅足与牙板上都有云纹装饰。

在刻画细致入微的宋佚名《罗汉图》（图2-3-16）中，一位罗汉盘腿坐于玫瑰椅（折背样）上。椅子各部件以方材制成，木纹毕现。椅背甚低，截面为扁方形的扶手距座屉的高度仅约为坐高的三分之一，折合成今天尺寸为16cm左右（南宋佚名《商山四皓会昌九老图》、北宋张先《十咏图》中的玫瑰椅也是如此"短其倚衡"），如此看来，这一设计主要不是为了倚靠，而是为保持"恭敬之仪"。扶手出头，腿间设横枨，座屉下置卷云纹牙板。前面管脚枨处有三朵云头纹开光，下设卷云纹牙板。椅子上铺设饰有精美花纹的椅披。

目前看来，玫瑰椅（折背样）有着基本形态，即椅子具有相对较矮的通高，较小的座屉，扶手和靠背以直边方角结构水平相连而等高，但高度也较矮。其造型设计可能源于传统

中国宋代家具

图2-3-16 宋佚名《罗汉》中的玫瑰椅(折背样)

竹椅，即模仿其未经完全截断的竹材弯曲90度角的边框和以细竹攒接的背板、牙条等。

根据椅身与足承的关系，宋代玫瑰椅（折背样）主要有以下四种类型。

① 椅前无足承。这是多数玫瑰椅（折背样）的配置，譬如，北宋张先《十咏图》（图2-3-17）、北宋张训礼《围炉博古图》、宋佚名《孟母教子图》、宋佚名《罗汉图》和南宋佚名《南唐文会图》等画中的椅子均如此。

② 椅前配置足承。比如，北宋李公麟《高会习琴图》（图2-3-18）中的2件玫瑰椅（折背样）虽相对而陈设，但椅子的局部有所不同，配置的足承相应也有所区别。

③ 椅子具有与椅足连为一体的足承。宋佚名《十八学士图·观画》中那位背对观者、手拿团扇的学士所坐之椅是其代表（图

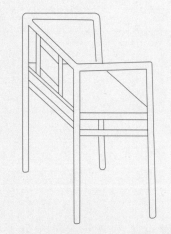

图2-3-17 北宋张先《十咏图》中的玫瑰椅(折背样)

图2-3-18 北宋李公麟《高会习琴图》中的2件玫瑰椅(折背样)

2-3-19），宋佚名《十八学士图·作书》中的以竹藤制成的玫瑰椅（折背样）（图2-3-20）也是如此。这种设计虽然增加了椅子的重量与体积，但是使得足承与椅子形成一个有机整体，又便于放置，是当时的一种创新构思。而且它利用具有特殊纹理的斑竹为主要结构用材，结合弯曲的藤条，辅以攒接与捆扎的方式，使得椅子质朴自然，别具一格。

④ 椅子具有与椅足、扶手连为一体的足承。这种形态明显是在上述第③种椅子的基础上发展而来，其造型见于宋佚名《十八学士图·焚香》（图2-3-21），画中在放置小香炉的大案右侧的那位学士所坐之椅不但其足承与椅足连成一体，而且在足承边上设2根立柱，分别与两侧出头的扶手相连，形成一种很别致的椅子造型与结构，在稳固性上比第③种椅子出色，然而后世难见效仿。

若根据靠背的造型宋代玫瑰椅（折背样）还可分为有背板式与无背板式两种：北宋张先《十咏图》、宋佚名《博古图》、宋佚名《勘书图》、宋佚名《孟母教子图》中的玫瑰椅（折背样）均属于有背板式，背板上有开光装饰。

宋佚名《十八学士图·作书》中的竹藤椅也属于有背板式玫瑰椅（折背样），它与其他玫瑰椅（折背样）不同之处还在于其靠背高于扶手，若略去与椅足连为一体的足承，则符合明清玫瑰椅的基本特征。北宋李公麟《高会习琴图》中有一件玫瑰椅（折背样）也有此特征。也许，明清玫瑰椅的设计源头正在于此。由于玫瑰椅的矮背平直，颇适合放于窗下靠墙而坐，其舒适性虽然无法与其他的一些扶手椅相比，但其造型的简练匀称与外观的赏心悦目使得人们对它情有独钟。

从以上讨论的绘画中可见，这些玫瑰椅（折背样）频频出现在文人雅集上，说明当时这一新兴的家具受到文人雅士的喜爱，在这一社会阶层中比较流行。这种流行趋势一直到明代早期还保持着，如

明初画家谢环画的《杏园雅集图》（镇江市博物馆
藏）中就画有这种椅子。但随着其他家具的出现和
完善，这种曾经在历史上流行一时的椅子则逐渐被
其他椅子取代而难得一见了。

图2-3-19　宋佚名《十八学士图·观画》中的玫瑰椅(折背样)

2.3.1.4　圈椅

圈椅是一种靠背、扶手形成一个圆弧形整体
的椅子，它在唐代基本定型，例如唐画《挥扇仕女
图》中的圈椅，宽大厚重、浑圆丰满，椅腿处以雕
刻和彩绘作为装饰，与唐代贵族妇女的丰腴体态颇
为协调。其源头也可看作是源于上古时期的弧形三
足凭几，它主要用于席地而坐或者置于榻上使用。

但是，由于历史原因以及木制家具不易保存
的因素，至今在国内尚未发现宋代圈椅的实物或模
型。宋代文献中有"作栲栳，屈曲竹、木为圈形扶
手"的记载，在当时，圈椅也被称为圆椅[11]，装饰
上承袭唐、五代风格，搭脑与扶手顺势缓行而下，
有的扶手末端再向后反卷，造型已趋于完美。随着
椅子坐高的增加，宋代圈椅已经具备后来经典明式
圈椅的大体造型特征，出现了天圆地方的形态，表
现出了造型艺术的圆融美。人在坐靠它时，不仅肘
部有所倚托，腋下臂膀也得到全然支承，感觉格外
舒适。圈椅的椅背也多做成了与人体脊椎相适应的S
型曲线，并与座面形成一定程度的倾角，人坐于其
上，后背与靠背有较大的接触面，韧带和肌肉可以
得到充分休息。

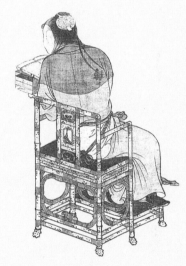

图2-3-20　宋佚名《十八学士图·作书》中的竹藤玫瑰椅（折背样）

宋代圈椅的具体形象可见于宋佚名《会昌九
老图》（图2-3-22）、宋佚名《却坐图》、宋佚
名《折槛图》、南宋嘉熙年间佛教刻本插图、南宋
马麟《秉烛夜游图》、南宋牟益《捣衣图》、南宋
佚名《观径序分羲变相图》、南宋佚名《无准师范
像》、南宋佚名《五山十刹图》（径山方丈椅，图
2-3-23、图2-3-24）、南宋佚名《五山十刹图》

图2-3-21　宋佚名《十八学士图·焚香》中的玫瑰椅（折背样）

图2-3-22　宋佚名《会昌九老图》中的圈椅

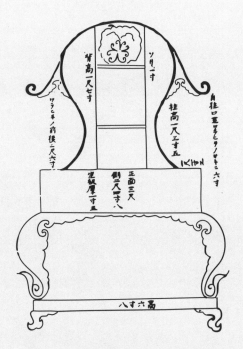

图2-3-23　南宋佚名《五山十刹图》中的径山方丈椅

图2-3-24　南宋佚名《五山十刹图》中的径山方丈椅立体示意图

（径山僧堂椅）、日本所传顶像画（宋式住持椅）、四川广元南宋墓石刻画像（肩舆式圈椅）等画。其中，宋佚名《会昌九老图》中的圈椅造型是后来明式圈椅经典造型的重要依据，甚至也可视为西方杰出的现代家具设计大师丹麦汉斯·维格纳（Hans Wegner，1914~2007）的设计灵感源泉。

而宋佚名《却坐图》、宋佚名《折槛

图2-3-25 《宋人写梅花诗意图卷》中的圈椅

图》、南宋嘉熙年间佛教刻本插图、南宋牟益《捣衣图》、南宋佚名《无准师范像》中的圈椅较为厚大复杂，呈现出唐代遗风。

南宋佚名《观径序分義变相图》（日本福中县西福寺藏）、南宋佚名《无准师范像》（绘于1238年）、南宋佚名《五山十刹图》（径山方丈椅）、日本所传顶像画（宋式住持椅）中的圈椅腿均为三弯腿。其中，南宋佚名《五山十刹图》（径山方丈椅）、日本所传顶像画（宋式住持椅）中的圈椅三弯腿下有托泥，但南宋佚名《观径序分義变相图》中的圈椅则无托泥，但有束腰。

宋代圈椅主要有两种椅圈结构：一是在竖直木条的支撑下形成椅圈；二是在前后腿的向上延伸部分和靠背的支撑下形成椅圈。第一种以宋佚名《折槛图》、南宋牟益《捣衣图》、《宋人写梅花诗意图卷》等画中的圈椅为代表；第二种则以宋佚名《会昌九老图》、南宋嘉熙年间佛教刻本插图、四川广元南宋墓石刻画像（肩舆式圈椅）等画中的圈椅为代表。

以《宋人写梅花诗意图卷》中的圈椅（图2-3-25）为例，这件坐具也较具特色。此画为水墨画成，宋笺纸本，30cm×440cm，流传有序。它于北京翰海2000年春季拍卖会拍出880万元，成为会上最吸引人的古代书画作品。全画共分九段，每段书古人咏梅诗二句，共绘自南朝梁何逊至南宋曾几九人，童仆六人，野老一人，马一骑，梅六株，笔法清润，人物花树各臻其妙。画中第三段书有杜甫诗："巡檐索共梅花笑，冷蕊疏枝半不禁。"并绘杜甫捻须坐于曲栅足翘头案后的圈椅上。（附图1-23）这件坐具在造型上与南宋牟益《捣衣图》中的圈椅较为相似，但是与《捣衣图》中的圈椅圆形座屉不同，它的座屉呈方形。其椅圈由十几木

条围绕座屉后半段做成栅栏状，椅圈出头扶手端内卷得较多，几呈漩涡形。其椅足奇特，呈较规则的云头状，并且两两相对，椅子的下半部较为厚重，和其上半部并非是一种和谐的呼应，但是为我们提供了一种别样的设计风格。

由上可见，仅圈椅一种样式，宋人已做出不少创造，而以宋佚名《会昌九老图》中的圈椅为代表的宋代圈椅则奠定了后来明式圈椅的发展基础。

2.3.1.5 交椅

宋代是中国家具转型的关键期，一些家具到了这个时期不同程度地发生了变化。两宋战事频繁，因而能折叠、重量轻、搬运方便的马扎(胡床)被人们经常使用。然而，马扎作为临时性坐具固然优点较多，但其缺点也是明显的，即不能倚靠。为解决这一问题，宋人又进行了改进，并吸收了圈椅（或有些"靠背"）上半部的特征，增加了靠背和扶手，这

图2-3-26　北宋张择端《清明上河图》中"赵太丞家"交椅

样就可以倚靠、扶持而获得功能上的发展，这些变化可见诸当时的一些文学作品中。例如，苏轼《点绛唇·闲倚胡床》词云："闲'倚'胡床，庾公楼外峰千朵。与谁同坐。明月清风我。"秦观《纳凉》诗云："携杖来追柳外凉，画桥南畔'倚'胡床。"由此可见，此时一些胡床已非仅能折叠的凳子，更增加了"倚"的功能，这样一来，范成大《北窗偶书》诗云："胡床憩午暑，帘影久徘徊。"正是可以用来倚靠，夏日午间靠着它即可休憩得不错。由于它在功能上已是椅子，故又称之为校椅或交椅。

作为折叠坐具，马扎(胡床)与交椅的不同之处在于前者无靠背，后者有靠背，甚至有扶手。交椅也被称为折叠椅、交足椅，其腿做成交叉状，并在交叠部位安装枢轴铰链。座屉的横枨之间以绳编就，椅腿张开后，靠背向后倾斜而能保持平衡。这反映在现存的一些宋代绘画中，例如在北宋张择端《清明上河图》中描绘了大量北宋末期的市井家具形象，其中表现最多的是店铺内的桌子和条凳，但椅子只有7件，其中有3件是交椅，即进城第一家店铺店主坐的交椅，画卷左端结尾处的"赵太丞家"交椅（图2-3-26）以及其后面楼上的交椅（它只露出椅圈与靠背，根据形制分析，应为交椅）。

交椅最大的特点是体轻，腿部交叉，可折叠，便于携带，适合长途跋涉后的憩息之用，在宋代较为流行。但是它也存在缺陷，由于受力点在腿部的交叉轴心，即使通常对此处进行了加固，也不太结实。这一点不像其他的中国坐具，大多是四足落地，承重在四足上，可以"立木顶千斤"。交椅的功能很多，行军打仗，打猎出游，都可以使用，所以也有"行椅"、"猎椅"之称谓。当位高权重者参加以上活动时，需有人扛着交椅一路跟着，当他累了，就坐于其上歇着，别人是不能坐的。这种情景在辽佚名《狩猎图》、辽墓壁画《出行图》、南宋佚名《春游晚归图》、南宋肖照《中兴瑞应图》等画中均有反映。久而久之，交椅甚至成了权力与地位的象征，如常用词"第一把交椅"即源于此。明施耐庵《水浒传》中有近50处提到了交椅，除普通交椅之外，还有金交椅、银交椅、虎皮交椅、一字交椅、犀皮一字交椅。当然，梁山泊"第一把交椅"由谁坐一直是英雄们关注的焦点，这反映了交椅地位的改变，有时其象征性远大于功能性。

按靠背造型，宋代交椅可分为直搭脑型与圆搭脑型两种。

直搭脑型交椅形象可见于北宋张择端《清明上河图》、山西闻喜县下阳金墓壁画、山西岩山寺金代壁画、南宋肖照《中兴瑞应图》、南宋时大理国《张胜温画卷》、南宋佚名《历

中国宋代家具

代名臣像·岳飞像》(南薰殿旧藏)等画中。按靠背的方向，直搭脑型交椅可分为横靠背型与竖靠背型，前者可见于北宋张择端《清明上河图》中"赵太丞家"中的交椅，后者可见于南宋肖照《中兴瑞应图》。

圆搭脑型交椅较为多见，它的搭脑与扶手连为一体而形成Ω形椅圈。其靠背多为竖向，形象可见于宋佚名《三顾草庐图》、金佚名《二十四孝图》、河南焦作宋冯汝楫墓《冯汝楫画像》、江西乐平南宋墓壁画、南宋赵仲间《五王熙春图》、宋佚名《蕉阴击球图》、北宋张择端《清明上河图》（"赵太丞家"后面楼上交椅）以及四川广元南宋嘉泰四年墓石刻浮雕、四川泸县南宋墓石刻等作品中。Ω状圆形的搭脑与扶手也形成后来交椅的基本形制，等级相对高于没有扶手的直搭脑型交椅。

对于宋代文人来说，一件称心的家具就可使生活适意：既可于室中独处，也可三两出行；或流连于山水，或栖息于池阁；或观云卷云舒，或看花开花落。这些是宋画常见之景，因此被定格为文人雅趣，常为后人效法。其中，交椅往往是一件重要的"道具"。譬如，大名鼎鼎的苏轼不但使用过交椅，而且还坐坏过交椅，这见于宋代诗人杨万里的《诚斋诗话》，记载东坡路过润州（今江苏镇江），当地官员与文人设宴隆重招待。散场时，歌伎特意唱了一首东坡好友黄庭坚所作《茶》词，词中说："惟有一杯春草，解留连佳客。""春草"指茶，是说惟有这杯茶懂得我们留客的心情。苏东坡生性幽默，听完故意开玩笑说："原来你们留我，就是让我吃草呀？"此语一出，大家笑得前仰后合。东坡当时坐在一把交椅上，歌伎们站于其后，扶着交椅大笑，结果东坡自重加上歌伎们的着力使得此椅轰然倒

地。《诚斋诗话》这样写道："诸伎立东坡后，凭东坡胡床者，大笑绝倒，胡床遂折，东坡堕地。"一时成为文坛佳话。

圆搭脑型交椅还有一种形式是将一带柄荷叶形托首插于椅背后，可供人仰首寝息，这就是宋人所谓的"太师椅"。就目前史料及图像而言，这种构造较为复杂的宋代太师椅是宋代交椅中较晚出现的一种，它曾作为一种家具新式样流行于南宋，当时宋人的笔记中有记载。例如南宋王明清在其《挥麈录》[12]中记载南宋绍兴初年(1133～1136)，梁汝嘉任临安知府，因"五鼓，往待漏院，从官皆在焉。有据胡床而假寐者，旁观笑之"，故有人向他推荐使用一种便于假寝的靠背交椅，说："近见一交椅样，样甚佳，颇便于此。用木为荷叶，且以一柄插于靠背之后，可以仰首而寝。"梁汝嘉欣然接受，并说："当试为诸公制之。"结果"又明日入朝，则凡在坐客，备一张易其旧者矣，其上所施之物悉备焉。莫不叹伏而谢之"。自此，这种交椅得到推行，到了南宋宁宗庆元年间(1195～1200)，重要官员皆用之。后来，这种交椅被称为太师椅，这种说法源于南宋理宗时的张端义，他认为："今之校椅，古之胡床也，自来只有栲栳样，宰执侍从皆用之。因秦师垣在国忌所，偃仰片时坠巾。京尹吴渊奉承时相，出意撰制荷叶托首四十柄，载赴国忌所，遗匠者顷刻添上，凡宰执侍从皆有之，遂号太师样。今诸郡守卒必坐银校椅，此藩镇所用之物，今改为太师椅，非古制也。"[13]这里的"校椅"即交椅，"秦师垣"即秦桧。因"奉承时相"而改进的"太师样"椅子是一种所谓"栲栳样"的交椅，《集韵》曰："屈竹为器呼为考老或栲栳……"屈曲竹木为圈形，栲栳即屈木为器，"栲栳样"的交

图2-3-27　宋佚名《春游晚归图》中的太师椅

图2-3-28　南宋佚名《水阁纳凉图》中的太师椅

椅就是一种圆形椅圈的交椅，并加有荷叶托首，张端义所谓"非古制也"，表明这是当时的一种新型家具。

由此可见，太师椅之名是从秦桧开始的，太师椅成为我国家具中以官阶命名的特例。

关于秦桧与太师椅的关系，岳飞后人岳珂还记有："秦桧以绍兴十五年四月丙子朔，赐第望仙桥……有诏就第赐燕，假以教坊优伶，宰执咸与。中席，优长诵致语，退，有参军者前，褒桧功德。一伶以荷叶交倚从之，诙语杂至，宾欢既洽，参军方拱揖谢，将就倚（椅），忽坠其幞头，乃总发为髻，如行伍之巾，后有大巾镮，为双叠胜。伶指而问曰：'此何镮?'曰：'二胜镮。'遽以朴击其首曰：'尔但坐太师交倚(椅)，请取银绢例物，此镮掉脑后可也。'一坐失色，桧怒，明日下伶于狱，有死者。"[14]这里说的"荷叶交倚"、"太师交倚"即太师椅。太师椅可折叠、易搬运，这样即使长途跋涉也可随身携带，因此成为南宋达官贵人的常用家具。

虽然太师椅在文献中屡有反映，但是今天留下的形象十分罕见，就笔者所识，仅见于宋佚名《春游晚归图》（图2-3-27）、南宋佚名《水阁纳凉图》（图2-3-28）中。《春游晚归图》描绘了南宋官员出游时不忘享受而使仆人一路肩扛太师椅的风俗，此椅具有典型的荷叶托首；《水阁纳凉图》中画有一位文人坐在带荷叶托首的交椅上。这些说明荷叶托首在交椅设计中也许是存在一些问题的，譬如多了荷叶托首的附件在搬移时成了累赘，托首在托住后脑之时，其舒适性可能还有待于改进。而且后来的事实也说明，在以上讨论的宋代交椅中，除了带荷叶托首的太师椅之外，其余交椅一直被沿用至元明清时期。特别是圆搭脑型交椅在明清时期较为流行，是明清交椅的主要式样。后来太师椅的称谓还发生了不断变化，例如明代所谓的太师椅其实指的是圈椅，而清代的所谓太师椅则多指厅堂中风格稳重、尺寸较大的扶手椅，这里不再赘述。

2.3.2 凳

凳是一种无靠背的有足坐具，其历史由来已久，在宋代也得到了较大发展。宋吴曾说："床凳之凳，晋已有此器。"[15]凳在宋代被称作橙，如南宋洪迈记有："有风折大木，居民析为二橙，正临门侧，以待过者。"[16]宋人也称凳子为兀子，如南宋陆游《老学庵笔记》卷四记有："往时士大夫家，妇女坐椅子、兀子。"再如，宋人王铚说："王荆公在蒋山野次……与(李)茂直坐于路次，荆公以兀子，而茂直坐胡床也。"[7]

以形状分，此时的凳有长凳、方凳、圆凳和月牙凳等。

长凳在许多宋代绘画中可以见到，例如山西高平开化寺北宋壁画《善事太子本生故事·观织》（图2-3-29）、山西高平开化寺北宋壁画《善事太子本生故事·屠沽》、山西开化寺宋壁画、山西孝义金墓北室北壁壁画、山西孝义金墓墓道西壁壁画、宋佚名《乞巧图》、宋佚名《山店风帘图》、宋佚名《戏猫图》、宋佚名《夜宴图》、宋佚名《征人晓发图》、宋佚名《妆镜图》、北宋张择端《清明上河图》、南宋李嵩《罗汉图》、南宋刘松年《碾茶图》中的长凳、南宋刘松年《天女献花图》、南宋苏汉臣《妆靓仕女图》、南宋佚名《蚕织图》、南宋赵大亨《薇亭小憩图》、南宋佚名《荷亭对弈图》、南宋佚名《孝经图》等画中的长凳形象就是丰富多彩的。

其中，北宋张择端《清明上河图》中的长凳数量众多，形状多变。其中有一件属于刨凳，是木匠刨木头用的专用长凳。而南宋赵大亨《薇亭小憩图》、南宋佚名《荷亭对弈

图2-3-29　山西高平开化寺北宋壁画《善事太子本生故事·观织》中的长凳

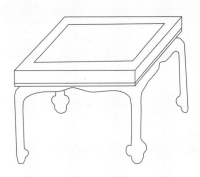

图2-3-30　宋佚名《勘书图》中的方凳

图》、南宋佚名《孝经图》中的依栏长条凳也叫美人靠，是一种依附于亭、台、廊等建筑而专设的固定长凳。

方凳形象可见于宋佚名《勘书图》（图2-3-30）、宋佚名《柳枝观音像》、南宋佚名《六尊者像》、宋佚名《乞巧图》、宋佚名《十八学士图》、宋佚名《小庭婴戏图》、宋佚名《夜宴图》、宋佚名《婴戏图》、南宋李嵩《观灯图》、南宋刘松年《宫女刺绣图》、南宋马远《西园雅集图》、南宋苏汉臣《春游晚归图》、南宋苏汉臣《观灯图》、南宋时大理国《张胜温画卷》（菩萨坐凳）、南宋佚名《博古图》、南宋佚名《蚕织图》、南宋佚名《萧翼赚兰亭图》、南宋佚名《孝经图》、南宋西金居士《十六罗汉像其二》、南宋佚名《春宴图》等画中。

图2-3-31 南宋苏汉臣《妃子浴婴图》中的圆凳

图2-3-32 南宋萧照《中兴瑞应图》中的月牙凳

图2-3-33 南宋李唐《灸艾图》中的小板凳

圆凳形象则可在北宋乔仲常《后赤壁赋图卷》、宋佚名《夜宴图》、宋佚名《浴婴图》、南宋苏汉臣《妃子浴婴图》（图2-3-31）、南宋苏汉臣《长春百子图》、南宋佚名《盥手观花图》、南宋佚名《松下高士图》（日本根津美术馆藏）、南宋时大理国《张胜温画卷》等画中见到，另外河南涧西宋墓和山西侯马金代董氏墓也有砖雕圆凳的形象。

月牙凳是唐代已有凳式，南宋萧照《中兴瑞应图》（图2-3-32）中对月牙凳有具体描绘。

小板凳。这是一种体量很小的凳子，方便实用，我们今天仍用之。它的形象可见于北宋王居正《纺车图》（彩图·坐具25）、宋佚名《村童闹学图》、宋佚名《罗汉图》（日本群马县立近代美术馆藏）、南宋李唐《灸艾图》（图2-3-33）、南宋佚名《柳阴群盲图》等画中。

树根凳。在制作材料上，这种凳子比较特殊，以天然树根制作而成，可见于南宋佚名《十六罗汉像之三》（彩图·坐具24）和《十六罗汉像之八》（图2-3-34）中。这两幅画现藏于日本高台寺，画中的树根凳沧桑古朴，和罗汉奇伟独特的形象颇为统一。这一组画中的《十六罗汉像之四》中画的也是一件树根坐具，只是在坐具后面向上蜿蜒出靠背状的树根，形同天成，故虽然其坐面及以下的造型与前述两凳相似，但就分类学而言应属于树根椅。其实，这种树根材料上的独特审美观在中国由来已久，对自然的喜爱，开发天然材料的审美价值是历代许多文人的嗜好，比如对竹材的开发，对怪石的欣赏，对大理石的使用，对树根、树干等天然木的利用等均反映了这一点。北宋佚名（传为赵佶作品）《听琴图》中的两件石凳和前述这些树根凳有异曲同工之妙，而南宋佚名《柳阴群盲图》中的树根桌也表达了相同的观念，南宋时大理国《张胜温画卷》中的两件以树干制作的四出头扶手禅椅则更是如此。我们甚至可以在一向提倡华丽繁缛之美的乾隆皇帝宫廷里也可看见这种意趣的使用，例如，在当时的人物画名家丁观鹏所绘《弘历雪景行乐图》中，乾隆皇帝坐的就是一件由树根制作的扶手椅，且怡然自乐。

折叠凳。宋代凳子在结构上多使用框架结构，也有一些使用传统箱形结构，有托泥和壶门的构造。除此之外，还有一种使用折叠结构，那就是在汉末就传入中国的胡床，也叫折叠凳、交床、交足凳、马扎等。明程大昌《演繁露》卷十四说："今之交床，制本自虏来，始名胡床，桓伊下马据胡床取笛三弄是也。隋以谶有胡，改名交床。" 北宋陶谷《清异录·陈设门》说："胡床施转关以交足，转缩须臾，重不数斤。"但对交床这种家具表述得最形象的是元胡三省，他说："交床以木交午为足，足前后皆施横木，平其底，使错之地而安。足之上端，其前后亦施横木而平其上，横木列窍以穿绳绦，使之可坐。足交午处复为圆穿，贯之以铁，敛之可挟，放之可坐，以其足交，故曰交床。"[17]

折叠凳这一形象在河南金代邹復墓石刻画像、山西高平县西李门村二仙庙金代石刻、宋《重修政和证类备用本草》中的插图《解盐图》（图2-3-35）等中均有描绘。宋人对此也多有提及，当时文人出行时有带胡床的习惯。南宋杨万里有诗曰："两个胡床小憩些，一枝筇杖挂倾斜。"[18]陆游也记有："十二日，早。谒喻子材郎中樗。子材来谢，以两夫荷轿，不持胡床，手自授谒云。"[19]

当时较为讲究的凳子上往往还有坐褥或蒲团等物。坐褥一般以柔软物品制成，如宋人林洪说时人每年"采蒲花作坐褥或卧褥"[20]。富贵人家更以贵重的羽毛为坐褥，宋人朱彧说：

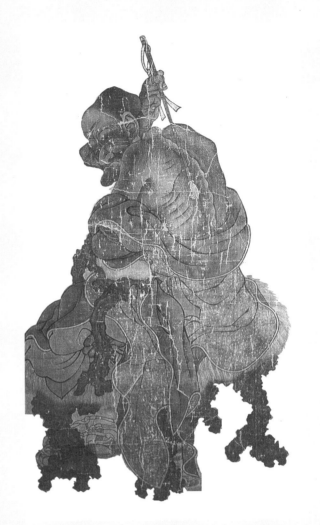

图2-3-34 南宋佚名《十六罗汉像之八》中的树根凳

"(狨)脊毛最长，色如黄金，取而缝之，数十片成一座，价值钱百千。"[21]

2.3.3 墩

墩是一种伴随着高坐起居方式发展而流行起来的坐具，在唐代已有较多的变化。到了宋代，则有更大程度的发展。宋初，在朝廷上，墩还是高级官员作为特殊待遇的坐具。例如《宋史》载："遂赐坐。左右欲设墩，（丁）谓顾曰：'有旨复平章事。'乃更以杌进，即入中书视事如故。"[22]

图2-3-35 宋《重修政和证类备用本草》插图《解盐图》中的折叠凳

图2-3-36 北京西郊辽墓壁画中的鼓墩

图2-3-37 南宋高宗书《女孝经图》中的圆墩

宋代的墩根据形状可分为鼓墩、圆墩、方墩等。

鼓墩是模仿鼓的造型而制成，这一形象可以在北京西郊辽墓壁画（图2-3-36）、北宋李德柔《竹林谈道图》、南宋苏汉臣《秋庭婴戏图》（彩图·坐具29）、宋佚名《高士图》、宋佚名《会昌九老图》、宋佚名《猫戏图》、宋佚名《女孝经图》、宋佚名《十八学士图》、宋佚名《夜宴图》等画中看到。福建南平宋墓还出土了石制鼓墩。

圆墩是指墩面呈圆形的墩，其运用更为广泛，形象可见于宋佚名《妃子浴儿图》、河北宣化辽墓壁画、河南洛宁北宋乐重进石棺画像《韩伯瑜》、河南洛宁北宋乐重进石棺画像《老莱子娱亲》、南宋马和之《豳风七月图·八段》、南宋高宗书《女孝经图》（图2-3-37）、南宋苏汉臣《婴戏图》、南宋夏圭《山居留客图》、《山坡论道图》，南宋佚名《博古图》、南宋佚名《韩熙载夜宴图》、南宋佚名《女孝经图》等画中。

方墩是指墩面呈矩形的墩，目前能够见到的形象较少，我们仅可在宋佚名《梧阴清暇图》（图2-3-38）中见其形象，它的材质看起来像藤。

另外，还有绣墩和藤墩。

绣墩是制作讲究，周身有精美织物装饰的圆墩，其形象可见于南宋马和之《女孝经图》（彩图·坐具26）、南宋刘松年《碾茶图》、南宋佚名《却坐图》（图2-3-39）等画中，《却坐图》中的绣墩堪称精美。

藤墩是以藤为制作材料的墩，其结构较为充分地发挥了藤材的性能，结实耐用，自然美观，深受宋人喜爱，其在绘画中的形象也较多。例如，我们可在北宋佚名《文会图》、宋佚名《十八学士图》、宋佚名《梧荫清暇图》、宋佚名《五学士图》、宋佚名《消夏图》、宋佚名《写生四段卷图》、宋佚名《浴婴图》、宋佚名《勘书图》、宋

中国宋代家具

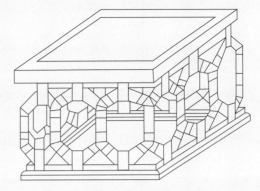

佚名《罗汉图》、南宋刘松年《罗汉图》、南
宋刘松年《松阴鸣琴图》、南宋苏汉臣《桐阴
玩月图》、南宋佚名《荷亭对弈图》、南宋佚
名《十八学士图》、南宋佚名《五学士图》等
画中品味其特色。其中，北宋佚名《文会图》
（彩图·坐具27）和南宋刘松年《罗汉图》
（彩图·屏具3）等画对它有精细描绘。

图2-3-38　宋佚名《梧阴清暇图》中的方墩

注释：

[1] 转引自（清）王昶辑《金石萃编》卷一〇三，
中国书店，1985年版。

[2]（北宋）欧阳修《归田录》卷二。

[3]（南宋）赵与时《宾退录》卷一。

[4]（北宋）秦观诗《次韵邢敦夫秋怀》之九。

[5]（北宋）曾巩诗《刘景升祠》。

[6]（南宋）陆游《老学庵笔记》卷四。

[7]（宋）王铚《默记》。

[8]（宋）孟元老《东京梦华录》卷五《娶妇》。

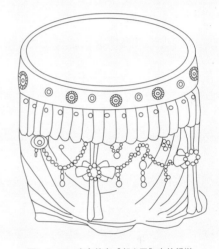

图2-3-39　南宋佚名《却坐图》中的绣墩

[9]（北宋）黄朝英《靖康缃素杂记·倚卓》十卷
（通行本）。

[10] 陈增弼《宁波宋椅研究》，《文物》1997年
第5期。

[11] 这种称谓在明代仍有，在明代《三才图会》插
图中，有一幅圈椅的标题仍作"圆椅"。而后
来的西方则以"铁马蹄扶手椅"来命名圈椅。

[12]（南宋）王明清《挥麈录》卷三《靠背交椅
自梁仲谟始》。

[13]（南宋）张端义《贵耳集》卷下。

[14]（南宋）岳珂《桯史》卷七《优伶诙语》。

[15]（宋）吴曾《能改斋漫录·事始二》。

[16]（南宋）洪迈《夷坚丙志·饼店道人》。

[17]《资治通鉴》卷二四二，元胡三省注，中华
书局标点本，第7822页。

[18]（南宋）杨万里《同刘章游登天柱冈》，
《宋诗钞》第3册，第2303页。

[19]（南宋）陆游《入蜀记》第一。

[20]（宋）林洪《山家清供》。

[21]（宋）朱彧《萍洲可谈》卷一。

[22]《宋史·丁谓传》。

2.4 承具

宋代承具主要有桌、案、几等。

2.4.1 桌

宋代之前，桌子的使用功能主要被几、案、台等家具所承担。高坐起居方式兴起后，桌子发挥的作用越来越大，传统几、案、台等家具的地位也逐渐为各式各样的高桌、低桌、条桌、方桌，供桌、书桌、琴桌、经桌、棋桌、画桌、酒桌、茶桌等取代。然而，在概念表达上，人们对于桌、几、案、台等名称的理解往往较为混乱，经常出现彼此互用的情况，甚至在今天的一些家具著述中这种现象也不免存在。的确，由于约定俗成的某些原因，实难将它们划出明确界限来。在本书的论述中，我们将足与承面呈垂直关系，且足位于承面四角的承具称之为桌。

清叶廷管说："考卓即桌字。俗以几案为桌。当以卓为正。宋初犹未误。"[1]实际上，宋人的确将许多承具叫做"卓"。例如北宋孔平仲就说："两府跽受开读次，已见小黄门设矮卓子具笔砚矣。"[2]再如南宋赵与时也说："京（蔡京）遣人廉得有黄罗大帐，金龙朱红

倚卓，金龙香炉。"[3]"卓"有高起来之意，比如卓然而立、卓尔不群的"卓"，这说明了"卓"这种承具在高度上所呈现的新兴变化。也许正因为宋初以后越来越多的桌子以木材来制作，早期的"卓"才逐步演化为我们今天熟知的"桌"。例如，南宋洪迈已记有对"桌"的表述："鬼母导杨伏于桌帏，戒以屏息勿动。"[4]《宋会要辑稿》也载："镇江府军资库杭州、温州寄留上供物，有螺钿椅桌并脚踏子三十六件。"[5]再如南宋吴自牧说："家生动事如桌、凳、凉床、交椅、兀子……马子、桶架。"[6]甚至即使到了元代，"卓"仍被指代一些承具，譬如，近人卢弼《三国志集解》中的《吴志·鲁肃传》中转引元胡三省的话说："今江南又呼几案之属为卓床。卓，高也，以其比坐榻、卧榻为高也。"

尽管它们的概念在这一时期并未统一，但今天看来，在造型、结构等方面宋代桌子已有了显著发展，并能运用诸多手法进行装饰，例如螺钿、鬃漆、镶嵌、束腰、花腿以及各类线脚得到了大量运用。

单就结构而言，宋代桌子可分为两类：框架结构、折叠结构，其中框架结构为主。这种源于建筑大木梁架结构的框架结构在宋代桌子上已开发得较为成熟，并具有代表性，而从一些出土的宋代木桌中可以清楚地看到我国传统建筑中木构架结构的缩影。此时的桌子较前代增加了高度，其足、枨、矮老、牙头、牙条、卡子花等结构与装饰部件的组合与变化已相当可观，若按照这些部件的组合方式的不同可作细致的分类法，例如仅以河北宣化辽墓壁画中的桌式来说就值得进行深入研究，这一个案我们将在下面专门论述。

对于框架结构类的桌子，根据桌腿的造

型特征可概括为三类：粗腿桌、细腿桌、花腿桌，它们的整体风格也由此显现出来。

① 粗腿桌

其特点是桌腿粗壮，桌子整体风格趋于浑厚。我们可在辽宁朝阳沟门子辽墓出土木桌、内蒙古赤峰辽墓出土木桌、甘肃武威西郊林场西夏墓出土木桌（图2-4-1）、山西大同金阎德源墓出土炕桌、河南方城金汤寨北宋墓出土石桌等家具实物中得到具体例证。

甘肃武威西郊林场西夏墓出土木桌共2件，基本完好。杨木质，长54cm，宽30cm，高29cm。桌面与足之间有牙头与牙条，前后设双枨，两侧设单枨。表面髹饰赭色，打磨较为光滑。

另外，还可以在河北曲阳南平罗北宋墓壁画、河南安阳新安庄西地宋墓砖雕壁画、河南辉县百泉金墓砖雕（3件桌）、河南禹县白沙宋赵大翁墓壁画、山东济南青龙桥宋墓壁画、山西高平开化寺北宋壁画《善事太子本生故事屠沽》、山西闻喜寺底金墓壁画、山西闻喜县下阳金墓北壁壁画、宋佚名《野店图》等中看到这种粗腿桌的形象。

② 细腿桌

其特点是桌腿较为瘦劲，这样一来桌子的整体风格也趋于简练。其形象可见于北宋佚名《文会图》、宋佚名《槐阴消夏图》、内蒙古辽墓壁画（嵌石长桌）、南宋陆兴宗《十六罗汉图》、南宋佚名《韩熙载夜宴图》、南宋佚名《荷亭对弈图》、南宋佚名《蕉阴击球图》（图2-4-2）、南宋佚名《五山十刹图》、南宋佚名《女孝经图》、南宋佚名《瑶台步月图》、宋佚名《孟母教子图》等画中，这些画中桌子以结构为主，装饰很少，将框架结构发展得十分紧凑，对桌子可利用的空间也处理得

图2-4-1 甘肃武威西郊林场西夏墓出土木桌

图2-4-2 南宋佚名《蕉阴击球图》中的细腿桌

较好，足、枨、牙头、牙条等部件组织得颇为合理，这些均为以后明式桌子的发展奠定了坚实基础。其中有些桌子，如宋佚名《槐阴消夏图》、南宋陆兴宗《十六罗汉图》等画中的桌子腿十分瘦劲，颇似以现代细钢管制作而成，若以木材制作，则非优质硬木不可，且须设计合理，精工细做。

③ 花腿桌

其特点是桌腿被装饰雕琢得较为复杂，有卷云纹、如意纹、如意云头纹、流云纹、"云板"形等，一些桌子的枨、牙头、牙条等部件

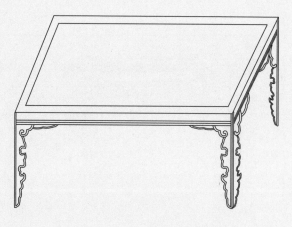

图2-4-3　宋佚名《夜宴图》中的花腿桌

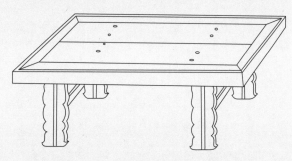

图2-4-4　内蒙古翁牛特旗解放营子辽墓出土的木炕桌

图2-4-5　山西岩山寺金代壁画中的折叠桌

也有类似装饰，因此桌子的整体风格相应趋于繁复。其形象见于淮安北宋墓壁画、辽宁朝阳金墓壁画、南宋时大理国《张胜温画卷》、宋佚名《高僧观棋图》、南宋佚名《六尊者像》、宋佚名《梧阴清暇图》、宋佚名《羲之写照图》、宋佚名《戏猫图》、宋佚名《夜宴图》（图2-4-3）等画中，河南郑州宋墓砖雕上也有近似形象，内蒙古巴林右旗白音尔登苏木辽墓和内蒙古翁牛特旗解放营子辽墓均出土了花腿木桌。内蒙古翁牛特旗解放营子辽墓出土的炕桌（图2-4-4）高22.8cm，长68cm，面宽32cm。"云板"形四足，桌面攒边做，边缘起小凸棱，有薄木板镶于框内并以竹钉固定于框内的2根横梁上。前后无枨，两侧有枨，由于足较矮，形制与近代北方小炕桌相似，故很有可能是炕桌。

这一时期的绘画中还绘有具备折叠结构的折叠桌，桌腿的结构类于折叠凳（胡床）和折叠椅（交椅）。河北宣化辽墓壁画中有3件，山西岩山寺金代壁画中有2件折叠桌，北宋张择端《清明上河图》中有1件。河北宣化辽墓壁画中的折叠桌为矩形桌面，在功能上是放置经卷的经桌；岩山寺金代壁画和《清明上河图》中的折叠桌为圆形桌面，在功能上是商贩叫买货物的销售桌。岩山寺金代壁画中的折叠桌（图2-4-5）还在两只水平底足之间系有两根绳子以固定交足的倾斜角度与桌面高度，体现了另一种设计特点与力学结构。

宋代桌子在功能上丰富多彩，除了前述的经桌、销售桌外，还有供桌、书桌、琴桌、画桌、酒桌、棋桌和茶桌等。

以供桌为例，宁夏贺兰县拜寺口双塔（西塔）出土的彩绘供桌（彩图·承具7）长58.3cm，宽40cm，高32.5cm。桌面以攒边法制成，有较为复杂的冰盘沿。桌足扁方，表面起凹线；桌足与桌面采用夹头榫，桌子有前后两个看面，各有双枨三矮老嵌5块镂空雕花板，双枨扁方，表面起脊纹，与足以夹头榫结合。足外侧饰挂牙，透雕如意云头纹、卷草纹。桌子的前看面以双枨分为上、中、下三层，上层以矮老分为三个方形小框，框内雕镂空团花；中层分成两个长方形小框，框内雕镂空折枝牡丹；下层雕出四组如意云头纹饰，以形成牙条。后看面基本上与前看面相同，只是中层左框内透雕的是折枝石榴。木桌通体彩绘，以金色与红色为主。用红色衬底，桌面边沿、腿足、双枨、矮老刻线、雕花板和挂牙均以金线勾轮廓，间施黑色和绿色。桌面以金色绘出牡丹、忍冬花纹，以墨线勾勒轮廓。雕花挂牙亦用金色绘出折枝牡丹花纹，以墨线勾勒轮廓。

　　总的看来，这件专为供奉而设的长桌制作工艺精湛，雕刻复杂，设色丰富，装饰华美，虽历经千年，仍未见明显的损坏，且色泽较新，足见当时工匠高超的技艺水平。

　　以琴桌为例，这种桌子的专门化特色已经表现得十分成熟。北宋佚名《听琴图》（图2-4-6）、宋佚名《高士图》、宋佚名《深堂琴趣图》、南宋刘松年《松阴鸣琴图》、南宋佚名《荷亭对弈图》等宋画中对此有细致描绘。我们在北宋佚名《听琴图》（传为宋徽宗赵佶所画，但笔者认为应为当时北宋画院画家作品）中可以看见这种琴桌比例匀称，结构合理。桌面下有闷仓，其作用相当于共鸣箱。桌腿细劲，两侧的前后腿之间分别有双细枨。此桌在整体上精雅凝练，具有浓厚的宋代文人气息。

　　棋桌则用于下棋，当然也有集其他多种功能于一身的。随着琴棋书画的流行，专门的棋

图2-4-6　北宋佚名《听琴图》中的琴桌

图2-4-7　北宋张先《十咏图》中的棋桌

桌也产生了。当时的棋桌多以摆放围棋为主，桌子上都带有围棋盘，这可见于北宋张先《十咏图》（图2-4-7）、南宋佚名《会昌九老图》等画中。

　　这时还有了专供吃茶的茶桌，宋人罗大经记有："从善命于市中取茶卓（桌）一样三百只，糊以清江纸，用朱漆涂之，咄嗟而成。"[7] 河北宣化辽墓壁画、山西岩山寺金代壁画中均可看到摆放茶具的茶桌。

　　在桌子的使用方式上，当时的劳动者进行了大胆创造，发明了一些立足于实用的承具。譬如，山西岩山寺金代壁画中有一种抬桌（图2-4-8），桌面两个长边向两头延伸出来形成抬杠，这应是商贩根据自己货物销售、运输的

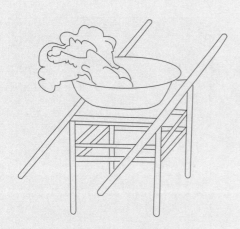

图2-4-8 山西岩山寺金代壁画中的抬桌

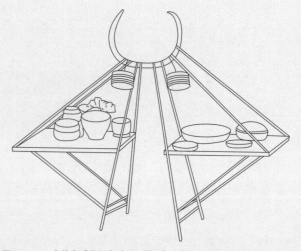

图2-4-11 宋佚名《吕洞宾过岳阳楼图》（美国大都会博物馆藏）中的桌

图2-4-9 宋佚名《羲之写照图》中的抬桌

实际情况而进行的创造性设计，没有多余的点缀。宋佚名《羲之写照图》中的抬桌（图2-4-9）也有对这种抬桌的细致描绘，但明显是进行过精心设计的，少量的曲线起到了恰当的装饰作用，体现了这时的文人对艺术化生活的追求。山西岩山寺金代壁画中还出现一种担子模样的挑桌（图2-4-10），桌面可由斜枨灵活支撑，虽然结构的细节画得不清晰，但从整体上可以感知其间的便捷与革新理念。值得注意的是，宋佚名《吕洞宾过岳阳楼图》（美国大都会博物馆藏）中的桌（图2-4-11）与这件挑桌在结构上较为相似，只是在固定方式上似乎主要是以绳索来拉住，和现代拉索桥在结构上有异曲同工之妙。不过，此件上端有牛角状固定件的桌与出现于集市上的挑桌在功能上是不同的，由画面可知，这件别具一格的桌子是为了迎接吕洞宾过岳阳楼而陈设道教仪式器具的专用桌。

宋代桌子实物的发现很少，其中比重最大的是明器，例如江苏江阴北宋"瑞昌县君"孙四娘子墓出土木桌、江苏溧阳竹箦乡宋李彬夫妇墓出土陶桌、江苏武进村前6号南宋墓出土木桌、北京房山区天开塔地宫出土辽代木桌、北京辽金城垣博物馆藏金代木桌、甘肃武威西郊林场西夏墓出土木桌、河北宣化下八里辽代张文藻墓出土木桌（两件）、内蒙古巴林右旗白音尔登苏木辽墓出土木桌、内蒙古翁牛特旗解放营

图2-4-10 山西岩山寺金代壁画中的挑桌

子辽墓出土木长桌、山西大同金阎德源墓出土木桌（两件）等。

若论其中实用性桌子的代表，当属于解放前在河北巨鹿北宋遗址出土的木桌。此桌面长88cm，宽66.5cm，高85 cm。长方形桌面背后有墨书铭记："崇宁三年（1104）三月二□四□造一样卓子二只。"作为有明确纪年（宋徽宗时期）的民间家具，其四足像建筑上的柱，断面为椭圆形。桌的前后设单枨，两侧设双枨，像建筑上的梁，6件横枨的断面则呈近于椭圆形的六面形。桌面的边与抹以45度格角榫结合，这与江苏邗江蔡庄五代墓出土的木榻实物中榻面的大边、抹头只用铁钉固定的方式已有了改进与发展。大边、抹头和角牙的折角处都起有凹线，这说明线脚的运用已成为当时木工造型的基本装饰手段之一。桌面与腿间有"替木"一样的牙头，既起装饰作用，又起辅助支撑作用。且牙头之间有较长的延伸，但未连接，这是典型的牙头向牙条演变的过渡性设计。木桌原件现藏于南京博物院，构件齐全，可按结构复原。濮安国先生在其《中国红木家具》一书中认为原先制作的复制件与原物有差异，以前所见发表的图形也不准确，所以后来他按遗物测绘画出了标准图（图2-4-12）。此桌是北宋民间木家具的珍贵实物资料，堪称宋代民间家具风格的典型代表，对研究我国古代承具有重要价值。

图2-4-13是1980年江苏省江阴县北宋"瑞昌县君"孙四娘子墓出土的杉木桌，桌高47.6cm，桌面为边长43 cm的正方形，厚3 cm。足断面为扁方形，以长短榫与面框相接。桌面框宽4.1 cm，使用45度格角榫。框内有以闷榫连接的两件托档，心板（厚0.9cm）与框内侧斜口（长0.2cm）嵌合。桌面与腿之间已形成了牙条构件，且牙条的下部外形已演化为简练的壶门券口，显示了后来明式家具中的一种装饰发展方向。另外，木桌四足分别钉有侍俑，4俑

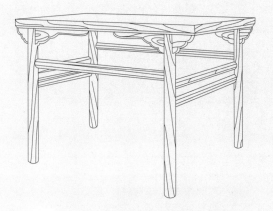

图2-4-12　河北巨鹿宋城遗址出土木桌

图2-4-13　江苏江阴北宋"瑞昌县君"孙四娘子墓出土木桌

双手均合拢于胸前或腹前，有的似乎还抱着物件，（此墓出土的木椅也是如此）这应是一种由独特丧葬习俗而形成的明器家具。

2.4.2 案

宋代之前，古人以席地而坐为主，故承具相应也较矮，如《新唐书》载节度使的礼案"高尺有二寸，方八尺"[8]，其特征是大而矮。到了宋代，不少案在高度上和高脚桌并无太大区别，譬如南宋陆游所说"而其墓以钱塘江为水，以越秦望山为

图2-4-14　南宋佚名《春宴图》中的双拼式大食案

图2-4-15　北宋王诜《绣栊晓镜图》中的案

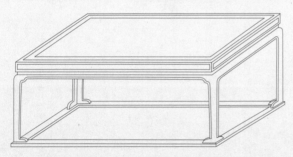

图2-4-16　北宋张训礼《围炉博古图》中的案

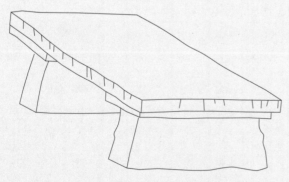

图2-4-17　南宋马公显《药山李翱问答图》中的石案

案，可谓雄矣"[9]中的"案"就不会矮，因为缺乏高度是无法使人产生雄伟感觉的。

鉴于这一时期的案的种类较多，而且与桌、几、台等承具有着密切而复杂的联系，今人对它们名称的使用也比较混乱，为便于分类研究，我们将宋代的案主要分为四类：

① 箱型结构（包括托泥结构）的承具。这类案继承了唐代案的箱型结构特征，厚重而费料，但承面下的开光各有不同变化。其形象主要见于绘画，如北宋佚名《文会图》（传为宋徽宗赵佶所画，但更可能是北宋画院画家作品）、北宋李公麟《高会习琴图》、江苏淮安杨庙北宋墓壁画、山西汾阳金墓壁画（柜案）、宋佚名《西园雅集图》、宋佚名《夜宴图》（2件）、南宋佚名《春宴图》（有方案与双拼式大食案，后者见图2-4-14）、南宋马和之《女孝经图》、南宋佚名《南唐文会图》等画中均有描绘。

然而，也有不少案具备桌的特征，例如四足位于承面的四角，足与足之间的空间十分通透，已无箱板式特征，但是由于足下带托泥，我们仍将其纳入案来进行讨论。譬如，北宋王诜《绣栊晓镜图》（图2-4-15）、北宋李公麟《高会习琴图》、宋佚名《博古图》、宋佚名《十八学士图》、南宋萧照《中兴瑞应图》（象棋案）、南宋刘松年《宫女刺绣图》、南宋马远《西园雅集图》、南宋苏汉臣《妆靓仕女图》、南宋西金居士《十六罗汉像其二》、南宋佚名《盥手观花图》等画中均刻画了这种案。在此基础上，还出现了束腰托泥式案，其形象可见于北宋张训礼《围炉博古图》（图2-4-16）、南宋佚名《六尊者像》、宋佚名《十八学士图》（嵌大理石书案）、宋佚名《梧阴清暇图》、南宋刘松年《蓬壶仙侣图》

中国宋代家具

等画中。这种案在承面、束腰、足三者之间结构关系的处理对后世束腰桌产生了巨大影响。

② 足离承面四角较远的承具。这是明清以来形成的较共识的概念。其形象可见于南宋佚名《六尊者像》、北宋佚名《闸口盘车图》、宋佚名《十八学士图》(花案)、南宋李嵩《听阮图》、南宋刘松年《博古图》、南宋马公显《药山李翱问答图》（石案，图2-4-17）、南宋牟益《捣衣图》（石案）、南宋钱选《鉴古图》、南宋佚名《松下闲吟图》等画中。

③ 有织物自承面垂至（或近于）地面的承具。因织物遮挡之故，承具的实际结构（如足与承面四角的近远关系）难以知晓，故织物在装饰承具时体现了独特而重要的作用，使得承具更为统一、庄重，由于它在宗教与政治礼仪上地位重要、用途广泛，所以以这类案留下的形象为最多。其形象可见于北宋庆历四年（1044）《妙法莲花经·如来说法图》、北京门头沟斋堂村辽墓壁画《孝悌故事》（图2-4-18）、北宋佚名《菩萨像》（图2-4-19）、北宋画像砖《妇女烹茶图》、北宋李公麟（传）《孝经图》、北宋佚名《报父母恩重经变图》、北宋佚名《妙法莲华经变图》、北宋佚名《十一面观音菩萨坐像》、河南洛宁北宋乐重进石棺画像《赏乐图》、宋《金刚般若波罗蜜经》插图、宋《十王图》（日本和泉市藏）、宋《重修政和证类备用本草》插图《解盐图》、宋代敦煌《地藏十王》（法国巴黎格梅博物馆藏）、河南温县宋墓出土砖雕《庖厨图》、宋佚名《十六尊者》（圆案）、宋佚名《十王经赞图卷》、黑水城出土的西夏文写本《佛说宝雨经卷第十》、山西长子石哲金墓壁画《丁兰图》、西夏汉文版画《注清凉心要》插图、西夏刻印西夏文《现在

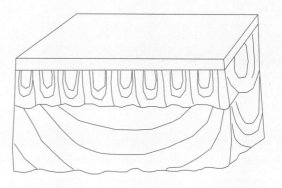
图2-4-18 北京门头沟斋堂村辽墓壁画《孝悌故事》中的供案

图2-4-19 北宋佚名《菩萨像》中的供案

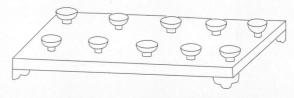
图2-4-20 南宋佚名《白莲社图》中的案

贤劫千佛名经》卷首《译经图》、南宋高宗书《孝经图》（办公案与车载食案）、南宋金处士《十王图》、四川泸县南宋墓石刻、南宋时大理国《张胜温画卷》(数量较多）等画中。

④ 有矮足、近于托盘的承具。之所以称为案，是延续汉代以来的说法[10]，但是它与前三种案在使用上有着本质区别，在当时已不多见，辽胡瓌《卓歇图》、南宋佚名《白莲社图》（图2-4-20）中对这种案进行了描绘。

图2-4-21　南宋佚名《六尊者像》中的翘头案

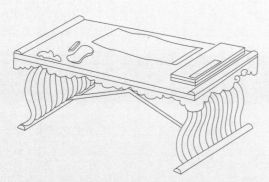

图2-4-22　《宋人写梅花诗意图》中的曲栅足翘头案

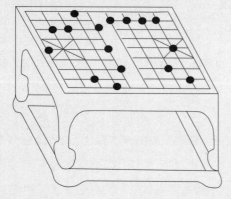

图2-4-23　南宋萧照《中兴瑞应图》中的象棋案

在宋代的案中，还有一种两端有翘头的案被后人称为翘头案，宋代翘头案也留下了不少图像资料。案的翘头部分不但可使案产生视觉上优美的线性变化，而且有实际使用功能。它最多是用于祭祀、供奉，故被称为供案。南宋高宗书《孝经图》中就描绘了数量较多的翘头供案（有两种形式），南宋佚名《六尊者像》中也刻画了装饰精美的翘头供案。其次是用于办公、审案，如见宋佚名《十王经赞图卷》中的翘头案，北宋佚名《闸口盘车图》中则描绘了一位官员坐在翘头案后办公。再者，是书案，文人用于欣赏书画手卷。其翘头较小，不太夸张，现出温和肃静的特征。古时观赏《千里江山图》、《清明上河图》这类手卷式的绘画颇有讲究，最好就是放在这种翘头案上看。在翘头案上欣赏时，卷轴走到案子两头就停住了，手卷不会掉下去。其图像可见于南宋钱选《鉴古图》中的长翘头案。翘头案两头翘起来的部分也有高低程度上的大小：大者如南宋佚名《六尊者像》中的翘头案（图2-4-21）等，小者如《宋人写梅花诗意图》（图2-4-22）中的曲栅足翘头画案等。宋代文人对生活的精致追求由此可见一斑。

宋代案在功能上呈现出多样性，如画案、供案、书案、棋案、柜案、食案、花案和办公案等。如宋佚名《十八学士图》、宋佚名《西园雅集图》和南宋马远《西园雅集图》中就绘有宽大的画案，北宋佚名《文会图》》中的案则是一种超大型食案。南宋萧照《中兴瑞应图》还描绘了象棋案（图2-4-23），宋代产生并发展了象棋，专用象棋案也应运而生，由画中棋盘上格子的组合与棋子的摆放可知当时的象棋与今天的十分接近。

宋代及以后，桌在趋于实用的过程中，与案逐渐发生了分野。桌的实用功能越大，陈设功能就越低。相反，案的实用功能降低了，其陈设功能则增加了，在人们心目中的地位相对也较高。

2.4.3 几

几在早期指古人低坐时凭依的家具，后来逐渐演变为放置小件器物的承具，但凭几等凭依家具在宋代仍有使用。

宋人诗文对此多有涉及，例如欧阳修诗："岂如几席间，百态生浓纤。"[11]苏轼诗："窗扉静无尘，几砚寒生雾。"[12]文同诗："簿领初休几桉（同案）清，西轩移枕卧前楹。"[13]陆游也有诗曰："从今几砚旁，一扫蟾蜍样。"[14]

几在宋代也有丰富的设计与创造，其功能被开发得丰富多彩。除了传统的凭几，还有茶几、花几、香几、榻几、炕几、桌几、书几、足几、宴几（燕几）等。

凭几形象有四川大足北山佛湾第177号窟北宋石雕地藏菩萨像中的凭几（彩图·承具15）、江苏淮安4号宋墓凭几、四川大足舒成岩4号龛南宋三清像中的凭几等。另外，在一些传世绘画，如北宋李公麟《维摩诘像》、《维摩天女像》，宋佚名《人物图》、宋佚名《十八学士图·焚香》、南宋刘松年《琴书乐志图》与南宋佚名《白莲社图》（图2-4-24）等画中也都绘有凭几形象。

茶几可见于北宋李公麟（传）《孝经图》中的圆茶几、河南洛阳邙山北宋墓壁画中的茶几、河南洛宁北宋乐重进石棺画像《赏乐图》中的茶几、南宋刘松年《斗茶图》中的茶几（图2-4-25）。在山东高唐虞寅墓壁画中还绘有两种茶几，其中之一还是双层的，由此可见宋代茶文化的发达。

花几形象可见于山东高唐虞寅墓壁画、山西汾阳金墓壁画（5件花几）、山西侯马金

图2-4-24　南宋佚名《白莲社图》中的凭几

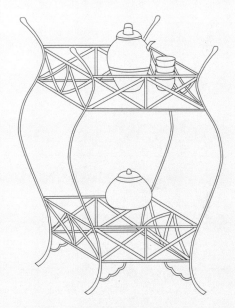

图2-4-25　南宋刘松年《斗茶图》中的茶几

董氏墓砖雕（叠加花几）、山西侯马金董氏墓砖雕、宋佚名《柳枝观音像》、南宋佚名《六尊者像》、宋佚名《罗汉图》、河北宣化下八里辽张匡正墓壁画、河南安阳新安庄西地宋墓（花坛与花几）、河南武陟县小董金墓砖雕（盆栽牡丹花几）、南宋丰兴祖《万年青图》、南宋佚名《五学士图》等中。其中，河

图2-4-26　南宋丰兴祖《万年青图》中的花几

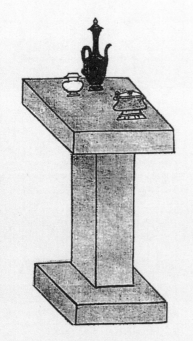

图2-4-27　宋佚名《贝经清课图》中的香几

北宣化下八里辽张匡正墓壁画和南宋佚名《六尊者像》中的几是藤制花几，宋佚名《柳枝观音像》、宋佚名《罗汉图》和南宋丰兴祖《万年青图》（图2-4-26）中描绘的花几均极为精

美。以上的花几多为曲型腿，有的甚至是较为标准的三弯腿，如山西侯马金董氏墓砖雕上的叠加花几，一大一小，均为束腰三弯腿式，二者造型虽较为粗厚，但为后来明清时期束腰三弯腿式家具的发展提供了早期范例。

香几是一种承放香炉等香具所使用的陈设类家具，在上层人物家中较常见。宋人对生活情趣颇为讲究，文人士大夫有焚香习俗，熏香甚至成为一门艺术，文人墨客喜欢相聚闻香，更有一些文人雅士自己调配香料，使熏香文化融入了日常生活，房中往往均要陈设香几。香几在佛教画中出现也较多，说明焚香也成为当时僧侣的生活内容之一。香几形象可见于北宋李公麟《维摩演教图》、北宋佚名《听琴图》、宋佚名《贝经清课图》（图2-4-27）、南宋佚名《六尊者像》、宋佚名《果老仙踪图》、宋佚名《佛像图》、南宋李嵩《罗汉图》、南宋李嵩《听阮图》、南宋刘松年《松阴鸣琴图》、南宋陆兴宗《十六罗汉图》、南宋萧照《中兴瑞应图》、南宋佚名《博古图》、南宋佚名《罗汉图》、南宋佚名《五山十刹图》、宋佚名《十六罗汉·矩罗尊者》、宋佚名《五学士图》等画。其中，《五山十刹图》共绘有3件香几，两件为径山样佛殿及堂僧前几，1件为圭脚托泥式香几。《六尊者像》中画的是藤制香几，《松阴鸣琴图》画的是竹制香几，《果老仙踪图》画的是以树根为足制作的香几，古朴苍然。《博古图》的香几为束腰三弯腿式，李嵩《罗汉图》中的香几在造型上最为奇特，几面上别出心裁地设计了一圈围栏。北宋佚名《听琴图》、宋佚名《十六罗汉·矩罗尊者》、南宋陆兴宗《十六罗汉图》、南宋萧照《中兴瑞应图》中的香几在造型上均十分细瘦，表达了宋代文人独特的审美观念。

山西大同金阁德源墓中出土了一件木香几（图2-4-28），双层，四足有侧脚和收分。

榻几形象可见于河南白沙宋墓壁画（图2-4-29）、南宋佚名《三崖图》、宋佚名《宫沼纳凉图》等绘画中。

炕几是炕上使用的矮形家具，其形象可见于山西大同金阁德源墓出土的木炕几（图2-4-30）。

桌几形象可见于河北宣化下八里辽韩师训墓壁画中的桌上摆放佛教经卷的翘头几（图2-4-31）。

书几形象可见于北宋武宗元《朝元仙仗图》（图2-4-32）与南宋时大理国《张胜温画卷》。宋代福建的一次雷击事件中有关于书几的记载："绍兴己巳二月二十五日，福州大雷雨。闽丞薛允功未明起，闻霹雳声甚近。及旦，厅事一柱已斧为三，附栋椽泥皆坠，碎土如爪迹，印于书几及狼藉两庑间。"[15]

足几形象不多见，宋佚名《槐阴消夏图》（彩图·陈设1）中对此有描绘，图中的文人悠闲地躺于榻上，其足部即垫放于精致小巧的足几上。

几还出现专名，如燕几，"燕"通"宴"，故燕几即宴几。燕几源自唐人宴请宾客的专用几案，其特点是可随宾客人数而分合。它的形象可见于北宋文人黄伯思（旧本题）《燕几图》。黄伯思（1079~1118），字长睿，号云林子，邵武（今属福建）人。博学多识，能书善画，以古文字名家，曾奉诏集古器考定真伪。北宋徽宗朝政和年间官至秘书郎，但数年后去世，时年仅四十。在李纲为其所写的墓志中说他对于经史百家之书、天官地理律历卜筮之说无不精通。又好古文奇字，熟

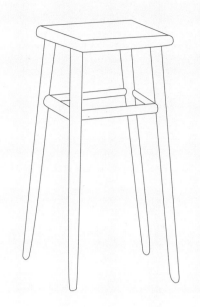

图2-4-28　山西大同金阁德源墓中木香几

图2-4-29　河南白沙宋墓壁画中的榻几

图2-4-30　山西大同金阁德源墓出土的木炕几

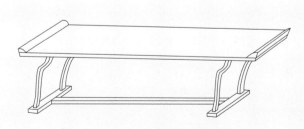

图2-4-31　河北宣化辽墓壁画中的桌上翘头几

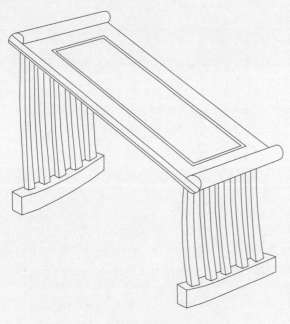

图2-4-32　北宋武宗元《朝元仙仗图》中的书几

悉钟鼎彝器的款式体制。著有《东观余论》、《古器说》。《书录解题》载黄伯思《博古图说》十一卷，记载各种器物五百二十七，印章四十五，并说后来人们修《博古图》时多借用之。

因黄伯思卒于北宋徽宗初年，但《燕几图》（图2-4-33）自序中说此书成于绍熙甲寅十二月丙午，即南宋光宗五年（1194），这并不符逻辑。如绍圣（北宋哲宗年号）误作绍熙，则绍圣四年起于甲戌，尽于丁丑，其中并无甲寅年。往前算，甲寅为北宋神宗熙宁七年；往后算，甲寅为南宋高宗绍兴二十四年，都与黄伯思生平无关。另外，伯思字长睿，而《燕几图》自序末题："云林居士黄长睿伯思序。"这里以字为名，以名为字，全部颠倒，难合常理，也许是南宋人假托伯思大名而撰。然而，作者署名的问题并不影响《燕几图》在家具史上的崇高地位。

就设计而言，《燕几图》很可能受到唐代燕几的启发。燕几初以六为度，因此取名为

"骰子桌"。作者友宣谷卿见后，颇为欣赏，并建议再增一几，合而为七，增加变化，如此成为七几，并命名为"七星"，它们可以按图设席，纵横排列，以娱宾客。这一设计奠定了以后七巧板的雏型。

《燕几图》原理是先以边长为1.75尺的正方形为基本模数，形成三种长方形的桌面：第一种大桌面面积为7平方尺(1.75尺×4)，可坐四人，共有2张；第二种中桌面面积为5.25平方尺(1.75尺×3)，可坐三人，共有2张；第三种小桌面面积为3.5平方尺(1.75尺×2)，可坐两人，共有3张。桌高均为2.8尺。由于大、中、小三种桌面共7张，作者命名为"七星"，图2-4-33中的①即为这一"七星"桌面。

以上三种桌面能灵活变化为25种形式，如：大、小长方形桌(横竖不同格局)；长案形桌(横竖不同格局)；大、小方形桌；凹字形桌(横竖不同格局)；T字形桌(横竖不同格局)；门字形桌(横竖不同格局)；山字形桌(横竖不同格局)；坛丘形桌(横竖不同格局)等。还能演化多达76种格局，各种格局也有名称，如"屏山"、"回文"、"斗帐"、"函石"、"虚中"、"瑶池"、"披褐"、"悬帘"、"双鱼"、"石床"、"卐"、"金井"和"杏坛"等，实可谓变化多端。这样一来，就可以根据"宾朋多寡，杯盘丰约"的实际情况以及室内空间的具体大小来作丰富的组合变化（如见图2-4-33中的图②~图⑩）。在有的格局中，还处理成将桌置于四周而使中间虚空的形式，虚空处摆放"烛台"、"花斛"、"香几"和"饼斛"等（如见图2-4-33中的图⑤与图⑥）。这些几可以根据需要，能多能少，能大能小，能长能方，既能单设，也能拼合，实可谓运用自如，变化多端。

对于自己设计的燕几，作者认为："以之展经史，陈古玩，无施而不宜，宁不愈于世俗之泥于小大一偏之用者乎？""其几小大凡七，长短广狭不齐。设之必方。或二，或三，或四五，或六七，布置皆如法。居士谓宾客之多寡，杯盘之丰约，以为广狭之则，为二十五体，变四十名。又增广七十有六，燕衍之余，无施不可。斯亦智者之变也。"[16]《燕几图》的组合之法颇有规律可循，显示了宋代文人的巧思妙趣，的确是其燕闲生活中富有清趣的"智者之变"，也是当时文人式艺术设计方法的典型反映。后世著名的明戈汕《蝶几谱》与佚名《匡几图》可能受到了它的影响。总的来看，《燕几图》、《蝶几谱》、《匡几图》与汉代有些漆奁的精巧设计一样，均可视为标准化、模数化设计思想在传统手工时代的实际运用，由它们中展示出来的卓越观念对于我们今天的艺术设计来说不无启发性。

注释：

[1] （清）叶廷管《吹网录》卷三。

[2] （北宋）孔平仲《孔氏谈苑》卷二。

[3] （南宋）赵与时《宾退录》卷一。

[4] （南宋）洪迈《夷坚志补》卷二十一《鬼国母》。

[5] 《宋会要辑稿·刑法二》。

[6] （南宋）吴自牧《梦粱录》卷十三《诸色杂货》。

[7] （宋）罗大经《鹤林玉露》乙编卷六。

[8] （北宋）欧阳修等《新唐书》卷四十九《百官志（四下）》，中华书局标点本，1975年版。

[9] （南宋）陆游《老学庵笔记》卷十。

[10] 如《后汉书·逸民传·梁鸿》中"举案齐眉"的"案"就是一种矮足托盘。

[11] （北宋）欧阳修诗《和徐生假山》。

[12] （北宋）苏轼诗《雨中过舒教授》。

[13] （北宋）文同诗《和仲蒙夏日即事》。

[14] （南宋）陆游诗《砚湖》。

[15] （南宋）洪迈《夷坚甲志》卷五《闽丞厅柱》。

[16] （南宋）黄长睿《燕几图》，《丛书集成初编》本，商务印书馆，1936年版。

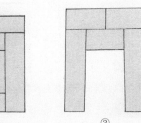
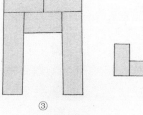
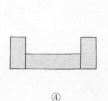

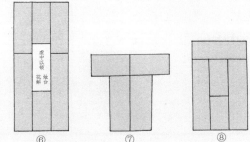
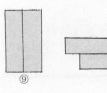

图2-4-33 《燕几图》

图2-5-1　河南新密出土宋代三彩琉璃舍利盒

图2-5-2　江苏武进村前南宋墓出土梳妆镜箱

图2-5-3　宋佚名《十六尊者》中的盒

2.5 庋具

　　庋具是放置、收藏物件的储物类家具，如箱盒、橱柜等。庋具这一术语人们已使用不多，本文之所以沿用，是为了取得与本文中的卧具、坐具、承具、架具、屏具等家具名称相对应。

　　今天看来，在庋具中，箱盒与橱柜的区别主要体现在是否经常移动，通常来说，箱盒是常被人搬动的，而橱柜在家具陈设中是较为固定的，橱柜的前面一般有门。箱盒、橱柜等庋具也和其他家具一样，因用途不同而制法多异，人们在日常生活中常根据需要不断总结经验，使之美观实用。

2.5.1 箱盒

　　今天看来，箱与盒的区别主要体现在大小上，一般大者为箱，小者为盒，它们还有函、匣、奁等称呼。到了宋代，柜、匣的概念有了明确区分，宋戴侗《六书故》说："今通以藏器之大者为柜，次为匣，小为椟。"他是以尺寸分，大些的是柜子，小些的是匣，再小些的是椟。可见，柜、匣、椟已是当时的储物家具。然而，文字在发展过程中，开始并不太明确，如对于前述柜、箱、匣、椟的区分就往往比较混乱，但随着时代的发展，这些名词的含义也逐渐明朗起来。

当时与箱相配的词还有箱箧、箱笥、箱奁、箱笼等，例如宋人袁褧记有："（李成）每往，醉必累日，不特纸素挥洒，盈满箱箧，即铺门两壁，亦为淋漓泼染。"[1]这里的"箱箧"指的是大小的箱子。宋沉辽有诗曰："金玉敷卷轴，龙蛇阆箱奁。"[2]这里的"箱奁"指的是放置书籍等物的箱子。苏轼有诗曰："家藏古今帖，墨色照箱笥。"[3]这里的"箱笥"中，方的叫箱，圆的叫笥。南宋戴侗还说："今人不言箧笥而言箱笼。浅者为箱，深者为笼也。"[4]

宋代的箱盒大多做成盝顶型，这种箱盒呈方形（或长方形），体与盖相连，盖顶向四周呈一定角度的下斜。例如，笔者收集到河北宣化辽墓壁画中的箱盒有20件，而属于这种盝顶型的占88%。有的宋代箱盒的棱角处还以铜叶或铁叶包镶，以求坚固与美观。

考古发现的宋代箱盒实物有河南新密出土宋代三彩琉璃舍利盒（图2-5-1）、内蒙古敖汉旗北三家1号辽墓出土银铤箱，浙江瑞安慧光塔出土北宋描金堆漆檀木经盒（彩图·奁具2）与描金堆漆舍利盒（彩图·奁具4）、山西大同金墓出土剔犀盒（彩图·奁具3）、江苏苏州虎丘云岩寺塔出土北宋初期楠木箱（彩图·奁具5）、福州市茶园山南宋墓出土剔犀菱花形盒（彩图·奁具7）、浙江义乌出土宋代舍利函以及江苏武进村前南宋墓出土的戗金花卉纹黑漆填朱盒（彩图·奁具6）、戗金莲瓣形朱漆盒（彩图·奁具1）、黑漆匣、镜盒、梳妆镜箱等，其中的梳妆镜箱（图2-5-2）下设抽屉以放梳妆用具，实用方便。这些宋代箱盒多被制作成盝顶型，且工巧精美，或为佛教器具，或

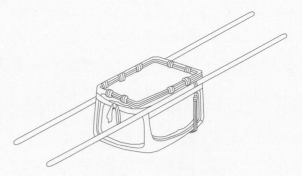

图2-5-4 山西高平开化寺宋代壁画中的抬箱

图2-5-5 宁夏泾源宋墓砖雕中的挑箱

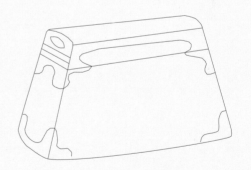

图2-5-6 南宋牟益《捣衣图》中的箱

是梳妆用具。

宋代绘画中对它们有大量描绘，如河北宣化下八里辽墓壁画、山西高平开化寺宋代壁画、山东高唐金虞寅墓壁画、河南辉县百泉金墓壁画以及宋佚名《春游晚归图》、北宋佚名

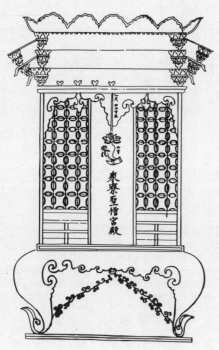

图2-5-7 南宋佚名《五山十刹图》中的众寮圣僧橱

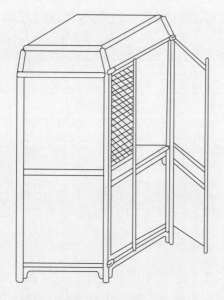

图2-5-8 南宋佚名《蚕织图》中的橱

《文会图》（彩图·陈设2）、宋佚名《十六尊者像》（图2-5-3）、宋佚名《五学士图》、宋佚名《征人晓发图》、南宋马远《西园雅集图》、南宋马公显《药山李翱问答图》、南宋

李嵩《骷髅幻戏图》、南宋周季常《五百罗汉·树下品梵》、南宋高宗书《女孝经图》、南宋牟益《捣衣图》、南宋佚名《春宴图》、南宋佚名《盥手观花图》等画均绘有箱盒。

其中，河北宣化下八里辽墓壁画中画了6件多层抽屉式的箱盒，属于这种造型的占壁画中总箱盒数的35%，抽屉数最多的1件有10层，5层的有2件，8层的有1件，4层的有1件。南宋马远《西园雅集图》中画的是竹箱，宋佚名《征人晓发图》中画的是有提梁的大抬箱。河南方城盐店庄宋墓还出土了行李箱，该箱长方形，多层，上有盖，面有拉手，两侧设提环，下有短足。

山西高平开化寺宋代壁画还绘制了一种抬箱，较为独特。宁夏泾源宋墓砖雕中（图2-5-5）与南宋佚名《春游晚归图》、南宋李嵩《骷髅幻戏图》中刻画的是挑箱，这种箱子在北宋张择端《清明上河图》中也出现3件。《清明上河图》中甚至还有一种箱子，既像是工具箱，又可供人垂足而坐（图3-2-7）。南宋牟益《捣衣图》中画的是正面呈梯形的包角箱（图2-5-6），北宋佚名《文会图》与南宋佚名《春宴图》中画的均是大盝顶箱，二者颇为相像。

2.5.2 橱柜

宋代文献对于橱柜也有记载，如周密记有："李仁甫为长编，作木橱十枚，每橱作抽替匣二十枚，每替以甲子志之。"[5]《蒙斋笔录》也载有："（富郑公）一日旦起，公方听事公堂，颙（赖州僧正颙）视室中，有书柜数十……"

在今天中国人的概念中，对于有横拉门的

皮具，北方人一般称柜，南方人一般称橱（如此称谓可能与厨房有关，即用来储存食物的家具），有上开盖的皮具则称箱。橱与柜的区别还体现在高度上，譬如，有的柜面可当做桌面来使用，而由于橱较高，就没有这一功能。当然，也有将二者合在一起使用的。

宋代橱柜形象可见于河北井径宋墓壁画、河南禹县白沙2号宋墓壁画、河北曲阳南平罗北宋墓砖雕、河南安阳新安庄西地宋墓砖雕壁画、河南洛阳涧西宋墓、山东济南青龙桥宋墓壁画、南宋刘松年《唐五学士图》、南宋佚名《蚕织图》等中。这一时期的橱柜比唐代更为简洁适用，譬如抽屉就是一个新增的重要功能部件。其中，河南方城宋墓出土的石柜就是一种三层抽屉柜，而河南禹县白沙2号宋墓壁画中则描绘了一种安置在桌子上的五层抽屉柜。南宋佚名《五山十刹图》中有以当时的制图法画就的径山僧堂圣僧橱和众寮圣僧橱（图2-5-7），两橱装饰华美，体量巨大。南宋刘松年《唐五学士图》中的盝顶式书柜可能为竹材制成，工艺讲究。南宋佚名《蚕织图》有一处画面描绘的是一位村妇正将丝织物放入橱中，此橱（图2-5-8）被安放在长桌上，采用框架结构，两层，两开门，盝顶式，较为高大，柜底与足之间有角牙，明清以来的家用橱在式样上与之较为接近。

注释：

[1]（宋）袁褧《枫窗小牍》卷下。

[2]（宋）沈辽《德相所示论书聊复戏酬》。

[3]（北宋）苏轼诗《虔州吕侍承事年八十三读书作诗不已好收古今帖贫甚至食不足》。

[4]（南宋）戴侗《六书故》。

[5]（宋）周密《癸辛杂识》后集《修史法》。

2.6 屏具

所谓屏具，即屏风一类的家具。宋代屏风的使用较前代更为普遍，不但居室陈设屏风，日常使用的茵席、床榻等家具旁附设小型屏风，就连一些室外环境中也可以看到屏风的使用，而且这一时期的文献涉及屏风的也较多，刘昌说："今人称士大夫之家，必曰门墙，曰屏著，是矣。然多曰台屏，则乃指屏风而言，何不思之甚也。"[1]柳永词曰："榴花帘外飘红。藕丝罩、小屏风。"[2]彭履道词曰："九叠屏风，青鸟冥冥，更约谪仙重到。"[3]孟元老《东京梦华录》也记有："卖蒲合、簟席、屏帏……腊脯之类。"[4]高彦休说："问安之暇，出所记述，亡逸过半，其间近屏帏者，涉疑诞者，又删去之。"[5]这两处的"屏帏"指的是屏帐。和前代相比，宋代屏风形制有了更大进展，造型、装饰更为丰富。具体就底座而言，宋代屏座已由汉唐时简单的墩子发展成为具有桥形底墩、桨腿站牙以及窄长横木组合而成的屏座，至此形成了座屏的基本造型。使得底座低窄、屏面宽大的屏风往往给人以平展稳定之感。

这时的屏风在形式上可分为独屏式和多屏式，独屏实物可见于山西大同金代阎德源墓出

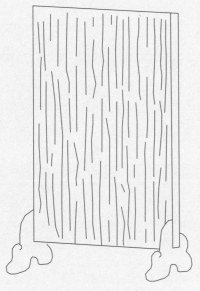

图2-6-1　山西大同金阎德源墓出土木屏

图2-6-2　河南方城盐店庄北宋墓出土石独屏

口内，即可直立。山西大同地区的辽、金墓一般均有壁画，而此墓以屏风画代替壁画，虽为唐、五代屏风画的沿续，仍属少见。金阎德源墓还出土了一件木素屏（图2-6-1），此屏只在两站脚上有简练的卷云纹装饰，其余简朴无华。

河南方城盐店庄北宋墓出土的石屏（图2-6-2）也为独屏。此屏装饰恰当，素面，屏框周边有数道细线脚，下部有起加固作用的横档，其下有花卉纹装饰带，且两面刻花：一面刻小朵花卉及石榴纹，另一面刻缠枝芙蓉花。从形制看，它与河南禹县白沙宋墓壁画中墓主人身后屏风属于一类。

当时的石屏一般以纹理较佳的石材制作，具自然之美。其平面纹理变化有若自然山水，极富画意，多用以制作屏风，如宋何梦桂《愚石歌》云："石文可以屏。"宋代永州祁阳县"新出一种板，襞叠数重，每重青白异色，因加人工，为山水云气之屏，市贾甚多。"[6]虢石是宋代重要的屏石之一。据《云林石谱》记载，虢石产虢州朱阳县土层中，质软无声。有一种颜色深紫，中有"白石如圆月或如龟蟾吐云气之状，两两相对，土人就石段揭取，用药点化，镌治而成"；还有一种颜色黄白，"中有石纹如山峰罗列，远近洞壑相通，亦是成片修治镌削，度其巧趣乃成物象，以手摸之，石面高低，多作研屏置几案间，望之如图画"。米芾更以"石痴"名世，苏轼也好"怪石供"，他将一些具有天生纹彩的石头养在清水中，以充文案摆设。他形容这些石纹有的似"冈峦迤逦"，有的似"石间奔流，尽水之变"，收藏这些怪石的书房被命名为"雪浪斋"。[7]正因为如此，到了宋代才有"赏石文化"的进一步昌盛，以至于用大理石一类有独

土的木屏。此墓出土杨木质屏风2件，在墓室东、西两壁各置一件。屏风通高116 cm，全长232 cm，底座高38.7 cm，屏宽38.3 cm。由云头纹底座、长方形屏框、方格架三部分组成，方格架为屏心，用立档14根、横档4根组成。方格架上裱糊绫绢，然后书写作画，现仅存残碎片。屏框下装屏座两个，座中开口，屏风插入

特纹理的石材装饰家具逐渐流行，这在一些传世宋画中可以见到。鉴于此，宋人文熙编辑了有关大理石的文献91则、诗150首、赋3篇、铭4篇、文8篇而成《大理石录》一书，可谓是今天能见到的关于"大理石文化"的最早总结。另外宋代汤周、公勤著的《宣和碧石谱》也是反映宋代"碧石"（即大理石）收藏与欣赏状况的专著，惜已失传。

宋代屏风实物中至今保存较为完好的有辽代彩绘木雕马球屏风（彩图·屏具2）等，此屏长120cm，高120cm（加底座），由屏心、边框、底座三部分组成；其中底座高50cm，底座有一短横梁，上有方形榫头，与屏风下边框的方形卯眼相合。屏心由五块长宽大小不一的木板拼接而成，以圆雕加彩绘的方法生动表现了3人在角逐马球的运动情景。从彩绘工艺看，彩绘制作类似于壁画，先在雕刻的素面上厚涂一层白灰膏底层，如此颜料较容易进入白灰膏中而得以保存。这种彩绘制作工艺辽代比较盛行，如北京辽金城垣博物馆收藏的辽代彩绘木椁、内蒙古吐尔基山辽墓出土的彩绘木椁、辽宁省博物馆藏辽代彩绘木椁都有类似做法。这件屏风制作构思独特，外观较规整，底座和屏框有10cm的交叉。屏心下面的木板最小，这是为了便于屏风拆装，因为在拆装屏心的过程中，下面的木板小，可减少框架向外撤的角度，如果较大，则很难把屏风组装成为一体。另外，木板之间拼接的横断面上打圆形孔，用圆形木栓相连，类似于以后的龙凤榫卯，如此使木板拼接整齐，不至于开裂。[8]

独屏图像还可见于北宋王诜《绣枕晓镜图》（图2-6-3）、宋佚名《羲之写照图》、宋佚名《孝经图》、河南禹县白沙宋赵大翁墓壁画、山东高唐金虞寅墓壁画、山西汾阳

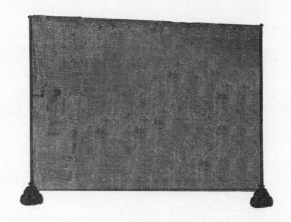

图2-6-3　北宋王诜《绣枕晓镜图》中的座屏

图2-6-4　南宋刘松年《琴书乐志图》中的屏风

金墓砖雕、山西岩山寺金代壁画、南宋金处士《十王图》、南宋高宗书《女孝经图》、南宋刘松年《琴书乐志图》（图2-6-4）、南宋牟益《捣衣图》（彩图·卧具10）、南宋苏汉臣《妆靓仕女图》、南宋萧照《中兴瑞应图》、南宋佚名《韩熙载夜宴图》、南宋佚名《女孝经图》、宋佚名《十八学士图》、南宋佚名《五山十刹图》、南宋佚名《孝经图》等作品中。其中，山西岩山寺金代壁画中的屏风（附

图2-6-5 宋佚名《十八学士图·观弈》中的屏风

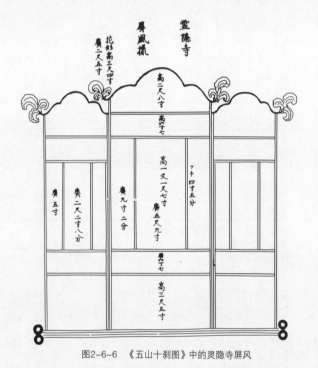

图2-6-6 《五山十刹图》中的灵隐寺屏风

图6-20）是一种"婴戏皮影屏"，是一种皮影戏的重要道具。

多屏式屏风中以三屏式的居多，山西大同十里铺辽墓壁画、宋佚名《高士图》、宋佚名《十八学士图》（图2-6-5）、南宋刘松年《罗汉图》（彩图·屏具3）、南宋佚名《五

山十刹图》（图2-6-6）等画中绘制的均是三折屏。例如，宋刘松年《罗汉图》中的三折屏风，中扇稍大，边扇稍窄，并向前折成一定角度，呈八字形，可站立。这类实物资料可以见于山西大同晋祠彩塑中的圣母像。圣母端坐于宝座上，身后立着宽大的水纹三折屏风。屏风正扇宽大，两边扇稍窄并微向前收，呈八字形。这种陈设形式源于周代时期的"斧依"。直到明清时期，皇宫中仍保留着这种形式。

宋佚名《白描大士像》（附图1-39）中的屏则为少见的二折屏，从画面人物比例看，形体较大。屏心独扇，屏框内有菱形宽边，屏心满饰六方龟背锦，装饰复杂华丽。

另外，一种新颖的屏风形式——挂屏在此时也出现了。河南洛阳邙山宋墓壁画上就描绘了墙壁上的挂屏（图2-6-7），画的是花鸟题材，并且是长短、宽窄两两相配而挂。

宋代书画艺术的昌盛、室内陈设艺术的丰富促进了挂屏的发展。宋彧记载："挂画于厅事，标所献人名衔于其下。"[9]这里所说的"挂画"就是一种挂屏，而且开始有了题款。挂屏图像于洛阳邙山宋墓壁画、白沙宋墓壁画、河北宣化辽墓壁画、山西闻喜县金墓壁画中均可见到。毋庸置疑，挂屏对于后来广泛出现的书画立轴装裱、陈设形式也产生了重要影响。其实在宋代之前，古人在屏风上绘画题诗的形式就已多种多样。屏风画的题材也非常广泛，包括山水、人物、花鸟、博古图等。在屏风上作画题诗的习惯还流传至日本，其传统绘画"浮世绘"很多就是画在屏风上的，实为中日文化交流之佐证。

今天能见到的资料表明，宋代屏风以画屏最多，譬如苏轼专门写文《文与可画墨竹屏风赞》称赞文同的墨竹屏风："与可之文，其

中国宋代家具

德之糟粕；与可之诗，其文之毫末。诗不能尽，溢而为书，变而为画，皆诗之余。"画屏也多见于宋人诗词中，例如，柳永词："烟敛寒林簇，画屏展。"[10]"风动金鸾额。画屏寒掩小山川。"[11]画屏中又以山水画为最多，其次是花鸟画。如前述宋佚名《羲之写照图》、宋佚名《十八学士图》（多件）、南宋刘松年《琴书乐志图》、南宋高宗书《女孝经图》（图2-6-8）、南宋马和之《女孝经图》（彩图·屏具4）等许多宋画中均描绘了形式多样的画屏。

宋人之所以爱用山水装饰屏风，原因较多，北宋大画家郭熙对此分析得较为透彻，他说："君子之所以爱夫山水者，其旨安在？丘园养素，所常处也，泉石啸傲，所常乐也；渔樵隐逸，所常适也；猿鹤飞鸣，所常亲也；尘嚣缰锁，此人情所常厌也；烟霞仙圣，此人情所常愿而不得见也。……世之笃论，谓山水有可行者，有可望者，有可游者，有可居者。画凡至此，皆入妙品。但可行可望不如可游可居之为得。何者？观今山川，地占数百里，可游可居处十无三四处，而必取可居可游之品。君子之所以渴慕林泉者，正为此佳处故也。"[12]

宋代文献还记载了当时名家郭熙在屏风上绘制山水的情况。例如"内两省诸厅照壁，自仆射以下，皆郭熙画树石"[13]。郭熙之子郭思在《林泉高致·画记》中根据其父郭熙的撰述，记载了其在皇宫、官府中的绘画经历，从中可以看出郭熙在宫中的大量作品是绘制在屏风上的山水画，计有开封府"府厅六幅雪屏"、三盐铁副使吴正宪"厅壁风雪远景屏"、谏院六幅"风雨水石屏"以及宫殿中的"紫宸殿壁屏"、"小殿子屏"、"御前屏帐"、"方丈闱屏"、"春雨晴霁图屏"、

图2-6-7　河南洛阳邙山宋墓壁画上的挂屏

图2-6-8　南宋高宗书《女孝经图》中的山水屏风

"玉华殿两壁半林石屏"等。文中还有郭熙本人对宫廷画屏的描述，其中记有内东门小殿的8幅大型折屏中有两掩扇，左扇为长安符道隐画松石，右扇为郧州李宗成画松石，当中正面的六幅郭熙奉旨画秋景山水。我们还可以在南宋佚名《韩熙载夜宴图》中看到绘有多件大幅屏风，上面饰有山水、花鸟等内容。

屏上还有绘水的，可谓是宋代的新鲜事物。例如，山西太原晋祠圣母宝座后的屏风与河南禹县白沙宋赵大翁墓《开芳宴图》中主人背后的两件屏风上均是满绘水纹，南宋苏汉臣

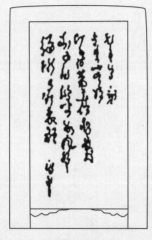

图2-6-9　山东高唐金虞寅墓壁画中的书法屏风

图2-6-10　南宋高宗书《女孝经图》中的书法屏风

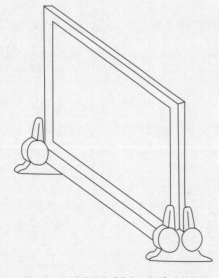

图2-6-11　南宋佚名《荷亭儿戏图》中的枕屏

《妆靓仕女图》中所绘的女子梳妆案后也立着一件很大的水纹屏风。

宋代屏风中也有以书法作为装饰的，譬如，"(曹评)性喜文史，书有楷法。慈圣命书屏以奉，神宗即赐玉带旌其能。"[14]今天我们也可以在山东高唐金代虞寅墓壁画（图2-6-9）、南宋高宗书《孝经图》（图2-6-10）中看到书屏的图像。

除了书画屏，还有以螺钿法装饰屏风的。所谓螺钿屏风，即以螺壳镶嵌成各种不同的图案饰于漆屏上，费工而费材，非富贵人家不能为，如周密记有："王榗字茂悦，号会溪。初知彬县，就除福建市舶。其归也，为螺钿卓面屏风十副，图贾相盛事十项，各系之以赞，以献之。贾大喜，每燕（宴）客，必设于堂焉。……已上十事，制作极精。"[15]

还有以金漆髹饰屏风的。南宋时，皇宫选德殿御座后立有一件金漆屏风，正面"分画诸道名，列监司、郡守为两行，以黄签标识居官者职位姓名"，背面画有全国政区与疆域地图。[16]

当时的官府公堂也用屏风，邵伯温说："国初，赵普中令为相，于厅事坐屏后置二大瓮，凡有人投利害文字，皆置瓮中，满即焚于通衢。"[17]

宋代文人中流行一种文房使用的砚屏，即置于砚台旁用于挡风障尘的小屏风，关于其名称始见于宋人著述。古无砚屏，宋赵希鹄《洞天清禄集·研屏辨》认为这种小型屏具是由北宋苏东坡、黄山谷等人始创。砚屏在一定程度上因挡风而延迟了砚台中水分的蒸发，而且可以在上面创作书画以展示文人喜好，说明当时的一些文人已开始从砚屏这类的家具中寻觅某种精神和意趣的慰籍。当时，欧阳修的紫石砚屏、黄庭坚的乌石砚屏、苏轼的月石砚屏，都名重一时。这些文人不但喜爱勒铭于屏，而且邀请文友前来观赏、赋诗歌咏。譬如，梅尧臣在观赏了欧阳修的紫石砚屏后，一时诗性大发，吟诗曰："凿山侵古云，破石见寒树。分明秋月影，向此石上布。中又隐孤壁，紫锦籍圆素。山只与地灵，暗巧不欲露。乃值人所获，裁为文室具。独立笔砚间，莫使浮埃度。"[18]南宋杨万里也作过一首《三辰砚屏歌》诗，诗云："一星雪白大于黍，走近月旁无半武。" 宋舒岳祥对于砚屏的记述更为详备，说："零陵石一片，方不及尺，而文理巧秀，有山水烟云之状，予以作砚屏。"并作诗云："白云际天隅，峰峰争秀出。浩浩水石滩，归鸟时灭没。我欲茅三间，巢此重迭峰。我欲舟一叶，钓此苍茫中。""君从何处得此石，千岩万壑在方尺。李成范宽格深秀，关全荆浩骨峭特。殆非一人之所能，欲穷其源不可得。君言此物出零陵，远近来去皆天成。"[19]宋代文人对砚屏这种小型家具的嗜好由此可见一斑。不过，今天的宋代砚屏实物遗留极少，金代阎德源墓出土过1件杏木质砚屏，它由云头底座及屏身两部分组成，通高28.8 cm，屏身长25.7 cm，宽19cm。其正面填嵌大理石画屏，但已破碎，令人惋惜。

放置于榻端的小型枕屏在宋代也受到人们的青睐，其长度接近榻宽。枕屏有避风、避光、屏蔽、装饰等功能，宋人有《枕屏铭》可证。譬如，宋佚名《半闲秋兴图》与南宋佚名《荷亭儿戏图》（图2-6-11）中均绘有枕屏，屏上可看出云水峰峦的纹理。

在宋代，有一定地位的人家几乎均在厅堂内设置屏风，其位置也十分讲究，通常是将其放于厅堂正中，其余家具则多以之为背景来做设置。

屏风也常被置于室外使用，这在不少宋画中均可见到。如宋佚名《梧阴清暇图》中的屏风，四边较宽，边框内镶里框，以横枨、矮老隔成数格，格内镶板，屏心绘山水。屏下镶裙板，镂雕曲边竖棂，下有墩子木；再如北宋李公麟《高会习琴图》中的屏风（图2-6-12），宽边框，素面，不作装饰，裙板镂出壸门洞，两侧有站牙抵夹，底座与屏框一木连做。

甚至宋代墓葬中也使用屏风。譬如河南禹县白沙宋墓壁画《对坐图》在描绘墓主人夫妇对坐饮茶的情景中，墓主人身后就绘有屏风，这样的陈设形式主要是为显示主人的地位和身份。画中的屏风为独扇，高度与人身高相仿，应是随用随设之物。

宋代屏风的陈设方式可谓丰富多彩。或陈设于室内，或陈设于室外；或体量巨大，如南宋佚名《五山十刹图》中的灵隐寺屏风，或体量小巧，如北宋王诜《绣栊晓镜图》中的榻上座屏；或以书画装饰，或以图案点缀，如山东高唐金虞寅墓壁画中的圆形四方连续图案屏风（图2-6-13）；或立于榻后，或立于榻上，或与榻融为一体成为三面围子；或立于桌后，或立于席后，或立于墩后，或立于椅后，或立于车上，如见南宋高宗书《孝经图》（之三）中就描绘了帝王乘车出行，其坐椅背后就有一件山水画屏（彩图·屏具1）；或仅在屏风前面放置2件圆凳，供宾主对谈……这些充分说明当时的屏具与其他家具的组合是因地制宜而灵活多变的。宋代以来，屏具的一些功能，如挡风、屏蔽、遮挡视线、分割空间、显示身份、增加家具陈设变化等被演绎得淋漓尽致。特别值得注意的是，宋人似乎更看重屏风位置的摆放，其审美、象征意义甚至大于实用意义，被

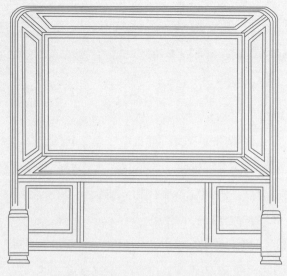

图2-6-12　北宋李公麟《高会习琴图》中的屏风

图2-6-13　山东高唐金虞寅墓壁画中的圆形四方连续图案屏风

化作用于此可见一斑。

　　总的看来，宋代屏风的造型、装饰以及象征的诸多功能对后世影响很大，以书画作为装饰，使用各类石材作为屏心，屏框内分割小格等形式与做法直到明清还在普遍使用。

注释：

[1]（宋）刘昌《芦浦笔记》卷六《屏著》。

[2]（宋）柳永词《双燕儿·歇指调》。

[3]（宋）彭履道词《疏影·庐山瀑布》。

[4]（宋）孟元老《东京梦华录·相国寺内万姓交易》。

[5]（宋）高彦休《<唐阙史>序》。

[6]（北宋）范成大《骖鸾录》。

[7]（北宋）苏轼《怪石供》、《雪浪斋铭》，《苏东坡全集》，前集卷23，后集卷8。

[8]　参见付红领《辽代民间"奥运会"写真——彩绘木雕马球运动屏风》，《艺术市场》2008年第1期。

[9]（宋）宋彧《萍洲可谈》卷一。

[10]（宋）柳永词《迷神引（仙吕调）》。

[11]（宋）柳永词《虞美人》。

[12]（北宋）郭熙《林泉高致》。

[13]《石林燕语》卷二。

[14]《宋史·列传第二百二十三·外戚中》。

[15]（宋）周密《癸辛杂识》别集下《钿屏十事》。

[16]（南宋）李心传《建炎以来朝野杂记》甲集卷五《籍记监司郡守》。

[17]（北宋）邵伯温《邵氏闻见录》卷六。

[18]（北宋）梅尧臣《咏欧阳永叔文石砚屏二首》。

[19]（宋）舒岳祥《潘少白前岁惠予零陵石一片》。

赋予人格的力量，使之成为精神文化的载体。由此，屏风的意义被大大延伸。古人还将帝王将相或节妇烈女的事迹画于屏风，主要是为了歌颂传扬、说教警诫。屏风还有其他功能，例如，施耐庵《水浒》在描述宋徽宗的皇宫时写道："书架上尽是群书，各插着牙签。正面屏风上，堆青迭绿画着山河社稷混一之图。转过屏风后面，但见素白屏风上御书'四大寇'姓名，写着道：'山东宋江、淮西王庆、河北田虎、江南方腊。'"这时，屏风的作用类于今天的备忘录，以备徽宗警示。屏风的政治与教

2.7 架具

宋代的架具种类繁多，按具体功用可主要分为灯架、巾架、盆架、瓶架、衣架、镜架、鼓架、炉架等许多种类。

2.7.1 灯架

这一时期的照明方式主要有两种，即点灯油和点蜡烛，均需要架座来支撑，这样一来，就形成了形形色色的灯架造型。一般来说，搁在桌上的为矮灯座，立在地上的则为高灯架。灯架多有较大的底座，以便于放置安稳，其底座形状有十字形、曲足形、屏座形、支架形和平底形等。灯架上部的造型也多变，除了出现最多的直杆形外，还有树权形、S形、托盘形以及其他仿生形等。

宋代的灯架样式众多，可见于河南安阳新安庄西地44号宋墓壁画、河南洛阳涧西宋墓壁画、河南洛阳邙山宋墓壁画、河北宣化下八里辽墓壁画、河南辉县百泉金墓壁画、山东高唐金虞寅墓壁画等中，著名的南宋佚名《韩熙载夜宴图》中也画有一件三曲足直杆式烛架（图2-7-1），在造型上与1985年出土、今收藏于内蒙古鄂尔多斯博物馆的西夏羊铁灯架（彩

图2-7-1　南宋佚名《韩熙载夜宴图》中的烛架

图2-7-2　南宋马麟《秉烛夜游图》中的灯架

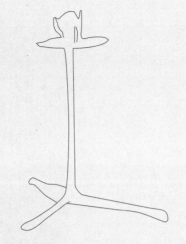

图2-7-3　河北宣化辽张文藻墓出土的雁足灯架

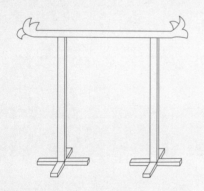

图2-7-4　山西大同金阎德源墓出土木衣架

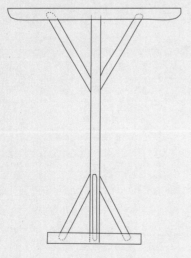

图2-7-5　河北宣化辽张文藻墓出土木衣架

图·架具1）颇有相似之处，后者也有三足，身形高耸劲瘦，曲线流畅，只是一为烛架，一为灯架。铁灯架在固定灯盏处还模拟了羊头的造型，较为生动。相比之下，河北曲阳南平罗北宋墓砖雕形象中的灯架则简朴许多。

南宋马麟《秉烛夜游图》中描绘了室外门径两旁相互对应的灯架（图2-7-2）。

河北宣化辽张文藻墓出土的雁足灯架（图2-7-3）原置于墓室后室中心的木桌上，足为三角支钉式，形似雁足，长柄形灯架，上托一圆形灯盘，盘中心有一圆筒形灯盏。灯盘直径8cm，通高23cm。灯架整体造型简括有力。

2.7.2 衣架

衣架作为挂衣物的架具在当时颇为普遍，近年来屡有其实物与图像的出土与发现。例如，甘肃武威西郊林场西夏墓出土2件木衣架，其中一件（彩图·架具2）基本完好，高43cm，横杆长56cm，座宽39cm。通体髹赭色，结构简练，横杆上翘成云头状，精巧美观。座为横木加脚撑，横木长25cm，宽3.5cm。另一件惜已朽残。

山西大同金阎德源墓出土木衣架（图2-7-4）的底座则为十字形，横杆两端上翘成花瓣形。

河北宣化辽张文藻墓出土木衣架（图2-7-5）横杆长58cm，十字形架座长、宽均为31.5cm，高75cm。上部则呈三角形，上端为一抹角横木杆，横杆两端翘起呈弓角形，以承衣服，横杆中间为一方形抹角立柱，立柱两侧伸出支撑的斜木，立柱最下侧为十字形座，四面也用斜木支撑。斜撑木之间均作出榫卯，或用竹钉扣嵌以加固。横杆上尚存有织物纹，可以证明其为衣架。[1]

内蒙古喀喇沁旗辽墓出土木衣架（图2-7-6）通高156cm，由座和架两部分卯合而成，结构简练、造型独特。底座为中间连以两根细横枨的两块厚木方组成，木方下面锯出两个对称的三角齿形，使木方造型颇似粗黑体的英文大写字母"M"。此底座既是衣架的必要功能件，使其稳正，又是衣架惟一具有装饰性的部件，使得以结构为主的衣架在造型上多了几分趣味。

此外，河北宣化下八里辽韩师训墓壁画、河南安阳小南海北宋墓壁画、河南洛阳涧西宋墓壁画、河南禹县白沙宋墓壁画、江苏淮安1号宋墓壁画、山西大同十里铺辽墓壁画等壁画中也可看到不同形式的衣架形象，河南安阳新安庄西地宋墓、河南洛阳邙山宋墓、河南郑州宋墓中均有砖雕衣架形象。其中，河南安阳新安庄西地宋墓砖雕、河南洛阳涧西宋墓壁画和山西大同十里铺辽墓壁画中的衣架架杆均是水平式，而其余的衣架架杆的两端头均上翘，其中河南安阳小南海北宋墓壁画、河南禹县白沙宋墓壁画和江苏淮安1号宋墓壁画中的衣架架杆两端翘曲成的花形很相似，也和前述的山西大同金阎德源墓出土的衣架形状颇为相像。

河南禹县白沙宋墓后室壁画绘有卧房情景，有对镜着冠的妇女，其后有衣架，雕饰精美，两头搭脑出头，并上翘成龙首状，搭脑下两侧有挂牙。

2.7.3 巾架

宋代的巾架形象不多见，目前仅见于山西岩山寺金代壁画（图2-7-7）、山西汾阳金墓砖雕中，这种挂放毛巾的架具在体量上一般小于衣架，按常理应该在当时使用较多，有可能有些毛巾被直接放在衣架上，或者有一部分巾架被当作衣架，当然，也有可能巾架在当时的家具中地位次要，故被反映到绘画和雕刻中的

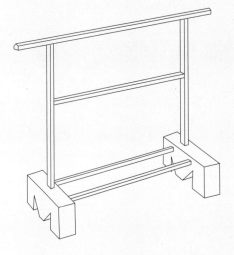

图2-7-6　内蒙古喀喇沁旗辽墓出土木衣架

图2-7-7　山西岩山寺金代壁画中的巾架

不多。巾架实物可见于山西大同金阎德源墓，此墓出土的杏木巾架通高18.8 cm，横杆长15.2 cm，由十字底座、立杆、横杆三部分组成，横杆两端制成云头状。

2.7.4 盆架

宋代盆架实物也有一些出土发现，例如河北宣化下八里辽张文藻墓、张世本夫妇墓和山西大同金阎德源墓均出土了木制盆架。

图2-7-8 山西大同金阎德源墓出土木盆架

河北宣化辽张文藻墓出土的木盆架（彩图·架具3）顶部为圆形，圆口沿，以四块雕成弧形的椭圆形木结合而成，木两端凿成榫卯相接，下有四个圆柱形足，足间以十字枨相拉，周圈以弧形枨加固。直径34cm，残高24.5cm。盆架出土时上置三彩洗，故可能为当时的实用家具。它与河北宣化下八里辽张世本夫妇墓出土的木盆架结构几乎一样。

山西大同金阎德源墓出土的杏木质盆架（图2-7-8）构造较为复杂，高束腰，腰间有6块"卐"字纹（也称"卍字不到头"纹）透雕围板。六足，均为三弯腿，足间有卷云纹牙头与牙条。通高13.8cm，由三弯腿、下衬、围板、座圈四部分组成。三弯腿与座圈相连接，座圈直径为12.8cm，三弯腿中部有十字枨的支撑。[2]山东高唐金虞寅墓壁画中的高束腰三弯腿盆架与之几乎如出一辙，河南禹县白沙宋墓壁画中的盆架也与其类似。后来的山西大同元代冯道真墓壁画中的6足盆架也和它们较为相似，只是在装饰上不如前述几者讲究。这些盆架上出现的束腰三弯腿形式对后来的明清家具产生了重要影响。

宋代盆架形象还可见于河南洛阳涧西13号宋墓壁画、南宋马公显《药山李翱问答图》，河南安阳新安庄西地宋墓砖雕上也有盆架形象。其中，河南洛阳涧西13号宋墓中出土的浮雕盆架三足略向外卷曲，南宋马公显《药山李翱问答图》中的盆架则以野外石头摆设而成。

2.7.5 瓶架

瓶架与盆架有相似的特征，所架立的多是容器，只是瓶比盆要高耸一些，有的也要小

图2-7-9 宋佚名《胆瓶花卉图》中的花瓶架

巧一些。此时的瓶架形象可见于宋佚名《华春富贵图》、西夏佚名《水月观音》（俄罗斯艾尔米塔什博物馆藏）、南宋陆兴宗《十六罗汉·供养》（日本相国寺藏）、南宋陆兴宗《十六罗汉图》、南宋佚名《胆瓶花卉图》等画作。其中，《胆瓶花卉图》中的花瓶架（图2-7-9）造型别致，箱形结构，四面有开光，有4只边足，足间有作云纹变化的牙头、牙条，与花卉、胆瓶相映成趣。

2.7.6 镜架

镜架在宋代也叫照台，是一种类于今日梳妆台的家具，它由架子支撑镜子，是当时女子出嫁时的必备之物。如南宋吴自牧《梦粱录》记载："沙罗洗漱、妆合、照台、裙箱、衣匣、百结、清凉伞、交椅。"[3]

宋代镜架实物有福建福州宋墓出土木镜架，河北宣化下八里辽张世本夫妇墓、张文藻墓出土木镜架等。

其中的福建福州宋墓木镜架用材粗厚，较为方正。河北宣化辽张世本夫妇墓木镜架如同折叠椅，只是少了软屉，风格上紧凑质朴。河北宣化辽张文藻墓出土木镜架（图2-7-10）则以木条作框，上设横木，横木顶原饰有生花，可惜现已散失。横木下设左右立柱，柱下有斜榫，上设斜桄固定以支撑架身，斜柱下置横木为足。在方横木之间夹有两块薄木板，以承托镜身。这件木镜架出土时上部尚有系铜镜用的丝织品。框方横木宽41.5 cm，左右方柱间宽21.5 cm，通高46 cm。元代张士诚之母墓出土的银镜架在结构上与其类似，只是装饰上更为繁缛。江苏武进村前南宋墓出土梳妆镜箱（图2-5-2）上设计了一种镜架，为两竖柱一横杆

图2-7-10　河北宣化张文藻墓出土镜架正视图、左视图与立体图

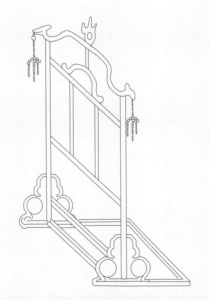

图2-7-11　南宋佚名《盥手观花图》中的镜架

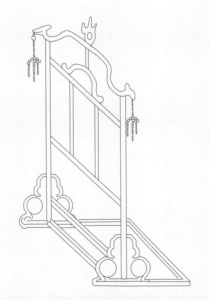

图2-7-12 南宋佚名《杂剧·眼药酸图》中的鼓架

图2-7-13 宋佚名《博古图》中的炉架

图2-7-14 《解盐图》中的秤架

式，十分简洁，并下设抽屉以便于放置梳妆用具。

北宋王诜《绣栊晓镜图》、南宋佚名《盥手观花图》（图2-7-11）中也可看见宋代镜架图像，而且两幅画中的镜架看起来均像是由金属制作而成，精致华美，在构造上也较为相似。河南禹县白沙宋墓壁画中绘有两件桌上镜架，镜架上部有围成半圆形的灵芝纹组合变化，架上有一枚铜镜。该墓墓室壁上浮雕形象中也有一件镜架，四足，上端为花叶及雕饰，下为方框托着镜框，底部有花瓣形小足。

另外，河南涧西宋墓、河南郑州宋墓、山东济南金墓均出土了镜架的砖雕形象。

2.7.7 乐器架

宋代乐器架十分丰富，可分为鼓架、钟架、磬架、方响（一种敲击乐器）架、钲架、錞于架、琴架等。其形象可见于北宋陈旸《乐书》插图、宋《事林广记》插图《踢球图》、宋佚名《杂耍图》、山西岩山寺金代壁画和南宋佚名《杂剧·眼药酸图》（图2-7-12）等。

以鼓架为例，《杂剧·眼药酸图》中的鼓架由3只细杆交叉斜放而成，鼓水平放于架上。河北宣化辽墓壁画、宋佚名《洛神赋图》（大英博物馆藏）、南宋佚名《韩熙载夜宴图》（两件）、南宋佚名《胡姬归汉·溪岸饮食》、四川广元南宋墓（1976年出土）唱赚表演石刻等中的鼓架形象也各具特点。

北宋陈旸《乐书》这一当时的音乐百科全书式的著作在插图中则为我们展示了多种多样、富于想象力的乐器架形象，参见本书《附图7 架具》。

2.7.8 炉架

宋代炉架的造型也较多，其形象可见于河南偃师酒流沟北宋墓砖刻《厨娘图》、河北宣化辽墓壁画（多件）、宋佚名《博古图》（图2-7-13）、宋佚名《梧阴清暇图》、宋佚名《羲之写照图》、南宋李嵩《岁朝图》、南宋刘松年《博古图》与《碾茶图》、南宋马远《西园雅集图》、南宋佚名《春宴图》、南宋佚名《春游晚归图》、南宋佚名《萧翼赚兰亭图》等。

2.7.9 其他架

除了上述架具之外，根据不同功能需要，宋代架具还有其他多样的表现形式。譬如：

秤架，可见于宋《重修政和证类备用本草》插图《解盐图》（图2-7-14）；

钵架，可见于南宋时大理国《张胜温画卷》（附图7-157）。

磬架，可见于南宋高宗书《孝经图》（附图7-112）。

帽架，可见于山西大同金代阎德源墓出土帽架（附图7-151）。由杨木、竹材制成，高14 cm，34 cm见方，由四角云头十字架和拱形十字竹架两部分组成。帽架出土时放在棺床南侧的供桌上，其上原有一件绒质道冠，但已朽坏。

笔架，可见于河北宣化辽墓壁画中的多件笔架（图2-7-15）。甘肃武威西郊林场M2辽墓还出土了一件笔架，长8cm，宽4cm，通高6cm。呈长方形槽状，底部两端附加衬垫，上面开2圆孔，孔径1.3cm。其中一孔内插有一支木笔，笔杆长13cm，直径1.2cm，笔尖长3.5cm，出土时笔尖有使用过的墨迹，这说明它可能为墓主生前用品，而非陪葬的明器。

砚架，可见于河北宣化辽墓壁画（图2-7-16）。

图2-7-15　河北宣化辽墓壁画中的笔架

图2-7-16　河北宣化辽墓壁画中的砚架

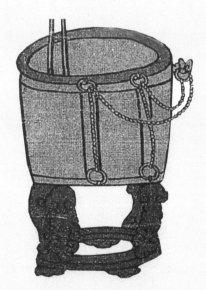

图2-7-17　南宋佚名《卖浆图》的桶架

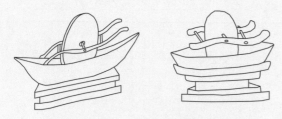

图2-7-18 河北宣化辽墓壁画中的茶碾架

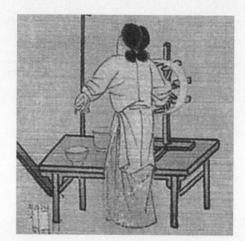

图2-7-19 南宋佚名《蚕织图》中的纺架

图2-7-20 南宋佚名《蚕织图》中的格架

桶架，可见于南宋佚名《卖浆图》（图2-7-17）。

茶碾架，可见于河北宣化辽墓壁画（图2-7-18）。

纺架，可见于南宋佚名《蚕织图》（图2-7-19）。

多层格架，可见于宋佚名《村童闹学图》、南宋佚名《蚕织图》、山西高平开化寺宋代壁画等，其中，《蚕织图》中的格架是用来放置蚕茧的（图2-7-20）；《村童闹学图》中的书格架有三层搁板，上置书、画；山西高平开化寺宋代壁画所绘草棚里的书格架也有数层，上置书籍、杂物等（附图1-16）。

枕架，可见于宋代青白釉虎枕中的枕架（附图7-155）。

兵器架，可见于河南洛阳涧西宋墓（附图7-139）。

梆架，可见于山西大同金阎德源墓出土梆架（附图7-150）。

观堂架，可见于南宋佚名《五山十刹图》（附图7-154）。

树架（围栏），可见于山西高平开化寺宋代壁画（附图7-159）。

戏架，可见于宋佚名《婴戏图》（附图7-160）。

莲花台架，可见于南宋时大理国《张胜温画卷》（附图7-156）。

以上足见宋代架具的实用性与丰富性。

注释:

[1] 参见河北省文物研究所《河北宣化辽张文藻壁画墓发掘简报》，《文物》1996年第9期。

[2] 参见大同市博物馆《大同金代阎德源墓发掘简报》，《文物》1978年第4期。

[3] （南宋）吴自牧《梦粱录》卷二0《嫁娶》。

3 宋代家具个案
——以画中家具为例

在前述通论中涉及的是宋代家具面的层次，至于点的内容需要做深入的个案研究。由于这一时期的家具实物（包括明器）能保留至今的较少。因此，很难全方位地反映当时的家具实际使用情况及其艺术特色。故而，宋代绘画依然是我们研究宋代家具最为重要的依据，这一时期的绢画、纸画、壁画以及石刻、砖雕等上的较为平面的形象成为宋代家具资源的重要载体，为后人研究提供了方便。

由于宋代绘画数量众多，所以我们选取了5个较具代表性的内容，以进行深层次的研究，它们是：《韩熙载夜宴图》中的文人家具；《清明上河图》中的市井家具；宋代绘画中的佛教家具；《宋代帝后像》中的皇室家具；宣化辽墓壁画中的家具。对它们的分析与探讨可以为宋代家具的整体性研究提供更为具体的信息，对其中相关问题的论证可加深我们对宋代家具的认识。

3.1 《韩熙载夜宴图》中的文人家具
——家具与《韩熙载夜宴图》断代新解

3.1.1 《韩熙载夜宴图》断代研究状况

图3-1-1　《韩熙载夜宴图》

在中国艺术史上，《韩熙载夜宴图》（图3-1-1）是一幅极为重要的绘画。流行的观点认为是五代（南唐）画家顾闳中的作品。由于五代绘画能保留到今天的很少，加上《韩熙载夜宴图》反映的内容详细，因此它有着巨大的历史文献价值，并在家具、服饰、舞蹈、乐器、瓷器和社会风俗等方面都有标尺作用，所以在涉及五代上述这些方面的研究时许多专家多以该图作为重要参照而得出相应结论。如在家具史的研究上，近几十年来的研究者大多把它当作是真实反映众多五代家具形象的范例，并以此为尺度去衡量五代其他的家具图像。我们知道，中国古代家具经历了低坐、低坐向高坐过渡、高坐3个阶段，第2个阶段大致经历了

汉末、六朝、隋唐、五代和北宋，其中五代是低坐向高坐过渡阶段的关键时期。由于以前的论者把《韩熙载夜宴图》确定为五代作品，于是便先入为主，认为它所反映的家具是典型的五代家具，并以此为基础论证其他的家具信息而得出了一些流行结论。如朱大渭先生认为高坐的起居方式"至唐末五代已接近完成"，[1]李宗山先生也认为新式高足家具的迅速发展是从唐代开始的，特别是中唐至五代时期，以"桌、椅、凳"为代表的"高足高坐"家具逐渐取代了以"席地起居"为特点的"矮足矮座"家具。[2]有了《韩熙载夜宴图》的证明，朱家溍先生也说："五代顾闳中《韩熙载夜宴图》中有椅子、绣墩、高案等家具，说明当时已经垂足高坐。"接下来，他便顺水推舟地说："到宋代，则已经完全脱离席地而坐的生活方式了。"[3]王世襄先生也有类似表述："到了宋代，人们的起居已不再以床为中心而移到地上，完全进入了垂足高坐的时期。"[4]影响甚广的《中国建筑史》也说："在宋代，家具基本上放弃了唐以前席地时代的低矮尺度，普遍因垂足坐而采用高桌椅，室内空间也相应提高。"[5]

然而，清初以来，也有一些研究者质疑此画的断代与作者，例如清初孙承泽鉴于其画风和流传就已感到它"大约南宋院中人笔"[6]；徐邦达先生通过论证认为孙承泽说法是可信的；[7]沈从文先生也从服饰与礼仪风俗的角度论证了它可能是宋初北方画家的作品；[8]余辉先生则从多个角度较为充分地论证了画中事物的断代，认为它为南宋画家作品；[9]更有甚者，方元先生从他的"境界说鉴识学"出发，认为此画根本不是《韩熙载夜宴图》，而应为失传的南宋画家画的《龙舒瑞应图》，其主要内容是宋将宗泽以舞乐鼓动康王赵构瑞应称帝的故事。[10]尽管如此，在现今绝大多数涉及《韩熙载夜宴图》的著述中对上述观点并未重视而仍按旧说论述。

鉴定一幅古画的作者和年代可从多种角度去考察，如从画风、款识、著录、服饰、礼仪、陶瓷、家具等方面均可对此画进行论证，这方面前人已做了一些工作，本文重点则是从对家具的考察来研析此画。

3.1.2 对比《琉璃堂人物图》等画中的家具

对研究家具史颇有帮助的五代绘画目前能发现的有5幅：①宋人摹五代周文矩《琉璃堂人物图》（美国纽约大都会博物馆藏）；②宋人摹五代周文矩《宫中图》（分藏于美国克里夫兰博物馆、哈佛大学意大利文艺复兴研究中心、弗格美术馆和纽约大都会博物馆）；③宋人摹五代周文矩《重屏会棋图》（北京故宫博物院藏）；④五代王齐翰《勘书图》（南京大学藏）；⑤五代卫贤《高士图》（北京故宫博物院藏）。上述五代周文矩的3幅画虽属宋人摹品，在技法上多少会带有宋人理解，但尚未见其中内容在断代上的争论，而《勘书图》和《高士图》则属流传有绪的作品，也未见其内容在断代上的争议，用上述5幅画中的家具图像来分析五代家具形制是有说服力的。虽然和《韩熙载夜宴图》相比，它们中出现的家具形象不多也不全，但对论证《韩熙载夜宴图》中的家具却大有裨益，假如我们暂不给《韩熙载夜宴图》下一定论的话，那么将《韩熙载夜宴图》置于以上5幅画中，可发现从家具上看它是特殊的。

图3-1-2　宋人摹五代周文矩《琉璃堂人物图》局部

图3-1-3　宋人摹五代周文矩《宫中图》局部

①《琉璃堂人物图》中画有李白、高适和常建等诗人，其中仅有僧法慎一人坐在用藤枝制成的有出头曲搭脑和出头曲扶手的椅子上(图3-1-2)，其搭脑呈现罕见的向下弯曲造型，这些使得此椅在画中显得尤为突出。我们知道，在中国，椅子等高型坐具是由佛教的传入而兴起的，该图所有人物中只有僧法慎一人坐椅子，可见当时椅子的宗教色彩仍较浓厚。

②《宫中图》(图3-1-3)中画有80位宫女和孩子的形象。这一人物长卷中除了有较多的宫女站立活动外，还有2女坐于圈椅上，9女坐于

机上，2女坐于墩上，2女跪坐于地上，1女盘腿坐于席上抚琴，1女垂足坐于矮榻上。这些活动显示了高坐和低坐生活方式的混合。其中的圈椅、机、榻形体雍容宽厚，和画中女子形象以及整体画风很统一。其实，早在唐代的一些绘画中(如周昉《挥扇仕女图》、《内人双陆图》和唐佚名《宫乐图》)已见女子坐机、椅的形象，这种行为一般多发生在私密场合，故我们在南宋以前的绘画中是看不到女子在男子面前坐高型坐具的。唐代这种新潮的起居方式随着时间的推移也逐渐自上而下缓缓影响民间，不过《宫中图》的信息表明此时高坐方式尚未取代低坐方式。

③《重屏会棋图》(图3-1-4)中的家具有榻、屏风、箱等，其中的榻有3种高低不同的类型，最高者有壸门造型，其余两榻则属四足立柱造型，屏风画中也有榻和屏风，这些家具形象仍保留着低坐特点。虽然图中齐王李景达和江王李景逿垂足侧坐于矮榻上下棋，但细观此图可发现如此坐法并不自然，时间一长，非叫人变动姿势、舒展筋骨不可。或双方互换位置，或每人双腿收于榻上。不过若盘坐或跪坐其上，榻面又不免嫌小。故笔者推测此坐具并非专门弈具，只是代用品。在一旁观棋的南唐中主李璟和画屏上的坐榻之人均收腿坐于矮榻上，晋王李景遂则至少垂下一足坐于矮榻边。此图是对南唐皇室生活的真实反映，所以它描绘的家具应具代表性。在中国，家具等器物的使用向来上行下效，像韩熙载这样的南唐重臣家里的陈设应有效仿皇室的痕迹，然而《韩熙载夜宴图》中却大量出现椅子和桌子等高坐家具，可见两图的对应并不一致。也许南唐皇室有复古意趣而怀念古代生活方式，但即使如此，皇帝的喜好也不可能对臣下没有影响，这

样两画的内容是否为同
一时期便成了问题。

④《勘书图》(图
3-1-5)中画有一人坐于
铺有兽皮的四出头椅子
上掏耳朵,其面前桌子
上放置书籍、卷轴,身
后有榻和高大的三折屏
风。由四出头椅子和桌
子可见高坐家具的发展
进程,这里高坐家具的
汉化特征已较明显,但
未成熟。而榻的腿部造
型与装饰和《重屏会棋
图》中一榻很相似,即
腿部扁平,以如意云
纹作为装饰,这也和
1975年在江苏邗江蔡庄
五代墓出土的木榻很
相似(只是此木榻高达
57cm),由此也可证明
两画内容的可靠性。

⑤《高士图》(图

图3-1-4 宋人摹五代周文矩《重屏会棋图》

图3-1-5 五代王齐翰《勘书图》

3-1-6)中的梁鸿、孟光夫妇使用的家具从榻到几在几幅画
中最具典型的低坐特点,可见在有些环境中低坐家具的生
命力是很长久的,但也有可能是卫贤考虑到画中人物为汉
代人而特意为之。

我们细看《韩熙载夜宴图》,可发现其中的家具有
床、榻、桌、椅、墩、屏风、灯架、衣架、鼓架、足承
等,其中最有代表性的外来高坐家具——椅和桌在这里已
完全汉化。画中共有7人次坐于榻上,1人盘腿坐于椅上,
5人垂足坐于椅上,7人垂足坐于墩上,其余家具已不是低
坐时期低矮的家具式样。由此可见,论画中家具种类的完
备,在以上这些画中,《韩熙载夜宴图》中的家具是最丰

图3-1-6 五代卫贤《高士图》局部

富的，后来明清的主要家具品种这里大多已具备，而且自身已成体系，这些均是前述5幅绘画中的家具难以比拟的。

3.1.3 《韩熙载夜宴图》中的文人家具

下面我们就《韩熙载夜宴图》中具有代表性的坐具、承具、屏具、架具来分析这些画中文人家具的特征。

3.1.3.1 坐具

《韩熙载夜宴图》中的坐具分为椅子与圆墩。椅子共有6件（彩图·坐具14），均为无扶手曲搭脑椅，此种椅子亦称"牛头椅"，在宋元时期很流行。其搭脑两端上翘并向内卷曲成牛角状，中间部分拱起，由于椅背挑出的搭脑很像南方的油灯灯挂，因此宋以后这种椅子又被称为"灯挂椅"。

除了韩熙载盘坐的椅子用材比较粗厚之外，其余5件椅子的用材皆细瘦匀称，应是使用优质硬木制作而成，最令人惊讶的是这些椅子充分发挥了硬木的坚韧特性，使腿和枨几乎细到无法再细而使人联想到现代钢管椅（画中桌子也如此），这种细劲程度即使和明清家具中细瘦风格的家具相比也不逊色，因此在这一点上令人尤其怀疑它们的五代属性。我们知道虽然中国使用硬木来雕刻装饰品和器物的历史先秦即已零星有之，但用其来制造椅子等高坐家具的历史并不长，据笔者所查，现存唐和五代的史料中尚无这方面的记载。到了宋代，据《宋会要辑稿》（清徐松根据《永乐大典》收录的宋代官修《宋会要》辑录而成）记载，太

祖开宝六年（973），两浙节度使钱惟濬进贡"金棱七宝装乌木椅子、踏床子"等物。乌木质地坚韧，为优质硬木，在家具上对它以及其他硬木的使用说明北宋早期的家具制作工艺已进入了一个新的历史时期。[11]从"金棱七宝装"措辞看，当时乌木的制作工艺已达到了一定水平，这应是从五代积攒而来的，说明五代时人们对乌木等硬木已具备了一定的认识和加工基础。但这一个别的史料并不能说明当时的家具制作者已充分开发了乌木等硬木的坚韧性能而可以制作出像《韩熙载夜宴图》中那样的椅子，而即使能做出，这种家具中的劲瘦之美也不是五代文人们能接受和欣赏的。因此，宋初钱惟濬进贡的椅子和《韩熙载夜宴图》中的椅子虽均和江南有密切关系，但从"金棱七宝装"看，前者的审美倾向和后者是背道而驰的。由此可见，从对硬木的成熟开发及运用上看，关于《韩熙载夜宴图》断代的主流说法也是有疑问的。

此外，这些椅子的椅背上均有椅披。关于椅披，现存唐和五代文献并无它的记载，而宋《颜氏家藏展孮二曹禾书》中则记有："……敢借桌围二条，椅披、坐褥各二。"在北宋佚名《闸口盘车图》左上部的亭子内画有审阅文件的一位官吏，其座椅的"牛头形"搭脑上也有椅披（图3-1-7），和《韩熙载夜宴图》中椅披极为相似。此画上书有"卫贤恭绘"楷书，然笔力稚弱，有重填痕迹，不可信。画中两位官吏所戴官帽后的硬翅向两侧水平伸至很长，为典型宋代帽式。这种超长硬翅官帽形成的原因是宋初百官入朝站班时有人喜欢交头接耳，朝廷特意加长帽翅，使彼此间有距离，也使殿上司仪易于发现而纠正，当然也有区别于前朝帽式用意。故此画断代上限为宋初无疑，

传为五代作品是没有根据的。

现藏于台北故宫的《宋代帝后像（南熏殿旧藏）》中画有坐椅的占24幅，其中的23件坐椅有椅披，而椅披有系带的占21件（一处系带式11件，两处系带式10件）。属于一处系带式的在其关键结构处，即椅背与座屉的交接处，有丝带系扣以使椅披与椅子合为一体，这一设计和《韩熙载夜宴图》中的椅披如出一辙，也佐证了《韩熙载夜宴图》中椅披形制的年代问题。

《韩熙载夜宴图》中椅子的曲搭脑形制椅披形象还可见于河南洛宁北宋乐重进石棺画像《赏乐图》(图3-1-8)中的女主人坐椅上，二者仔细比较，可发现十分相似。而这一画像的创作年代是北宋末期徽宗政和七年(1117)，距南唐李煜统治时期已长达一个半世纪左右。另外，宋佚名《孝经图》(图3-1-9)中的坐椅[12]也有这种椅披，上面还有较为精美的图案。

就现存图像资料而言，在传为唐代陆楞枷画的《六尊者像》中可见到其中的3件椅子有椅披，但笔者对这幅画的绘制年代心存疑虑，一方面因为画中绘的正在降龙的第十七嘎沙雅巴尊者（降龙罗汉）和正在伏虎的第十八纳纳答密答尊者（伏虎罗汉）是北宋神宗时期才有的说法，而唐代人只画十六罗汉，故徐邦达和傅熹年先生均将此画的断代定为南宋；另一方面因为其中家具的宗教色彩很浓，装饰也较繁琐，有的家具已较成熟，与南宋时大理国《张胜温画卷》中的一些僧侣用家具颇相似，故更有可能是南宋画家的作品，这样一来也进一步佐证了《韩熙载夜宴图》中椅披的时代。

看来椅披应是椅子发展到一定阶段的产物，有了它，椅子的舒适性、整洁性、美观性大为增加，故《韩熙载夜宴图》中的这类椅披

图3-1-7　北宋佚名《闸口盘车图》局部

图3-1-8　河南洛宁北宋乐重进石棺画像《赏乐图》

图3-1-9　宋佚名《孝经图》局部

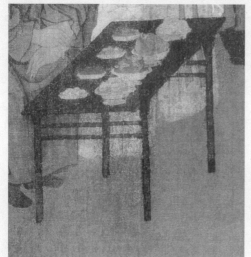

图3-1-10 《韩熙载夜宴图》中的桌子

图3-1-11 南宋佚名《女孝经图》中2件桌子

似乎不应早在五代就有成熟表现。

画中出现的坐具还有圆墩，共7件。在色彩上全为青灰色，在造型上为浑圆的鼓形，整体风格简朴无华。这些特征与南宋佚名《女孝经图》中的圆墩几乎一致，只是《女孝经图》中的坐墩者全为女子，而《韩熙载夜宴图》中除了6个女子坐墩之外，还有一位男子坐墩。

3.1.3.2 承具

《韩熙载夜宴图》中的承具是桌子(图3-1-10)，共画有5件，虽长短、高矮各异，然而结构简洁、用材细劲、比例恰当、线条精炼。均髹黑漆，色调深沉、格调素雅。3件桌子的两侧桌腿间有双细枨，前后腿间有单细枨。韩熙载坐榻前的桌子由两件桌子拼成，两件桌子只在前后腿间设双细枨，两侧桌腿间无枨。这些桌子中，凡无双枨处，均于桌面与腿间设小巧的牙头，以作加固和装饰。这些朴素无华、简洁疏朗的桌子具有浓厚的宋代文人气息，这在南宋佚名《女孝经图》中也得到了描绘，此画中的两件桌子(图3-1-11)无论在结构、色彩上，还是在腿的瘦劲、牙头特征以及两侧双细枨的设置上都与《韩熙载夜宴图》中的桌子相近，在形式上几乎与图3-1-10左下的桌子如出一辙。这种桌子也见于其他南宋绘画，如南宋刘松年《松阴鸣琴图》、南宋陆兴宗《十六罗汉图》、南宋佚名《槐阴消夏图》和南宋佚名《蕉阴击球图》等。

另外，还值得注意的是画中有两件桌子被置于榻前，画中榻不像早期的榻那么低矮，而属于高榻，在高榻前放置高桌是少见的室内陈设方式，反映了高坐与低坐的混融。

图3-1-12 《韩熙载夜宴图》中弹琵琶女子身后屏画局部

3.1.3.3 屏具

《韩熙载夜宴图》的画面被3件屏风分开而创立了别具一格的章法，屏风均有黑色抱鼓状屏座、屏额和石绿色裱边，这些特征均可见于南宋佚名《女孝经图》、刘松年《四景山水图·春》卷等南宋画中的屏风上。特别值得注意的是《韩熙载夜宴图》中屏面上的绘画距五代画风较远，如"听乐"中弹琵琶女子身后的屏面山水(图3-1-12)从松树的松针、树干的形态和画法，山石的形状和皴法到整体章法均为典型的北宋中期郭熙一派的风格。其中的山石画法和郭熙的《窠石平远图》(图3-1-13)以及郭熙流派的南宋佚名《春江饱帆图》(图3-1-14)中的山石画法极为相似，树木画法也和《春江饱帆图》如出一辙。郭熙虽说是以五代北方画家李成为师，但同为北方人的他把

图3-1-13　北宋郭熙《窠石平远图》局部

图3-1-14　南宋佚名《春江饱帆图》局部

李成的画向前推进，并发展到了极为独特的程度，颇具程式性，如画中水源多作高远，画山石多为"乱云皴"和"鬼面石"，喜画蟹爪、鹰爪树，画松树爱画"松叶攒针"。"听乐"中弹琵琶女子身后的屏面山水正有来自郭熙的这种程式性。五代南方山水画以董源、巨然为代表，他俩画中的山水具有浓厚的江南特色，和北方画家李成、范宽等形成鲜明对比，因此若在南唐重臣家的屏风画上出现后世郭熙这样北方画家的画风是让人质疑的。而到了南宋时期，不少北方画家南渡(如南宋画风的奠基人李唐)，很自然地将北方山水画风移至南方，这时候董源、巨然描绘南方山水的画风便较少有人学了，开始流行北方山水画风，"南宋四家"中马远、夏圭的山水画成为典型代表。南方画家热衷于画北方山水是南宋这个特殊时期形成的特殊产物，所以南宋佚名《春江饱帆图》(这一类型的画流传到今天的有不少)学郭熙如此相像是符合史实的。

和屏风画有相似问题的还存在于"清吹"一段中,即韩熙载椅前一侍女手中长柄扇扇面山水画（图3-1-15）有南宋马远山水画的风格，它在章法上采取边角构图，有"一角"特色，山石勾皴坚硬，为北方山水画派画法。马远的山水画因为常用边角式构图和局部特写，所以被称为"马一角"，这打破了以往山水画"上留天，下留地，中间立意布置"的传统章法。坚硬的山石皴法也像马远画法，不过由于能看到的图片均不甚清晰，因此其皴法并不能确定就是马远典型的大斧劈皴[13]。然而，即便不是，画中一角山石的画法也是源于北方山水画家画风的。

另外，坐于圆墩上击打拍板者身后屏风上的山水画也为边角式构图。韩熙载洗手的坐榻的围子上的绘画依稀可见为折枝花卉，构图上也采取了边角式。紧靠此榻的床围上的山水画章法也是边角式。熟悉画史的人均知小幅折枝花鸟画兴起于北宋，边角式构图的山水画兴起于南宋，这时的画家们积极追求画面诗意效果的表达，讲究章法变化，崇尚作画以少胜多，富于联想，意味无穷，这些都是绘画发展到一定阶段的必然结果，只有到了宋代，绘画在这些方面才逐渐成熟起来。因此，综合以上数例来说，《韩熙载夜宴图》为南宋画家所画的可能性很大，其断代的传统说法既无其他五代山水画的对应，又无相应的史料证明，因此有悖于绘画史的发展规律。

3.1.3.4 架具

画中架具有衣架、烛架、鼓架，结构简洁。

画中衣架有两件，画中"歇息"（图3-1-16）、"听乐"（图3-1-17）中各绘一件。"歇息"中的衣架顶部有一根出头架杆（如同椅子的出头搭脑）用来担挂衣服与织物，这在宋代衣架中是常见的，可见于河北宣化辽墓壁画、河南安阳小南海北宋墓壁画、河南洛阳涧西宋墓壁画等壁画中。与众不同的是，"听乐"中衣架设计了一高一低两根出头架杆，可担挂更多衣物。其造型在衣架的发展历程中较为罕见。两件衣架架杆的出头部分均处理成圆润上翘的弯角状，在造型上与画中6件"牛头椅"的出头搭脑取得了统一，也显示了画中家具在设计上的整体性思维。不过，审视衣架的架杆出头，可发现并不完全一致，即使是"听乐"中的同一件衣架的上下架杆的出头部分，其弯曲与粗细变化程度也不尽相同，显示了统一之中的多样性。

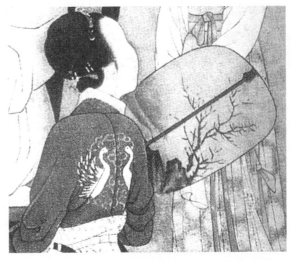

图3-1-15 《韩熙载夜宴图》中仕女持扇的扇面山水

图3-1-16 南宋佚名《韩熙载夜宴图》中"歇息"中的衣架

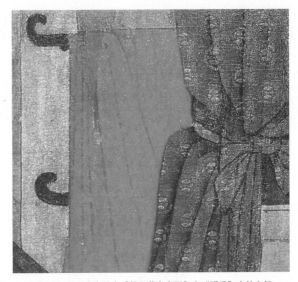

图3-1-17 南宋佚名《韩熙载夜宴图》中"听乐"中的衣架

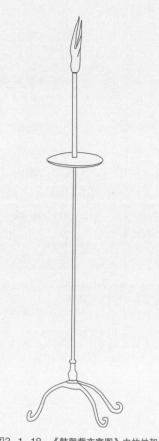

图3-1-18 《韩熙载夜宴图》中的烛架

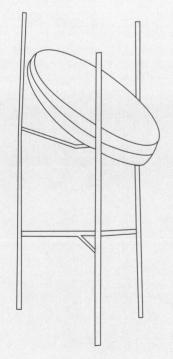

图3-1-19 《韩熙载夜宴图》中的鼓架

画中烛架（图3-1-18，原图见图2-7-1）有三曲足，直杆，整体细劲有力，刻画质感甚强，看出为金属制作。

画中鼓架有两件，一件架有扁圆鼓（图3-1-19），鼓架由3根直立细杆组成，细杆之间有细枨相连，鼓斜放于架上。结构劲健，剔除了多余装饰，以结构为美的立意突出。另一件架有桶形鼓（附图7-60），其座式鼓架较为复杂，有束腰，与桶形鼓相接处有围栏式结构，与单一红色的鼓身构成鲜明对比。

（关于《韩熙载夜宴图》中的卧具（床、榻）参见本书《2.2.1床》与《2.2.2榻》中对它们的论述）

3.1.4 对比《清明上河图》中的家具

在研究五代、两宋的家具史时还有一幅重要的绘画作品对我们认识当时的家具问题有很大帮助，即著名风俗画《清明上河图》。该画由北宋画家张择端根据对北宋末期汴京风俗的细致观察创作而成，画中描绘了大量的北宋末期的市井家具形象，其中表现最多的是店铺内的桌子和条凳，也有一些柜台，而高坐家具的最典型代表——椅子只有6件，得到较清晰描绘的只有进城第一家店铺店主坐一椅（图3-2-8），以及"赵太丞家"室内有一空椅（图3-2-5），不过都是交椅(古称胡床，类于现代的折叠椅)，还有一悬挂"刘家上色沉檀楝香"招牌的店铺摆放了一件双人连椅（图3-2-12），这些说明当时民间的椅子还不是很普及，由此也可指出即使到了北宋末年，民间的高坐家具体系还不是很成熟，[14]如若说南唐家具有成熟的高坐形制和体系，似乎不太符合事物的发展规律。

3.1.5 佐证高坐普及时期的宋代史料

宋人对起居方式的具体变化过程少有详细的记载，甚至即使是当时的人们也未必搞得清晰。譬如，南宋朱熹在其《跪坐拜说》中论述坐礼从古代到南宋的变化时说："古人之坐者，两膝着地因反其而坐于其上，正如今之胡跪者。"但他也无法深究坐姿变化的原因，只是说："亦不知其自何时而变，而今人有不察也。"尽管如此，经过笔者多方搜集，还是发现了一些记载宋人起居方式的重要史料，它们可以较为充分地从若干侧面说明早于北宋的南唐不太可能出现过于成熟的高坐家具体系。例如：

①《宋史》记载："太祖数微行过功臣家，普每退朝，不敢便衣冠。一日，大雪向夜，普意帝不出。久之，闻叩门声，普亟出，帝立风雪中，普惶惧迎拜。帝曰：'已约晋王矣。'已而太宗至，设重裀地坐堂中，炽炭烧肉。普妻行酒，帝以嫂呼之。因与普计下太原。"[15]这里记载了著名的《太祖雪夜访普》，说的是北宋乾德二年(964)赵匡胤冒雪夜访功臣赵普家问计如何攻下太原的故事。其中记载了一处重要的关于当时上层人物家中家具陈设的史实，即"设重裀地坐堂中"。"重裀"，即数层垫子，"地坐"，即席地而坐。这说明即使在寒冬腊月、大雪纷飞的日子里，当朝宰相家中仍保持着传统低坐的起居方式，可见北宋初期，这一起居方式仍占主导地位。有幸的是明代宫廷画家刘俊将这一历史故事细致入微地画了下来(图3-1-20)，并对"设重裀地坐堂中"这一细节进行了具体描绘。[16]其中虽不可避免带有这位明代画家个人的理解和想象，但它所提供的图像对于今人认识1000多年前的历史真相是有启发的。

②《续资治通鉴长编》记载，太祖时举行"使相"[17]的就职仪式时，于中书都堂"逐位就牙床、小案子上判案三道"[18]，成为仪式的重要部分，这说明北宋初期的重要官员在正式场合使用的仍是床和案等传统低坐家具。

③北宋太宗太平兴国八年（983）由官方编撰而成的《太平御览》一书，规模甚大，总数1000卷，是现存当时最大的类书[19]，亦可谓有关北宋初期之前的大百科全书，故被后人称为"宋代四大书"之一。书中服用部第699卷

图3-1-20　明刘俊《雪夜访普图》局部

关于家具的条目有屏风、步障、承尘、囊、床、榻、胡床、几、案、箱等，而并没有出现桌（包括卓、棹）、椅（包括倚），和高坐家具有关的只有胡床一项。[20]可见在北宋官方看来，桌、椅在北宋初期之前并未普及，故尚未在国计民生中占有重要地位，否则绝不会不收入这部大百科全书。

④《宋史》记载，北宋的皇帝、皇后出行时的坐具也多是牙床、小案、坐床、小床、朱漆床等。[21]具体如宋仁宗时，皇帝在正式场合仍未使用椅子，当时皇帝御座称为"驾头"，所谓"驾头"，"一名宝床，正衙法坐也，香木为之，四足璩山，以龙卷之……每车驾出幸，则使老内臣马上拥之，为前驱焉。不设，则以朱匣韬之"。[22]可见这时的御座是一种不大的无靠背矮榻，属传统低坐家具范畴。

⑤南宋王铚《默记》中记载了一则轶事："王荆公知制诰丁母忧，已五十矣。哀毁过甚，不宿于家，以藁秸为荐，就厅上寝于地。是时，潘夙公所善，方知荆南，遣人下书金

陵。急足至，升厅，见一人席地坐，露头瘦损，愕以为老兵也，呼院子令送书入宅。公遽取书，就铺上拆以读。急足怒曰：'舍人书而院子自拆可乎？'喧呼怒叫。左右曰：'此即舍人也。'急足皇恐趋出，且曰：'好舍人！好舍人！'"我们从"就厅上寝于地"、"见一人席地坐"、"就铺上拆以读"可知一代名相王安石在守孝期间仍遵循传统的低坐起居方式。

⑥ 苏轼曾说："古者坐于席，故笾豆之长短，簠簋之高下，适与人均。今土木之像，既然以巍然于上，而列器皿于地，使鬼神不享，则不可知；若其享之，则是俯伏匍匐而就也。"[23]在他看来，由于古人低坐，所以各种器具与这种生活方式是相适应的。但是，到了北宋中期，起居方式已发生了改变，但是在寺庙中却缺少与之相配套的供奉家具上的改变，而只是将祭品列于地上，导致被人供养的巍然高大的鬼神之像假如要吃东西的话，那只能"俯伏匍匐而就"。他认为这种方式需要改革，应该添设高脚桌以供奉祭品。这也从另一角度说明甚至直到北宋中期，不少地方在起居方式的某些环节上仍处于较混乱的过渡阶段。

甚至到了南宋，在祭祀礼仪中仍有和苏轼看到的情况相似的情形，朱熹就说过，当时祭祀孔子时，"夫子像设置于椅上，已不是"，却陈列祭品"于地，是甚义理"。[24]之所以将祭品陈列于地仍是因为受到传统低坐习俗的影响。

⑦ 南宋陆游《老学庵笔记》记有："徐敦立言：'往时士大夫家妇女坐椅子、兀子(杌子)，则人皆讥笑其无法度。'"[25]

⑧ 在南宋后期宋度宗的生日宴会上，度宗坐的是龙床，丞相、执政、亲王"高坐锦褥"，其余官员"矮坐紫褥"，而坐偏殿、庑廊的百官均"系紫沿席，就地坐"。[26]而当南宋皇帝去国子监视察时，官员中除了司业、祭酒外都"于隔门外席地坐，赐酒食三品"。[27]在不少南宋正式场合，大臣们被赐坐时，也不是坐椅子，而是坐杌子或坐墩。由于起居习惯的影响，甚至到南宋灭亡时，由于礼仪需要，席地而坐的形式仍有所延续。

上述涉及宋代家具的重要史实，①、②、③发生在北宋初期，④发生在北宋中期，⑤、⑥发生在北宋中后期，⑦、⑧发生在南宋。⑦中徐敦立是两宋之际的文人，他说的"往时"如同今人讲的"以前"，当指离他说话时间相距不长的某一时期，而指北宋中后期的可能性最大，由此可见北宋时人们并未完全脱离以床、榻为中心的传统低坐生活方式而对女子坐椅子抱有成见。这样一来，我们在南宋以前的绘画中看不到女子在男子面前使用高型坐具的图像也是格外自然的。实际上，北宋中期以后，"椅子"这一名词的使用才在宋人（特别是南宋人）的文章中逐渐增多，如南宋人的《东京梦华录》、《西湖老人繁胜录》、《梦粱录》和《武林旧事》等文学作品中就有较多的椅子和桌子的名词使用和描绘。但是，即使到了南宋前期，椅子、杌子在士大夫家中还多限于厅堂会客，至于妇女因多居于内室，故还是习惯坐床。通过这些史实，《韩熙载夜宴图》中家具的断代问题就更为清晰了。基于此，我们可以进一步得出结论，虽然从唐代到北宋中期之间的绘画中出现了一些高坐家具，但是除了相当一部分和佛教有关外，其他仍多停留在被当时的上层人物当作新奇之物使用的阶段，这一点仍有些接近于当年汉灵帝爱新奇而"好胡服、胡帐、胡床、胡坐……"[28]具体就椅子而言，直到宋代仍多是提供给僧侣、尊长、病残者和一些特殊需要者使用的，在较为正式的场合多不使用它，故"椅"字也常被写作"倚"。（可详见本书《2.3 坐具》中关于椅子的叙述）

3.1.6 宋代文人家具与审美思想

综合而言，比较于北宋佚名《听琴图》、北宋张先《十咏图》、宋佚名《槐阴消夏图》、宋佚名《十八学士图》、南宋刘松年《松阴鸣琴图》、《唐五学士图》，南宋赵大亨《薇亭小憩图》、南宋佚名《商山四皓会昌九老图》、南宋佚名《女孝经图》、南宋佚名《蕉阴击球图》等画中文人家具，《韩熙载夜宴图》中的家具（尤其是椅子、桌子和鼓架等）在种类相对完备的基础上形制较为成熟，已形成统一风格，有格调素雅、色彩浑穆、线条瘦劲的特点，堪称宋代文人家具典范。

这些特征可谓是以后明式家具经典风格的形成基础和发展方向，它们和文人思潮、审美理想有关，也和家具用材、加工工具以及区域和气候有关。在中国家具发展史上，这种风格似乎不应该早在五代时期就已全方位形成。虽然也有一些较为成熟的图像例子，如在一些佛教绘画、宫廷绘画中出现的高坐家具。然而，佛教绘画中描绘的坐椅子一类家具的多为地位较高的僧侣。这一点有些类于后来的日本，虽然日本人早就知道使用椅子，但直到1868年明治维新，除了高级佛教僧侣外，日本整体上几乎还是使用席垫的。宫廷绘画中出现的椅子一类的高坐家具也说明了上层社会的猎奇心理。就社会的普遍性而言，这时椅子一类的高坐家具尚未全面生根开花。因为对照于前述5幅与五代关系密切的绘画，可发现这些画中的家具均不具备这种风格，甚至有的在审美风格上和其相反，有的比较粗厚，如《勘书图》、《宫中图》；有的比较拙朴，如《琉璃堂人物图》。江苏邗江蔡庄五代墓出土的扁腿木榻与《韩熙载夜宴图》中的榻相比，风格差别很大。

这种宋代文人家具的形成有着诸多原因，其中审美思想与观念是最主要的。中国艺术史上很早已有"错彩镂金之美"和"芙蓉出水之美"的不同追求，到了宋代，后一种审美观得到了大发展。和隋唐、五代相比，宋代更是一个文人时代，历代皇帝对文人的优厚待遇使得隋唐以来的科举真正成为从下层民间选拔良才的国家制度，众多来自民间的文人进入士大夫阶层。民间简朴淳厚的生活观念和艺术趣味，儒释道思想的合流，使一种清新雅洁、宁静恬适的审美思想在他们中间逐渐成熟，又因其"高雅清正"而倍受推重，并对一向崇尚丰腴繁丽的上层宫廷、贵族产生了重大影响。故后人由理学可见宋代文人思想之精微内敛，由宋词可见宋代文人思想之简约幽隽，由散文可见宋代文人思想之务实深微，由宋瓷可见宋代文人思想之清逸素雅，由书法可见宋代文人思想之意韵澄澈。在绘画上，苏轼的"诗画本一律，天工与清新"、"萧散简远"，欧阳修的"萧条淡泊"、"笔简而意足"所共同营造的"绚烂之极归于平淡"的艺术追求更是极大地影响了北宋中期以后的文人审美思想。有着这种审美情趣的士大夫们在生活器用上潜移默化地贯彻这种审美风格是自然而然的。具体而言，如《燕几图》作者"燕衍之余，以展经史，陈古玩"而设计燕几，撰写了现存中国最早的家具设计著作。《燕几图》以模数化思想构成多种家具组合设计，形制简单、风格朴素、功能多样，是宋代文人直接关注家具设计的佳例。

整体来看，清利明快、简洁素雅的家具在南宋逐渐成熟是顺应审美思想发展趋向的，故南宋绘画中这种家具是常见的。在五代，由于缺少这种审美主体和思想基础，在上层社会出现这类家具反属另类，令人称疑。而明代中期以后，这种审美主体和思想基础在宋代基础上不断发展，加上多种因素的促进，简洁素雅的明式家具顺理成章一举跃上顶峰。

3.1.7 画中其他事物的断代

除了家具，画中也有值得研究的其他事物。例如，以往研究者言及《韩熙载夜宴图》五代属性时常以画中羯鼓、六幺舞和盏托为证据，但今天看来这些已不足为证。

首先，画中韩熙载演奏的竖置桶形鼓并非羯鼓（较为流行的观点称之为羯鼓），1989年敦煌研究院根据敦煌壁画设计的两种羯鼓，鼓体均为横置桶形，两侧蒙皮，可使人双手执杖左右敲击。日本大山寺藏羯鼓、信贵山藏羯鼓在造型上也近于敦煌壁画中的羯鼓。这些均不同于韩熙载演奏之鼓。笔者查北宋陈旸(1064~1128)《乐书》卷127中的三种羯鼓图示，鼓均为横置，可左右双面敲击，仅一个有鼓架。不过，《乐书》插图中的教坊鼓、大鼓、桴鼓、熊罴鼓则为竖置鼓，有座式鼓架，它们的特征倒是与《韩熙载夜宴图》中的竖置桶形鼓相近。但它们的鼓面皆水平，而韩熙载演奏之鼓的鼓面却是斜的，其实际名称待考。因陈旸精于乐律，故参加了神宗、哲宗朝《乐书》的编纂工作，后担任总负责，《乐书》成后，陈旸得到了朝廷嘉奖而升迁。目

前看来，这一著作是记载北宋及以前乐器最为详尽的资料，并对当时与前代的雅乐、俗乐、胡乐有详尽说明，其中的乐器图还参考了散佚少见的《唐乐图》、《乐法图》、《律书乐图》、《大周正乐》、《乐记》等，可谓是当时的音乐百科全书。就鼓而言，《乐书》记录与描绘了北宋及以前的许多鼓的式样，除了前述的羯鼓、教坊鼓、大鼓、桴鼓、熊罴鼓，还有建鼓、鼗鼓、交龙鼓、节鼓、晋鼓、雷鼓、灵鼓、漏鼓、齐鼓、朔鼓、县鼓、楹鼓、羽葆鼓、足鼓、鞉牢（鼓名）等，堪称丰富多彩。然而，这些鼓中并没有一种与《韩熙载夜宴图》中的桶形鼓和另一细杆架鼓相近，所以它们更可能是南宋出现的新型鼓，自然入不了陈旸的编撰。

其次，六幺舞为女子独舞，兴于唐代，不过在宋代仍较流行，如欧阳修就有诗句"贪看六幺花十八"，赵鼎成也有诗句"最爱六幺花十八，索人起舞眼频招"，再如宋人赵长卿词《清平乐》、黄时龙词《虞美人》中也有对六幺舞的描绘。宋四十大曲也有多种《六幺》，南宋周密《武林旧事》卷9记载南宋官本杂剧中有多达20种的《六幺》。

再者，盏托也并非五代专有，考古发现证明盏托实际早在南朝就有制作，如瑞安市博物馆和江西省博物馆现均藏有保存完好的南朝青瓷盏托。[29]宋代盏托保存到今天的就更多了，如耀州窑博物馆现即藏有造型和《韩熙载夜宴图》中的盏托几乎一样的宋代青瓷盏托。[30]

另外，就注碗而言，这种晚于注子的温酒用具到了北宋才开始流行，此图中出现的成套注子和注碗具有较为常见的宋代形制，这在一些宋画（如北宋佚名《文会图》）中有很好的对应，而一些传世实物也可互证；就画中韩

熙载头戴的高巾而言，颇似始于北宋晚期的"东坡巾"（以苏东坡得名），它在南宋文人间广为流行，也被描绘在一些南宋绘画中。

而且，画上诸印中没有北宋印记，年代最早的是南宋中期宁宗朝宰相史弥远的"绍勋"[31]印，此画若属五代以来流传有序的名画，这一点明显缺乏说服力，而其断代定于南宋，则合乎情理。

3.1.8 《韩熙载夜宴图》作者考

正如以上所述，《韩熙载夜宴图》断代为南宋，而且也不像有的论者所说可能是出于南宋画家对五代画家顾闳中作品之临摹。鉴于画中事物众多的南宋属性，笔者认为它更可能出于南宋画家之创作，而至于南宋画家中谁有这样高的水平则仍需我们进一步研究。

有些学者曾与笔者进行了交流，认为这种对《韩熙载夜宴图》的讨论是有一定意义的，至少为中国绘画研究的视角转换带来了一定的借鉴。有的学者还进一步提

图3-1-21《韩熙载夜宴图》(上2图)与《女孝经图》(下2图)中的坐墩女子比较

出，如果《韩熙载夜宴图》的断代定于南宋，且是南宋画家创作的，那么，南宋画家中究竟哪一位有这样高的水平去创作这幅杰出的人物画作品呢？或者说有哪一位南宋画家的画风与《韩熙载夜宴图》相近呢？当时笔者尚未找到有说服力的答案，只能勉强解释："任何艺术史都是选择的历史，既然是人为的有限选择，有所遗漏是难免的，正因为这样，许多当年可供选择的艺术作品已大量永远淹没在时间长河中。中外艺术史上，高水平的无名杰作不在少数，比如，由于难以考证，把作者称为'佚名'的现存

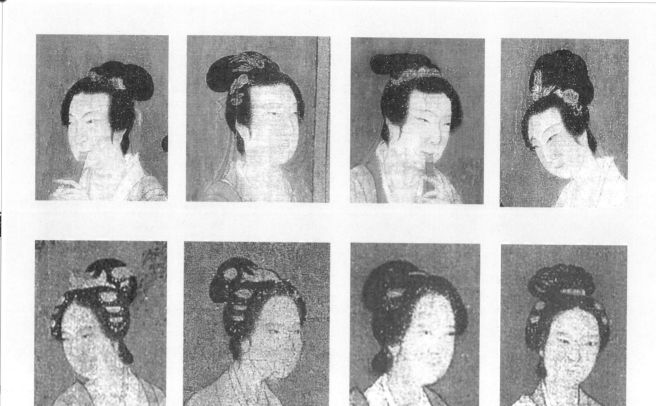

图3-1-22 《韩熙载夜宴图》与《女孝经图》中的女子头部比较

图3-1-23 《韩熙载夜宴图》(左)与《女孝经图》(右)的男子画法比较

南宋优秀绘画作品的数量就是可观的。"

之后，又经过较长时间的探寻与思索，笔者终于可以初步回答这一问题了，这也为对《韩熙载夜宴图》的继续研究带来了深入的可能。

如前所述，由于《韩熙载夜宴图》上年代最早的印章是南宋中期宁宗朝（1195～1208）宰相史弥远的"绍勋"印，所以，有可能成为此画作者的南宋画家只能是宁宗朝或以前的。符合这一条件，又在当时画艺高超负有盛名的画家中，如李唐、苏汉臣、马和之、萧照、阎次平、刘松年、李嵩、梁楷、陈居中、马远、夏圭、马麟等人的画风看起来均和《韩熙载夜宴图》的相距较远，那么究竟哪位南宋画家的作品风格与《韩熙载夜宴图》接近呢？最有效的途径是将能发现的所有宋代人物画做一个仔细梳理。也就在这一过程中，南宋佚名《女孝经图》脱颖而出。笔者通过对此图清晰版本的全方位分析，可以断定它是目前能认定的在整体风格与具体技法上最接近《韩熙载夜宴图》的作品。

图3-1-21是《韩熙载夜宴图》与《女孝经图》中的坐墩女子比较图。我们可以发现二者颇有相同之处。首先，所绘女子的整体感觉相近，这表现在两画中女子的比例、胖瘦、仪态、神情与服饰的通体表现上，非常像是同一幅作品中的人物形象。其次，在细节上，如疏密有致的衣纹组织方式与勾细而富有弹性的勾线方法，女子们身上披帛的缠绕、飘动状态，对轻重缓急节奏美的控制生动而流畅，如行云流水一般，这些均显示了高超的技巧而和《韩熙载夜宴图》如出一辙。她们腰间垂下的两条上窄下宽的飘带的描绘特点也显示了画家相同的观察方法与处理技艺。就连她们的坐墩在形

状（同为造型朴素的圆墩）与颜色（同为青灰色）上也是那么一致。

图3-1-22比对的是两幅画中的女子头部。她们均头挽高髻，发饰簪花，脸形长圆，神态端庄。通过这种一对一的具体比较，可以看出二者中的发式、头饰和开脸方式的特点，就大的方面而言，是相似的。沈从文先生早就认为《女孝经图》中的"妇女多属于嫔妃类，和传世顾闳中《韩熙载夜宴图》中妇女开脸形象板滞无性格，如出一手。坐具绣墩也完全相同。"[32]笔者虽并太不认同沈先生所言这些女子形象是"板滞"的，而且"多属于嫔妃类"，但是他的其余看法还是颇有道理的。

图3-1-23比对的是两幅画中出现的男子画法。通过这种局部的具体比较，二者的同一性几乎是呼之欲出的。《韩熙载夜宴图》的男子虽在体态上比《女孝经图》中的男子稍胖一些，但同做"叉手礼"。据沈从文先生研究，这种"叉手礼"是流行于宋元时期的手礼。[33]两人穿戴一致，特别是衣纹的组织、勾描与渲染方式是如此之相像，以至于看起来两人几乎就是一种"镜像"关系。

《女孝经图》现藏于北京故宫博物院，是对唐代侯莫陈邈（三字复姓）妻郑氏撰《女孝经》的图解，每幅图依据内容的不同在各自独立的基础上又彼此呼应。每段图后均有墨题《女孝经》原文对应，书法工整，受南宋高宗赵构一派影响很大。由于"女孝经"这一绘画题材在南宋很流行，故此画断代定于南宋，少有异议。最近，苏州大学艺术学院博士生导师张朋川先生从中国古代人物画构图模式的发展特点出发对《韩熙载夜宴图》作了一番解读，张先生得出的结论是"《韩熙载夜宴图》与《女孝经图》的构图模式如出一辙，而与五代

图3-1-24　南宋周季常《五百罗汉·应声观音》

人物画构图模式相距较远"[34]。故鉴于《韩熙载夜宴图》与《女孝经图》的众多相似之处，再加上拙文《<韩熙载夜宴图>断代新解》已论述了《韩熙载夜宴图》中的家具与《女孝经图》中的家具在结构与造型上具有亲密关系的结论，我们有理由认为二者有可能是出于同一人之笔。其中，《女孝经图》有些部分的水平与《韩熙载夜宴图》相当，但是从整体来看，此图各段的表现水平是有参差的，而《韩熙载夜宴图》的表现相对较为统一，所以《女孝经图》也许早于《韩熙载夜宴图》。

至于这两幅画的作者问题，则仍需我们在南宋宁宗朝或以前的画家中寻找。目前不少学者不愿意接受《韩熙载夜宴图》是南宋画家创作的一个前提就是在我们所熟知的南宋画家群中似乎无法找出这么一个能画出《韩熙载夜宴图》来的高水平人物画大师来。虽然经过前面的论证已经表明《女孝经图》与《韩熙载夜宴图》可能是同一位画家的作品，但是想在南宋画家中找出它的作者来绝非易事，此事也困扰了笔者许久。一次偶然机会，笔者有幸看到了海外藏画中南宋周季常、林庭珪所画《五百罗汉》，这一技巧高超、规模庞大的佛教人物画创作原画有100幅，后藏于日本大德寺。其中6幅早失，另有12幅约在1866年归于美国波士顿艺术博物馆，今天该馆所藏只有10幅，另两幅已转至他馆。现日本大德寺藏有82幅。宋人画作很少有题记，我们之所以知道《五百罗汉》的作者是因为其中的13幅有金泥记文[35]，由记文可知《五百罗汉》于南宋光宗淳熙五年（1178）由明州（今宁波）惠安院僧人义绍的劝募，而供奉于惠安院中，并留有执笔作画者的姓名——周季常。这种明确记有绘画的创作年代、地点与作者的画迹，在宋代绘画史上实

属罕见。

今天我们关于周季常的记载仅见于前述的金泥记文中，而关于他的其他情况便无从知晓了。但是纵观其浩大的作品，着实令人震惊。他的一些作品，如《五百罗汉》中的《应声观音》、《渡海罗汉》、《布施贫饥》等皆以精湛的造型手段与超凡的想象能力为我们展现了周季常丰富的艺术创造性。其中，现藏于美国波士顿艺术博物馆的《五百罗汉·应声观音》（图3-1-24）最令笔者振奋，因为从中发现了一些与《韩熙载夜宴图》颇为相似的元素。这幅画反映的虽是宗教题材，但不影响其刻画上的生活化与表现上的生动性。《应声观音》为立轴，绢本设色，高111.5cm，宽53.1cm。而《韩熙载夜宴图》为长卷，绢本设色，高28.7cm，宽335.5cm。因此，按比例折算，《应声观音》中的人物形象要比《韩熙载夜宴图》中的大一倍左右，这样一来，难度也相应增加，绘制手段也必有所区别。也许正因为这一点，《应声观音》的基本手法是"工中带写"，但造型生动准确，线条流畅利落，设色雅致丰富。与《韩熙载夜宴图》相比，虽不如其精细，但用笔更为灵活。

由图3-1-25可见，在头部描绘上，《五百罗汉·应声观音》中的老者侧面像与《韩熙载夜宴图》中的韩熙载侧面像颇具相似之处。虽然在表现上一个放松，一个严谨，但是其中眼睛、鼻子、胡须的内在技巧的展现特点十分接近。

由图3-1-26可见，在形象刻画上，《五百罗汉·应声观音》中的这一老者的面部特征在写实的基础上生动自然，在以形写神的表现上堪称中国肖像画高水平的典范之作。此老者神情恬静自信，和《韩熙载夜宴图》中的韩熙载

图3-1-25 《五百罗汉·应声观音》（左）与《韩熙载夜宴图》（右）中的侧面像比较

图3-1-26 《五百罗汉·应声观音》（左）与《韩熙载夜宴图》（右）中的人物面部技法比较

图3-1-27 《五百罗汉·应声观音》（上一排）与《韩熙载夜宴图》（下一排）中手的画法比较

略带一丝忧郁之色的肖像相比，可谓有异曲同工之妙。此图与《韩熙载夜宴图》在勾线、渲染等刻画技巧上也十分相近。尽管两图中所刻画的人物本身大相径庭，但是二者的形象体现方式却是那么神似。

由图3-1-27可见，在手部绘制上，《五百罗汉·应声观音》也达到了很高境界，线条圆健畅达，形象圆润自然，与《韩熙载夜宴图》颇有内在联系。手在绘画中是很难表现的，无论是中国画，还是油画莫不如此。图中列举的8个手的局部，如果不作标明，即使是研究中国画的学者也较难做出判断。

通过以上分析可知，多达百幅的《五百罗汉》足以证明周季常的艺术创作能力，而《五百罗汉·应声观音》中更展现了他的艺术洞察力与表现力。虽然我们无法肯定《韩熙载夜宴图》的作者一定就是周季常，但是像他这样的生存于民间的高水平画家是有实力与可能去创作像《韩熙载夜宴图》这样的历史人物画作品的。假如我们目前尚不能在南宋画家中找到更为合适的《韩熙载夜宴图》作者，将此画记在周季常的名下也未尝不是一种选择。然而，由于缺少直接证据，仅从画面的视觉感受出发而作出论断是难以令所有人信服的，但是这种选择却是有意义的。北宋画家张择端虽然创作了著名的《清明上河图》，但是今天我们对他的了解也是贫乏的。我们所知更少的周季常虽流落于民间，但是我们却不能低估了像他这样的民间画家的能力。遥想当年，北宋画院的不少名画家，如高益、燕文贵、许道宁、翟院深等人也均是来自民间，有的地位甚至很低贱，但是因为画艺出色而被召入画院，名重一时。而且当时的一些画院画师甚至放下架子不惜重金去购买民间画家的作品。例如宋代重

要画史著作——邓椿《画继》就记载了山西民间画家杨威的作品常被画贩拿至画院门口销售，而"院中人争出取之"，结果使画贩获利数倍。这些均说明民间画家也能创作出优秀作品。

3.1.9 《韩熙载夜宴图》的创作意图

既然《韩熙载夜宴图》的作者认定在目前条件下有了一些眉目，那么，这位画家在表现五代题材时为何要借助于如此多的南宋事物形式呢？笔者认为原因主要有三点：

其一，特意使然。也许是有某位甚有心计的南宋官员或文人以重金让画家（如周季常）进行创作，且从立意到构思均有授意与指导，旨在献给上层人物后，能够以今喻古，以古鉴今，使南宋君臣可以从身边事中吸取历史教训，以防南唐的历史悲剧重演。

其二，创作需要。对于《韩熙载夜宴图》这种构图复杂，人物、器物众多，刻画具体而细致的大型人物画来说，画家仅凭虚构而不借助于对生活的仔细观察来进行创作是难以想象的，否则只能是临摹他人作品而成。

长期以来，中国人物画有这样一个特点，即有较强的程式性，这种程式性的集中表现是绘画的粉本，因为一些杰出的粉本可以流传许多年，在这方面宗教绘画尤其典型，例如宋《八十七神仙图卷》中的这一类图像很可能就是元《永乐宫壁画》的粉本。然而，我们在审视《韩熙载夜宴图》、《女孝经图》与《五百罗汉·应声观音》时，可以发现《八十七神仙图卷》和《永乐宫壁画》的这种渊源关系在这3幅画中是难以找到对应的。因为它们之间并不存在粉本性的问题，这些画中出现的人物、

器具虽然较为相近，但是没有生搬硬套，而是进行了自由处理，并以灵活机动的形式展开，这是难能可贵的。而另一方面，水平较低的画家即使手中有高水平的粉本（如《韩熙载夜宴图》的），也很难做到形神兼备的再现，绘画史上这样的例子不胜枚举。毕竟，杰出的人物画家历代均是罕见的，我们之所以较难在南宋画家群中找到与《韩熙载夜宴图》作者画风相近、水平相当的画家也出于这一原因。《韩熙载夜宴图》、《女孝经图》与《五百罗汉·应声观音》的水平均很高，手段也灵活，若说它们之间有所谓粉本的关系似乎是不太可信的，而较为合理的解释是它们有可能处于同一位画家之手，如周季常。因为目前看来，他是能找到的在画风与实力方面最接近《韩熙载夜宴图》真实作者的南宋画家了。也正是由于他认真细致的观察，自由灵活地驾驭自己的技艺，精心创作，才有可能创造出如此旷世杰作。

其三，并未在意。画家创作时没有刻意在乎画法以及所画具体器物的时代特征，我国不少古画多有此特点。如宋佚名《会昌九老图》虽然表现的是唐代白居易等人，但画中人的服饰和所坐圈椅却是明显的宋代式样；宋佚名《十八学士图》表现的是初唐"十八学士"，但画中的一些家具和屏风画、卷轴画也有宋代特点。宋人表现唐代题材尚且如此，就不要说表现五代的了。

笔者倾向认为，其一、其二的可能性要大于其三。

3.1.10 结语

鉴于《韩熙载夜宴图》中以家具为代表的一系列事物所具有的宋代（尤其是南宋）属性，《韩熙载夜宴图》中的家具形制以及绘画风格与其他5幅和五代关系密切的绘画之所以格格不入实际上是由本不相同的历史环境产生的，南宋家具可以具备五代和北宋的特点，而五代家具体现许多南宋特点则背离常理。若以孤证来断定《韩熙载夜宴图》的年代不免以偏概全，然而如果其中有较多的事物呈现出相同的时代倾向，其断代依据应是值得肯定的。当然，也许有人会说《韩熙载夜宴图》中的家具可能也许在当时标新立异，具有前瞻性而和后世家具发展不谋而合，不过，综合以上很多方面来看，这种特异的可能性很小。

然而，家具史研究若少了《韩熙载夜宴图》强有力的证明，就难以得出"高坐家具在五代就已比较普遍"等类似结论。这样看来高坐方式直到北宋中期以后才逐渐普遍，而之前则是缓慢过渡期的说法当是较为合适的。正是如此，随着中国经济、文化中心的南移，硬木家具工艺的发展以及南方潮湿气候的促进，在北宋以来文人审美思想的影响下，《韩熙载夜宴图》中高坐家具素雅、简洁、瘦削的总体风貌的形成方是水到渠成的。因此，此画中的家具也可以被视为南宋文人家具的重要形象。如此，这幅著名绘画的断代变迁有可能将部分改写五代、宋代的艺术史，因此，这一领域仍值得有识之士作进一步研究。

注释:

[1] 朱大渭《中古汉人由跪坐到垂脚高坐》，《中国史研究》1994年第4期。

[2] 李宗山《中国家具史图说》，湖北美术出版社，2001年版，第34页。

[3] 《明清家具》(上)，上海科学科技出版社，2002年版，第16页。

104

[4] 王世襄、朱家溍《竹木牙角器·明清家具》,《中国美术全集·工艺美术编》(光盘),人民美术出版社、文物出版社、北京银冠电子科技公司联合制作出版。

[5] 潘谷西主编《中国建筑史》,中国建筑工业出版社,2001年版。

[6] (清)孙承泽《庚子销夏记》卷8,鲍氏知不足斋刊本。

[7] 徐邦达《古书画伪讹考辨》上卷,江苏古籍出版社,1984年版,第159页。

[8] 沈从文《中国古代服饰研究》,上海书店出版社,1997年版,第331页。

[9] 余辉《<韩熙载夜宴图>卷年代考——兼探早期人物画的鉴定方法》,《故宫文物院刊》1996年第3期。

[10] 见方元《<韩熙载夜宴图>疑辨》,《荣宝斋》总第19期。另见《荣宝斋》总第21期,载有我友任大庆《<<韩熙载夜宴图>疑辨>的疑辨》一文,其中有对方先生文的具体质疑,惜方先生至今尚无回应。

[11] 不过,使用硬木制造家具的兴盛期至明代中后期隆庆年间才逐渐开始。

[12] 李宗山《中国家具史图说(画册)》,湖北美术出版社,2001年6月版,第68页。

[13] 斧劈皴是李唐的创造,师从李唐的马远对它做了进一步的发展,更加强调了山水画中岩石的坚硬锐利程度和北方山水的特点而创大斧劈皴,史无前例。

[14] 详见本书《3.2<清明上河图>中的市井家具》。

[15] 《宋史》卷256,《列传》15。

[16] 和《宋史》惟一不符的是室内没有画宋太宗赵光义。

[17] 唐、宋两朝,皇帝常派具有宰相职位的文臣出京作统帅或镇守一方,称为使相。

[18] (宋)李焘《续资治通鉴长编》卷5,乾德二年正月。

[19] 类书是指把古书中的史实典故、名物制度、诗词文章等材料按句或按段摘录下来,然后分门别类地综合在一起,便于寻检和征引的工具书。

[20] (宋)李昉编纂,夏剑钦等校点,《太平御览》第6册,河北教育出版社,1994年版。

[21] 《宋史》卷149,《舆服志》1。

[22] 《宋史》卷148,《仪卫志》6,《驾头》。

[23] 《苏轼文集》卷七《策问·庙欲有主祭欲有尸》。

[24] 转引自 (南宋)马端临《文献通考》卷44《学校考五》引朱熹语。

[25] (南宋)陆游《老学庵笔记》卷4。

[26] (南宋)吴自牧《梦粱录》卷3,《宰执亲王南班百官入内上寿赐宴》。

[27] (南宋)周密《武林旧事》卷8,《车驾幸学》。

[28] (南朝·宋)范晔《后汉书·五行志·服妖》卷23记有:"灵帝好胡服、胡帐、胡床、胡坐、胡饭、胡空侯、胡笛、胡舞,京都贵戚皆竞为之。此服妖也。其后董卓多拥胡兵,填塞街衢,掳掠宫掖,发掘园陵。"这里"胡床"、"胡坐"等用语是目前所能见到的关于传入中国的高坐家具的最早记载,然而,史家范晔是将这种猎奇当为亡国征兆来评论的。

[29] 吴光荣《茶具珍赏》,浙江摄影出版社,2004年版,第13~14页。

[30] 同上,第106页。

[31] 徐邦达《顾闳中》,《古书画伪讹考辨》(上卷),江苏古籍出版社,1984年版,第158页。

[32] 沈从文《中国古代服饰研究》,上海书店出版社,1997年版,第331页。

[33] 同上,第337页。

[34] 张朋川《中国古代人物画构图模式的发展演变——兼议<韩熙载夜宴图>的制作年代》,《美术&设计》2007年第4期。

[35] 原文为:"丰乐乡故于里古墟保将仕郎陈京逸妻蔡百二娘施财画此,入惠安院常住供养功德随心圆满,戊戌淳熙五年干僧义绍题。周季常笔。"转引自无外子《续宋画罗汉说》,日本《国华》238号。

3.2 《清明上河图》中的市井家具

3.2.1 《清明上河图》的艺术地位

《清明上河图》是北宋画院画家张择端描绘北宋末年热闹繁华的汴京的一幅极富传奇性的风俗画。张择端完成此画的绘制后，它就深藏于宋宫，金灭北宋后流入金宫。元明清时，它数入皇宫，又数次出宫流传于民间，直到新中国成立后它被收藏于北京故宫博物院。自从它问世以来便一直受到历代皇室、达官贵人、文人墨客和收藏家的重视。至今关于此画的学术论文的数量甚为可观，《河南大学学报》上曾开辟"《清明上河图》研究专栏"以推动对这幅画的深入研究，并且有些专家还提出应该建立"清明上河学"来进一步促进《清明上河图》研究的发展。多年来，专家们对它仍有争议，主要集中在它所描绘的季节,画名中的"清明"的含义和描绘的是不是汴京等问题上，而北宋末年是它反映内容的时期则得到了绝大多数研究者的明确首肯。这些显示了《清明上河图》在研究宋代问题上的重要性，当然，作为宋代家具史的研究也不例外。

在宋代绘画中，早于《清明上河图》而以城市为描绘对象的风俗画已在当时的画坛受人重视，北宋末年汴京城的发展达到了鼎盛期，这些为《清明上河图》的应运而生奠定了基础，张择端借助于这幅画将这一画种推到了时代的高峰，对后世有巨大影响。由于他通过细致认真的观察，以严谨的态度，精彩的章法，细致的用笔，高超的写形状物技巧记录了当时市井生活的方方面面，因此具有重要历史价值和艺术价值，在中国艺术史上享有崇高地位。今天人们在创作涉及宋代生活的艺术作品时鲜有不借鉴该图的，家喻户晓的电视连续剧《水浒传》的拍摄便从该图中借鉴了很多内容。

3.2.2 《清明上河图》中的市井家具

描绘人们的生活不能不涉及家具，《清明上河图》中出现了大量的家具，由于它们大多被放置在沿街的店铺中供人们使用，因此可以称得上是北宋末年市井家具的大荟萃，反映了市井高坐家具的进一步发展，这对于研究北宋市井家具和进一步研究宋代其他的民间家具有重要意义。

画中表现的家具品种繁多，有些是唐、五代已有的，有的则是新式样。下面主要就图中出现最多的桌、凳、椅、轿4大类家具作具体探讨以求对北宋末年的市井家具有整体性把握。

3.2.2.1 桌

① 店铺中的高、低桌

作为高坐家具的主要类型之一，《清明上河图》中描绘的桌子以店铺(图3-2-1)、摊子(图3-2-2)中频繁出现的高桌、低桌为主。这些桌子或高或矮，桌面或方正或狭长，应是根据店铺的实际需要而定。桌面多数较厚，下有4条桌腿，用材较粗，显得比较拙朴，两腿间有一到两根横枨，有的桌面和腿间还有简朴的牙子，正因为这些都是日常频繁使用的家具，所以在制作上朴实无华而以满足实用功能为主，这应是符合当时市井实情的。

② 交足桌

在人流穿梭的汴河边，有一人一边用手摆弄着桌面上的食品，一边叫卖（图3-2-3）。他用来盛放食品的桌面为圆形，圆桌边还设有高起的围圈，这样食物不易跌落。桌腿采用的是交足的形式，两个支脚的下端均有横向足座。对于这种流动小贩来说，这样的交足桌是十分方便的，既轻便，又稳定。画面借助这件家具形象地再现了当时小买卖人谋生的场景。和其同时代的山西五台山岩山寺金代壁画上也画有一件和其类似的交足桌，不同的是在足座间设有连线以控制交足的角度。另外，在河北宣化辽墓壁画中也出现了3件类似的交足桌，不同的是其摆放佛教经卷等物品的桌面呈长方形。这些交足桌图像的年代相仿，它们的制作有可能受到彼此之间的影响，但是"胡床"的进一步发展演变则是它们形成的基础，甚至也可以这么说，体态小的"胡床"是坐具，而体态大的"胡床"可直接形成这种交足桌。后来的家具制作者在这种交足桌的基础上又在桌面上支起布蓬用来遮蔽阳光和雨雪，这种设计在明清的一些绘画中偶能见到。这样一来，这种摊贩用具既可摆开成摊，也可背起就走，可谓十分便捷。

③ 简易桌

沿街小贩使用的桌子中有一种更为简单的，在名为"正店"的店铺门口一小贩将一块木板平放在平行分开放置的两张条凳上而形成

图3-2-1 店铺

图3-2-2 摊子

图3-2-3 交足桌

图3-2-4　简易桌

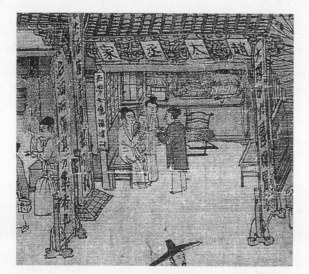

图3-2-5　赵太丞家

图3-2-6　修车铺

一张摆放货物的"桌子"（图3-2-4）。这样的桌子拆卸运输极为方便，这是当时的人们从实际使用出发而萌生的一种便捷"设计"，实际上，即使在今天的中国乡村仍然能看到一些集市上会出现这种简易桌。

④柜台

画中还出现了和桌子很类似，但功能已开始适应店面需要的柜台，这在当时应算是一种较为新颖的商业家具。不过它们和后世更像箱、柜而更为成熟的柜台还有差异，所以这里为了分类整齐，把它们归入桌类。画中的柜台高低不一，有的柜台台面很厚，并带有一些装饰，有的柜台台面铺设了织物并像今天的桌布一样从台面垂挂下来，柜台的台面上或放置大大小小的货物，或摆设账簿和笔砚（图3-2-5）。这些从一个侧面反映了店铺商业活动的发展和变化，它们的形制奠定了后来柜台进一步发展的基础。

3.2.2.2　凳

①普通条凳

《清明上河图》卷首村舍中出现了凳面多为长方形的条凳与小板凳，制作上比较简陋粗糙，但这些坐具对当时居住在城市边缘的农民来说却是生活中非常实用的家具。进了城后，店铺中除了放有桌子，还有长的、短的条凳（如图3-2-1、图3-2-2中所示）。这些桌子和条凳的数量占了画中家具数量的绝大多数，充分说明了这些高坐家具在当时的市井生活中的重要性，也说明了汉末以来逐渐流传开来的高坐家具在北宋末年得到了相当的普及。条凳的结构方式与桌子几乎一样，只是高度上矮了些，凳面上窄了很多，用材也较厚大，风格和桌子协调统一，这些延续了唐代以来民间高坐家具的特点而变得更为普及。[1]这些条凳在形式上多有四足，两侧的足间有枨。

② 木匠用条凳

图中还描绘了一件木匠刨木头用的条凳（图3-2-6），十分有趣。在一反映修理独轮车的车铺场景中，一人用锤子敲打着平放于地的车轮，而另一人正坐在一条凳上使劲地用刨子刨着独轮车用的木条。条凳低矮粗壮，可以想见在上面刨东西应该是非常平稳的。这个木匠做活的架势和今天在乡间仍用传统手艺做活的木匠一模一样，可见这种条凳基于实用性的制作方式具有十分长久的生命力。

③ 箱凳

除了条凳，也出现了一些其他凳子，如药铺"赵太丞家"（图3-2-5）一位女子坐于长凳上，其对面也陈放了一件长凳，这两件凳子看起来要比前面说的那些凳子精致。值得一提是"赵太丞家"西隔壁门前有一位手艺人模样的人正在为靠坐在门柱基上的人修理东西（疑是修鞋）。手艺人坐着的凳子可能是一件工具箱，箱体为一高一低的阶梯造型，坐者臀部坐于上阶，脚垂下来放于下阶，一举两得（图3-2-7）。这在当时乃至在今天都是一件实用而独特的家具。

3.2.2.3 椅

① 交椅

交椅是当时的家具制作者对"胡床"的进一步革新的产物，主要在于把椅的靠背和搭脑具有的使腰、背、颈易于倚靠的优点与外来的"胡床"具有的可折叠、易收放的优点结合了起来，成为一种新品种，并逐渐在宋代流

图3-2-7　工具箱凳

图3-2-8　交椅

图3-2-9　交椅

行起来。《清明上河图》中共画有3件交椅：一是城门边的店铺中一掌柜模样的人坐于交椅（图3-2-8）上，一手伏在桌子上，一手在展开在桌面上的纸上写着什么；二是药铺"赵太丞家"店中放了一把空交椅；三是图卷近于末尾处的屋顶上露出一件椅子的上部来（图3-2-9），根据搭脑、扶手与靠背的特征可以推测可能是交椅。前两件交椅结构简洁，没有装饰，椅子坐面下都设有交足，有横向靠背和出头曲搭脑，"赵太丞家"药铺的空交椅搭脑造型还是明显的宋元时期椅子搭脑上流行的"牛头形"。这样的交椅有典型的时代性，在宋代的其他绘画里也能发现，如南宋萧照的《中兴瑞应图》中便有2例这种交椅的图像，一件被人扛在肩上，一件被人提在手上，充分说明了这种交椅轻便易携的特点。此外金代《二十四孝》图中的交椅上还铺设了厚厚的毛垫，令人坐起来更加舒适。宋代还有一种交椅则明显是在前述的这些交椅的基础上发展而来，如宋佚名《蕉阴击球图》、《春游晚归图》中的交椅，这种椅的搭脑向前曲伸，在末端再向后弯曲，形成扶手，如此组成椅圈的Ω结构，它们的形式为后来的"太师椅"乃至明代这类椅子的成熟奠定了良好基础。

② 靠背椅

一共发现了4件。以前由于此画印刷品图像清晰度的问题，或是看得不是太仔细，多数研究者忽略了它们。当笔者看到目前较为清晰的印刷品后，才发现原来靠背椅在《清明上河图》中还是有的。在一算命摊子上，算命先生坐的就是1件二出头直搭脑的靠背椅（图3-2-10）。另外3件靠背椅见于一岸边酒馆中（图3-2-11）。它们3件中，有两件有人坐着，一件空着。从形式上看也是二出头直搭脑

靠背椅，椅背为直背式，背板为框架结构。靠背椅是高型起居方式发展到高级阶段的产物，它的普及与否很能说明高坐家具的流行程度。在画中数不清的家具中，靠背椅只占了4件，这说明这时候东京汴梁的市民阶层尚未真正普及高坐起居方式。

③ 双人连椅[2]

画中一招牌写着"刘家上色沉檀楝香"的店铺中摆放了一张可供2人并坐的带靠背和出头平搭脑的椅子（图3-2-12）。这是迄今能看到的较早的双人连椅图像，显示了宋代家具制作者的创新能力。该椅乍看很像是把两把灯挂椅并放，而实际上少了2条腿，坐面成为一个整体。如此做法既节省了材料，又显示出造型的协调统一。另外，椅子的坐面下还设有荷包牙板，前后腿间均有枨，前腿间的枨下也设有荷包牙板，显得比其他家具精致。这反映了这家销售"沉檀楝香"的店铺在街市中是层次较高的，它面对的客人不是一般店铺招待的贩夫走卒。在现存宋画中，和其对应的是宋佚名《梧阴清暇图》中的双人连椅（附图3-56）。此椅结构清晰，别致讲究，足下有托泥，坐屉中间设有具备扶手功能的隔断，其形象独特，但在后来的家具中并没有得到继承。

不过，令人疑惑的是，既然《清明上河图》中有这样设计较为复杂的椅子，那么为什么结构简单的单人靠背椅却只出现了4件？桌、凳的普及为什么没有带来最能体现垂足高坐特点的家具——单人靠背椅在市井中的普及？其实，作为单人靠背椅的图像资料在隋唐以来的绘画中并不少见，这里有可能作出的解释之一便是同时代的佛教家具、宫廷家具、贵族家具和市井家具还是存在差异的，前3者对后者的影响是潜移默化的，但是这种影响也存在时间上

的滞后性。在市井中出现这样精致而独特的椅子或许也可以作为一个特例来对待。

3.2.2.4 轿[3]

桌、凳的普及是高坐方式普及的一个代表，由此也可引起不少其他生活器具的变化，《清明上河图》中出现的6顶轿子即成为这种变化的见证（如见图3-2-1）。这些轿子呈现了和宋代以前轿子类运输器具的巨大变化，它们的轿身呈纵向长方体，高度是宽度的两倍以上。很明显，坐轿子的人是垂足坐在轿子中的。由于轿身形态的变化，宋以前将轿杆固定于轿子底部的制作方法已不适用，此时的轿杆固定在轿身中部，既可保持轿子的重心稳定，又可便于轿夫的起放，这样一来仅需两名轿夫就可将轿子平稳地抬行。因此它相对于以前的"肩舆"、"腰舆"[4]来说体现了巨大的改进，对后世有重大的影响，从宋代到近代，轿子基本上保持了这样的特点，宋代以后能出现的变化不过是体现在轿子的乘坐人数和大小、材料、装饰等方面罢了。另外，由于这种抬具适应了高坐的起居方式，因此坐于其中的人既可垂足高坐，又可背有倚靠，相当于坐在了被人抬的椅子上，故把它们称为"抬椅"也未尝不可，而人们在游览名山大川时为免攀爬之苦而乘坐的简易轿子就是名副其实抬着的椅子。

3.2.3 结语

总的看来，《清明上河图》中桌子和条凳在市井中已成为寻常之物，然而鉴于其中高坐家具的典型代表——椅子的数量屈指可数，说明当时在民间椅子还不是很普及，这样就容易

图3-2-10 算命先生所坐靠背椅

图3-2-11 3件靠背椅

图3-2-12 双人连椅

看出即使到了北宋末年，民间的高坐家具体系还谈不上很成熟，由此可指出名画《韩熙载夜宴图》中描绘的已成体系，且很成熟的高坐家具被公认为五代家具的代表是令人疑惑的。[5]而一些专家言及宋代家具时以"宋制完备"来概括也不太严密。实际上，直到南宋时期，中国高坐家具的形制方可称完备。

作为反映宋代民间家具的一个重要代表，《清明上河图》中的这些家具显示了垂足高坐起居方式在北宋末年市井的普及，它们以实用为基础，结构简练，用材较为粗朴。与之相对应的，宋代士大夫阶层使用的家具的特征则是结构较为简练，用材较为细劲。它们的不同和审美有关，也和用材有关。市井家具一般要廉价、耐用，这样一来就会多使用柴木而使家具形体粗大厚重、结构简单明了；而宋代士大夫阶层使用的家具用料多材坚质细，自然价格也不菲，但结构简练的特征则是在北宋中后期文人审美思潮影响下形成的。由此可见，结构简练是宋代家具较为统一的特征，正因为此，后世明式家具的兴盛恰恰是以此为基础取得了更为简练精当的特点。

虽然风俗画在宋代曾经风靡一时，但真正像《清明上河图》这样全方位描绘市井家具图像的绘画是罕见的，这一点类似于今天能看到的宋代家具实物。遗留至今的宋画中，绘有家具形象的则多是反映上层社会的。[6]而实际上就当时的家具数量来说，民间家具的数量无疑是远远超过宫廷家具、贵族家具和佛教家具的。描绘了众多的市井家具图像的《清明上河图》正是弥补了宋代民间家具研究资料的不足，对它的进一步研究对真实解读那时大多数城市居民的生活起居方式是大有裨益的。

注释:

[1] 唐代中期敦煌壁画中有一幅《庖厨图》，图中屠夫使用的桌子也有这个特点。

[2] 这种相连的椅子，古时又被称为"春椅"，故供2人坐的凳子，也可叫"春凳"。古代"春椅"的图像资料很难见到，流传下来的实物就更少，今天苏州网师园中尚藏有一件清代制作的鸡翅木双人玫瑰椅，当时的家具工匠别具匠心地将此种椅的特点发挥到极为精当的地步。故宫中也藏有一件清代黑漆描金花草纹双人椅，周身被装饰得较为繁缛。

[3] 从宋代起始有轿子的名称，轿子其实也可归入运输器具，但这时它和椅子等坐具的关系太密切，故本文将其纳入家具类论述。

[4] 宋代以前的舆轿多被称为"舆"，扛在肩上的称为"肩舆"，用手抬的称为"腰舆"。

[5] 对这一问题的具体分析见本书《3.1〈韩熙载夜宴图〉中的文人家具》。

[6] 即使不是反映上层社会，也多和佛教有关，如被原台湾故宫博物院副院长李霖灿先生喻为和《清明上河图》并为"南北双绝"的《张胜温画梵像》就描绘了众多的僧侣用家具，其种类远超过《清明上河图》中的家具种类，但是肯定和当时世俗生活中使用的家具相距较远。

3.3 宋代绘画中的佛教家具

3.3.1 宋代佛教绘画的背景

宋初，由于长年战乱，佛教诸多流派中只有禅宗在此时突破了以往的教义与形式的束缚而有所发展，相比之下，其他宗派则日趋式微。宋初的帝王比较重视佛教与佛教艺术的发展，不但斥资修建寺院，还征召天下画工绘制了大量寺院壁画，为宋代佛教绘画的昌盛奠定了基础。当时的一些著名画家也加入了佛教壁画的绘制队伍，如著名的大相国寺中，高文进所画的《擎塔天王图》、高益所画的《阿育王变相图》均显赫一时。

在宋代佛教绘画中，禅机画、罗汉画、菩萨画、"禅僧顶相图"等较为盛行，这明显异于宋以前佛画中仪像及变相流行的情况。这时还出现了便于悬挂欣赏和供养的释道卷轴以及便于玩赏的册页与手卷，并有一批画家精通此道。这时的佛画艺术家的心态不同于宋代之前，不少人以玩赏的心态来绘制佛教人物，而不像以前是专为礼佛来作画，如此丰富了佛教的形式与手法，并出现了一些精于佛画的著名画家，如李公麟、梁楷、牧溪、贾师古、金大受、周季常、孙知微、张胜温等人。宋人虽然在哲学与宗教上选择了尊崇自然的道家与道教以及倡导秩序的儒家与儒教，但是当时佛教的发展也不容忽视，这从当时的佛画和佛教家具中可见一斑。就目前资料可见，宋代佛教家具品类丰富，日常生活中的卧具、承具、坐具、庋具、屏具等比较齐全，各大品种中又有多样的表现。这说明当时的佛教观念已深入人心，佛教徒的起居特点已为人们熟悉，并在绘画中得到了详尽反映。许多家具的造型、结构与装饰不仅有对传统低坐方式的延续，也有对高坐起居方式的发展与促进，宋代家具史上的不少创新之作也出现在佛教家具中，比如此时佛画中出现的一些香几、圈椅、凳等。

3.3.2 宋代绘画中的佛教家具

宋代佛教家具的丰富性还表现在风格上，审美品格的繁与简形成了这一时期佛教家具的重要特色所在：繁，指的是偏于富丽繁复的一类；简，指的是偏于质朴简洁的一类。这两类均有研究的价值。

3.3.2.1 富丽繁复类

在今天可以见到的不少宋代佛画中，富丽繁复的家具不在少数。这种特征表现在许多家具品种上，其呈现的奢华之美几与皇家、贵族家具媲美，有的甚至过之。例如一些罗汉、菩萨所使用的家具形象上即有如此特点。

北宋李公麟《维摩演教图》(彩图·卧具5、彩图·坐具30)中所描绘的家具即以异常精美而统一的纹饰见长。画中维摩诘所坐长榻与足承在结构上是隋唐以来流行的束腰托泥壸门的传统形式。然而在图案装饰上，李公麟以其

中国宋代家具

图3-3-1　南宋佚名《六尊者像》中第十五锅巴嘎尊者

图3-3-2　南宋佚名《六尊者像》中第十一祖查巴纳塔嘎尊者

精湛入微的用笔为我们展现了精美绝伦的装饰典范。画中文殊菩萨的束腰须弥座式坐榻也同样如此，画家通过工整细腻、不厌其烦的笔致为我们展现了这一想象题材中的家具样式。它们的结构特征虽属常见，但在装饰细节的描绘上可谓不遗余力，每处细节几乎均布满了繁密的图案装饰，主要有矩形、云纹、窃曲纹、莲瓣纹、珠纹以及一些更为细密的纹理组合变化。将这些佛教中重要人物的坐具细节刻画得如此精致入微而无艳俗之色，这得归结于李公麟高超的"白画"技巧和对细节的统一能力。他的这幅作品虽是如同当年唐代吴道子一样主要凭借于艺术想象加工而成，但是对于画中这些十分规整而又具体实在的家具形象而言，缺乏现实的载体是难以想象的。因此，画中如此缜密的家具装饰很可能有现实原型，也只有在此基础上，这位大画家方可作进一步美化与加工。

　　南宋佚名《六尊者像》（关于其南宋属性参见本书《3.1.3.1　坐具》中的论述），绢本，画工精细。画中第十五锅巴嘎尊者和第十一祖查巴纳塔嘎尊者的宝座在装饰上别具匠心。第十五锅巴嘎尊者坐的是一件四出头扶手椅(图3-3-1,线图见附图3-87)，扶手与搭脑的"出头"体现在4朵莲花上。莲花在佛教中有着十分重要的内涵，以之作为家具等器物的装饰元素从六朝以来就比较盛行。这里的4朵莲花的处理手段尚比较简练，与之相适应的还有一件没有任何图样装饰的红色椅披。除此之外，椅子其余部位的装饰则采取了方柱体与珠体的结合装饰，方柱体与大小圆珠的点缀十分繁密。椅子的四足还采用了覆铃的形式，4支铃口向下的铃铛上的纹饰也是繁复的。第十一祖查巴纳塔嘎尊者的坐具为直搭脑靠背椅

（图3-3-2）。与前椅不同的是其椅披上的图案比较繁密，椅子其余部位的美化装饰与前椅相似，只是其中各种珠体和矩形方体的结合又有了另外不同的组合形式。四足也是由覆铃组成，然而覆铃的形制也与前椅不同，是五边形构成的覆铃。

第八嘎纳哈拔锇集尊者的坐具为方凳（图3-3-3,线图见附图3-201）。该凳的装饰方式与前述二椅颇相似，四足也为覆铃式，只是在每支铃上增加了一组白莲，形式堪称独特。方凳面板下面乃至牙条的装饰由色彩不同的小圆珠和由圆形组成的图形构成，有的悬挂下来形成了流苏。南宋刘松年《天女献花图》(图3-3-4,线图见附图3-192)中菩萨坐凳的结构与装饰手法也与第八嘎纳哈拔锇集尊者的坐凳相仿。

《六尊者像》中的一件束腰托泥式供案(图3-3-5)也装饰得富丽奢华，该案除了面板正面与托泥，其余部位均被密集的图案所雕饰，主要由云纹、花瓣纹与珠纹相组合。而且案的用材也比较厚重粗大，这与繁复的装饰一起给人以十分鲜明的印象。这种装饰特点也在宋佚名《柳枝观音像》(彩图·坐具35)中的须弥座式坐榻中体现了出来。

南宋李嵩《罗汉图》中所画长凳与香几也异常精美，不仅体现在做工与装饰上，还体现在奇特的造型上。罗汉所坐长凳(图3-3-6,线图见附图3-153)似乎是李嵩的精心设计，因为这在当时的条件下是很难制作完成的一件独特家具。它除了周身布满精致的卷草纹、团花纹以及小壶门洞内含云头纹外，最奇妙的是凳四足的设计。它没有遵循传统壶门托泥式独坐榻的设计法，而是在四角安放了四足，但足与凳面与牙条的连接没有按常规的椅、凳设计方法，其接触连接面很小，近于现代的金属焊接法。

图3-3-3　南宋佚名《六尊者像》中第八嘎纳哈拔锇集尊者所坐方凳

图3-3-4　南宋刘松年《天女献花图》局部

由图中的一些细节可见，很难以现实的榫卯相连，即使有榫卯，以木质的强度而言，也很难承受人的体重。四足坐具的通常做法是将四足安放于坐面内的接近四角之处，不管其距离边角多少，都是以能否正常安排榫卯之法为宜，但李嵩所画形象体现的是四足大部分在坐面之外，与坐面边角的连接处甚少，这样自然会引起实际使用者在安全性上的担忧。另外，足上

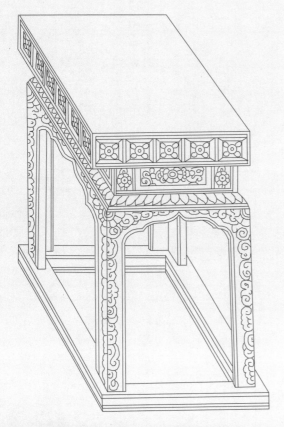

图3-3-5 南宋佚名《六尊者像》中的供案

图3-3-6 南宋李嵩《罗汉图》局部

端高出坐面约6cm(按比例折合)，这些部分俨然成了重要的装饰元素，也是一种罕见做法。另外，凳足断面为六边形，足的局部也有精美装饰。

画中香几(图3-3-7)也显得与众不同，其设计的核心要义是六边形（这与前述长凳的足断面是一体的），它主要由三部分组成：几首、几身、几座，它们同样是围绕着六边形来展开的。在几首与几身之间有一个由若干逐层变化、复杂而精致的装饰单元构成的较为复杂的束腰。几首是几发挥基本功能的部位，其中的几面主要用来承载香瓶、香炉之类的焚香器具，画中的几面周围有围栏，其结构有两层，形同楼阁中一个六边形带围栏的观景台的微型版。许多宋代家具结构源于建筑是自然的，但是在几面上做这种尝试是极为少见的，至少笔者在后来的明清家具中尚未见过。由此可以看出李嵩在实际作画时的别具匠心。对于这两件家具（长凳与香几）在画中的安排，有两种可能：一是李嵩通过实际观察而得，香几虽复杂奇特，但是被加工制作的可能性还是有的。对于长凳来说，可能是现实中的确存在，只是李嵩在美化处理时过分夸张了奇特性而忽略了结构的合理性与可行性。二是主要源于李嵩的想象，他以大胆奇妙的艺术构思设计了这两件家具，其出彩的关键之处主要来自他的天才创造。虽然其结构设计的合理性尚有待于商榷，但是对今天的家具设计是有启发的，因为目前家具材料的丰富性、适应性和变化性足以令许多古代艺术家虚构想象的世界成为现实。

我们查阅一下李嵩的生平就会发现

中国宋代家具

这些绝非偶然，李嵩(1166~1243)是南宋钱塘
(今浙江杭州)人，小时家中贫困，曾经做过木
工，史书记载他"颇达绳墨"，可见干得较为
出色。后来，他有幸成为南宋画院待诏李从训
的养子，并从其学画，而且学习努力，画艺出
色。李嵩工山水、人物、花鸟，尤精界画，堪
称全才型画家，题材从宫廷到民间、从城市到
农村、从生产到生活、从吃喝到娱乐、从仙山
到龙宫、从历史到现实均在画中有所反映。
所作既有精工鲜丽之作，如《明皇斗鸡图》、
《花篮图》等，也有白描风俗画，如《货郎
图》等。他历任南宋光宗、宁宗、理宗三朝
(1190~1264)画院待诏近60年。也许正因为有
着扎实的木工基础，对家具等器物的材料、工
艺、造型、装饰等了如指掌，所以他在创作
（或写生）画中家具时才能够游刃有余，即使
精工细作，也不死板，给后人留下了难得的绘
制精彩的宋代家具"效果图"。

南宋佚名《罗汉图》(彩图·坐具13)中的
罗汉坐椅更是将这种繁复美发展到奇特地步。
此椅靠背较低，无扶手，水平搭脑出头后向上
弯曲为牛角状(这是宋元较为流行的牛头椅形式
的新变化)。椅披图案繁密，坐面边缘及其足间
形成的壶门券口在装饰上也是尽可能地发挥了
云纹的复杂变化。虽然图像是平面的，但是通
过画家的细致描绘，可以看出其间的浅浮雕与
彩绘是相辅相成的。另外，椅足间有细枨，足
在设计上也独具匠心，即以上云纹的复杂变化
一直贯穿到足底，呈近45度倾角向下斜，而且两
两相对（后足之间除外）。这种椅足的变化形
式在家具设计史上也许是绝无仅有的，它为设
计与制作增添了巨大难度，也为时人与后人提
供了一份别样的审美观念与构想。

纵观当时的佛教罗汉图，会给人形成一个

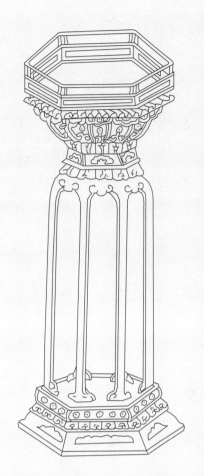

图3-3-7　南宋李嵩《罗汉图》中的香几

突出印象，即罗汉形象多怪异奇特，与常人形
貌相距甚远。如此，在描绘与其相适应的环境
与器物时也不免突出"奇"，"奇"的来源既
有可能是现实的，也有可能是杜撰的，然而，
无论如何驰骋想象，其现实的基础是不容忽视
的，即它们或多或少均会留下实际生活的痕
迹。

在南宋刘松年《补衲图》(图3-3-8)中的坐
榻上，我们可以看到榻面以下并没有出现流行
的壶门形式，而是采用了整体性箱形结构，其
正面出现的是数块雕琢十分繁密的矩形面板，
很可能是填嵌入正面的。由于几块面板相距甚
近，因此，在整体上它们几乎充满了榻的正
面，给人以奢华尊贵的感觉。虽然榻上的和尚

117

图3-3-8　南宋刘松年《补衲图》局部

在补僧衣，但是在这件雕缋满眼的榻上做这种僧侣力所能及的朴素之事似乎有些矛盾。刘松年的写生能力颇强，因此，此画很可能是他在仔细观察当时的寺庙实际生活场景后而进行了细致描绘。不过，这里他所要体现的恐怕未必是一种全心礼佛的心致，也许更多的是一种对宗教闲情意趣的追求。

这类装饰风格的佛教家具在其他一些宋画中也比较常见，如宋佚名《白描罗汉册》、宋佚名《维摩诘像》、宋佚名《十六罗汉图·伐弗多罗尊者》、南宋时大理国《张胜温画卷》、南宋佚名《五山十刹图》等。

《五山十刹图》是研究宋代家具十分重要的图像资料，它是南宋时日本僧人为了仔细研究当时南宋的佛教名刹而精心绘制的，是关于南宋寺院建筑、环境、室内与家具的重要图谱，其中的不少家具图像被标注了详细尺寸，可以想见当时的实际测绘是十分周详的，所以这一图谱对于考察南宋寺庙家具无疑是目前最有说服力的资料。

在《五山十刹图》中出现的20多件家具体现了家具风格的多样性变化，家具即使是在寺院中也因使用者地位的不同而产生在装饰风格上的不同变化。例如在径山法堂法座、灵隐寺鼓台、灵隐寺山门香炉、众寮圣僧橱、径山样堂僧前几幅家具图像上就体现较为强烈的装饰意匠，而使观者联想到昔日实物的奢华壮丽。

图中的灵隐寺屏风(图2-6-6)十分壮观，三屏式，通宽14.3尺，中屏高19.34尺。当时一尺折合为今日的31cm，即这是一件宽443.3cm，高达599.5 cm的庞然大物。据张十庆先生研究，今天北京故宫博物院中尺度最大的太和殿屏风（七扇通宽525cm，高425cm）的高度也远不及此，[1]可以想见当时的灵隐寺庙堂建筑是何等的高大雄伟。

在坐具中，径山方丈椅子、径山僧堂椅、东福寺本灵隐寺椅子在结构与装饰上也是颇费心思的，而径山化城寺客位椅子的装饰就相对适当一些。而即使是同一结构式样的家具，其装饰程度也根据具体情况而有不同表现。例如两件径山样佛殿及堂僧前几虽然在造型与装饰均比较讲究，但是也有差别。它们的造型是束腰带抽屉托泥式，托泥下置圭脚，托泥上的足肩部膨出，三弯足，足末端又向上反卷成精致

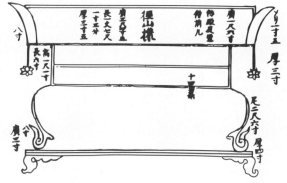

图3-3-9 《五山十刹图》中佛殿及堂僧前几（左几）

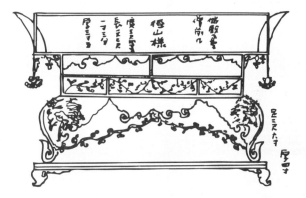

图3-3-10 《五山十刹图》中佛殿及堂僧前几（右几）

的草叶纹，较为独特。和左几(图3-3-9)相比，右几(图3-3-10)的装饰更为丰富，不仅卷草纹、云纹遍布全身，还在足间设置罕见的雕花斜曲枨，更为精美奢华。

在宋代佛教家具现存实物中，装饰上比较讲究的当属宁夏贺兰县拜寺口双塔出土的西夏木供桌(彩图·承具7)，此桌长58.5cm，宽40cm，高33cm，发现于一处西夏寺院的废墟中。桌面为攒边做，中间心板髹红漆，边抹表面以金线勾勒花纹，桌面边沿饰有上舒下敛的线脚。足间所施上下双枨与矮老之间饰有团花纹样的绦环板，足外侧饰有先雕花后彩绘的角牙，下枨下又饰以云头纹牙条。枨子、矮老、腿足表面还饰有棱状线的线脚。整件供桌绘有

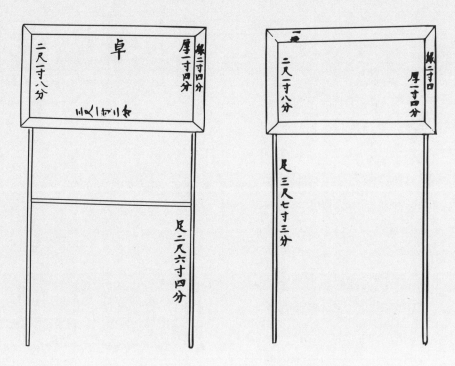

图3-3-11　南宋佚名《五山十刹图》中的两件桌

金、红、黄、绿等色，虽历经千年时光流逝，但至今仍色彩光亮，富丽堂皇，体现了浓厚的藏传佛教家具的装饰风格。

再如北京房山区天开塔出土的辽代木供桌(彩图·承具8)在装饰上也体现了非同一般的匠心。这件桌长55cm，宽41cm，高35.5cm，其最大特色是桌面与上枨之间的卡子花装饰上。这一装饰部位被两组矮老(每组两个)分隔为3个正方形空间，每一空间内饰有一圆形四瓣花的透雕卡子花，每组矮老间的狭小空档中又饰有宝瓶型卡子花。有学者把它们称为目前所见最早的卡子花实物[2]是言之有据的。这一供桌虽然在制作与雕饰上比较粗朴，但是在桌子正前方的重要视觉焦点上作了如此复杂的处理，这在当时堪称独特，也为当时佛教家具设计的丰富性作出了贡献，这种卡子花的装饰形式即使在后来的明清家具中也不曾见到。

3.3.2.2 质朴简洁类

除了前述讲究复杂装饰的第一类家具，在宋代佛画中也描绘了不少偏于简洁质朴的家具，体现了另一种审美追求，例如宋佚名《白描罗汉册》的竹椅、南宋刘松年《罗汉图》的藤墩与三折屏风、宋佚名《十六罗汉·矩罗尊者》中的香几、宋代版画《天竺灵签》中的躺椅、南宋佚名《六尊者像》中的竹椅与竹足承等即是如此。

另外，在前述《五山十刹图》中，除了装饰复杂的家具之外，其中也不乏十分简练的式样，例如图中的两件桌子(图3-3-11)，就显然在图谱中格外突出。它们的面板已采取此时十分流行的攒边打槽装板的板式结构形式，其上有具体长、宽、厚尺寸的标注。面板下有足，足间有枨(高桌无枨)，一桌的足长二尺六寸四分(当时一尺约相当于今天的31cm)，另一桌足长三尺七寸三分。从示意图可以看出这两件桌子无任何装饰可言，而且其足与枨的细劲程度令人惊讶，因为当时的描图者必定十分仔细，对面板与腿足的比例心中有数，甚至应当是作实际测量而得出的。所以如此的细劲程度应当比《韩熙载夜宴图》中的桌子有过之而无不及。因此，它们的制作材料只能是硬木一类。尤其是那件高足桌，足间无枨，如此细，又无枨的支持，那么只能在材料的结实程度和榫卯的牢固程度上作文章，否则长达115cm的细足是难以实际完成桌的长期使用功能的。

接下来，我们以南宋时大理国《张胜温画卷》中的"禅宗七祖"所坐的7件椅子为例来更为具体地阐释此种佛教家具中的审美追求。(《张胜温画卷》中也有家具属于第一类风格)

《张胜温画卷》全称为《南宋时大理国描工张胜温画梵像》，原卷藏于台北故宫博物院。成画于盛德五年（1180），纸本，全长1635.5cm，宽30.4cm。共绘有单体及组合像134幅，人物774人。是由南宋时大理国画家张胜温和其弟子历经两三年为大理国利贞皇帝段智兴绘制的，其中艺术造诣最高的部份由张胜温本人完成，与张胜温同时代的僧人释妙光评其曰："妙出于手，灵显于心。"此画卷反映了佛教在大理国时期的兴盛情况。除了宗教价值，它还有更为重要的艺术、历史和社会价值。此画曾被原台北故宫博物院副院长李霖灿先生喻为和《清明上河图》并称的"南北双绝"。画中描绘了众多的僧侣用家具，论种类远远超过《清明上河图》中的家具，但又和当时的世俗家具差异较大。

图3-3-12　西魏敦煌285窟壁画局部

此画卷按自右往左的传统手卷顺序在画了天龙八部、十六罗汉、大宝莲释迦佛会以及尊者迦叶与阿难后，又以丰富的构思描绘了"禅宗七祖"画像，即初祖达摩、二祖慧可、三祖僧璨、四祖道信、五祖弘忍、六祖慧能、七祖神会。从初祖达摩到五祖弘忍都讲究渐次苦修，达摩甚至在山洞内面壁长达9年，二祖慧可为求师于达摩竟自己斩断一臂以示舍身求法的决心，后被达摩收为弟子。三祖僧璨、四祖道信也都是"静修禅业"、"学禅十年"的苦修派，五祖弘忍白天劳作，晚上修定，不舍昼夜地苦行苦修。然而，六祖慧能少时丧父，稍长即打柴谋生以赡养母亲，因而不能读书。后来进入弘忍主持的寺院，因对师兄神秀所作的偈深有感悟也作了一个偈，并请人代写，内容即著名的"菩提本无树，明镜亦非台。本来无一物，何处染尘埃"。后来五祖弘忍便传袈裟

图3-3-13　三祖僧璨大师竹椅

图3-3-14　七祖神会大师竹椅

给他，使之成为禅宗六祖。慧能逝后，据说他有十大弟子"各为一方师"，但一般多以神会为七祖，他是慧能的嫡传，也是王维的好友，"安史之乱"时对于扩大禅宗的影响有丰功伟绩。慧能及其弟子的流派亦称"南宗"，讲究"净心"、"自悟"、"顿悟"，影响深远。

《张胜温画卷》中这七祖坐椅的共同特征是四出头，坐高较低，坐深较深，坐宽较大，有这种特点的坐具后来被人叫做禅椅，即僧人参禅打坐用的椅子。

敦煌西魏285窟壁画中有一幅中国目前发现最早的绳床图像(图3-3-12)，被称为"中国古代家具史上迄今最早的椅子形象"，也被有的人看作是禅椅。其特点体现在六方面：

① 坐高甚矮，按比例估计约25cm；

② 修行者跪坐于其上；

③ 足有上细下粗的收分；

④ 座屉由绳编而成，且坐深大于坐宽；

⑤ 有靠背和出头搭脑；

⑥ 有薄板状低矮扶手。

这些因素交织起来形成一种混合风格：①、②有汉榻特点，③受中国传统建筑大木作影响，这一点成为后来中国家具的特色之一，④绳床即得名于此，并显现了和当时外来椅不一样的坐深、坐宽比例，⑤预示了后来汉式椅的一个发展方向，⑥有外来椅的风尚。这样看来，将之称为"中国古代家具史上迄今最早的椅子形象"就值得商榷。因为今天看来椅子应有两大要素，一是适合垂足坐的坐高，二是有靠背，缺一不可。考虑到该坐具没有足够的坐高，尤其是修行者坐的方式，是跪坐，这是典型的榻上坐姿，并非后来禅椅上的盘坐方式。因此，它仍是过渡阶段的产物，是一种同时具备榻和外来椅特征的坐具。它被称为禅椅的主要原因很可能是有的论者看到它的坐高低矮，所坐又是修行者。当然，人们对这一绳床的其他命名是否经得起推敲完全基于对榻、椅的概念如何确定。

后世禅椅的概念其实是约定俗成的，其一般特性主要在于座屉宽大，坐深较深，使人能盘腿而坐，由于它便于僧人的打坐参禅，由此得名，但其造型与风格则趋于多样。例如明代文人高濂就特别关注禅椅的工艺与材料以及背上枕首横木是否阔厚，他认为："禅椅较之长椅，高大过半，惟水磨者佳，斑竹亦可。其制，惟背上枕首横木阔厚，始有受用。"[3]明代木工手册《鲁班经匠家镜》中也记录了一件禅椅的尺寸与细节，并展示了一幅由天然树枝制成的禅椅图像。实际上，由于有宽大的座屉，如垂足坐于禅椅上，腰则不能靠于椅背。而盘腿坐时，靠背板正好顶住腰部，使人感到舒适。

如同张胜温对七位祖师相貌的刻画各具特点，他们的坐具也显示了别具一格的设计构思，张胜温以其丰富的观察力与想象力为我们描绘了一个以自然质朴为着眼点的独特的坐椅世界。虽然它们在造型与功能上均是四出头扶手椅，在总体风格上基本上偏于朴素，但是每件均有自己特色，即使是同为竹椅或树枝椅，在结构与装饰的选择上也各具匠心。这7件四出头扶手椅按材料可分为三类：竹制、树枝制、木（经过精加工）制。其中有两件(僧璨大师与神会大师坐椅)为竹制，有两件(达摩大师与道信大师坐椅)为几乎未经雕琢加工的树枝制成，其余3件（慧能大师、慧可大师、弘忍大师坐椅）为木（经过精加工）制。

图3-3-15 初祖达摩大师坐椅

图3-3-16 四祖道信大师坐椅

图3-3-17　五祖弘忍大师坐椅

美颇有异曲同工之妙。由于竹子的特性，故在现实制作中弯"曲"成型较为方便。另外，椅背靠垫上呈数层放射状短弧线的变化形成了"曲"的进一步变化。

和"曲"相对应的是竹材自身所具备的"直"，此椅的四足、座屉框架，足间横枨、座屉与横枨之间的矮老等部件体现的均是竹材的原始面貌——"直"，与前述的"曲"形成了一定对比。这种曲、直的相互存在，使僧璨坐椅在简朴之余又显露些许丰富之美，这是张胜温在绘制时的匠心独具之处。

七祖神会大师坐椅（图3-3-14）主要体现的则是竹材的挺拔之美而未见曲形加工之处，其唯一的曲线变化是反映在扶手末端的向下弯曲，这和前述僧璨坐椅扶手末端的向上弯曲正好是"反其道而行之"。神会坐椅对竹材的使用更多，主要体现在椅背约五分之三的靠下部位以及扶手与座屉之间的部位均由呈横向连续排列的竹竿构成，这与僧璨坐椅具有的通透感相比，可谓一种充实之美的显现。在二出头直搭脑和椅背连排的竹竿之间还安放了二三个短竖枨，形成了椅背五分之二左右的虚空之处。

另外，神会坐椅足间有枨，但前枨与座屉间无矮老，这又与僧璨坐椅不同。神会、僧璨坐椅都有坐垫，僧璨坐垫是带有红白相间图形的编织物，而神会坐垫是草编，体现的都是意趣的朴质。

其一，竹制。

以三祖僧璨大师竹椅（图3-3-13）为例，这种竹椅的各主要部件之间采用竹家具中常用的插接结构，足间有单枨，前枨与座屉间有两根矮老。

这件竹椅的一大特色是"曲"，即有出头的曲搭脑与曲扶手：搭脑中部与两端上翘，形同一张弓，这也与南宋佚名《六尊者像》中的竹禅椅相似，均属于宋元时期流行的牛头椅搭脑造型。扶手末端也上翘，这与《六尊者像》中的竹禅椅的直扶手不同。它们所呈现的形状和中国传统建筑中的屋顶与檐角所形成的曲线

其二，树枝制。

初祖达摩大师坐椅（图3-3-15）与四祖道信大师坐椅（图3-3-16）在用材上是一致的，但是在细节的处理上表达了不同追求。达摩坐椅由基本上未经加工的树枝（稍粗的树枝，但非树干，推测其断面直径为4cm左右）制成。

这种树枝椅在意趣上的追求上类于宋人摹五代周文矩《琉璃堂人物图》中僧法慎所坐以藤枝制成的四出头扶手椅。

其搭脑与扶手的曲型变化与三祖僧璨坐椅相近，由一根树枝形成的搭脑中部与两末端均向上弓起，搭脑与后足交结处最低。扶手也由较直的树枝制成，末端向上弯起。椅子的前足间设有横枨，枨上设置3根矮老。椅背有两根略向上弓起的横档，其形状和搭脑的弓形变化相适应，靠背的搭脑、横档均和后足以透榫接合。整件坐椅在风格上朴实自然，虽是人做，宛如天成。由于只是对天然材料稍作加工，所以作为构件的树枝上的凹凸、粗细不匀的原始痕迹，包括节疤等细节均被刻画得颇为自然。和那些华丽繁复的佛教家具相比，这种家具表达出的自然朴实的审美情怀不言而喻。

四祖道信坐椅也由这种带有许多节疤的树枝制成，颇有质朴之美，这种设计手法在今天的传统式样的家具上仍有继承和发展。道信坐椅的设计可谓是煞费心机。这主要体现在坐具的出头搭脑和出头扶手的装饰上，为了不使这种树枝家具显得单调，除了在它的一些结构交接处使用铜片加固与装饰外，还在搭脑和扶手出头端的关键之处加以独具匠心的雕琢，使搭脑左端呈现出龙头造型，右端呈现出龙尾造型，看起来犹如一条弓起脊背的龙在游动；又使右扶手末端呈现出龙头造型，左扶手末端呈现出龙尾造型，这样看起来就像一条龙特意使身体游过靠背而露出头尾形成扶手。另外，靠背的装饰也与众不同，体现在靠背以树木截面的年轮为纹样，而且一圈一圈相互生发，别有异趣。其实，模仿树木弦切面的纹理以及年轮、节疤的器物装饰工艺早在汉代漆器上就有不少表现，但是这里的审美意味明显和深沉华美的

图3-3-18 二祖慧可大师坐椅

图3-3-19 六祖慧能大师坐椅

汉代漆器大不相同。坐椅扶手下还以横枨和立枨形成4个单元，在下面的两个单元里内嵌饰具有宝相花纹的木板。另外，在椅足和各横枨的交接处，后足与龙形搭脑的交接处，均以铜片包镶。这些较为朴素的装饰和禅椅的整体非常和谐，这种在简朴之中显露机巧的家具装饰不仅在当时，甚至在今天也是罕见的，值得今人借鉴。

在其他宋画中，南宋佚名《萧翼赚兰亭图》（图1-2-1）中的四出头扶手椅也是树枝制，椅子上还有藤条缠绕，它和前述两椅有着相似的审美意趣。

其三，木（经过精加工的）制。

不同于前述4位大师的坐椅，慧可、弘忍、慧能三位大师的坐椅则由经过加工处理而比较均齐的木材制成。除此之外，四祖道信坐椅与五祖弘忍坐椅（图3-3-17）在7件椅子中最为相近，这主要体现在二者的扶手结构与装饰以及搭脑的基本造型上。道信坐椅与弘忍坐椅的扶手除了材料上的差别外，总体是平直的，只在末端向上弯曲。扶手与座屉之间构成四个结构单元，下面的两个单元镶嵌装饰块，上面的两个单元空出，其形式在构思上是一体的。两件椅子的搭脑造型也相似，而且二者高度相似，均远高于其他5件椅子，人坐于椅上，头顶距搭脑最高处仍约有两个头的长度。道信与弘忍是师徒关系，其坐具的有机联系，似乎暗示了什么。

两位大师坐椅的区别之处在于：道信坐椅搭脑弓起形成一条龙，而弘忍坐椅搭脑弓起形成一只嘴衔珠串的凤鸟。当然，在古代中国人看来，龙凤均是十分重要的图腾，向来是相互衬托的。因此，张胜温在这里的构思也许是有

寓意的。另外，道信坐椅靠背的图形是年轮，而弘忍坐椅靠背的图形虽漫漶不清，但依稀可辨出为山水画，若隐若现，玄妙莫测。

在椅子的配套家具——足承的描绘上，其余五祖均有不同的人工制作的足承，而道信与弘忍的足承却均是两块呈天然形态的石头。这里似乎又表明了张胜温想通过石头足承建立起四祖与五祖之间的紧密联系。

此外，道信坐椅与弘忍坐椅在结构上的不同表现在道信坐椅的前、后足之间有一横枨，而弘忍坐椅四足间无枨，弘忍坐椅扶手与前足、短竖枨的交接处还采用建筑中常用的栌斗形式来承接，道信大师坐椅则无栌斗形式。

二祖慧可大师坐椅（图3-3-18）采用的是平直的搭脑和扶手形式，在装饰上运用较多，这主要体现其椅背上，椅背被两根主要的垂直木条与4根短水平木条分割为7个结构单元。这些单元中，中间的单元最大，由棕绳一类的绳索编织而绷成网状靠背，并形成一种菱形的四方连续图形。两侧单元中位于四角的4个单元由矩形断面的小木条构成均齐的窗棂纹，而两侧上下居于中间的单元则以小木条攒结成长六边形龟甲纹的四方连续。

慧可坐椅前足间有单枨，枨与座屉间有3矮老。椅子的丰富性还体现在前足的"变断面"处理上，即足往下的三分之二为较粗的方形断面，而往上的三分之一，也是从前足与枨的交结处往上逐渐缩变为较细的方形断面。这一做法既是一种非规则的"收分"，也体现了一种独特的材料由粗到细的变化方法。这种椅足的"变断面"做法在宋代家具中已流行开来，例如在浙江宁波东钱湖南宋石椅上就有椅足变断面的明确发现。由于是画中图形，我们不可能全方位地辨别，因此姑且认定慧可坐椅

图3-3-20 南宋时大理国《张胜温画卷》中法光和尚坐椅、足承　　　　图3-3-21 南宋时大理国《张胜温画卷》中贤者买纯嵯坐椅、足承

前足的断面为方形，但究竟是正方形，还是长方形，尚难断定，而且从图中透视来看，也不能排除为正五边形或正六边形的可能。

六祖慧能大师坐椅（图3-3-19）以结构为主，装饰简朴，这主要体现在其前足也有"变断面"做法：以足与座屉的交结处为界，向下是较粗的方形断面，向上一段是较细的方形断面，但上至近于扶手处又变成了较粗的方形断面。和前述慧可坐椅的前足相比，这里的"变断面"做法又多了些变化。另外，此椅足间无枨，椅背上设置两根水平横档，椅身髹以浅红色油漆，整体显得比较简练。

这件椅与其余6件椅子最为不同的是慧能背后添置了一件竖长条的靠背，这件靠背高出慧能头顶约半个头，其顶端变化为一主二辅的

云头纹，稍下还有一云纹透空开光。再往下以绳索绷成网状，呈菱形的四方连续。这件靠背相对独立于木椅，其间丰富的弧型变化也不同于木椅上的大量直线构成。

慧能的足承也显得独特，很可能是由藤条与竹片编织而成的，旁边放置的一双草鞋也许暗示了慧能在七祖中最为独特的一方面——朴素性，相传在他求道于五祖弘忍之时做过寺里的砍柴、舂米行者。

七位祖师造像中还出现了3根拐杖，分别出现于慧可、慧能、神会3位大师的坐椅旁，它们全部为未经雕琢的树枝制成，上面的节疤与虬曲面也被细致地刻画出来，这种对自然性的选择也表明了张胜温在创作这些图像时的典型用意。

3 宋代家具个案

127

另外，《张胜温画卷》中除了"禅宗七祖"坐椅，也描绘了其他较多的家具，就椅子而言，其中的法光和尚坐椅（图3-3-20）与贤者买纯嵯坐椅（图3-3-21）也值得一提。除了前者有椅披，后者有栌斗结构之外，二者（包括其足承）有些近于镜像关系，并显示了与前述七位祖师坐椅不同的造型与结构（特别是搭脑），宋代佛教家具中审美追求的多样性由此也可见一斑。

3.3.2.3 风格背后

在前述宋画中的佛教家具中，第一种的繁复富丽型与第二种的质朴简洁型在审美上无疑形成了巨大反差。当然，介于二者中间的风格类型也是有的，但是由于较难显现特色，本文不再赘述。

第一类佛教家具装饰风格形成的主要原因是出于对菩萨、罗汉、圣僧等重要形象尊崇的需要。佛教教义虽然在本质上对物质生活不看重，而且有些宗派完全不提倡物质享受，甚至以物质生活的艰苦来净化自己的心灵，但是随着佛教的发展以及为了吸引更多民众来信奉，对佛国以及佛教事物作必要的美化是需要的。特别是到了唐代，随着佛教宣传上佛本生题材的弱化和西方净土变题材的强化，在壁画中，画工们在极力描绘经变故事中西方极乐世界的美好时就需要求助于对人间的皇室与贵族生活环境的观察，在这种程度上，理想与现实之间是十分一体的。教义虽然提倡"四大皆空"，但是缺乏华丽的环境与器物点缀，世俗之人多难以接受"苦行僧"式的教化方式，所以在这种矛盾的解决上，人间世俗的喜好与理想国里的清规戒律竟产生了微妙的置换。因此，隋唐以来人们对和佛教相关的建筑、雕塑、绘画、家具等的表现均多是和耗费大量人力物力相关，而和简朴之道似乎已背道而驰。由于笃信佛教，家具用于供奉的多，因而华丽高大，如此才能显得庄重，使人的心灵得到慰籍。故而，在佛教家具中，富丽繁复这类风格的出现是自然的：一方面是现实世界里这类的事物已大量存在，另一方面艺术家的奇妙想象也促成了这一时期佛教家具的丰富多变。

在宗教建筑中，为了使人们深信万能的菩萨、神仙或上帝，所以无论寺庙、道观或教堂，都修建得庄严肃穆，主要目的就是使信徒们感到神灵的神圣而崇高，自己的卑下而渺小，从而产生归属感。宋曾纡《南游说旧》记载的一则王安石轶事颇能说明这一问题。王安石要将第二个女儿嫁给蔡京之弟蔡卞，王夫人因为刚富贵，加上疼爱这个女儿，就将天下乐晕锦（一种高级灯笼纹蜀锦）制成帐幔来作为女儿陪嫁。婚礼尚未举行，而奢侈之声已远播。宋神宗有一天问王安石："爱卿作为大儒，怎么能用锦帐来嫁女儿？"他吃了一惊，无言以对。回到家中一问，果然如此，于是将锦帐施舍给汴京名刹开宝寺的福胜阁作为佛帐，并于第二天向皇帝谢罪。由此可知，明君宋神宗、名相王安石固然崇尚节俭，但是将奢华之物献给寺院以助其华丽却是众人认为理所应当之事。

宗教家具在这方面自然也不例外，为了能和宗教建筑相适应，往往也采取不一般的形式与装饰。实际上，在各大宗教的世界里，信徒们的确多是把人间最美好的事物供奉给了宗教场所，如此才形成了一些宗教艺术的昌盛发达。在当代社会又何尝不是如此呢？目前在中国各地，金碧辉煌的寺院、珠光宝气的殿堂多已成为人们印象中寺院本应有的特征，而千佛殿、万佛楼之类的建筑似乎也成为许多寺院竞相效仿的标志。

而第二类佛教家具风格形成的主要原因是出于对于佛教本义的思考。佛教倡导"空即是色"、"色即是空"，因此一切物质的享受在纯粹的佛教徒看来均是没有意义的。僧侣的所居所用按理都应从简朴出发，讲究实用就行。所以前述禅宗七祖坐具中有对粗朴一类天然材料的利用，竹与树枝，包括石块等容易得到的天然物，成了他们的生活器具的重要用材。禅宗七祖中的前五祖均是十分强调"苦修"与"苦行"的，六祖慧能也是穷苦人家出身。所以，物质生活的清苦就是佛教本来的题中之义，这样一来，在家具上讲究简洁质朴是极其自然的。

另外，在宋代文人审美思想所笼罩下的器物设计美学在整体上也是崇尚这一特征的，这一点我们在前面的一些章节中也进行了较为详细的论述。宋代文人与当时僧侣的关系十分微妙，不少人的身份是居士，在思想境界上是亦僧亦俗的。他们从佛教观念中所汲取的哲学思想也常常能够为我所用。例如，宋代大文人苏轼就与当时的不少名僧保持着密切的来往，也自称东坡居士，而实质上，苏轼并不是一个虔诚的佛教徒，甚至在一些观念上，他颇有自己的独到见解。然而，其"平淡"美学观的形成除了他的民间出身以及在道家思想那里得到的启发，佛教的"空无观"对他的影响也是重大的。关于宋代文人与佛教的关系，苏轼是一个极具代表性的例子。文人思想与佛教观念的相通，也造就了佛教家具中这种审美风格的形成与发展。

综上所述，尽管在宋代佛教家具中存在这种风格上的对立，但是二者也同样可以各行其道，和谐共处。甚至在同一幅佛教绘画作品中，如《张胜温画卷》、《五山十刹图》等，这种家具风格的杂糅也是存在的，这无疑表明即使在佛教家具中实用艺术的审美也往往是多元的。繁、简的二分法不但对于皇室家具适合，对于佛教家具也同样如此，这样我们才有幸看到更为真实多彩的宋代佛教家具世界。

注释：

[1] 张十庆《从<五山十刹图>看南宋寺院家具的形制与特点》（下），《室内设计与装修》1994年第2期。
[2] 刘刚《宋、辽、金、西夏桌案研究》，《上海博物馆集刊》2002年第9期。
[3]（明）高濂《遵生八笺》。

3.4 《宋代帝后像》中的皇室家具

3.4.1 关于《宋代帝后像》

自古以来，中国人就对皇帝的相貌比较感兴趣，"帝王之相"的观念也深入人心，但是中国历代画史上关于画家绘制帝后像[1]的记载一般较为简略。在唐代，有陈闳为皇帝、列圣绘像的记录，也有阎立德、阎立本兄弟奉诏为唐太宗画御容的说法。到了宋代，宋人肖像画成就主要表现为宫廷画师和民间写真高手的活跃，今藏于台北故宫博物院的《宋代帝后像》及藏于美国耶鲁大学美术馆的北宋佚名《睢阳五老图》可作参考。宋朝宫廷画院中有一批写真名手曾为皇帝画过御容，如牟谷、僧元霭等人。据北宋郭若虚《图画见闻志》卷三载："牟谷，善传写，太宗朝为图画院祗候。端拱初，诏令随使者往交趾国写安南王黎桓及诸陪臣真像，留止数年……真宗幸建隆观，谷乃以所写《太宗御容》张于户内，上见之，敕中使收赴行在。诘其所由，谷具以实对，上命释之。时《太宗御容》已令（僧）元霭写毕，乃更令谷写正面御容，寻授翰林待诏。能写正面，唯谷一人而已。"相传僧道辉

也曾画太祖御容于重光寺药师院佛屋壁上，而武宗元在西京上清宫画三十六天帝像时，曾以太宗容貌绘制赤明和阳天帝。宋代帝后像原先主要为宋代各处殿堂供奉。例如北宋庆历元年（1041），仁宗曾命画院绘前代帝王像张挂于崇政殿四壁以供皇室、百官戒鉴之需。靖康之难时，"宋高宗奉神御南下，崇祀于景灵宫及各宫观内"。南宋中期，理宗到太学作《道统十三赞》（1241），并命画家马麟根据内容绘制。当时共绘13幅画像，今仅存5幅，即伏羲、唐尧、夏禹、商汤和周武王的画像，它们也是后来的《南熏殿图像》中唯一有明确作者的作品。元灭宋后，两宋帝后画像随之入藏元内府，明朝时又被收存于宫中古今通籍库。清乾隆年间，乾隆帝在检阅库中藏画时发现所藏画像多斑驳脱落，于是命工部将所藏历代帝王后妃、圣贤名臣肖像重新统一装裱。其中帝后像用黄表朱里，臣工像则朱表青里，以示尊卑不同，背绫则题有"乾隆戊辰年(1748)重装"字样。再命人详定次序，竣工后进呈御览，仪礼庄重。后来他又令人将这些画像改藏于南熏殿中，由内务府管理，他还亲写《南熏殿奉藏图像记》以强调其意在于"以示帝统相承，道脉斯在"。南熏殿始建于明，是明朝遇册封大典时重要的礼仪之地。这批画像改贮此地后，南熏殿便成为专门保存它们的宫殿，这批图像也因此被称作《南熏殿图像》。嘉庆二十年（1815），嘉庆帝下令将《南熏殿图像》收入《石渠宝笈三编》，受命编纂的胡敬还另编《南熏殿图像考》二卷对这批画像的流传渊源和画中人物进行了详细考证。

《南熏殿图像》历经宋、元、明三代累积而成，卷、册、轴共100余件，图像580余帧，宋、元、明帝后像占主要部分，其中以宋代帝

后像最为完备。宋代帝后像自宣祖起至度宗止。因为太祖像有3轴，所以宋代帝王像共有18轴。宋代帝后像中的半身像是选取全身像的部份另行绘制而成。皇后像有11轴，缺少太祖后、太宗后、孝宗后及度宗后的画像。另一册内收各位皇后半身像，共12幅，比皇后像中多了1幅孝宗后像。宋朝有的皇帝不止一位皇后，但南熏殿所存宋后像，各帝均是1后，所以有时很难分辨画的是哪一位皇后。这些画像在中国人物画史上较少被人提及，或许在一些文人画家的眼中，这些帝后画像过于谨细，不足以重之。但是，由于宋代著名肖像画家的作品今天已难得一见，因此，作为南熏殿旧藏的《宋代帝后像》就成为今天探讨宋代肖像画的重要研究资料。

3.4.2 《宋代帝后像》中的皇室家具

对于《南熏殿图像》中的《宋代帝后像》，有研究者称为《宋代帝后像（南熏殿旧藏）》，也有研究者称为《南熏殿图像·宋代帝后像》，为行文便捷，本文下面统一简称为《宋代帝后像》。在中国古代家具研究中，《宋代帝后像》中的家具一直是研究空白。而实际上，这些画像在为我们展现宋代帝后的性格特征、帝后像绘制水平与程式的同时，也从一个独特的视角揭示了宋代皇室家具的基本特征。而且，从家具这种较为客观的物质载体入手，还可以建立起以前被人忽视的宋代帝后及其画像之间的进一步联系。其中，笔者目前搜集到绘有家具的坐像共计25幅，即宣祖、太祖、真宗、仁宗、英宗、神宗、哲宗、徽宗、钦宗、高宗、孝宗、光宗、宁宗、理宗、度宗以及宣祖后、真宗后、仁宗后、英宗后、神宗后、徽宗后、钦宗后、高宗后、光宗后、宁宗后像。画像在表现帝后的同时，还描绘了25套家具(椅子与足承)。因为这些画主要是用于庙堂供奉之需，所以无论画中人物的姿态、表情、服饰，还是尺寸、章法、线描、设色，都有既定范式。例如，帝后们坐具与脸的朝向就体现了一定程式，具体而言，坐具与脸的朝向为画面左侧的有宣祖、宣祖后、仁宗、神宗、哲宗、徽宗、钦宗、高宗、孝宗、光宗、宁宗、理宗、度宗像，坐具与脸的朝向为画面右侧的有太祖、真宗、仁宗后、英宗、英宗后、神宗后、徽宗后、钦宗后、高宗后、光宗后、宁宗后像。而在一对帝后中，皇帝与皇后坐具与脸的朝向均为画面左侧的只有宣祖与宣祖后像，均为画面右侧的有真宗与真宗后、英宗与英宗后像。而论一对帝后的坐具与脸的朝向，皇帝的为左而皇后的为右的对应明显居多，且最具有范式性，比如真宗与真宗后、仁宗与仁宗后、徽宗与徽宗后、钦宗与钦宗后、高宗与高宗后、光宗与光宗后、宁宗与宁宗后像即是如此。也正是由于宋代御用画家遵循了一些程式，导致有些画像中的家具颇为相似，有些也许是不同时期的帝后坐于同一件家具上供画家描绘，也有可能是画家按既定格式直接将帝后的形体移植到已形成一定模式的家具上。当然，由于不同帝后的具体要求以及不同绘制者的不同选择，展现在画面上的家具又有所变化。在画中坐椅与足承相配的成套家具中，足承是作为坐椅的附件而出现的，其特征也基本协调于坐椅，因此，坐椅的风格决定了这套家具的总体风格。通过对这些画像的归纳，宋代帝后坐具可分为三类：宝座；较华丽的靠背椅；较朴素的靠背椅。

图3-4-1 宣祖（赵弘殷）像

3.4.2.1 宝座

在中国传统家具中，宝座是一种供地位尊贵者使用，且体量庞大、装饰华丽的扶手椅。《宋宣祖（赵匡胤之父赵弘殷）像》、《宋太祖（赵匡胤）像》（彩图·坐具18）、《宋真宗后像》中的3件扶手椅均可视为宝座，宋英宗(赵曙)的坐具也是一种特殊的宝座。其中，以赵匡胤的宝座最有气派。赵匡胤是北宋开国之君，据载，他"天表神伟，紫面而丰颐，见者不敢正视"。此画像将这一特点传达得很到位。关于他的画像，北宋郭若虚《图画见闻志》卷三载："今定力院《太祖御容》、《梁祖真像》，皆（王）霭笔也。"王霭是京师人，工佛道人物，长于写貌，曾奉旨到江南潜写南唐重臣宋齐丘、韩熙载、林仁肇相貌，颇令赵匡胤满意，任翰林待诏。因此，此画有可能是出于他的妙笔。

画中的这件宝座保留着浓厚的早期高榻特征，它与足承都是托泥式的，而且托泥下的四角均设有云纹脚或圭脚。画像中的赵匡胤体态胖硕，神情威武，按人与坐具的比例折算其宝座宽度约在110cm。其高度、坐深与一般稍大的椅子相当，在50cm和110cm上下。座屉与左右两侧的托泥间形成壶门洞，洞下各有一升起的如意云头纹。虽然宝座的前、后面被白色椅披与太祖身体遮挡，但根据从足承的推测(足承前面设两个壶门)宝座坐面与前后托泥之间也可能设置两个壶门券口，其下也有云头。

宝座在装饰上十分讲究，除了通身髹红漆外，还在一些结构的边角处进行了鎏金镶嵌，装饰元素为草叶纹与云纹。它还是四出头扶手椅，这体现在水平扶手与弓型搭脑的末端均有一圆雕髹金漆的凤头，嘴衔挂珠。宝座扶手较低，按比例折算约15cm。靠背并不与坐宽相等，而是设置在中间，且左右距扶手按比例折算为20cm左右。它形制独特，以方为主，方中带圆，用材已不似隋唐家具那么厚重，体现出一种线条的韵律美，它和宋太祖袍服上流畅匀称的线条一同构成了动静、曲直、疏密的相互作用，成就了这幅人物画的杰作。宋初的统治者比较提倡节俭，反对奢侈之风，史料记载宋太祖就不事侈靡，崇尚纯朴，并十分注意表率作用。《宋朝事实类苑》载："太祖服用俭素，退朝常絁衣裤麻鞋，寝殿门悬青布缘帘，殿中设青布缦"，"乘舆服用，皆尚质素。"[2]虽是如此，但在体现皇权的宝座上，即使是宋太祖也不可能一味地"皆尚质素"，这件供后人膜拜的画像突出地反映了这一点。

假如说赵匡胤的宝座主要是当时御用画家的实写，那么《宋宣祖（赵弘殷）像》（图

3-4-1）中的宝座应当是一种创作。赵弘殷为赵匡胤之父，在宋太祖建立起大宋王朝后被追封为宋宣祖。可想而知，赵弘殷生前是不可能有如此穿戴而坐雕龙宝座的。画像中的赵弘殷头戴通天冠，身穿绛纱袍，颈佩方心曲领，手捧象牙笏板，端坐在四出头扶手椅上，足踩雕饰精美的足承。他的坐具装饰异常复杂，其扶手与搭脑的出头端均变化出圆雕的曲颈龙头，龙口中衔珠穗，奢华富丽。其余部位也布满装饰，其足、枨、扶手、坐面沿口以及后足连接搭脑的短柱上均可谓雕缋满眼，布满灵芝纹、云纹、珠纹等图形的组合，皇家华贵之气跃然画上。

这件椅子中众多的曲线变化不仅表现在图案中，还表现在四足造型上，也呈现出变化多端的灵芝云纹形体。其足承是传统须弥座式的造型，底座四角设有圭脚，束腰处及束腰以上也布满装饰纹样，风格与宝座是统一的。

显然，这幅画像作为命题创作，其难度是很大的，画家首先慎重考虑的应当是宋太祖对其父画像的要求。画中的宝座与足承在风格上隋唐气象颇浓，厚重繁缛。如此风格的家具也许在那时被保留了下来而使得当时的宫中就有这种家具实物，也有可能是画家根据宋太祖的授意而进行的想象与创作。当然，无论是何种推测，均表明这种豪华富贵的家具风格即使在提倡节俭的宋初也同样会因为皇室对高高在上的皇权的推重而尽情表现出来。

与前述的2件宝座相比，图3-4-2中宋英宗的宝座很奇特，其坐面特征在其他《宋代帝后像》中的坐具中无法找到能够与之对应的，而在现存宋代宝座图像中实属罕见。由于其坐宽甚大，连《宋英宗像》都没有反映齐全。因此，乍一看，很难判断它的结构与造型。

图3-4-2　英宗像

图3-4-3　高宗书《孝经图》之四中的宝座

图3-4-4　高宗书《孝经图》之十二中的宝座

后来，笔者有幸在南宋高宗书《孝经图》中发现了两件与它相似的帝王宝座（图3-4-3、3-4-4），这样一来，就有了评述的依据。这种坐具的象征性明显大于实用性：后面虽有靠背，但坐深过大，坐者不好倚靠；两侧虽有扶手，但相距甚远，坐者无法扶持。此种坐宽与坐深过大的宝座在家具的真正意义上也许叫做榻更合适。值得一提的是，其靠背倒是和前述宣祖宝座相似，即搭脑两端均有曲颈龙头的装饰，只是看起来英宗宝座搭脑的曲颈龙头更为矫健。另外，英宗宝座的围栏形制也和南宋高宗书《孝经图》之四中的宝座较为相像，因此英宗宝座典型地说明了作为皇权象征的坐具对于封建礼仪制度的重要性所在，它未必实用，但其装饰性、形式性与精神性却需要在那种特殊的氛围里被集中凸显出来。

值得注意的是，英宗的坐具并没有按照其前面的帝王——真宗、仁宗的传统与程式来进行安排与描绘，而仁宗的坐具却基本上是延续真宗坐具特点的。而且，我们目前能找到的关于这一坐具的图像对应是在相隔约70年后的南宋高宗书《孝经图》中，这一点颇耐人寻味。《孝经图》早期被定为马和之作品，而实际上其画风和马和之相差较大，这一点近来也得到了多数学者的认可。由于《孝经图》上的书法是宋高宗赵构题写，因此它作为南宋高宗时期画院画家的作品是没有问题的。在对历史的检索中，我们为此找到了一些可能的原由。在北宋皇帝中，英宗在位时间最短，仅4年（钦宗在位时间也短，但那是因为靖康之难而被金人掳去）。英宗并非仁宗儿子，而是真宗弟弟的孙子。他即位后尊仁宗后为太后，但不久即病，以至于"号呼狂走，不能成礼"，甚至多次触怒仁宗后，一些人就劝仁宗后另立新帝，仁宗

后也有此意，但后来在宰相韩琦的干预下此事才作罢，然而国家事务长期由仁宗后执掌。后来英宗亲政，但没多久又生病，35岁时卒。故而英宗短暂的执政历程在宋代帝王中既属于不幸，又很不讨好，也许正由于这一点，在被后世所供奉的《宋代帝后像》中，其坐具才显得有些另类。

在宋代皇后像中，只有《宋真宗后像》（彩图·坐具19）中的坐具是宝座。真宗有四后，此图按元初王恽撰写的《书画目录》记载应是仁宗生母李皇后的画像。当然，相对于前述几件宝座来说，它在尺度与用材上均小了一些，可称为小宝座。这是一件在造型上与宣祖宝座特别相近的坐具，也是四出头，并在水平扶手与弓型搭脑的末端形成圆雕弯颈龙头，龙口中衔着一大串珠穗。只是该宝座上的曲线型雕饰并不太多，如椅足、枨子、扶手等部件基本上是较为光素的直线型变化。宝座通身髹金漆，局部使用了红色箭头纹的组合，与金灿灿的基本色形成了鲜明热烈的视觉效果。真宗后脚踩的足承不同于宣祖的，采取的是带托泥、并在托泥四角置圭脚的形式，虽然足承不大，但两侧面各开1个壶门，前、后面各开3个壶门。其色彩与装饰与坐椅一脉相承，故二者看起来十分协调。这幅画像绘制精巧，皇室富贵气息被展现得颇为到位，真宗后的服饰、凤冠、珠饰以及面部独特的化妆均刻画得淋漓尽致，它们与真宗后的宝座、足承一起显示了大宋皇后母仪天下的气派。

司马迁《史记·高祖本纪》载，萧何曾对汉高祖说："天子以四海为家，非壮丽无以重威。"皇家宫殿空间尺度巨大，目的就是为了重王者之威，而如此大的空间必然对皇室家具有所要求，所以宝座这类皇室家具尺寸的宽大

也可谓是这种建筑大空间的产物。在今天能看到的宋代宝座形象中，山西太原北宋晋祠圣母殿中的宝座（彩图·坐具17）、贵州遵义永安乡南宋杨粲墓的石雕宝座（图2-3-14）、山西繁峙岩山寺金代壁画《宫中图》中的宝座（附图3-86）以及宋佚名《十六罗汉·伐弗多罗尊者》中的宝座、南宋金处士《十王图》中的宝座、南宋陆兴宗《十六罗汉图》中的宝座、南宋佚名《净土五祖图》中的宝座等也均有不同程度的表现，其中以山西太原北宋晋祠圣母殿中至今仍保存完好的圣母宝座最为宽大，而且其出头扶手与出头搭脑所呈现的都是龙的曲形变化，这对于体现圣母的崇高地位起到了重要作用。在中国的传统家具中，若论形式要素远远压倒功能要素者，当以宝座这一类的家具为最。到了清代，宝座的象征性、装饰性、威仪性更是被发展到几乎极致的程度，虽然权贵者坐于其上并不舒服，但是对臣下却构成了威慑，更使坐于宝座上的权贵者的心理得到巨大满足。

3.4.2.2 较华丽的靠背椅

画当代帝后像，既要在遵循写实原则的同时真实描绘出形貌以作留影供奉，又要体现出帝后之相的超群不凡，故必然加以美化或神化，笔下的图像流于粉饰或概念化也是自然的。但是值得肯定的是这些宋代帝后像不仅向世人展现了帝后们较为真实的面貌，还为我们保留了有关当时的衣冠服饰、仪礼制度及家具陈设等方面的直观而珍贵的资料。在这些画像中的家具，除了宝座之外，还有一些坐具呈现出较多的曲线造型与结构变化，装饰比较华丽。

图3-4-5 宣祖后（赵匡胤之母）像

这一装饰手法最早体现在宣祖后（赵匡胤之母）坐椅（图3-4-5）上，此椅为曲搭脑靠背椅，搭脑两端上翘，是一种牛头椅的造型。椅子上有装饰，采取的装饰形式有些接近于宋真宗后宝座上的，只是深色部分形成较宽的曲折纹，和浅色的底色相对应。有椅披，所饰花纹繁密，在椅腿与座屉交接处有系带。

另外，仁宗后坐椅（彩图·坐具6）也是华丽的。仁宗后画像（仁宗有两后，一是郭皇后，一是曹皇后。因郭皇后被废，故此幅当是曹皇后像）在所有宋代帝后像中最独特，因为其两侧还画有侍立于两旁的宫女，左侍女捧长巾，右侍女捧唾盂。她们的服装与头饰也异常复杂。仁宗后坐椅装饰得也很精巧，其搭脑端头变出的曲颈龙头口衔宝珠，精美异常。椅腿与牙头、枨子均制成了变化多端的云纹状，边棱处还饰有细密的白色连珠线，足承也以此法作装饰。由于仁宗后坐椅只是靠背椅，无扶手，因此虽然它的装饰很精美，但我们没有将其归为宝座类。前述真宗后坐椅的装饰程度与之相当，但因是扶手椅，而将其归入宝座类。

特别需要注意的是，南宋王朝的第一个

中国宋代家具

图3-4-6 高宗像

图3-4-7 孝宗像

图3-4-8 光宗像

图3-4-9 宁宗像

图3-4-10 理宗像

图3-4-11 度宗像

皇帝高宗赵构在自己的画像（图3-4-6）中首开了一种坐椅形制，它实际上是承袭了前述仁宗后坐椅的造型特点，只是将椅子色彩由淡黄改为了红色（而耐人寻味的是高宗后的坐椅却秉承了徽宗后、钦宗后的风格特点）。而当赵

构画像中的坐椅风格确立后，其后的几位皇帝画像——孝宗像（图3-4-7）、光宗像（图3-4-8）、宁宗像（图3-4-9）、理宗像（图3-4-10）、度宗像（图3-4-11）中的坐椅一直被十分稳定地沿用下来。他们的坐椅在搭脑

图3-4-12　光宗后像

端头、椅足及枨子、牙板上出现相同的装饰。搭脑端头均制成了向上曲颈、形象较为怪异的龙头，椅足均做成有丰富曲线变化的云纹足，足的表面还饰有细纹。椅身髹以红漆，椅披为素净的浅黄色或白色织物，与椅子色彩产生了强烈反差。另外，它们的椅披均在搭脑末端和座屉与后足交接处有两处系带。高宗的足承尚不复杂，但是其后5位皇帝——孝宗、光宗、宁宗、理宗、度宗的足承则如出一辙，十分复杂，前后镂空的小云头纹开光已达8个，看起来精工细作。

需要注意的是，在南宋皇后像中，只有光宗后像（图3-4-12）中的坐椅在造型与结构上与前述六帝的比较相似，只是光宗后靠背椅的搭脑末端制成向上卷曲的云纹，而非前述六帝靠背椅搭脑末端的龙头。在装饰方法上，光宗后坐椅近于前述《仁宗后像》中的坐椅，不过，其花纹繁杂、色彩丰富的椅披只在座屉与后足交结处有一处系带，而仁宗后坐椅的椅披有两处系带。

值得对照的是，四川大足南山南宋第5号窟中的玉皇大帝像（彩图·坐具8）使用的以及三清古洞群像中出现的靠背椅与足承的雕塑也与前述家具形象颇有共同之处，表达了坐者的尊贵气息。此外，南宋陆信忠（宁波民间佛像画家）《地藏十王图》中的桌、椅、屏风，南宋苏汉臣《秋庭婴戏图》中的鼓墩，宋佚名《孝经图》中的椅、足承，宋佚名《却坐图》中的圈椅、墩、足承，宋佚名《孝经图》中的椅、足承、屏风，宋佚名《婴戏图》中的方凳等宋画中描绘的家具形象均展现了皇族或贵族家具装饰精美的风格，反映了宋代家具精湛的工艺水平和部分宋人对富丽之美的热衷。

3.4.2.3　较朴素的靠背椅

与前述部分皇室家具装饰奢丽之风形成鲜明对比的是真宗、仁宗、英宗后、神宗、神宗后、哲宗、徽宗、徽宗后、钦宗、钦宗后、高宗后、宁宗后的坐具均比较朴素。而且除了高宗后、宁宗后之外，其他帝后全是北宋的，北宋先后一共有9个皇帝，除了前述太祖、太宗在《宋代帝后像》中以半身像的形式出现而看不到他们的坐具外，也可以这么说，北宋王朝自太宗以后，在极为重要的帝后画像上总体是比较崇尚朴素的。在史料记载中，北宋统治者确实屡次提倡简朴，如仁宗政府深虑风俗易奢，还特地颁布了一系列法令，天圣七年(1029)诏："禁朱漆床榻。"[3]景祐二年（1035）诏："天下士庶之家，非品官无得起门屋；非宫室寺观毋得彩绘门宇；器用毋得纯金及表里用犀；非三品以上及宗室、戚里家毋得金棱器及用玳瑁器；非命妇毋得金为首饰及真珠装缀

图3-4-13 真宗像

图3-4-14 仁宗像

图3-4-15 英宗后像

图3-4-16 神宗像

图3-4-17 神宗后像

图3-4-18 哲宗像

首饰、衣服；凡有床褥之类，毋得用纯锦绣；民间毋得乘檐子，其用兜子者，舁无过四人；非五品以上毋得乘闹装银鞍。违者，物主、工匠并以违制论。"[4]

虽然帝后像的主要功能是为了突出帝后的神貌以供时人与后人景仰，但是他们的服饰以及与之配套的家具在发挥衬托作用上无疑也很重要，这种重要性自然不单是视觉效果上的，更有意义的是帝后像多是帝后健在之时命令御用画家完成的，他们穿什么，坐什么，如何坐等均十分讲究。当时的画像不同于今日用照相机瞬间完成一张留影那么简单。一方面要征召画技精湛的画家来完成，另一方面完成这样一种画像对于画家本身来说并不容易，往往是在战战兢兢、如履薄冰的情况下完成的，毕竟不太可能让皇帝长时间坐在那里让你去观察与作画。而且画家面对至高无上的皇帝，也较难深入体察对方的内心世界而加以深入刻画，所以这些画像中帝后的面目表情均很肃静，从中也较难看出他们的心理活动。另外，对朝廷来说，这也是一件大事，因为帝后的形象风采要传至后代，以供万民顶礼膜拜，所以自然不能马虎，画像章法以及选取的道具，如家具、服饰之类自然是经过了种种考虑后才采用的。画像在家具上的审美态度也可以说集中反映了当时统治者所要倡导的，并想传至子孙万代的审美思想与教化观念。不过，这些画像中也不乏较为生动的作品，人物性格抓得比较准确，例如，宋徽宗像（彩图·坐具5）中的两撇小胡子画得就别有情趣。通过对这些帝后像的分析，我们能够看出从真宗开始而传至钦宗的一种观念，这种观念的程式性是如此之强，以至于直到北宋覆灭，南宋建立后才被不同的局面所代替。

就25幅帝后像的服饰来说，皇帝均身穿红色朝服，头带宋代典型的长翅官帽，从整体上看，均朴素大方。而皇后们则均是通身穿就华丽的服饰，头戴装饰极为复杂精美的九龙花钗冠。因此在审美上，帝王像偏于朴素，而皇后像偏于华丽。在他们的坐具上，这种风格上的对比也明显存在。

在《宋代帝后像》中，较朴素的靠背椅以

神宗（图3-4-16）、哲宗（图3-4-18）、徽宗所坐的为代表。其中，神宗与哲宗的椅子、足承形制几乎完全一样，而且是宋代帝后像中最为朴素的家具。它们的用材粗细适中，既无唐代家具的厚重感，也无后来南宋经典文人家具那样的劲瘦感。座屉下的牙子造型呈现了一种简练的直线与弧线的变化，几乎就是后来明式家具中常用的经典造型——素牙子。四足有侧脚，足为矩形断面，足间有枨，枨也是矩形断面。椅背有出头搭脑，其末端形成半圆造型，显得圆厚而简练。有浅黄色的椅披，颇为素净，椅披向前垂于座屉之下，向后悬于搭脑之后，并止于座屉上约10cm之处。有一处系带，系于椅披与座屉交接处。

神宗与哲宗椅前的足承也比较简朴，托泥式，托泥四角有圭脚。两侧各有一个壶门，前后各有两个壶门。足承上面有包面，所用织物与椅子一样，四角有系带，系扣于各壶门洞的边角交接处。椅子与足承在色彩上是近于木材的浅赭色调，看起来十分均匀，它们与椅披、足承包面的浅黄色相配，在同类色系中协调统一。这两件主要以功能、结构为主，略带装饰的家具为我们在风格上找到了明式家具的源头。

我们不知道神宗、哲宗坐椅的这种相似是一种必然，还是一种巧合。因为在实际情形中，哲宗作为神宗的继任者，在政治的不少方面是反其道而行之的。即使在审美意识上，二人也有巨大差别，具体而言，比如在对待当时的大画家郭熙的山水画上，父子俩就明显不同：神宗对郭熙的水墨山水十分推重，乃至于皇宫内外多以他的画为装饰；当哲宗即位后，马上将殿中郭熙的画全部取下，丢至退材所，甚至以之当抹布。然后，以多为青绿山水的古画替代。

而实际上，早在真宗坐椅（图3-4-13）中，就已体现出一些后来神宗、哲宗坐椅的造型气息，虽然他的坐椅比后二者多了些装饰，这主要反映在出头搭脑以及四足的云纹造型上，曲线运用较多，工艺较为复杂。然而，与真宗坐椅配套的足承在装饰上是繁缛的，在风格上与椅子并不太协调。无论是束腰间的透空灵芝纹，还是托泥下圭脚的云纹，以及遍布全身描绘的细纹，均说明其所耗费的人力与物力。其后的仁宗坐椅与足承也是如此。

宋徽宗坐椅与足承显然是在其父（神宗）、兄（哲宗）的基础上发展而来，其整体风格特点也与他们的一脉相承，只是稍多了些装饰，显示了往精致发展的一面。这主要体现在出头半圆形搭脑的末端被处理成三段弧型的云纹造型，其座屉下牙条两端有云纹装饰。和前面所述帝王的相比，其足承变化较大，变托泥式的箱形结构为四柱足式的框架结构，变足承两侧和前后面的壶门洞为镂空灵芝纹，且前后面由2个图纹变为3个。另外，两件家具均髹红漆，与赵佶官袍同色，更为统一。赵佶是艺术素养很高的皇帝，在这幅重要的画像上，他选择了这样一种有适度装饰、在总体上趋于素朴的家具，画中的一切看上去都是那么的儒雅协调，使得赵佶给人的印象是谦和而精明的。而在历史上，刚即位的赵佶的确也曾想使朝政气象为之一新，能虚心纳谏，积极选拔良臣，并遵循祖宗崇尚俭朴之道，这幅画像也许是对他登基不久后的真实写照，为我们展示了他儒雅精明的形象，其使用的家具也有力衬托了这一点。

但是，由于赵佶自幼养尊处优，不但爱好书法、绘画、饮茶、骑马、射箭、蹴鞠，而且对奇花、异石、飞禽、走兽兴趣浓厚。据明人《良斋杂说》载，在他降生前，其父神宗曾在秘书省观看了南唐后主李煜的画像，"见其人物俨雅，再三叹讶。适后宫有娠者，梦李后主来谒，而生端王。"在以上不少方面，李煜和赵佶确实相似。即位后没有太长时间，赵佶在蔡京等人的怂恿下开始奢侈浪荡。有次在宴席上，徽宗小心翼翼地拿出一个玉杯，对臣下们说，因为怕别人说三道四指责他奢侈，所以一直不敢使用这种东西。这时候，蔡京站了出来，趁机曲解《周易》中"丰亨，王假之"和"有大而能谦必豫"的说法，倡导"丰亨豫大"，说君主在太平盛世享乐是理所当然的。徽宗大喜，从此纵情声色犬马，尽享宫室苑囿之乐。他大兴土木，并在南方采办令百姓怨声载道的"花石纲"，其中新延福宫和园林"艮岳"规模巨大，荟萃天下奇花异石，耗财无数。如此渐渐不理国政，导致北宋国力日下。

值得注意的是，徽宗坐椅的四足有侧脚，其斜度和神宗、哲宗椅足相比要大，特别是两只后足，其斜度显得略有些夸张。从画面中其他部分显示的工细准确的结构与造型能力来看，不太可能是由于画家对透视的运用不当而造成的错觉，而更可能就是实际情况。对于这种前后足侧脚不太一致的椅子造型尚有待于进一步研究，因为即使在后来的明清家具中这样的实例也属于罕见，这种家具上的独特处理方法与这位画家皇帝的审美观也许不无关联。

在皇后坐椅中，椅子以结构为主、在装饰上比较朴素的有英宗后像（图3-4-15）、神宗后像（3-4-17）、徽宗后像（图3-4-19）、钦宗后像（图3-4-21）、高宗后像（图3-4-22）和宁宗后像（图3-4-23）。这几位皇后的坐椅在结构上和宋徽宗的坐椅基本一致，尤其是宋

图3-4-19　徽宗后像

图3-4-20　钦宗像

图3-4-21　钦宗后像

图3-4-22　高宗后像

图3-4-23　宁宗后像

神宗后的坐椅。而其他4位皇后的坐椅在出头搭脑的末端和它们有所不同，制成了向上卷曲的形状，属于宋元流行的牛头椅造型。这5位皇后的坐椅在装饰上具备一个共同特点，即椅子各部件的边棱处绘饰有密密的细小连珠线，显得格外精致。

另外，在足承上，英宗后与神宗后如出一辙，也和前述的神宗、哲宗的足承相似。而徽宗后、钦宗后与高宗后的足承却较复杂，均为托泥式，但托泥下的圭脚已变化为6只，且形成一种扁长的壸门形变化，托泥上的两侧面各形成两个壸门，而前后两面则形成多达5个壸门，看起来较为繁复。

钦宗坐椅与徽宗相似，但稍显复杂一些，例如表面有细纹描绘，搭脑端头和座屉下牙板端头的云纹也比较繁复。其足承也比徽宗后、钦宗后、高宗后的复杂一些，有托泥，而且足承前面竟设有7个壸门洞作为装饰（后面也应如此）。

3.4.2.4 椅披与足承包面

《宋代帝后像》中，除了英宗坐椅[5]，其余24件坐椅上均有椅披，它的出现既是为了满足舒适性的需要，也是为了体现坐者威仪。例如，真宗后宝座上铺的椅披为宽带形织物，其周边为红色图案，中间饰有由浅色直线与斜线构成的交织纹理。前述宋宣祖、宋太祖宝座上也都有椅披，铺设于搭脑、坐面上。在这些画像中，只有仁宗、钦宗的椅披布满精巧的图案，而其他皇帝的椅披则是单色织物，以质朴见长。

关于椅披，我们目前尚不能从唐代、五代的文献、图像和实物资料中发现，也正是在宋代，我们才能发现有了椅披的记载，例如宋《颜氏家藏展庋二曹禾书》中则记有："……敢借桌围二条，椅披、坐褥各二。"当时的人们还将椅披称作椅背，如《金史》载："（皇太子）椅用金镀银圈、双戏麒麟椅背，红绒绦结。"[6]说的就是饰有双戏麒麟纹的椅披以红绒绦作系带。而至于宋代椅披的具体形象也能找到一些，如北宋佚名《闸口盘车图》中审批

文件官员的椅子上就有椅披，南宋佚名《六尊者像》中也可见到其中的3件椅子有椅披，而在北宋洛宁乐重进石棺画像上也可发现这种带有椅披的坐具图像。

当时椅披的形式有两大类，即无系带式的和有系带式的。宣祖、太祖宝座上的椅披是无系带式的（前述北宋佚名《闸口盘车图》、南宋佚名《六尊者像》和北宋洛宁乐重进石棺画像上的椅披也都是无系带式的），而其他22幅宋代帝后像均有系带，用于增加椅披的牢固性。而有系带的椅披又有两种形式：两处系带和一处系带。两处系带是在搭脑与后足交接处以及后足与座屉交接处有两处系带；一处系带是指仅在后足与座屉交接处有系带。

高宗、孝宗、光宗、宁宗、理宗、度宗以及真宗后、仁宗后、英宗后、高宗后的坐具椅披均属于两处系带式，这种椅披系带形式在其他宋画中也有一些例子，例如著名的南宋佚名《韩熙载夜宴图》中的5件靠背椅上的椅披系带的位置与方法与前述坐具大同小异，宋佚名《孝经图》中出现的椅披也是如此。

椅披属于一处系带式的有真宗、仁宗、神宗、哲宗、徽宗、钦宗、宣祖后、神宗后、徽宗后、钦宗后、光宗后、宁宗后12幅画像，都仅在后足与座屉交接处有系带。

当然，在宋代传世形象中，椅披系带形式并不止于此，比如在浙江宁波东钱湖南宋史诏墓前石椅上也雕有椅披形象，与前述一处系带式的椅披不同的是其椅披系带的位置不是在后足与坐面交接处，而是位于座屉上方10cm左右处，所以称得上是对前述椅披系带形式的变化。由于是石雕，又是具体模仿当时木椅的实际尺寸雕刻而成，故可以明确地测量出椅披长度。据陈增弼先生测算，此椅披前面垂至足承

面，后面自搭脑下垂70cm。椅披宽度为54cm，全长216cm，这可谓是首次测量到宋代椅披的实际尺寸。[7]

在以上画像中，每一位帝后的足下均踩有足承（英宗的看不到，按推测也应有），足承上也都包有织物，对于这种织物我们称其为包面。虽然如前所述有的宋帝（后）的坐椅与足承在风格上并不统一，但是这些包面的色彩、装饰形式与椅披几乎一脉相承，例如椅披装饰纹样繁丽的，足承包面装饰纹样也繁丽；椅披装饰纹样简朴的，足承包面装饰纹样也简朴。足承的包面在包裹固定的形式上均采用对足承的四角进行系扎的方式解决，这一形式是如此具有程式性，以至于《宋代帝后像》中从最早者的到最晚者的，无一例外，这可谓是宋代帝后像中的家具中最具传承性的显现了。

3.4.3 多元风格的认识

相较于丰富多彩的宋代文人家具和民间家具，《宋代帝后像》中的家具风格不可避免地在总体上是趋于程式性和华丽性的，甚至其中不乏相当繁缛、主要从装饰与形式出发的例子，但是其中也不乏较为朴素、装饰适中的例子，这些实例甚至可以为我们找寻到明式家具的源头。我们要对宋代家具作客观认识与整体把握，就必须了解这种具体实情，那就是即使是皇帝（或皇后）的喜好也会随着环境的不同、时代的不同和要求的不同而做出复杂而微妙的改变，这就像在传为宋徽宗赵佶所画的《文会图》中的家具一样，多种风格的家具杂处在一起，贵族气息的和文人气息的器具相互映衬而相安无事，各得其所。《宋代帝后像》

中所呈现出的现象有力地说明即使在宋代皇室家具中，其审美风格也会呈现出多元化的倾向。对于这种家具风格上的综合与多元在具体研究宋代家具时是尤其需要把握的，避免出现简单而机械的结论。

注释：

[1] "帝后像"指的是皇帝及其皇后的画像，为行文简洁，故称。

[2]《宋朝事实类苑》卷一《祖宗圣训》。

[3]《续资治通鉴长篇》卷一〇八。

[4]《续资治通鉴》卷第一百五十。

[5] 因参考于前述图像较为清晰的南宋高宗书《孝经图》之四中的宝座以及南宋高宗书《孝经图》之十二中的宝座，推测英宗宝座上应无椅披。

[6]《金史·仪卫志下》。

[7] 陈增弼《宁波宋椅研究》，《文物》1997年第5期。

3 宋代家具个案

3.5 宣化辽墓壁画中的家具

3.5.1 宣化辽墓壁画

宣化是河北省的一个古城,此地的辽墓壁画在考古学上具有重要意义,可惜目前尚未有研究者对于其中众多的家具图像展开深入研究继而阐释其在家具史上的意义。

从1971年到1998年,宣化辽墓共被发掘了14座,主要有张世卿墓、张恭诱墓、张世本墓、韩师训墓、张世古墓、张文藻墓、张匡正墓、张子行墓以及6号墓、8号墓、9号墓等。宣化在辽代属归化州,地处辽国南京(唐幽州,今北京)与西京(唐云洲,今大同)之间,在文化传承上受到很深的辽南京一带文化的影响。以上辽墓的发现,以其十分具体形象的实物与图像资料为我们勾勒了公元1085~1120年之间汉人在辽国的生活实景。契丹人入主中国北方后,由于考虑到现实情况,在政治体制上采用了将汉族和契丹族分为南、北两院的制度,如此既保持了契丹族原有的一些文化习俗传统,也认可了汉族与其他各民族在不妨碍契丹族利益的前提下保持自己的民族生活习俗。所以在辽国内,契丹族与汉族在墓葬上形成了不同类型。宣化辽墓中张世卿等人的墓葬有着十分明显的

汉文化传统,鲜明地继承了隋唐五代以来汉人的生活习俗与文化观念。当然,在当时民族大融合的基础上,辽国契丹族墓葬形式与内容不可避免地会受到汉族的影响,即存在一个"汉化"的过程,这种"汉化"是表示着从较落后的政治经济制度向较先进的方向发展。而在辽国汉人的墓葬中,也十分自然地出现了汉人吸取契丹文化的情况,这在诸多宣化辽墓中不同程度地表达了出来。

这里的壁画在手法与形式上延续和发展了中国传统人物画与花鸟画,在以单线勾勒的基础上平涂、渲染色彩。由于画工[1]具有较高的艺术水准,因此以中锋为主的线条多饱满有力、流畅通达、疏密相间,而施就的色彩也能根据具体的物象作较为丰富的描绘。由于壁画上的诸多内容均和当时的实际生活密切相关,如《备茶图》、《备宴图》、《备经图》、《散乐图》和《童嬉图》等再现了那一时期辽国汉人的生活情形,因而这些壁画对于研究当时的风俗、服饰、家具、瓷器、舞蹈、绘画等所具备的重要意义是毋庸置疑的。

虽然这些宣化辽墓在入葬的时间上不一,但是其壁画的总体风格比较相近,人物与器物的描绘多一丝不苟,而在家具等器物的刻画上更是体现了比当时其他地区壁画高超的造型能力。作者运用斜透视的方法将画中众多的家具形象展现得具体而丰富,一些重要的结构与装饰特征,甚至质感也被较为充分地表达出来。宣化辽墓壁画上所反映的众多家具形象与宋辽金时期一些传世卷轴画中的家具图像相比,理应更真实而具说服力。因此,在我们研究宋代家具的过程中,河北宣化辽墓群中这样大规模的出土图像资料是应当作为深入研究的对象的,但是目前这方面的研究成果并未出现。笔

者对其中的壁画进行了整理，对其中出现的家具图像作了归纳总结，发现了一些前人未曾重视的问题，对这些问题的思考与挖掘可以使我们深入理解宋代家具的发展基础。

在梳理这些壁画中的家具的过程中，给人最深刻的印象是高脚桌在画中的大量出现以及它们在形制上的丰富变化。众所周知，北宋时期是中国高坐家具发展变化最为重要的阶段，正是在这一时期，中国人的起居方式在由低坐向高坐所展开的近千年的选择中最终有了根本性结果。如此，北宋晚期至南宋，高坐起居方式更为普及，而且全面持久地在中国大地上生根开花，并一直延续到今日。

在高坐家具诸种类中，论重要性，当属椅子。但是在这些壁画中令人费解的是不要说是椅子，就是凳子都未出现，唯一被表现在画面上的只有一件圆墩（不过有的宣化辽墓明器中倒是有木质靠背椅），与此形成鲜明对比的是壁画中描绘了大量桌子。按理说既然出现了这么多的桌子，那么，也应有与之配套的坐具形象。然而我们从壁画中的诸多题材中可以看出，这些桌子多是一些礼仪的载体，备经、备茶、备宴等活动所反映的也多是仆人们在围绕着桌子忙碌着，而没有坐下来休息的。只有韩师训墓壁画中有一位女子坐在圆墩上手捧茶具作饮茶状，有可能是墓室女主人。由于壁画中并未出现像其他一些宋代壁画中常有的墓室男女主人同时出现的场景，[2]所以桌子等承具与箱、盒等庋具大量出现，而坐具几乎未得到反映，这种较为特殊的情况应该和当地流行的习俗礼仪密切相关。

3.5.2 宣化辽墓壁画中的桌子

作为承具，在宋代之前，主要有几、案、台等。当高坐起居方式逐渐普及后，桌子在承具中所发挥的作用也开始重要起来。这一时期，虽然桌还被经常称为"卓"或"棹"，但几、案、台等承具的地位也渐渐被多种多样的桌子所取代，这时候的桌子品类较多，例如高桌、低桌、条桌、供桌、书桌、经桌、画桌、酒桌和茶桌等。在对桌、几、案、台等这类承具的概念表述中，我们解释中一般将足与面呈垂直关系，足位于承面四角的承具称之为桌。通过深入分析宣化辽墓壁画中出现的桌子图像，我们得出了如下研究结果。

3.5.2.1 以木材制作

这时的桌子已在人们的生活中扮演了重要的作用，例如，南宋吴自牧说："家生动事如桌、凳、凉床、交椅、兀子……大小提捅、马子、桶架。"[3]由此可见桌子在"家生"（即今天的家具）中的显赫位置。这时候的桌子等承具多由木材制作，因此，也许正因为这一点，"卓"、"棹"才渐渐演化为"桌"，并开始固定下来，直至今日。

关于此时的桌子等家具用材开始大量使用木材这一问题，河北宣化辽墓中给我们提供了不少证实的材料。比如，墓中出土了较多的木质家具明器，如张文藻墓出土木家具9件，其中有桌子、椅子、盆架、衣架和镜架等，而张世卿墓中出土木家具达35件之多。而且，在仔细观察这些辽墓壁画中的众多家具图像时，我们也能够从家具的质感与结构等视觉效果的表达上感受到木材的大量使用。由此可见，木家具也在河北宣化辽墓群诸主人生前的生活中发挥了重要作用。据笔者研究，就目前有据可查的资料可见，宋代家具使用的木材种类繁多，多就地取材，其中有杨木、桐木、杉木等软木，楸木、杏木、榆木、柏木、枣木、楠木、梓木等柴木，乌木、檀香木、花梨木（麝香木）等硬木。[4]根据壁画中桌子匀称的结构、大多数粗细较为适中、很像圆型断面的桌腿来看，墓主人生前所用家具木材当以使用上述几种北方常见的柴木为主。当然，这种推测性结论的产生取决于以上相关的家具史背景以及当时的具体材料环境。

3.5.2.2 功能上有具体划分

画中的桌子，如书桌、经桌、餐桌、茶桌、酒桌等在使用功能的区分上已十分明确，这可通过桌子上摆放的不同类型的物件得到证实，桌子功能的多样化不仅表明桌已在当时辽国汉人的实际生活中具有相当重要的地位，还反映了有些桌子在陈设与礼仪方面已被很大程度地加以强调。

3.5.2.3 桌面多采用攒边法

桌子功能的主要载体是桌面，画中的桌面普遍采用攒边法（或称攒边打槽装板法）的板式结构。虽然有的桌子图像在结构上并未交代出来，但是根据和其他相近桌子图像的比较，以及参照于张文藻墓出土的两件木桌实物的桌面攒边做法，可以肯定当时的木桌大多数是采用攒边法的。此法的特点在于桌面出榫的大边与不出榫的抹头以45度格角榫结合，大边与抹头的里口再打槽，嵌装面心板的榫舌，还在大边上另凿榫眼以加装穿带。这种重要的板式结构方法一直沿用到明清乃至今天的家具制作中。

3.5.2.4 以框架结构为主

大多数桌子在造型上呈现出关于矩形的丰富变化，面、足、枨、矮老的组合体现了框架结构的特点，这和当时建筑的大木梁架结构传统密切相关，也进一步使家具趋于实用耐用，而且能够更经济合理地利用木材。由于在整体上采用框架结构，使得桌面与足的关系更为紧凑，不但桌面下的空间能被更好地加以使用，而且桌子的整体造型也趋于通透简炼。

壁画中也出现了3件放置经卷的折叠桌（图3-5-1），在结构上它们属于折叠型，和早期的胡床（折叠凳或交足凳，今也称马扎）大同小异，只是在体量上大了不少，从其较为固定的摆件模式来看，应是专供放置经卷的经桌，这在家具史上是十分独特的。我们在北宋张择端《清明上河图》和山西岩山寺金代壁画中也可见到供小贩使用的折叠桌，只是它们的桌面为圆形，可放置更多的货物。

3.5.2.5 枨、矮老有丰富变化

这是宣化辽墓壁画中众多桌子图像最具特点之处，也是本文的研究重点所在。壁画中的各类桌子在结构与装饰上主要使用枨与矮老，这些既是结构部件，也可谓装饰部件，但是均朴素无华。然而，桌子在结构与装饰上无一例子使用牙头、牙条与卡子花。这表明当时宣化一带的人们对桌子加固与美化的认识尚停留于

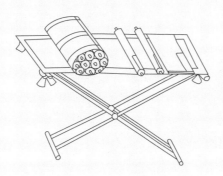

图3-5-1　3件折叠桌

枨与矮老的丰富变化上，也正因为如此，为后人留下了多样的桌子设计方法，也展示了与宋朝统治下的汉人在设计制作桌子时偏爱牙头、牙条的不同实用与审美选择。我们将这些画中桌子上的枨、矮老的不同变化归结为如下6种类型加以分析。

① 无枨型。（图3-5-2）

有1件，因为无枨，所以也可看作是一种在枨的变化中最精简的体现（精简到没有）。这一低矮的酒桌中，其桌面下只有四足支撑，无其他任何结构，桌面上有3个圆洞，以安放3个绿釉梅瓶造型的酒罐。如此做法无可厚非，因为酒桌的足很低矮，就牢固性而言，不安放枨子与矮老等其他结构件反而是简单有效的。河南禹县白沙宋墓壁画中的置酒罐矮桌也和其类似。内蒙古昭乌达盟敖汉旗下湾子5号墓壁画中的酒桌则可以放置四个酒罐。内蒙古昭乌达盟敖汉旗康营子辽墓壁画中也出现了只有四足而无其他任何装饰的矮桌，但是从画面可以看出这是辽人席地而坐的生活方式的产物，是一件备餐桌，自然与这件放置酒罐的矮桌在功能上是不同的。

② 单枨，无矮老型。（图3-5-3）

有5件。在它们的两前足之间，前足与后足之间，两后足之间，都设置了一水平横枨，

图3-5-2　无枨型

但是枨上无矮老。枨在桌子结构中十分重要，特别是表现在腿足较高的桌子上。缺少它们，长长的桌腿之间缺少相互联系与支持而易松动，使桌面不稳。因为是框架结构，在高桌中，单靠四足与桌面的榫卯连接自然在力学强度上是不够的，所以在桌面下再以枨的形式进一步建立起四足间的力学连接关系是十分必要的。其中，枨越远离桌面，牢固性越强，但是人腿在桌下的活动空间就越小，因此这种分寸要根据实际情况来作具体把握。

在这5件桌中，有3件为高桌，2件为低矮的酒桌。酒桌桌面上均有3个圆洞以安放3只梅瓶形酒罐。和前述酒桌相比，其中一件酒桌足

图3-5-3 单枨，无矮老型

用不但使得桌子的牢固性进一步加大，而且在桌子直线造型的丰富性上多了一种选择。

⑤ 双枨，上枨与桌面间有矮老型。（图3-5-6、3-5-7、3-5-8）

有11件。在这些桌中，双枨的位置都比较近于桌面。有7件桌的双枨之间相距很近，只微微留有一些间隙，另有4件桌的双枨间距稍大于枨的断面高度。

在11件桌中，6件桌的前足间(也包括后足间)的枨与桌面之间设有2个矮老，1件桌设有3个矮老，4件桌设有5个矮老。这些情况说明当时的人们对于矮老的使用数量是灵活掌握的，其中双矮老是最常用的。而桌子的矮老越多，基本上其枨与矮老就越细，如图3-5-6中第三排中的右桌（有3矮老）与左桌（有5矮老）就比较明显。如此也说明矮老设置的数量取决于桌子用材的粗细程度：用材粗，桌子本身的稳定性大，需增添的结构件就可以少；反之，用材细，桌子本身的牢固性有所欠缺，就需增加附属结构件。

这些桌子中有两件格外引人注意。一件桌子（图3-5-7）上设有一件翘头几，几上放了4卷经卷和一盘佛珠。此桌形象出于韩师训墓后室东南壁上的《备经图》，图中有一女子手持有烟气飘出的盝顶长盒立于桌旁，桌旁一女子双手合十，作祈祷状。这种桌与几的陈设方式十分奇特，应与当时辽国汉人备经这一独

的用材较细，故在四足中部连以横枨也是实际需要的。另一件酒桌的足为云纹形，足间也有横枨相连。

而从其余3件高桌枨的安放高度来看均约在足的上部四分之一处，这种安排应当是当时的人们从美观与实用的长期体悟中得出的，纵观宣化辽墓壁画中其余十多件桌子的枨（若有双枨，指的是上枨）的位置也基本上如此。

③ 单枨，有矮老型。（图3-5-4）

这体现在两件书桌上。在它们的前足之间的横枨上设有两个矮老。矮老不但可以将桌面的承重比较均匀地转移到枨与足上，而且可以增加足与桌面之间在连接上的牢固性。由于透视关系，其后足之间的横枨上的矮老看不见，不过按结构规律，推测也应有与之相对应的两个矮老。

④ 双枨，无矮老型。（图3-5-5）

有5件，它们的共同之处还表现在双枨相距很近，只稍大于枨子的断面高度。这种在材料与构件上的重复运

特的佛教供奉形式相关，因为接下来的内容很可能就是迎经拜佛。

几本是低坐家具的主要代表之一，高脚桌则是当时新兴高坐家具的主要代表之一，两件各有特色、体现不同起居特点的家具在这种备经过程中却得到了统一，这是一种有意思的现象，它体现了起居方式的杂糅，也反映了人们对传统习俗的留念。这一观念在宋代时期较有代表性，否则高坐家具也不会在进入中国后历经近千年才在北宋中期以后开始普及起来。家具形式的演变有些类于建筑，崇尚古制而难倡新体，几乎每个时代的家具上均有对以前时代特征的保留。例如据宋孟元老《东京梦华录》记载，在北宋后期的民间婚礼当中，在新娘入门并进洞房后，再请新郎入新房。这时，"婿具公裳，花胜簇面，于中堂升一榻，上置椅子，谓之'高坐'。先媒氏请，次姨氏或妗氏请，各斟一杯饮之。次丈母请，方下坐。"宋吴自牧《梦粱录》一书的记载也与此相似。这种"高坐"的宋代图像可见于北宋李公麟（传）《孝经图》（美国普林斯顿大学美术馆藏），图中就有夫妇二人端坐在置于高榻上的扶手椅上，椅子间有香几。这就是一种典型的起居方式的杂糅，体现了一种对于新与旧的包容。桌上置几的形式后来也被人称为"桌上桌"，被置于桌上的桌在形态上一般小巧精致，

图3-5-4　单枨，有矮老型

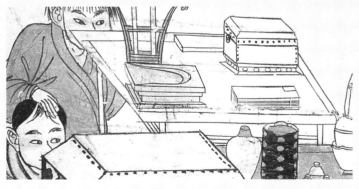

图3-5-5　双枨，无矮老型

上面可摆放一些小型物件。这种组合形式的源头，目前看来，当属上述韩师训墓后室壁画《备经图》中出现的这一

图3-5-6　双枨，上枨与桌面间有矮老型

家具组合。

　　另一件桌（图3-5-8）在形状上更为奇特，在桌面四周竟设置了高约15cm（按比例推算）的围栏，栏以12根高出横栏三分之一左右的蜀柱为主导来连接，在一侧还留有出口。这种造型在目前中国桌子图像和实物资料中实属罕见，堪称奇特！它在结构形式上类于露台一类的建筑。宋代的露台建筑较为普遍，例如

北宋陈旸《乐书》插图中的"熊罴案"[5]（图3-5-9）画的就是一露台，而在南宋佚名《瑶台步月图》（图3-5-10）中我们都可以看到这种露台建筑。中国家具长期以来一直受到建筑的巨大影响，此桌应是当时工匠或画家灵活驾驭家具与建筑的相通法则而作出大胆尝试的代表。当然，在桌面上设置围栏对承面的实际使用是有一定妨碍的。在这里，围栏所具备的功

能更多的是为了突出礼仪上的郑重其事而做的一种装饰，而非实际性的防护。但是由于家具与建筑在体量与高度的巨大差别，露台建筑中围栏的主要功能无疑是防护。

家具中与这种造型手法类似的较早见于陕西西安南郊出土的隋代开皇四年造像（高41cm）中的铜质围栏座（图3-5-11），年代相近的见于山西大同金墓出土围子床（图2-2-1），然而，此件围子床围子的功能却与围栏桌的不同，与露台建筑更为相似，即主要功能是防护。另外，南宋李嵩《罗汉图》中的香几，其几面之上也被设计出高出几面的围栏，但无缺口。南宋时大理国《张胜温画卷》中的钵架承面上也有围栏（也无缺口）。以上几件家具的围栏形制与当时建筑的栏杆基本上如出一辙，均可看作是家具模仿建筑形式的典型实例。

这件围栏桌主要用来备茶，我们在图中可发现桌面上和桌旁的3位女子手中就有茶碗与托盘，这种桌的应运而生当和那时的备茶过程以及茶具的特殊功用相关联，桌上所设茶具与茶，当为供品，而不是供日常饮用的。

此桌出于韩师训墓后室东北壁上的《备经图》，韩师训是依靠自己努力奋斗而成功的当地富商，这和张氏家族中不少人是做官的不同，其墓志记有："(韩)得商贾之良术，节风沐雨，贸贱鬻贵，志切经营，不数十载，致家肥厚，改贫成富，变俭为丰。田宅钱谷咸得殷厚。"墓志中还说到韩氏子辈热心谋求仕途，例如"长男文坦干父之蛊，幼仕公侯职事，渐转充当州客都之任，有果决之誉，……有俊逸之名，闻于乡里，优攻笔札，时辈咸推其美。"也许正因为出身与身份的差异，韩师训墓不仅在墓穴建筑形制上显示了和张氏家族

图3-5-7 设几桌

图3-5-8 围栏桌

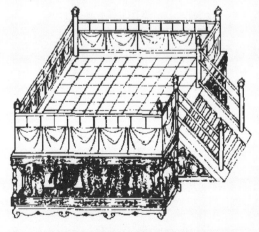

图3-5-9 北宋陈旸《乐书》插图中的"熊罴案"

图3-5-10　南宋佚名《瑶台步月图》

图3-5-11　隋代铜造像中的围栏座

墓不同的特点，还在壁画上反映了一些独特之处，比如前述对那位女子坐在圆墩上饮茶情景的再现，以及对这两件独特桌子的描绘。

⑥双枨，双枨间有矮老型。（图3-5-12）这种独特的设计仅有1件，在图中我们可

以看出双枨间设有1个矮老。由于双枨的间距在所有桌子中是最大的，因此这时就有了添加矮老的必要。另外，在此图中，只有桌的前足之间有双枨，枨间有矮老，而在后足之间却没有枨与矮老，这并非画工漏画，而是很可能特意为之以突出桌子正前方的重要性，因为北宋黄朝英有云：“卓之在前者为卓。”[6]在壁画中，另有两件桌子图像也确切地反映了这一特点，详见图3-5-5中的上左桌和中右桌。

3.5.2.6　画中桌子的图像意义

总的来看，在宣化辽墓壁画中出现的桌子中，桌面攒边的板式结构，桌面与足、足与枨、枨与矮老、桌面与矮老等部件之间的框架结构均已表现得比较成熟。张、韩两个家族墓群的宣化辽墓只占地10000多平方米，在宣化这么一个区域里，作为家具品种之一的桌子上的枨与矮老形成了众多变化，实令人叹为观止。这些枨与矮老在桌面与足之间形成了不同层次的矩形变化，它们以直线为组合元素，做出了疏与密，虚与实，紧与松，长与短，粗与细等诸多形式的变换，也许最初人们主要是为了使各种桌子坚实耐用，然而，当这些作为结构部件的枨与矮老安放在桌面与足之间时，它们的装饰美也随之而生。这种美是朴素大方的，没有过多装饰性的雕琢与修饰，从无枨、单枨到双枨，从无矮老、1个矮老到6个矮老，只是在部件的数量上组成了不同的变化，但是其间形成的水平线与垂直线、水平线与水平线、垂直线与垂直线之间的变化巧妙地构成了节奏与韵律的动感，具有音乐性，这是可贵的。

比较于宣化辽墓中出土的少数家具实物的造型、结构与比列，可发现壁画中所反映的

众多桌子形象是比较准确的。例如，张文藻墓出土的大木桌（彩图·承具5）面长97.7cm，宽59cm，通高47cm，长方形桌面，四周做出边框。边框的两角相交处以榫卯相扣，在边框的两长边中间用三条横带相连并以榫卯相合、扣紧。横带上托由三块薄板组合桌面，桌面和横带之间用楔形木钉钉牢、取平。圆柱形四足，足上端和桌长边的边框两端卯合。四柱足之间有横向单枨，使四足互相牵制拉紧。前、后面的单枨上各有2根矮老。该墓出土的小木桌（图3-5-13）桌面长68.8cm，宽42.5cm，通高33cm，长方形桌面，四周作出边框，中为桌心。边框用长方板作成，四角榫卯扣合。前后边框串以横带，上承桌心。桌面和串带间用小木钉楔合加固，边框下压出阴线纹。四柱足之间以横向单枨相拉，前、后面的单枨上各有1根矮老。[7] 另外，在壁画中虽然无与其一模一样的桌子形象，但是在结构上和它们相同的是有的，如图3-5-4中的两件书桌在结构上和它们是一致的，均可被归纳到第三种"单枨，有矮老型"中。

图3-5-12　双枨，双枨间有矮老型

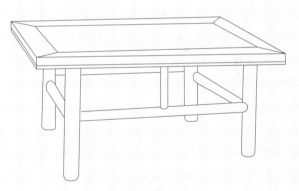

图3-5-13　河北宣化辽张文藻墓出土小木桌

壁画中的桌子之所以有这么多的变化，直接源于当时画工对墓室主人的生活环境与器用进行了深入细致的观察。正是他们较为真实的描绘，为今人反映了当时宣化汉人在桌子这种承具的设计与制作上所形成的智慧与手段。当然，桌子之所以在壁画中被如此丰富地描绘，还在于各种不同类型的桌子在墓室主人的生活中发挥了重要作用，特别是涉及和佛教相关的礼仪时，其具备的陈设功能至关重要，这也是其他家具难以替代的。

　　壁画中出现最多的生活题材是备经与备茶，这在古代壁画中是很少见的，表面上看起来二者似乎关系不大，而实质上，联系到当时当地的历史文化背景，这两件事实际上均有着共同的指向，那就是对佛事的虔诚。由于当时辽国统治者的信仰与提倡，佛教在辽境内发展很快，道宗时甚至出现"一岁而饭僧三十六万，一日而祝发三千"的情况，寺庙校勘、雕印佛经和个人写经，集资刻经、印经等

图3-5-14　中唐敦煌壁画《屠夫图》

图3-5-15　五代土齐翰《勘书图》局部

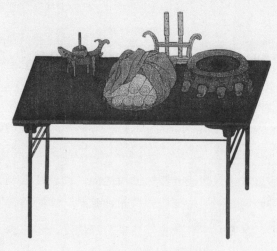

图3-5-16　南宋佚名《槐阴消夏图》

活动十分活跃。例如张世卿墓出土的柏木棺箱外表以墨书写了梵、汉两种经文也正是这种背景下的产物。另外，辽国汉人和契丹人死后，经火化，将骨灰装入用柏木雕成人形（真容木雕像）的中空木偶胸腔中，再将木偶装入木匣中葬入墓室，这种火葬形式就是印度古葬式中的依"西天茶毗"礼，宣化辽墓中多采用这一葬式。

由于宣化古城历史悠久，是辽国南京到西京之间的要地，辽帝多巡视于此。当时也可谓是人文荟萃，经济发达，如此大规模辽墓的出土就是和这一历史环境相关的。当时，礼佛诵经是张氏家族和韩氏家族的大事，这明确反映在他们的墓志内，其中涉及信佛积善的字句甚多，而其他事迹较少。例如：张世卿"诵法华经一十万部，读诵金光明经二千部"；张世本"自生之后，不味腥血，日诵法华经致万部"；张世古"自幼及老，志崇佛教，常诵金刚行愿等经、神咒密言，口未尝辍"；张文藻"少则嗜酒，醒而复醉……三十而立，乃自醒己，遂弃杯酒，远声色……但积功累行，崇敬三宝为业"；张匡正"不食荤茹心（辛），不乐歌酒，好读法花（华）、金刚经"。

长时间诵读经文必口干舌燥，因此以茶润喉成为诵经时必不可缺之事。在张世卿墓《备经图》中，桌上除了放置《金刚般若经》、《常清净经》、经盒、香炉和花瓶外，还有一些茶具；而在张恭诱墓《备经图》中，桌上有经盒、香炉、花瓶，一女侍启门端盘，盘上放置茶盏，暗示诵经必饮茶；张世本墓《挑灯图》画的则是一女子正在全神贯注地给灯加油，挑拨灯芯，这是她在夜晚一次次地给诵经主人服务的生动写照，通过备茶和挑灯，表明主人读经而不舍昼夜。

隋唐以前，北地饮茶并不盛行。例如北魏杨炫之《洛阳伽蓝记》记述北魏有人轻视南人之茶，并称之为"酪奴"，视饮茶为奇风异俗。而且在朝贵宴会时，虽设有茗饮，但"皆耻不复食"，只有南朝来的"残民"才饮茶。但是唐代之后，随着北方民族的汉化程度越来越高，情况发生了巨大变化。如唐封演《封氏闻见记》记载："（茶）南人好饮之，北人初不多饮。……如今……殆成风俗，于中地，流于塞外。"说明唐代中期以后，饮茶之风已远播塞外边疆，这正如李觏在《盱江集》中所云："君子小人靡不嗜之，富贵贫贱靡不用也"。当时属于辽国归化州的宣化本为汉地，入辽后仍保持着饮茶风俗。虽然这里不产茶，但是茶叶来源却不缺乏，宋辽边境榷场的主要贸易就是茶马交易，而且宋朝也常以茶为贡品献给辽国。整体而言，此地饮茶方式近于中原，但由于受到游牧民族习俗的影响而有独特表现，例如壁画中煮汤器用执壶直接煨于炉口之上，就和中原不同。

除了诵经饮茶的需要，将茶与茶具作为佛事供奉的载体，也是当时重要的人生礼仪，因此壁画中桌上所设茶具与茶应多为供品。在中国，虽然酒在祭礼文化中一直扮演着重要角色，但是茶也占有一席之地，而且由来已久，如《南齐书·武帝本纪》载："永明十一年(493)七月萧赜临终下诏曰：'我灵上慎勿以牲为祭，唯设饼果、茶饮、干饭、酒脯而已。天下贵贱，咸同此制。'"这方面的辽国文献可见于辽大康六年（1080）沙门普瓓《藏掩感应舍利记》，其中记载："行柔等于大康六年二月十五日于城东井亭院，欲酬法乳之恩，依法建到寂道场三昼夜。命尉(蔚)州延庆寺花严善兴写卧如像一躯，广列香花灯烛，备修果木

茶汤；螺钹献赞，辙于天官；音乐流声震于地狱。"[8]可见茶在辽代已成为祭祀仪式中的供品之一，这种备茶奉馔的画面与当时宣化人的丧葬礼俗和对死后世界与来世的观念有着密切联系。因此，碾茶、候汤、点茶、送茶等情节在壁画上被细致地加以表现，这真实体现了墓室主人对备茶这一礼仪的重视程度。

正因为在现实生活中，备经与备茶是如此重要，特别是体现在丧葬礼仪文化中。这样一来，官宦、富贵人家对陈设经卷、茶与茶具的承具的要求也越来越高，多种类型的桌子自然也就应运而生，而桌子上的结构与装饰环节也越发丰富，从而为今人留下了目前能看到的关于这一时期的最为丰富的桌式宝库。这些桌式在家具史上扮演了承上启下的重要角色，它们上接隋、唐、五代的案、几、台等承具和早期简单的桌子，向下传递到南宋更为凝炼精雅的桌子。虽然现在能见到的唐、五代的桌子形象极少，但是我们还是从中唐敦煌壁画《屠夫图》（图3-5-14）里下层人使用的简陋的桌（无枨、无矮老、无牙子）和五代[9]王齐翰《勘书图》（图3-5-15）中文人看书用的较为粗朴的单枨桌上找到了一些中国早期桌子的印迹与特征，假如再结合到后来南宋佚名《槐阴消夏图》（图3-5-16）中精致细劲的桌（有单双枨的组合，有牙头），当审读这些桌式的发展轨迹时，就可以看出在唐、五代到南宋之间，北宋是一重要转型期。宣化辽墓壁画的绘制期大致对应于北宋中后期，所以，这些桌子的发展变化为后来高脚桌的日趋完善奠定了坚实基础，其中的一些特色桌子不但在家具史上占据了不可替代的位置，而且为我们探讨家具如何取得实用与审美的结合留下了独到的设计构想，为丰富我们今天的艺术设计有着启发价

值。因此，对它们作系统归纳与探究，总结出它们的丰富性、独特性与传承性，能够为进一步研析好宋代家具提供更多内容与视角。

3.5.3 宣化辽墓壁画中的箱、盒

除了壁画中丰富的桌子形象外，箱、盒等皮具是另一类重要的日用家具。这些大大小小、变化多样的箱、盒或被放置在地上，或被摆在桌子上，或被捧在手中，展现了这类家具在实际生活中的真实形态。我们对壁画里的皮具进行了归纳，一共列出20件（如图3-5-17、图3-5-18、图3-5-19所示），将它们放置在一起进行比对，可发现这些箱、盒不仅具备十分明显的共性基础，还反映了较为多样的箱形结构的造型与装饰特征。

3.5.3.1 造型

①盝顶形

属于这种造型的有16件，可见它是壁画中的基本造型。盝在古代指的是一种小型妆具，又叫盝子。常多重套装，呈方形（或长方形），其盝体与顶盖相连，盖顶四周下斜，多用作藏香器或盛放玺印、珠宝。后来盝的造型特征也不再局限于小型妆具，而有了许多发展与变化。我们这里所讨论的盝顶型是指一种方体造型，其顶盖四周呈一定斜度的下斜，盝顶型的箱、盒、柜等均可被用来放置物件。在以上16件皮具中，它们的顶或盖均具备此特征。

②平顶形

和盝顶箱相比，平顶箱制作简便。就考古发现的实物与图像来看，这种造型从战国一直沿用下来。例如上世纪60年代，于江苏南京富贵山东晋墓出土的9件陶箱就全是平顶型的，而河南安阳隋代张盛墓也出土了平顶瓷箱。令人称奇的是，制作简单的平顶箱在众多壁画中仅出现2例，见图3-5-17中的箱8与箱10。这表明当时的富贵人家在审美选择上偏向于有一定变化的造型，而完全为矩形变化的平顶箱形象在这时的贵族墓葬壁画中被大量淘汰出局是易于理解的。

③多层抽屉形

属于这种造型的有6件。抽屉数最多的一件有10层，见图3-5-17中的箱4；5层的有2件，见图3-5-17中的箱2与箱3；8层的有1件，见图3-5-17中的箱6；4层的有1件，见图3-5-17中的箱5。

箱子配备抽屉，在功能的显现上就多了选择，抽屉数越多，选择越多。以那件10层抽屉高箱来说，人们可以放置10种不同的物件而不致于混乱。当然，其前提是哪一层抽屉放置何物，箱子的主人要心中有数，不过，即使心中无数，也可以采取在抽屉外层加贴标签的方法给予解决。这类似于今天的文件盒和文件柜，其抽屉或格子外边往往设有加贴标签的位置。多层抽屉箱的加工制作给当时的工匠提出了挑战，尤其是壁画中那种抽屉多达10层的盝顶箱。这些抽屉箱每层抽屉均配有拉手，拉手有半圆形的，也有环形的和双环形的。

④束腰形

属于这种造型的有5件。它们中，无论是大一些的箱子，还是小一些的盒子均在底座部作了束腰处理，使得它们除了顶部的盝顶型所具备的垂直线、水平线与斜线的变化，又在底部增加了收与放的形体变化。

在束腰造型中，图3-5-17中的箱1是唐、五代以来较为常见的，而箱2、箱3、箱6、箱7

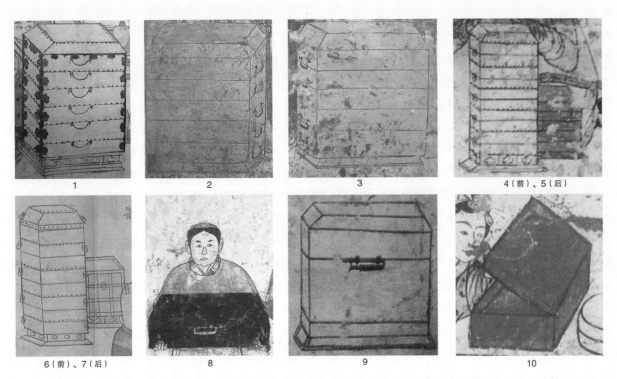

图3-5-17 宣化辽墓壁画中的箱

和图3-5-18中的盒3则与众不同。其中，箱2、箱3的束腰处理手法基本一致，也最为简洁。可见当时工匠熟练掌握了束腰箱形结构的基本规律而能做出不同形制的变化。由于束腰均设计在皮具下部，又由于缺少叠涩的过度，所以"腰"虽存在，但在自上而下的俯视下几乎无法看见（特别是形体大的箱），形成了一种简练独特的束腰造型特色。

⑤ 斜底座形

属于这种造型的有10件，可见这种造型在壁画箱、盒中的分量。这种底座的斜度由诸画可见，多在30度～45度之间，无论是束腰型，还是未束腰型，都以这种形式的底座表现出来。

⑥ 圆形

属于这种造型的有2件圆盒（图3-5-19），其造型源头可上溯到汉代圆形漆奁。

3.5.3.2 金属饰件

在皮具图像中，诸如拉手、锁、钮钉、镶边等附件多可看出为金属制成，其中铜及其铜合金是主要材料。具有这些金属附件的有11件，其中除了拉手、锁之外，以钮钉和镶边作为装饰的有5件，其中以箱1最为精美，其画面所展示的清晰程度也最高。画中钮钉和镶边色彩凝重，与白色的箱体呈对比关系。镶边的图形为云纹和灵芝纹，富贵吉祥。它们和此箱的盝顶、束腰以及束腰上的小壶门沿图形一起形成了装饰恰当而适中的视觉效果。

3.5.3.3 表面色彩

箱、盒的表面色彩主要有白色、黄色、红色、黑色，其中黄色和红色均有深浅变化，如

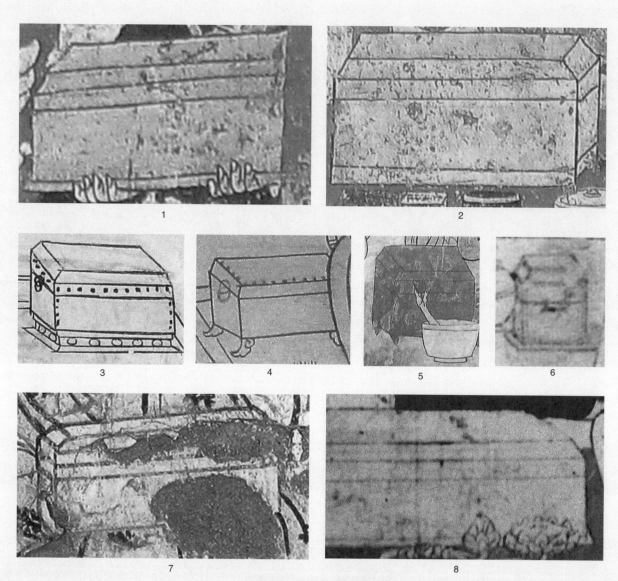

图3-5-18 宣化辽墓壁画中的盒

图3-5-17中箱2、箱3，一个偏于棕黄，一个偏于藤黄；图3-5-17的箱10、图3-5-18的盒5，一个偏于暗红，一个偏于朱红；图3-5-17的箱8中，黑色凝重的箱体和浅黄的铜锁对比，古朴神秘，质感甚强。箱1中，白色箱体和深色金属钮钉、镶边构成了响亮的黑白配，端庄大方。也有一些箱盒以白描为主，未施色彩。

3.5.3.4 陈设方式

在众多的皮具中，其陈设方式主要分为3类：地上、桌上、手上。摆在地上的一般体形较大，如图3-5-17中的箱1、箱2、箱3和箱9都是体积较大的。而放在桌子上的一般体形较小，如图3-5-18中的盒3、盒4、盒5与盒7等。而捧在手上的有3件，体积上也有大小之分。例如图3-5-18中的盒8就比较大，按比例推测其

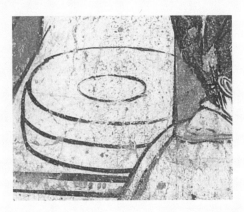 

图3-5-19 宣化辽墓壁画中的圆盒

宽度约在50cm，而盒1的宽度约在40cm，盒6约在30cm。由于是被双手捧着，因此它们的重要性是显而易见的。

3.5.3.5 壁画中箱、盒的图像意义

由于我们在前面的河北宣化辽墓壁画中桌子的图像意义一节中已对宣化辽墓壁画产生的相关背景，所绘图像的相关涵义作了较为深入的阐释，因此，对壁画中的箱、盒的图像意义的研究主要从功能意义与造型意义两大方面来作分析。

在功能上，属于多层抽屉型的多用以放置食物，称为食盒或食箱，如见图3-5-17中的6件多层食箱。而对于像宣化第6号辽墓东壁《茶道图》中的那件"盝顶式盖箱"（原考古报告命名，见图3-5-17中的箱9）来说，根据画面内容则可认定为茶箱，原壁画左部桌子上的那件造型奇特的、似为编制而成的壶状器具名叫醝篚，也是用来装茶的。图3-5-18中的盒1和盒7很可能是经函，里面装的是珍贵的经文，而图3-5-17中的箱8估计也和佛经相关，因为在原壁画中，其旁边的一人捧着一个大钵。如前所述，在辽代的宣化地区，茶在佛教化的丧葬礼仪中具有重要作用，故而，这些箱、盒在实用价值上和这些礼仪是吻合的。

在造型上，以盝顶型与平顶型为例，壁画中箱、盒的盝顶型远远多于平顶型。平顶型制作简单，盝顶型加工复杂。由此看来，箱、盒的箱形结构发展到宋代，人们多已不再满足于简单的平顶型而追求各种庋具在形体上的丰富变化，其中盝顶型是一个重要代表。实际上，在唐代的考古发现中，就有较多盝顶箱、盒的实物与图像资料，宋人对这种造型的庋具也有不少记载，例如，吴自牧在说到当时的嫁娶风俗时就记有："先三日，男家送催妆髻、销金盖头、五男二女花扇、花粉盝、洗项画彩钱果之类。"[10]他在谈到当时的"五日重午节"时又说："又曰'浴兰令节'，内司意思局以红纱彩金盝子，以菖蒲或通草，雕刻天师驭虎像于中，四周以五色染菖蒲悬围于左右。"[11]另外，《金史》也载："捧册官帅舁册床人，捧宝官帅舁宝床人，皆升殿取匣、盝，盖讫，置于床前。"[12]就考古发现而言，宋代箱、盒也多为盝顶型，例如河南新密出土的宋代三彩琉璃舍利盒、江苏虎丘宋代云岩寺塔出土的箱子、浙江瑞安出土宋代描金凸雕漆盝顶盒、浙江瑞安宋慧光塔出土檀木盝顶经函、浙江义

乌出土的宋代舍利函等。这些箱盒或是佛教用具，或是梳妆用具，精美工巧。甚至这一趋势影响到了高大型庋具，例如南宋佚名《蚕织图》中高橱（图2-5-8）的顶部也做成了盝顶型，由此可见中国人对这一造型的由衷喜爱。盝顶型箱、盒的发展时代是唐代，而宋代乃至明清，这种箱、盒上的造型仍然长盛不衰，对丰富庋具造型继续发挥了重要作用。

以上论述的这些宣化辽墓壁画中的箱、盒的图像意义虽然没有前述的桌子重要，但是由这里的点折射整个宋代箱、盒等庋具的面是有其自身意义的。从总的方面看来，这些箱盒在当时的富贵人家中扮演了较为重要的角色，它们表现出来的设计特色也大大丰富了宋代庋具的结构与装饰世界，并有力地展现这一时期北方地区在家具的实际使用与美化装饰的和谐上所达到的高度。

注释：

[1] 也可能是当时活跃在辽南京到西京一带的著名画家。因为作为墓室装饰，绘制者一般不留下自己的信息，这也为我们今天的研究带来了一定难度。

[2] 在这些景象中往往是墓室男女主人相对坐于椅子上，中间有一件桌子，这种形式也被称为"夫妻开芳宴"。另外在宋代绘画上也有两件椅子并排，中间配一件几的形式，如见北宋李公麟（传）《孝经图》（图6-2-1）。

[3]（南宋）吴自牧《梦粱录》卷一三《诸色杂货》。

[4] 详见邵晓峰《宋代家具材料探析》，《家具与室内装饰》2007年第8期。

[5] 梁武帝时的奏乐台，木结构，高丈余，有矮栏与台阶，可移动，因周围装饰了熊黑图而得名。

[6]（北宋）黄朝英《靖康缃素杂记·倚卓》。

[7] 参见河北省文物研究所《河北宣化辽张文藻壁画墓发掘简报》，《文物》1996年第9期。

[8] 转引自陈述辑校《全辽文》第222～223页，中华书局，1982年版。

[9] 论五代的高坐家具，前人一般以《韩熙载夜宴图》中的家具为代表，因为绝大多数研究者均将其作者认定为五代（南唐）顾闳中，由于五代绘画能保留到今天的很少，加上《韩熙载夜宴图》反映的家具内容详细，人们多把它当作是真实反映众多五代家具形象的范例，并以此为尺度去衡量五代其他的家具图像。2006年，笔者撰文论证了这一问题，主要从画中家具的角度将《韩熙载夜宴图》的断代定于南宋，而非流行观点中的五代〔南唐〕，也不像有的论者说的可能是出于南宋画家对顾闳中作品之临摹。鉴于画中事物众多的南宋属性，笔者认为应出于南宋画家之创作，其画中家具体现了典型的南宋风格。而《勘书图》为五代（南唐）王齐翰的作品，至今无争议，就其中家具形象的分析来说也较为可靠。

[10]（南宋）吴自牧《梦粱录·嫁娶》

[11]（南宋）吴自牧《梦粱录·五月》

[12]《金史·礼志九》

附记：文中宣化辽墓壁画插图主要源自河北省文物研究所编《宣化辽墓壁画》，文物出版社，2001年版。

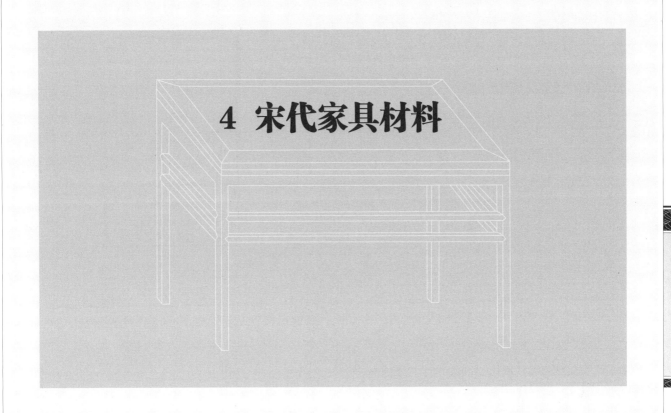

4 宋代家具材料

4.1 概述

宋代是中国高坐家具发展的重要阶段，缺少此时的积累，明式家具的繁荣也就无从谈起。因此，宋代家具是中国家具研究不能回避的重要课题，而对它的研究又离不开对宋代家具材料的探析。但是长期以来家具界、艺术界对这一领域的研究几乎是空白，不是一笔带过，就是含糊其词，这与明清家具的材料研究有天壤之别，对我们深入研究宋代家具十分不利。当然，究其原因，一方面由于年代久远，历史留给后人这方面的内容太少，另一方面也在于人们对此关注与挖掘得不够。所以，本书力图通过对宋代考古发现的连续考察和对宋代家具资料的深入梳理，探析出宋代家具材料的运用状况与特征，以此促进宋代家具研究工作的全面展开。

据目前的资料可见，宋代家具使用的材料有木、竹、藤、草、石、玉、陶、瓷等，并以木材为主，其种类繁多，多就地取材，其中有杨木、桐木、杉木等软木，楸木、杏木、榆木、柏木、枣木、楠木、梓木等柴木，乌木、檀香木、花梨木（麝香木）等硬木（我们根据木材的软硬性能做了软木、柴木和硬木的分类，以便于分析）。随着经济的发展，宋代各行业对木材的需求量很大，所以宋政府对木材的种植、开发与保护比较重视，一些帝王甚至要求全国分区栽种适合当地气候的树木。这一时期宋人编著的植物谱类也有一些传世，其中的陈翥《桐谱》、蔡襄《荔枝谱》、叶廷珪《名香谱》、赵汝适《诸蕃志》等也涉及当时木材的使用情况，特别是《桐谱》分十卷叙述了桐木的起源、类别、栽植和采伐利用，价值颇大。下面阐述宋代家具的主要材料——木（分为软木、柴木、硬木）、竹、草、藤。

4.2 软木与柴木

图4-1 元王祯《农书·农器图谱集之二》中的秧马

　　杨木是我国北方常见树种，木质细，易加工，干燥快，但不耐朽，是历代建筑、家具、漆胎的重要原料。宋代民间，杨木也被大量使用，以之作为屏风、箱、盒、座架等的材料。比如山西大同金代阎德源墓中就出土了以之制作的画屏、台座与帽架托等。甘肃武威西郊林场西夏墓出土的长方桌，虽饰以赭石色，足底腐朽，但分析出为杨木所制。

　　杉木，也叫"沙木"，它在我国南方分布广，产量大。品种有赤杉、白杉、水杉和柳杉等，木质轻软，但纹理通直，韧性强，耐朽湿，在当时的家具加工中也得到了广泛运用。北宋苏颂对杉木的利用有专门研究，他说："材质轻膏润，理起罗致，……作器，夏中盛食不败。"[1]南宋戴侗也说："杉，所衔切。杉木直干似松，叶芒心实似松，蓬而细，可为栋梁、棺椁、器用，才美诸木之最。多生江南。亦谓之沙，杉之伪也。其一种叶细者易大而疏理温，人谓之温杉。"[2]因此，杉木成为当时南方人工培植的主要树种之一，据福建《建宁府志》记载，朱熹在福建建瓯讲学的别墅周围就形成了"绕迳插杉"的景观。南宋袁采还说："今人有生一女而种杉万根者，待女长，则鬻杉以为嫁资，此其女必不至失时也。"[3]宋末的方回也肯定了杉木在当时民生中的重要性，他说："厥土最宜杉，弥岭亘岗麓。种杉二十年，儿女婚嫁足。杉林以樊圃，杉皮以覆屋。猪圈及牛栅，无不用杉木。"[4]如今的宋代杉木家具也有出土，例如1980年12月于江苏省江阴县北宋"瑞昌县君"孙四娘子墓出土的一桌一椅就均为杉木质。

　　北宋苏轼曾在《秧马歌》中谈到秧马[5]这种插秧农具，它形似小船，底部设托板，以免在泥水中下陷，人骑坐于其背上，以两脚在泥中撑行滑动。（参见图4-1）平日里少了它，人们插秧时需弯腰不时运动，十分辛苦；有了它，可以使人半蹲半坐，能减轻劳动强度和提高插秧效率。对于这种家具材料，他在文中说："……予昔游武昌，见农夫皆骑秧马。以榆枣为腹欲其滑，以楸桐为背欲其轻。"[6]可见当时的人们对于榆木、枣木、楸木、桐木的独特质地与性能有普遍认识。

　　榆木产地以北方温寒地带为主，材质坚硬细密，韧性、曲性较强，制成的家具、车船坚实耐用，是当时运用较多的家具材料。枣木主要分布在黄河流域，在柴木中属于偏硬树種，韌性大，耐琢磨，纹理美观，制成的家具不易变形开裂。正是因为榆木和枣木的这些材质特点，能被加工得十分光滑，才成为当时秧马腹部制作材料的首选，既便于泥水中滑行，又稳固耐用。就桐木而言，其材质较轻，比重小于0.35，但成材快，锯刨后光滑平整，也易于漆饰，以之作为贴面、衬里和用来制作箱、柜均轻便实用。古代工匠也常用它来做棺椁和琴瑟一类的乐器，例如河南信阳长台关楚墓中便出土有以桐木制作的琴、瑟与鼓等乐器。对于它的种植，宋陈翥认为："桐，阳木也，多生于崇冈峻岳，巉岩盘石之间，茂拔显敞高暖之地。"[7]他还说："凡诸材之用，其伐必当八九月伐之为良，不尔，必多蛀蚀，惟桐木无时焉。"[8]

楸木，落叶乔木，干高叶大，主要产于黄河流域，南方地区也能见到。楸木呈金黄色，轻而坚，纹理细腻，木质致密，以之制作家具，不易翘曲变形。耐湿，可造船。和桐木相比，其比重稍重，但与榆木、枣木等柴木的比重相比，则算是轻的了，所以苏轼《秧马歌》中的"以楸桐为背欲其轻"，应是言之有据的。楸木还被用来制作名贵的棋盘，如陆游有诗曰："遍游竹院寻僧语，时拂楸枰约客棋。"[9]楸枰的特点是表面用324块刮削得薄而匀的楸木片根据自然纹纵横排列制作而成，形成19格棋路。由于材性独特，投子楸枰之上能发金石之声，因此深受棋家弈客、名人逸士喜爱。楸枰有纹楸枰与侧楸枰之分，据《辞源》记载，侧楸枰的发明者为南齐萧晔，并转引唐刘存《事始·侧楸棋盘》说："自古有棋即有棋局，唯侧楸出齐武陵王晔，始今破楸木为片，纵横侧排，以为棋局之图。"在考古中，尚未见宋代楸枰的出土，但是在宋佚名《羲之

写照图》、南宋佚名《会昌九老图》等画中均绘有桌上陈设的围棋枰，也许画的就是楸枰。

梓木与楸木外形相像，古人常将二者混称，也有将楸木称为梓桐的。梓木在宋代建筑与家具上的运用很多，因此宋陆佃耗时40多年完成的名物训诂书《埤雅》还把它称为"百木长"和"木王"。它成材快，生长区域比较广泛，黄河与长江流域均有种植，为我国历代木材运用较广的树种之一。古时木匠被称为"梓人"、"梓匠"，在《周礼》和《尚书》中也以"梓人"名匠，以"梓材"名篇，这些和梓木的性能与特点密不可分。梓木的硬度介于软木与柴木之间，纹理优美，耐腐朽，不易开裂、伸缩，刨面光滑，有光泽，适于雕刻，以之做家具时可为桌案、箱柜、架格与一些细木装饰部件。古代帝王下葬时专用梓木为棺椁，称梓棺、梓宫。例如湖北荆门包山楚墓出土的棺椁梓板便保存较好。陆佃还进一步解释梓木与楸木的关系是"大类同而小别也"[10]。

杏木也是当时的家具良材，其产地以黄河流域为主，基本比重为0.57，最大可达0.66。结构细匀，质地好，胀缩性小，耐磨蚀，是富贵人家选用的家具材料。例如山西大同金代阎德源墓出土的扶手椅、榻、屏、巾架、茶几、盆架、炕桌和琴座均为杏木制成。另有两件长方桌，一也为杏木所制，一为榆木所制。

柏木在当时的家具制作上也常被利用。柏是常绿大乔木，于我国南北方均有分布。其生长期长，耐寒抗风，是古代漆器常用的胎料，也被用以制作家具与棺椁。例如宋王禹偁有诗曰："岂唯存柏椁，亦合葬桐乡。"[11]内蒙古巴林右旗辽墓出土的长方桌虽涂有红色，经鉴定为柏木制作。内蒙古巴林右旗查干勿苏辽墓和友爱辽墓分别出土的长方形小帐与正方形

小帐，虽残破不堪，经考察均为柏木制作。另外，内蒙古林西县毡铺乡还发现了辽代柏木椅子。这些足见当时的柏木家具在内蒙古这一区域内运用之广。

宋代建筑用材种类繁多、数量巨大，对家具用材也产生影响。如李诫《营造法式》在谈到割解算功时涉及的树种就有椆、檀、栎（麻栎）、榆、槐、白松、楠、柏、黄松、水松、黄心木。[12]又如北宋大中祥符年间，在吕梁山区汾河流域（今天山西岚县、离石、汾阳一带）的伐木人员有三四万之多。北宋末年，由于这一带大旱而导致"川流涸竭，修楠巨梓，积之境内者不啻数万计"。[13]可见楠木与梓木在当时被使用的惊人情形。

自古以来楠木就被用于建筑、家具与船只的制作。种类较多，分布在云南、贵州、四川等地，气息芬芳，纹理细腻，质地坚硬。先秦时其分布要比现在偏北一些，唐宋时以今天的四川一带为多。如北宋庆历年间，成都太守蒋堂便一次种下二千株楠木。1956年于江苏苏州虎丘岩寺塔发现的宋初制作的木箱（彩图·皮具5），虽外表涂漆，各主要部位接缝处镶包鎏金银边，且以小钉钉牢，但经研究箱体为楠木制成。楠木还是当时高档棺椁用材，如安徽合肥包拯墓冢中的棺椁便由金丝楠木制成，2003年安徽合肥经济开发区习友村北宋墓还出土了整块楠木棺。楠木还会形成纹理玄妙的瘿瘤[14]，这在宋代家具上也得到了运用。如北宋梅尧臣说："在木曰楠榴，刳之可为皿。"[15]宋孔平仲记有："齐萧铿左右误排楠瘤屏风，倒压其背，颜色不异，言谈无辍。"[16]

4.3 硬木

宋代家具虽然以使用就地取材的软木与柴木为主，但也不乏以硬木制作家具的史料记载。

《宋会要辑稿》中记载，开宝六年（973），两浙节度使钱惟濬进贡"金棱七宝装乌木椅子、踏床子"等物。乌木质地坚韧，在家具上对它以及其他硬木的使用说明北宋早期的家具制作工艺已进入了一个新时期，北宋末、南宋初诗人陈与义的词作中也有"绳床乌木几"[17]的说法。而从上述"金棱七宝装"措辞看，当时乌木制作工艺已达到了相当水平。

檀香木也得到了一定程度的使用，例如宋杨文公《谈苑》记载："咸平、景德中，主家造檀香倚卓一副。"陆游也记有："高宗在徽宗服中，用白木御椅子。钱大主入觐，见之，曰：'此檀香椅子耶？'张婕好掩口笑曰：'禁中用烟脂皂荚多，相公已有语，更敢用檀香作椅子耶？'"[18]"白木"是当时一般木材的统称，类于今天我们说的柴木，而檀香木则是"黄檀、白檀、紫檀"的统称，宋叶廷珪认为："皮实而色黄者为黄檀，皮洁而色白者为白檀，皮腐而色紫者为紫檀。其木并坚重清香，而白檀尤良。宜以纸封收，则不泄气。"[19]宋徽宗赵佶曾说："白檀象戏小盘平，牙子金书字更明。"[20]说明他的棋盘是白檀制成，可惜由这种材料制成的棋具至今尚未发现。

宋赵汝适还提及一种颇似花梨木的进口木材，"麝香木出占城（今越南中南部）、真腊（今柬埔寨），树老仆湮没于土而腐。以熟脱者为上。其气依稀似麝，故谓之麝香。若伐生木取之，则气劲而恶，是为下品。泉(今福建泉州)人多以为器用，如花梨木之类。"[21]

这说明当时在福建泉州以花梨木为器具已属常见，泉州是当时重要的对外商贸中心，当地以这种类于花梨木的进口"麝香木"做家具已成一定规模。其实早在唐代已有以花梨木制作家具的事例记载，例如唐代陈藏器就提出："榈木(即花梨木)出安南及南海，用作床几，似紫檀而色赤，性坚好。"[22]宋代晁补之则认为："木则花梨美枞，枞柏香檀，阳平阴秘，外泽中坚。"[23]在晁补之看来，花梨、枞木、柏木、檀木均是"外泽中坚"的良木。

在目前能看到的宋代家具实物中，尽管尚未发现硬木家具的遗存，但是根据以上记载，再结合一些宋画上描绘的具有劲瘦风格的家具图像来说，可以想象，在当时，一些硬木是得到开发的，[24]只是由于年代久远，又因为在日常生活中实际使用，所以即使是硬木家具也不易保留至今。上世纪70年代，浙江瑞安慧光塔出土了北宋描金填漆经函，为檀木所制，但究竟为何种檀木，却因为收藏与研究机构的工作没有深入进展而不为人知，但颇有可能为硬木。除此之外，笔者相信在将来的考古发现中，宋代硬木家具实物是会有所发现的，这将填补宋代家具研究之缺憾。

4.4 竹、草、藤

除了木材，竹、草、藤等天然材料也是当时家具制作经常选用的材料。它们一方面价廉物美，本是下层百姓常用的家具材料，另一方面也是宋代文人、雅士、僧侣等喜爱的家具材料，其间散发出的质朴清新之美往往是他们的自觉审美追求，对他们的生活与意趣也构成了特别影响。

竹是宋代家具制作选用较多的材料。竹的生长期短，有淡竹、水竹、刚竹、苦竹、青竹、桃竹、毛竹、紫竹和楠竹等200多种，尤其是长江流域与华南沿海地区的湖南、湖北、安徽、四川、浙江、福建与广东，资源丰富。以竹制作的家具品类多样，各具特色，有许多优点：一、夏天给人以凉爽的感觉，此感既源于触觉，也源于视觉，如多数竹子具有碧绿的色彩，令人感到凉爽；二、给人以质朴感，竹家具保留了竹材原有的天然纹理，有返璞归真的意趣；三、是一种可持续开发的绿色材料，三四年即可成材，砍伐后可很快再生，利于环境保护；四、品种多，其质地色彩、肌理、粗细可给人多种选择，能够较好地满足人们多方面的需要；五、竹家具在民间较流行，因为其成本低，可塑性较强。

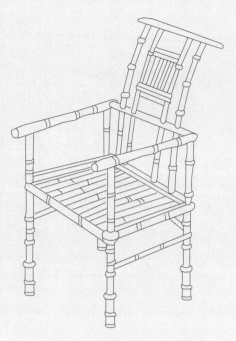

图4-2 南宋马公显《药山李翱问答图》中的竹椅

竹子自古以来就被用于制作家具，例如早在《尚书》中就记载今天湖北荆州一带的竹制品被列入当时的地方名品。[25]由于竹家具的这些优点，我们可以发现有些明清家具乃是直接摹拟竹家具的造型与结构特点而成，甚至有的工艺十分精湛，对竹家具的一些细微之处也仿制得惟妙惟肖。

竹子除了具体的实用功能，在中国，自六朝以来，还逐渐被赋予了丰富的人格思想。历史上最早将竹子与人相联系是流传甚广的女英、娥皇的故事，据晋人张华记载："尧之二女，舜之二妃，曰湘夫人。舜崩，二妃啼，以涕挥竹，竹尽斑。"[26]因此，在早期，竹子多与女子的哀愁相联系。直到六朝，"竹林七贤"的故事逐渐流传开来以至于深入人心，人们才把竹与君子的品德联系在一起。而为何七贤们游于竹林，而非其他的树林，则有可能与佛教有关。六朝时佛教大盛，东晋法显《佛国记》和唐玄奘《大唐西域记》中都记载了

印度的"竹林精舍"，这是当时最早的寺庙之一，也是释迦牟尼宣扬佛教之地。竹子的"空心"也是佛教"空"、"无"观的具体体现。这样竹成了逸士高人品格的一种代表，七贤游于竹林在当时人看来颇为自然。譬如，唐杜甫诗《案题江外草堂》和薛涛诗《酉州人雨后观竹》均将竹子与七贤、舜妃联在了一起。

到了宋代，以上这种倾向更为明显，文人们咏竹，画竹，将竹进一步人格化，这一思想也被提到了很高境地，例如苏轼在"食者竹笋，庇者竹瓦，载者竹筏，爨者竹薪，衣者竹皮，书者竹纸，履者竹鞋"的认识基础上公然说："宁可食无肉，不可居无竹。无肉令人瘦，无竹令人俗。"他甚至如此赞美文同的画竹艺术："与可（文同之字）之文，其德之糟粕；与可之诗，其文之毫末。诗不能尽，溢而为书；变而为画。皆诗之余。"[27]这里，文同的墨竹俨然已成为其品德与文才的显现。可见无论上层社会，还是下层民众，对竹家具的钟爱是有深厚思想基础的。当时的文人们开拓出了一个"爱竹"的新境界，有的将竹材制成文房清玩与雅器，日日与之相对，以养清雅的品格。

竹制家具在宋代受到人们的喜爱而较为流行。比如，在南宋杭州发生的"苗、刘之变"中，宋高宗与孟太后均在城头上坐过竹椅。而宋高宗在南逃至台州临海时也曾使用过竹椅，为此赵彦卫记有："御坐一竹椅，寺僧今别造，以黄蒙之。"[28]在现存的宋代图像资料中，竹制家具也有不少，例如：南宋佚名《六尊者像》中"第三拔纳西尊者"所坐竹椅、宋佚名《文会图》中的靠背椅与足承、宋佚名《白描罗汉图册》中的竹制扶手椅、宋佚名《十八学士图》中竹制玫瑰椅、宋佚名《五学

士图》中的竹制书柜、南宋马公显《药山李翱问答图》中的竹制扶手椅（图4-2）、《张胜温画梵像》中僧璨与神会大师坐的两件四出头竹制扶手椅等，不过较难识别这些画中家具究竟为何种竹子所制。

到了夏天，竹床颇受百姓尤其是文人青睐，如苏辙诗中就有"冷枕单衣小竹床"[29]之句，南宋杨万里亦有诗云："已制青奴一壁寒，更指绿玉两头安。"[30]竹席同样受到文人喜爱，宋代的席有凉、暖席之分：凉席多由竹、藤、苇、草、丝、麻等编成；暖席多由棉、毛与兽皮制成。当时薪水（今湖北浠水，在湖北黄冈东）出产的一种品质甚佳的竹席名曰"薪簟"，欧阳修一次偶得薪簟，十分高兴，作诗道："呼儿置枕展方簟，赤日正午天无云。"[31]为此，王安石作诗中曰："薪水织簟黄金文"。[32]苏轼也有诗曰："竹簟暑风招我老，玉堂花蕊为谁春。"[33]另外，宋曹修睦知邵武军时，常以竹席赠人，并作诗出："翠筠织簟寄禅斋，半夜秋从枕底来。"[34]宋王观对竹席的功用还有其他见解，他说："惟芍药及时取根，尽取本土，贮以竹席之器，虽数千里之远，一人可负数百本而不劳。"[35]

竹还被用来制作竹夫人，此物唐代叫竹夹膝、竹几，至宋称竹夫人、青奴、竹奴、竹姬等。中国的许多地区夏季炎热，竹夫人得到了广泛使用。人们或取整段竹，贯穿中间，四周开洞；或用竹篾编成中空的圆柱形，四周有竹编网眼。这些均是根据"弄堂穿风"的原理取凉。热天置竹夫人于床席之间，成为消暑的清凉之物，可拥抱，可搁脚。若白天将其置于凉水里浸泡，晚上纳凉效果更佳。崇尚诗意生活的苏轼有几首诗均涉及竹夫人，如"留我同行木上坐，赠君无语竹夫人"[36]；"蒲团蟠两

图4-3 南宋刘松年《松阴鸣琴图》中的藤墩

膝，竹几阁双肘"[37]；"闻道床头惟竹几，夫人应不解卿卿"[38]。他还自注："俗谓竹几为竹夫人。"[39]陆游也有诗曰："瓶竭重招曲道士，床头新聘竹夫人。"[40]宋方夔也有诗曰："凉与竹奴分半榻，夜将书嬾伴孤灯。"[41]宋孙奕则提出："山谷喜为物易名，郑花则易为山矾，竹夫人则易为竹妃。"[42]由此可见宋代文人对这种竹制家具的由衷喜爱。

轿也可用竹来制作，如宋人有诗曰："驿路泥涂一尺深，竹舆高下历千岑。"[43]此处的"竹舆"即竹轿。竹也用来制作屏风，如"竹屏风下凭乌几（以乌羔皮裹饰的小几），画作《柯山居士图》。"[44]

当时的席也有以草来制的，且以菅席为佳，但价钱不菲，如陆游就曾有"百钱买菅席"[45]之感喟，他还在诗中说："菅席多年败见经，布衾木枕伴残更。"[46]

此外，藤也被用于家具制作，其中主要是藤墩。宋佚名《浴婴图》、宋佚名《勘书图》、南宋佚名《荷亭对弈图》、宋佚名《五学士图》、宋佚名《消夏图》、宋佚名《梧阴清暇图》、宋佚名《十八学士图》、南宋刘松年《松阴鸣琴图》（图4-3）、南宋刘松年《罗汉图》、南宋苏汉臣《桐阴玩月图》等画中均有对藤墩的描绘，有的刻画得十分细致。

藤床也有使用，如宋代文人朱或《萍州可谈》中记录的一则王安石轶事（详见本书《2.2.1床》）就与官府藤床有关。

4.5 结语

诚然，探析宋代家具材料的第一手资料应是家具实物，宋代家具实物虽然也出土了一些，但是目前能标明材质的只是少数。究其原因，有的因为表面髹漆，有的因为损坏严重，有的因为只是明器而已，有的则出于对文物完整性的多虑，因为要做木材鉴定，就需一定体积的木材切片（实际上鉴定时只需很小的切片，如1cm×1cm×1mm）。也有的因为有关单位不太关注这些问题，认为统称为木制并无不妥，这样不免导致一些宋代木家具（如解放前于巨鹿出土的著名的北宋木椅、木桌，1970年内蒙古翁牛特旗解放营子出土的辽代木桌、木床等）所用具体木材至今不为人知。所以若想揭开更多宋代家具材料的真面目，尚需研究者、文物单位与木材鉴定部门的进一步密切合作。

注释:

[1] (宋)苏颂《图经本草》。

[2] （南宋）戴侗《六书故》。

[3] （南宋）袁采《袁氏世范》。

[4] （南宋）方回《桐江续集》卷一五《沂江回溪三十里入婺源界》。

[5] 这种农具至今仍在水田中被人们使用，多被称为秧凳。

[6] 《苏轼诗集》卷三十八。

[7] (宋)陈翥《桐谱·所宜》。

[8] (宋)陈翥《桐谱·采研第六》。

[9] （南宋）陆游诗《自嘲》。

[10] (宋)陆佃《埤雅·释木·释梓》。

[11] (宋)王禹偁诗《瞿使君挽歌》之二。

[12] (北宋)李诫《营造法式·诸作功限一·锯作》。

[13] 《古今图书集成·职方典》卷二四一，引周炜《润济侯庙记》。

[14] 这种瘿瘤也叫楠榴、楠瘤，俗称楠木疙瘩。

[15] (北宋)梅尧臣《和王仲仪咏瘿二十韵》。

[16] （宋）孔平仲《续世说·雅量》。

[17] （宋）陈与义词《菩萨蛮·荷花》。

[18] （南宋）陆游《老学庵笔记》卷一。

[19] （宋）叶廷珪《名香谱》。

[20] （北宋）徽宗赵佶《宣和宫词》。

[21] （宋）赵汝适《诸蕃志》。

[22] （唐）陈藏器《本草拾遗》。

[23] （宋）晁补之《七述》。

[24] 虽然硬木家具的兴盛期晚至明代中后期才开始。

[25] 《尚书·禹贡》。

[26] （晋）张华《博物志》。

[27] （宋）苏轼《文与可画墨竹屏风赞》。

[28] （南宋）赵彦卫《去麓漫钞》卷七。

[29] （北宋）苏辙诗《病退》。

[30] （南宋）杨万里诗《竹床》，《诚斋集》卷三一。

[31] (北宋)《欧阳修全集·居士集》卷八。

[32] (北宋)王安石诗《次韵欧阳永叔端溪石枕蕲竹簟》。

[33] (北宋)苏轼《玉堂栽花周正孺有诗次韵》。

[34] 转引自吴处厚《青厢杂记》卷一〇。

[35] （宋）王观《芍药谱》。

[36] (北宋)苏轼诗《送竹几与谢秀才》。

[37] (北宋)苏轼诗《午窗坐睡》。

[38] (北宋)苏轼诗《次韵柳子玉》。

[39] (北宋)苏轼《次韵柳子玉》。

[40] （南宋）陆游《初夏幽居》诗之二。

[41] （宋）方夔《杂兴》诗之三。

[42] （宋）孙奕《履斋示儿编·杂记·易物名》。

[43] （宋）陈渊诗《过崇仁暮宿山寺书事》。

[44] （宋）张耒《东堂初寒创意作竹屏障》诗之二。

[45] （南宋）陆游诗《冬夜》。

[46] （南宋）陆游诗《秋晚》。

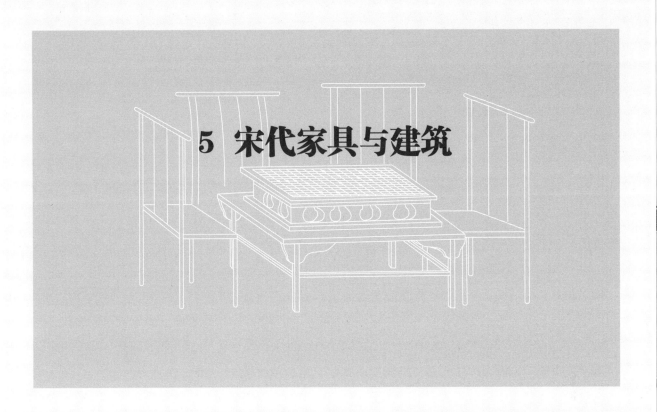

5 宋代家具与建筑

5.1 中国传统家具与建筑的关系

　　中国古代建筑经过奴隶社会到封建社会初期，已形成独特的建筑体系，即以竖柱与横梁构成的大木梁架结构为主要形式。其建造材料虽有木、竹、荻、苇、土、石、砖、瓦、陶、铜、铁、琉璃等多种，但是木材始终是主要的，占有相当大的比重，甚至本应以砖、石材料为主的墓穴建筑也大量模仿木结构建筑，例如河南禹县白沙宋墓就是目前已发现的此类墓中仿木建筑最复杂的，河北宣化辽墓中也有不少这样的实例。正因为中国古代建筑多以木材为构件，故建筑构件的名称多为"木"旁，如柱、梁、枋、楹、檐、楣等。自古以来，柱、梁、枋就是中国传统建筑的重要承重构件，其中柱为主要垂直承重构件，屋顶所承重量自上而下，通过柱子传至柱础；梁是水平受力构件，一般支撑在两柱顶端或其他的梁、枋上，

枋则是水平承重和联系柱的构件。于柱上架梁枋的结构是中国古建筑中很早就采用的框架结构，这也是房屋的主体结构。

　　中国传统家具与建筑的具体关系可在家具榫卯与建筑榫卯，家具的腿与建筑的柱，家具的牙子与建筑的替木，家具的围子与建筑的门窗棂格，家具的束腰与建筑的须弥座等方面找到密切联系，二者关系实际上是难以分离的，特别是家具与建筑小木作的相互影响与借鉴更能体现这一点。

　　以家具与建筑的榫卯关系为例，我们在距今7000年以前的浙江余姚河姆渡遗址中就已发现具有榫卯的房屋木构件。这些榫卯构件说明早在那时中国先民已脱离了原始穴居生活而进入地面建屋的定居生活了。河姆渡遗址发现的榫卯已有多种，如凸形方榫、圆榫、双层凸榫、燕尾榫及木板企口拼接等形式。建筑分大木作与小木作，无论是大木作，还是小木作，木构件中凸者为榫，凹者为卯，二者交接便成

为榫卯，榫卯构件受到的外力越大，榫卯之间连接得越牢固。它们之间无需钉子之类的附件加以固定，仍可做到扣合紧密，连接合理。和服务于建筑结构主体的大木作相比，小木作是指建筑中那些非结构性的木作内容。建筑中的槅窗、格子门、天花、屏风等小木作对室内空间起到了划分作用，小木作的大发展是唐代以后的事情，这为宋代家具工艺的发展奠定了坚实基础。

陈从周先生在其《说园》中将家具喻为"屋肚肠"，形象地说明了建筑与家具的关系，即家具是建筑形式与功能的补充与延伸，二者在许多方面均有相关性。家具虽然发展到了后来，具备了相对独立性，甚至对建筑也产生影响，例如后来建筑中承托梁柱的底座——柱础形式就开始从家具中借鉴，庙宇、道观等的柱础多采用莲花式、覆盆式、莲花卷草式等，而民宅柱础则更多变，它们中有不少就原本属于家具腿足的装饰形式。另外，虽然家具榫卯结构是从建筑木作技术中发展而来，但是到了宋代以后，特别是明清，其结构工艺发展到高峰，复杂巧妙，精确耐用，并自成体系，对建筑也产生了一定影响。

家具作为建筑的附属物，其尺度首先取决于建筑空间的大小。当人们的生产力与技术水平发展后，建筑也日趋复杂、高大，斗栱、抬梁等建筑构件也逐渐加大了建筑物的高度与跨度，这一变化又必然对家具的尺度与高低提出了新要求。总之，建筑对家具的影响始终未曾断绝过。

5.2 关于宋代建筑

中国建筑在漫长的发展过程中始终保持了自身特点，历魏晋隋唐而宋，形成了数座高峰。宋代虽然在军事上衰弱，但是手工业却获得了很大发展，科学技术上也取得了很大进步，使宋代成为中国建筑发展史上的重要转型期，宋代建筑一改唐代建筑的雄浑厚重，趋于秀丽丰富。

就整体而言，宋代祭祀建筑布局严整，官式建筑定型，结构简化而装饰性加强，而都市中的建筑形式更为复杂多样。这时的建筑在组合方面加强了进深方向的空间层次，以衬托主体建筑，建筑内部的装修也变得丰富多彩。宋代日益发展起来的手工业和商业突破了早期夜禁和里坊制度的束缚，形成了商业城市的格局，构成了临街设店、按行成街的布局，多规整方正。城市中的建筑有了新发展，北宋都城汴梁（今河南开封）更是呈现出空前繁荣的商业城市特征。市民阶层兴起使人们的审美趣味更趋于世俗化，北宋张择端《清明上河图》就充分地体现了这一点。我们从中可看到北宋末期城市建筑的多样性表现，如房屋建筑可分为村宅院、城楼寺院、官僚宅第、城市民居和商业店铺，商业店铺又可分为小酒店、花园型酒店、宅邸型酒店和楼型酒店。白矾楼、欣乐楼是东京汴梁的名楼，豪华壮丽。据孟元老记载："白矾楼，后改为丰乐楼，宣和降，更修三层相高。五楼相向，各有飞桥栏槛，明暗相通，珠帘绣额，灯烛晃耀。"[1]这是一座由五座楼组成的建筑群，彼此独立而又相望，以飞桥为通道。因西临皇宫，故"内西楼，后来禁人登眺，以第一层下视禁中"[1]。而欣乐楼在大门和楼阁之间设百步柱廊，可供数百名酒女侍酒。

宋代建筑还呈现出园林化趋向。这时不但都城中的王侯宅第园林增多，而且文人、商人的宅第与公共园林、寺观祠堂也大量出现。特别是文人园林更是发扬光大，并由简朴的田园林居式的花园演变为可以观景抒意的"写意之园"。老子《道德经》曰："人法地，地法天，天法道，法道自然。"这种思想作为中国古代建筑美学主导思想的天人合一观，不仅体现了上古中国人的自然观念，还影响了宋代园林建筑。这时候，格外看重自然意境的园林兴起，私家园林和皇家园林的实践逐渐丰富。作为文人、画家的宋徽宗还亲自参与设计建造山水园林，集叠山、置石、理水、花木、建筑为一体，讲究诗情画意的结

图5-2-1　河北正定隆兴寺摩尼殿

合。徽宗曾说："岩峡洞穴、亭阁楼观、乔木茂草，或高或下，或远或近，一出一入，一荣一凋。四而周匝，徘徊而仰顾，若在重山大壑、幽谷深岩之底，不知京邑空旷坦荡而平夷也，又不知郛郭寰会纷萃而填委也。真人造地设、神谋化力，非人力所能为者。……东南万里，天台、雁荡、凤凰、庐阜之奇伟，二川、三峡、云梦之旷荡。四方之远且异，徒各擅其一美，未若此山并包罗列，又兼其绝胜。飒爽溟涬，参诸造化，若开辟之素有，虽人为之山，顾岂小哉？"[2]北宋曾巩也对园林有独到见解，他说："初，君之治此堂，得公之余钱，以易其旧腐坏断。既完以固，不窬寒暑，辟而即之，则旧圃之胜，凉台清池，游息之亭，微步之径，皆在其前。平畦浅槛，佳花美木，竹林香草之植，皆在其左右。"[3]北宋文人晁补之致仕后在济州营造私园归去来园，园中景题皆"摭陶(渊明)词以名之"，如松菊、舒啸、临赋、遐观、流憩、寄傲、倦飞、窈窕、崎岖等，意在"日往来其间则若渊明卧起与俱"。所以，宋代园林融自然美与人工美于一体，以人工建筑和岩壑、池水、花木等元素来表现园林主人想要表达的艺术境界，当时较有代表性的还有苏舜钦的沧浪亭和司马光的独乐园等。

我国现存的宋代建筑并不多，河北正定隆兴寺是保存较好的宋代建筑代表。天王殿是隆兴寺现存4座宋代建筑中最古老的一处，而寺内价值最高的殿阁是摩尼殿(图5-2-1)，它建于北宋皇祐四年（1052），歇山顶，重檐，十字形平面，重叠的立体布

图5-2-2 北宋赵佶《瑞鹤图》

局，是宋代绘画描绘过的宋代建筑形式中唯一现存的实例。1933年，梁思成先生调查正定古建筑时说："这种布局，我们平时除去故宫紫禁城角楼外，只在宋画里见过，那种画意的潇洒，古劲的庄严，的确令人有一种不可言喻的感觉，尤其是在立体布局的观点上，这摩尼殿重叠雄伟，可以算是艺臻极品，而在中国建筑物里也是别开生面。"[4]

山西太原晋祠正殿及鱼沼飞梁也是现存的宋代建筑。其标志性建筑——圣母殿创建于北宋天圣年间(1023～1032)。殿高约19米，重檐，歇山顶，平面近于方形。殿身四周有围廊，廊下宽敞，殿周柱子略向内倾，四根角柱显著升高，使殿前檐曲线弧度变大，下翘的殿角与飞梁下折的两翼相互映衬，一起一伏，一张一弛，显示出飞梁的巧妙和大殿的开阔。另外，斗栱和柱高的比例适当，避免了隋唐建筑中木料的浪费，在式样上也更富于艺术性。晋祠内的殿、桥、亭、鱼沼，相互陪衬而又浑然一体。

广东潮州开元镇国寺内主殿——天王殿也为宋代建筑，殿顶为四重檐，双滴水，有鸱尾和双龙夺宝装饰，琉瓦，彩甍，丹墙，蔚为壮观。还以龙头斗栱层层向上散开，最多达11层。日本著名的东大寺佛殿也是宋代式样，并与开元寺天王殿相似，是当时日本学习宋代寺庙建筑的产物。

另外，宋代以寺观为主体的名山风景区数量之多也远超前代，如今全国各地的风景名胜在宋代多已建设成型，属于明代以后才开发的则很少。

今天我们研究宋代建筑，现存的宋代绘画发挥了很大作用，其中特别是以描绘建筑为主的界画更是功不可没。当时的一些界画家精通建筑营造之法，有的甚至高于当时的建筑名匠。例如，"郭忠恕画殿阁重复之状，梓人较之，毫厘无差。太宗闻其名，诏授监丞。将建开宝寺塔，浙匠喻皓料一十三层，郭以所造小样末底一级折而计之，至上层，余一尺五寸，杀收不得，谓皓曰：'宜审之。'皓因数夕不寐，以尺较之，果如其言。黎明，叩其门，长跪以谢。"[5]此例生动说明了画家郭忠恕在营造活动中体现出来的高超水平，连建筑大匠喻皓也对他钦佩不已。北宋艺术评论家刘道醇也留下了画家与营造关系的资料，例如在谈到宋代营建玉清、昭府等的设计时，他说："太宗方营玉清，(吕)拙画郁罗萧台样上进，上揽图嘉叹。卜匠氏营台于宫。迁拙待诏，不受，愿为本宫道士，上赐紫衣。""大中祥符初，上将营玉清、昭府等宫，敕(刘)文通先作一小图样，然后葺成。丁朱崖命移写道士吕拙郁罗萧台样，仍加飞阁于上，以待风雨，画毕，下匠氏为准，谓之七贤阁者是也，天下目为壮观。"[6]文中所说参与玉清等宫殿的设计的吕拙、刘文通均是宋初画家。

宋代建筑类型丰富，如宫、殿、厅、堂、台、榭、楼、阁、斋、室、轩、廊、亭、桥、门等，因"非壮丽无以重威"，宋代宫殿建筑多壮观、华丽、规整。虽所存甚少，但它们在宋画中得到了详尽表现，建筑屋顶多用歇山顶(宋代称九脊殿)，也有用庑殿顶的，其形象可见于北宋赵佶《瑞鹤图》（图5-2-2）中所描绘的皇宫正门宣德楼上的绿琉璃瓦殿顶，以及《清明上河图》中的城楼和《明皇避暑宫图》中建筑群中的一座小殿。两宋山水画家喜欢以建筑物点缀自然山水，表达出自然景观与人文景观相结合的审美趣味。这既反映了私家园林建筑之盛，也说明唐代白居易所倡导的中隐思想已在其中得到了实现。北宋郭熙在其画论中还对画中建筑选址作了专门阐述："店舍依溪不依水冲，依溪以近水，不依水冲以为害；或有依水冲者，水随冲之必无水害处也。村落依陆而不依山，依陆以便耕，不依山以为耕远；或有依山者，山之间必有可耕处。""画僧寺道观者，宜横抱幽谷、深岩、峭壁之处。唯酒肆、旅店，方可当途村落之间。以至山居隐遁之士，放逸之徒也，务要幽僻。有广土处，可画柴扉、房屋、平林、牛马耕耘之类。"[7]

宋代建筑虽有大量实例，但是对其进行总结与归纳的建筑学著作流传下来的很少。宋初名匠喻皓曾著有《木经》三卷，但已失传。在此书的基础上，宋神宗时期的李诫编纂了《营造法式》，这标志着中国古代建筑技术与思想的集大成，它以木材为本位的具体化、标准化、模数化的建筑观，显示出宋朝领先于当时世界的建筑学成就，对当时及以后的中国建筑影响深远。

5.3 宋代家具与建筑

5.3.1 框架结构与建筑

宋代家具的框架结构借鉴了建筑的大木梁架结构，这也是对隋唐家具的继承与发展。大木梁架是我国传统木结构建筑中的一种骨架，即在柱上用梁和矮柱重叠装成，用以支承屋面。我国梁架结构建筑的发展至宋代更加完善，这种做法对家具影响很大，家具制作中甚至出现模仿建筑木构架的式样和做法，使家具造型以梁柱式框架结构代替了以前成熟的箱形壶门结构，并逐渐成为家具结构的主体。这种仿建筑木构架的做法在目前出土的宋代桌、椅中表现得十分明显，它们在造型、结构等方面受建筑影响最深的也正是这种梁柱式的框架结构。以宋代椅子为例，其足与横枨的结构关系就类于宋代建筑中柱与梁的关系。宋代的起居方式的变化使得小木作和家具在建筑中的重要性也越来越显著。随着家具框架结构的发展，板材也由厚到薄，由实心板到攒框板，而攒边打槽装板法是其中的一个实质性飞跃，这在宋代家具中已大量运用。这些结构的革新促使承重结构与围护填充结构的分离，使家具由箱型发展为框架型。早期用材厚重的风格也向简炼实用、经济节约的方向发展。所以，宋代及以后，在家具与建筑小木作中，大面积的板面多以施就格角榫的四边作框，中间嵌薄板心，并衬以穿带，板心虽薄，但不翘曲。譬如，河北宣化辽张文藻墓中出土的家具（如两件木桌）即是如此，甚至整个墓室也模仿木制建筑结构，从墓门开始到墓室内部，都做出斗栱与梁枋。

5.3.2 收分、侧脚与建筑

宋代家具还进一步发展了原先从建筑中吸收到的收分与侧脚。在李诫《营造法式·总例》中，对于柱子形体的径围和斜长的比例、数字等均作了规定，以便于工匠掌握。其中有梭柱做法，将柱身依高度等分为三，中、下段平直，上段有收杀。为了使建筑稳固性增加，还规定外檐柱在前后檐向内倾斜柱高的10／1000，在两山向内倾斜8／1000，而角柱则在两个方向都有倾斜，这种做法统称为侧脚，这对榫卯结构能起到很好的结合与紧固作用，同时也增加了建筑的轮廓变化。侧脚与收分虽然在施工标准的掌握上难度较大，但是可以增加建筑构架的稳定性，因此一直沿用至明代。在宋代，不少椅子即以腿(柱)为支，以枨(梁)为架，采用源于建筑上收杀与侧脚的做法，形成了中国家具上独特的收分与侧脚形式（此形式在唐代家具中已有运用）。当然，由于家具尺度远小于建筑，因此在收分与侧脚的程度上要大于建筑。例如，北京辽金城垣博物馆藏金代木灯挂椅、浙江宁波东钱湖南宋石椅均有如此特征。

5.3.3 家具束腰造型与建筑

宋代家具中，具有束腰以及高束腰造型特点的家具无论是实物，还是图像均有一些遗存。这一特征无疑是延续了隋唐五代的传统，继续借鉴建筑中须弥座的形式并加以发展而成。中国古代建筑中台基一类的建筑多为须弥座式，由多层叠涩砖构成，到了宋代，这一形制基本上定型，而且束腰部位明显增高，有些以间柱分隔，柱间再饰以壶门和伎乐天女、菩萨等图形，成为台座的结构与装饰重点所在。这一时期的家具中，以盆架为例，山西大同金代阎德源墓出土的木盆架即为高束腰形式，腰间有"卐"字纹透雕。山东高唐金虞寅墓壁画、河南禹县白沙宋墓壁画中的盆架与之几乎如出一辙。在此时桌、案、椅等家具中，一般来说，束腰家具对应于箱式结构，而无束腰家具对应于框架结构，这种大致的对应关系在后来的明清家具中更为明显。

5.3.4 椅子搭脑与建筑屋脊

如若将家具比作缩小版建筑的话，那么，椅子的搭脑好比是建筑的屋脊，二者之间充满着微妙的内在联系。宋代椅子搭脑形状变化丰富，有直、曲两大类，直者如灯挂椅、四出头官帽椅，曲者如弓背椅、牛头椅；宋代建筑屋脊形状也变化多端，有直、曲两大类，直者如硬山、悬山，曲者如庑殿、歇山。

宋代椅子搭脑上的装饰（如龙头、凤头、灵芝和云头等）和宋代建筑屋脊上的鸱吻、兽头等也有着装饰性、象征性和吉祥性上的内在关系。鸱吻、兽头是当时屋脊上常见的辟邪物、装饰物，鸱吻是由南北朝以后的鸱尾逐渐发展而来，在宋代开始流行。其形状是张口吞脊，尾翘卷，一般用于宫殿建筑中，而兽头则多用于民间建筑。宋人高承说：'海有鱼，虬尾似鸱，用以喷浪则降雨。汉柏梁台灾，越巫上厌胜之法；起建昌宫，设鸱鱼之像于屋脊，以厌火灾，即今世鸱吻是也。"[8]另外，"宫殿置鸱吻，臣庶不敢用，故作兽头代之，或云以禳火灾。今光州界人家屋皆兽头，黄州界惟官舍神庙用之，私居不用，云恐招回禄之祸。相去百里，风俗便不同。"[9]宋代建筑屋脊上这些辟邪物与装饰物的发展变化在潜移默化中会对宋代家具构成影响。

5.3.5 家具栌斗形式与建筑

一些宋代椅子以栌斗相承托的形式也是借鉴当时建筑结构的做法，此法早在唐代家具中就有发现，这时候又做了进一步发展，如在南宋时大理国《张胜温画卷》中，贤者买纯嵯所坐四出头扶手椅的后腿立柱与搭脑连接处即用这一结构，而弘忍大师坐椅扶手与前足、短竖枨的交接处也以栌斗形式来承接。二者对栌斗形式的运用明显比唐中期高元珪墓壁画中的扶手椅成熟一些而更具有椅子自身形式的特点。

5.3.6 家具等级性与建筑

宋代家具不但注重实用，而且有等级差别，皇室家具、贵族家具、文人家具、民间家具之间的高低贵贱、雅俗简繁具有较大区别。以高型坐具为例，当时的宝座、扶手椅、靠背椅、墩、凳等自然而然地形成了使用者身份的不同。宋代建筑也同样如此，譬如《宋史》载："宰相以下治事之所曰省、曰台、曰部、曰寺、曰监、曰院；在外监司、州郡曰衙……私居，执政、亲王曰府，余官曰宅，庶民曰家。诸道府公门得施戟，若私门则爵位穹显经恩赐者，许之……诸州正牙门及城门，并施鸱尾，不得施拒鹊。六品以上宅舍，许作乌头门。父祖舍宅有者，子孙许仍之。凡民庶家，不得施重栱、藻井及五色文采为饰，仍不得四铺飞檐。庶人台屋，许五架，门一间两厦而已。"[10]在宋代建筑的实际表现中，虽然未必严格执行，但是不同阶级、阶层所居住的建筑是泾渭分明的，这与家具的等级性是如出一辙的。另外，此时兴起的理学在强调封建等级性方面也起到了推波助澜的作用。

5.3.7 家具理性美与建筑

在整体上，宋代家具与建筑之间有着千丝万缕的联系。宋代家具在总体上所具有的简约实用的理性美不仅与当时盛行的程朱理学思想以及文人艺术观念相关，也与当时的建筑标准化思想不无联系，宋代建筑的这一思想又与李诫《营造法式》密不可分。此书是王安石推行改革的产物，目的是为了形成设计与施工标准，保证工程质量，节约开支，对各种建筑的设计、结构、用料和施工予以规范。书中对大木作的叙述特别详细，还配合文字说明，绘出各种图样。它还制订了以"材"为标准的模数制，把"材"的大小分为若干等，根据建筑类型划定材的等级。木构件的大小长短和屋顶的举折都以之为标准进行取舍，这样既简化了建筑设计手续，又便于估算工料和在现场进行预制加工。它规定："凡构屋之制，皆以材为祖。材有八等，度屋之大小，因而用之。"再

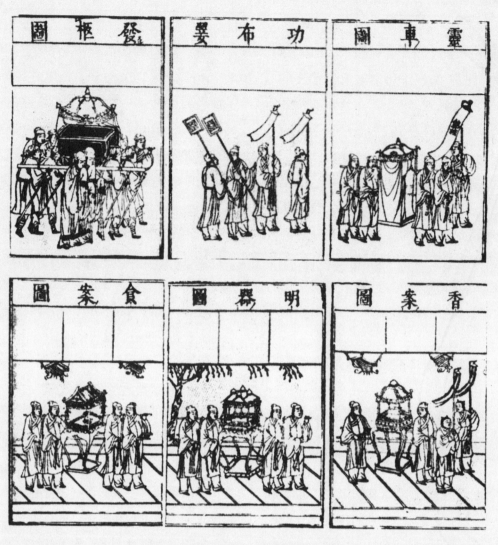

图5-2-3 南宋朱熹《朱子家礼》插图中的家具

如，对于梁、枋等受力构件断面高宽比确定为3:2，这种比例的科学性在于出材率高，受力性能好。在国际上直到17世纪末18世纪初，数学、物理学家帕仑特才提出如何从圆木中截取最大强度的梁，其得出的结果，梁断面高宽比大体与《营造法式》相同。在《营造法式》编修以前，由于缺乏工料定额，难以严格管理。例如宋仁宗时，开元殿的一根柱子需要修整，却被主管官吏随意夸大为更换13根柱子，耗银巨大。王安石变法期间，李诫针对以前缺点，

提出"法式系营造制度工限等，关防工料最为要切"，从而制定了相关规定。《营造法式》中所强调的标准化、模数化思想在当时的建筑中产生了重要作用，也自然会对建筑中的小木作与家具形成影响，简约实用的宋代家具在总体上趋于成熟的理性美与此大有关联。

在具体设计实践上，宋代家具更有强调标准化、模式化思想的经典范例，这可体现在宋人设计撰写的《燕几图》[11]中。虽然只设计了三种几，共7件，但可根据需要组合成"二十五

体"、"四十名"乃至多达76种形式,确为"智者之变"而为一绝!

5.3.8 家具多样性与建筑

宋代家具还体现了设计与制作的多样性特征,这与宋代建筑思想也有着直接与间接的联系。譬如前述李诫《营造法式》规定,凡关系到建筑坚牢、工程质量高下者,均通过用材制度严格控制,但在控制工料定额之时,要给工匠留有创造余地。特别是关系到艺术效果者,则可由工匠按一定原则结合实际情况"随宜加减",对于色彩,也可"或深或浅,或轻或重,随其所写,任其自然",因此,在《营造法式》中看不到对开间、进深、柱高等尺寸的具体规定。正是李诫等人将建筑视为具有艺术创造性的劳动成果,所以,今日我们能见到的宋代建筑遗物和画中形象才少有雷同。许多宋代建筑的檐口曲线分明,屋面依纵轴方向在两端翘起,与举架形成的横向曲线配合,形成略成双曲面的屋面。又由于屋脊曲线因脊檩端置生头木,使正脊起翘的造型生动多姿。这些无形中均会对建筑中的家具设计与制作产生直接或间接的影响,比如宋代家具的诸多品种中均有着丰富多彩的形态表现。

以几为例,当时除了传统的凭几,还有茶几、花几、香几、榻几、炕几、桌几、书几、宴几(燕几)等,宋画中的几有十分多样的表现:论腿,有直腿、曲腿、三弯腿、侧脚腿、收分腿、三条腿、四条腿、六条腿等,形式多样;论几面,有圆面、方面、六边形面、矩形面、围栏面等,形状各异;论腰,有高束腰、低束腰、无束腰等,姿态纷呈;论托泥,有带托泥式、无托泥式,表现不一。在束腰三弯腿式几中,南宋朱熹《朱子家礼》插图中的3件几(图5-2-3)可为代表。它们在原插图中分别叫做香案、明器、食案,是为当时的葬仪服务的。今天看来,画中家具的下半部实为一种束腰三弯腿带托泥的四足几。这3件家具的主要区别体现在几面以上部分,其造型均是模仿当时建筑样式:《香案图》中的为盝顶式,《明器图》中的为多顶式,《食案图》中的为歇山式。这种丧葬题材的风俗画使我们再次领略到了宋代家具与建筑的密切联系。

由此可见,宋人对家具设计思想驾驭的灵活性与《营造法式》中所体现的建筑灵活性设计观是有一定关联的,这使得宋代家具的设计者们自觉地将意韵美融入理性美,从而突出了宋代家具的魅力,显示了与唐代家具明显的风格差异。

注释:

[1] (宋)孟元老《东京梦华录》。

[2] (北宋)宋徽宗《艮岳记》。

[3] (北宋)曾巩《思政堂记》。

[4] 转引自《中国河北正定文物精华》前言,文化艺术出版社,1998年版。

[5] 转引自(宋)文莹《玉壶清话》。

[6] (北宋)刘道醇《圣朝名画评·屋木》。

[7] (北宋)郭熙《林泉高致》。

[8] (宋)高承《事物纪原》卷八《宫室居处部·鸱尾》。

[9] (宋)朱彧《萍洲可谈》卷二。

[10] 《宋史·舆服志》

[11] 详见(南宋)黄长睿《燕几图》,《丛书集成初编》本,商务印书馆,1936年版。

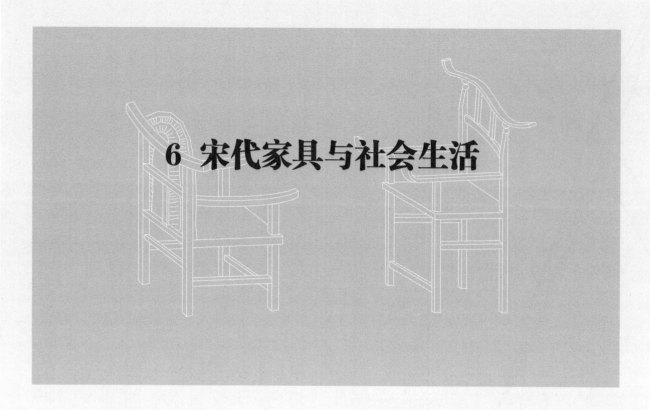

6 宋代家具与社会生活

中国宋代家具

6.1 宋代家具体现了起居方式的巨大转变

就宋代家具与宋代社会生活的关系而言，宋代家具既是宋代社会生活的产物，也是其重要的组成部分，而从家具的视角切入当时的社会生活，无论是对于宋代家具研究来说，还是对于宋代社会生活研究来说均可获得一些独特的发现。

宋代手工业与商品经济的发展影响了当时人们社会生活的方方面面,引起了生活方式的变化。无论是在城市还是农村，人们的生活都与市场发生着千丝万缕的联系，以致于在衣食住行、生产、消费等各个方面均显示出与前代完全不同的特点。以家具为例，我们可以看出作为宋人生活方式重要内容的起居方式的巨大转变。

隋唐五代时期，中国人在起居方式上是低坐与高坐的杂处，经过了宋初的发展，到了

北宋中叶以后，高坐家具已出现较多。以北宋张择端《清明上河图》为例，可见桌、凳等高坐家具已遍布汴京的市井，不过椅子的使用仍未普及（图6-1-1）。所以北宋时期人们对家具的使用在相当程度上仍体现了一种新与旧的包容，在起居方式上仍属于过渡阶段。到了南宋，我们在一些绘画上可以看到靠背椅、扶手椅等高型坐具已经比较普及。因为椅子是高型家具最具代表性的品种，因此，正是在南宋时期，中国人的起居生活方式在由低坐向高坐所展开的近千年的选择中最终有了根本性结果，中国人起居生活方式的最终特征也在这一长期过程中得以展现出来并延续至后世。

宋代家具形制变化所导致的起居方式变化的另一个具体表现还反映在当时的书法执笔方式上。我们知道在以汉代为代表的低坐起居时代，人们作书的执笔方式是"三指斜执笔法"，即人们跪坐于席（或榻）上，往往左手执卷，右手执笔而书，执笔右手因无凭借，右

图6-1-1　北宋张择端《清明上河图》中店铺里的桌、凳

手肘、腕均悬空。右手以拇指和食指握住笔管，以中指托住笔管，无名指和小指略向掌心弯曲而不起握管作用。这种执笔姿势与我们今天执钢笔之法相近，被后人称为"单苞"执笔法，启功先生还称之为"三指握笔法"。由于手执之卷略向斜上方倾斜，为了使卷与笔保持垂直状态，笔也略向斜上方倾斜，这种执笔姿势又被具体称为"三指斜执笔法"，此法可具体见于五代周文矩《文苑图》中那位执笔学士的手势中。另外，更为清晰的图像还可以见于宋佚名《辰星像》（图6-1-2）。此图中，辰星神坐于矮榻之上，左手执卷，右手执笔，其手姿就是"三指斜执笔法"（图6-1-3），这典型反映了由于低坐起居而形成的书写习惯。

随着高坐方式的逐渐流行，书写方式也随着发生变化，"双苞五指执笔法"逐渐形成。唐初，太宗开始提出执笔法的"腕竖、指实、掌虚"原则。晚唐卢携《临池诀》具体描述了"双苞五指执笔法"："用笔之法：拓大指，撅中指，敛第二指，拘名指，令掌心虚如握卵，此大要也。凡用笔，以大指节外置笔，令

动转自在。然后奔头指微拒，奔中指中钩，笔拒亦勿太紧，名指拒中指，小指拒名指，此细要也。皆不过双苞，自然腕虚实指。"

这种执笔法在以后的时代里在高坐方式的发展中也得到进一步完善，经宋到元，逐渐成为主流执笔法。今天，我们学习书法时最通用的执笔方法就是这种"双苞五指执笔法"，它是适应高桌高椅用来写中、小字的一种舒适与有效的形式。其与"三指斜执笔法"的区别在于笔通常垂直于桌面（即笔正），中指在笔管的前面，无名指托住笔管，小拇指抵住无名指。这样一来，五指均能发挥作用而可做到指实掌虚，利于中锋行笔。

宋代书法对执笔法多有论述，比如苏东坡提倡"三指斜执笔"，而黄庭坚推行"五指双苞执笔法"。苏、黄是书法"宋四家"中的两家，二人又是挚友，他们对执笔法的谈论在当时具有代表性。苏东坡主张："执笔无定法，要使虚而宽。"[1]其执笔是以拇、食、中三指的"单钩"斜执笔法，黄庭坚说东坡的执笔法"不善双钩"，"腕着而笔卧"[2]，"公

图6-1-2　宋佚名《辰星像》

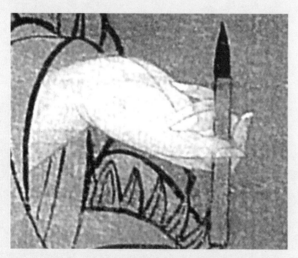

图6-1-3　宋佚名《辰星像》中的"三指斜执笔法"

书字已佳，但疑是单钩，肘臂着纸"[3]，而且他认为："凡学书，欲先学用笔，用笔之法，欲双钩回腕，掌虚指实，以无名指倚笔，则有力""凡学字时，先学双钩，用两指相叠蹙压无名指，高捉笔，令腕随已意左右。"[4]苏

东坡、黄庭坚是北宋中后期的人，黄庭坚使用"五指双苞执笔法"表明他已经习惯了高坐的起居方式，东坡虽然仍使用"三指斜执笔法"，但是他书写时又"腕着而笔卧"、"肘臂着纸"，说明他很可能是利用高桌来书写的，否则就不太可能"腕着而笔卧"、"肘臂着纸"。他的这一提倡虽然不排除是为了显示自己书艺的独特，即在高桌上使用传统低坐时期流行的"三指斜执笔法"，但是确实也给其书艺带来了一定程度的挑战。

在整体上，苏、黄所在时期的高型家具与高坐起居方式已接近普及，然而，低坐家具仍具有吸引力与潜力，而且从来没有真正退出过历史舞台。例如在南宋周季常《五百罗汉·应声观音》中，一白须老者右手使用的也是"三指斜执笔法"（图6-1-4），他并未低坐，而是站立着，似乎正准备着为其右侧的另一位老者手中长方形白纸勾描什么。即使到了元代，此法也未消亡，例如，在当时的画家张雨为"元四家"之一的倪云林所画肖像中，盘腿坐于榻上的倪云林左手持卷，右手握笔，使用的仍就是"三指斜执笔法"。

高坐起居方式不仅对书法产生了重大影响，还对某些和生活密切相关的实用艺术（比如铜镜）的设计与制造产生了重大影响。在低坐时代，人们对铜镜的使用主要以手持为主，而随着高坐起居方式的逐渐流行，开始出现了专用镜架（如见图6-1-5），而且不少也是高型的。由于铜镜主要是悬挂或倚靠在镜架上，其背面的效果已变得不再像以前那么重要，故而从商代以来流行到宋代的在铜镜背面制作精美装饰的手法式微。具体而言，两宋铜镜无论是在铸镜的规模上，还是在制作的精巧上均逊色于唐代。在装饰纹样上，北宋铜镜还比较讲

究，南宋铜镜则趋于衰弱。宋代铜镜还向轻薄型发展，由于这一特点，唐代铜镜上流行的浮雕在宋代铜镜上很少能看到了，而代之以平刻。另外还出现了窄边小钮无纹饰型铜镜，甚至出现了素面型铜镜，有的仅铸出产地或作坊字铭。宋代还一改唐代铜镜以圆形为主的模式，开始出现方形、长方形，并逐渐占有一席之地。宋代也有葵花形、菱花形铜镜，但它们的棱边已与唐代不同，较直，形成六边形。这些趋于方、直的造型选择也应与宋代镜架以及其他家具的方、直造型特征相关联。这样一来，宋代镜架的造型与装饰品类也变得丰富起来（详见本书《2.7 架具》）。总的看来，高坐起居方式对铜镜这一生活日用品带来的影响是较大的。

　　所以，虽然就整个宋代而言，这一时期集中反映了生活方式的巨大转变，但是在具体的表现之中，新与旧的交替仍然在作着丰富而美妙的演化。总的看来，由于被宋代人所奠定下来的生活方式在很大程度上已与我们今天的相差不大，因此，今人甚至还会依稀感觉得到宋人给予当代社会的影响。在宋代，人们生活方式的转变借助于家具这一具体载体可以得到多彩的体现，这在大量存世的宋人绘画中得到了较为充分地展示，因此我们在第三章中就这一点进行了较为深入的个案研究。

注释：

[1]《苏轼文集》卷七十《记欧公论把笔》，中华书局，1986年版。

[2]《黄庭坚全集·正集卷二十八跋东坡水陆赞》，四川大学出版社，2001年版。

[3] 转引自水赉佑《黄庭坚书法史料集》，第22页，上海书画出版社，1993年版。

[4]《历代书法论文选·黄庭坚论书》，上海书画出版社，1979年版。

图6-1-4　南宋周季常《五百罗汉·应声观音》中的"三指斜执笔法"

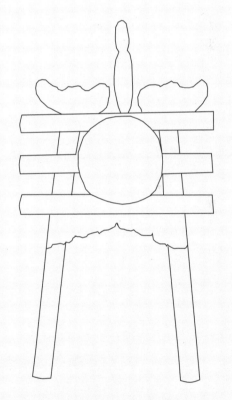

图6-1-5　河南郑州宋墓砖雕镜架

6.2 宋代家具是当时社会习俗的重要载体

图6-2-1　北宋李公麟（传）《孝经图》中的榻上"一几二椅"

　　宋代家具从不同角度为我们展现了当时社会习俗的许多方面，例如婚庆、丧葬、嫁娶、节庆、出行等，下面举例以明之。

　　在宋代婚庆习俗中，一些家具所扮演的角色也是至关重要的。例如北宋欧阳修记有："今之士族，当婚之夕，以两倚相背，置一马鞍，反令婿坐其上，饮以三爵，女家遣人三请而后下，乃成婚礼，谓之'上高坐'。"[1]此处的"倚"指的是椅，在两件相背而设的椅子上放一马鞍，令新郎坐在上面，就叫做"上高坐"。这一礼节据唐代末年苏鹗《苏氏演义》转引自《酉阳杂俎》说是源于北朝余风。苏鹗还进一步解释婚礼上坐马鞍的原因在于"夫鞍者，安也，欲其安稳同载者也"。不过，在椅子上置马鞍则是北宋年

间才流行的风俗。这时候，作为新型坐具的椅子成了重要的仪式载体，而且这一习俗一直流传到北宋末期才有了新变化。

　　据宋孟元老《东京梦华录》记载，在北宋后期的民间婚礼当中，在新娘子入门并进洞房后，再请新郎倌入新房。就在此时，"婿具公裳，花胜簇面，于中堂升一榻，上置椅子，谓之'高坐'。先媒氏请，次姨氏或妗氏请，各斟一杯饮之。次丈母请，方下坐。"宋人吴自牧《梦粱录》一书对于这一风俗的记载也与此相似。婚礼向来是中国人的头等人生大事，而这时婚礼的一个重要仪式即是以榻、椅这两种家具来具体承载的，可见宋代家具作为宋代社会习俗的重要载体是当之无愧的。另外，我们还要看到，这种所谓的"高坐"方式实际上是一种新旧生活方式的综合，榻是低坐时代的代表，而椅子则是高坐时代的象征。这一"高坐"表明的既是对传统的依恋，也是对新兴生活方式载体的兴趣。而关于榻上置椅子的家具陈设习俗如见北宋李公麟（传）《孝经图》（美国普林斯顿大学美术馆藏，图6-2-1），画面中，一件榻上有两件四出头扶手椅并排而设，中间配一茶几，一对夫妇端坐于椅上正在观看前面的表演，他们的旁边有仆人伺候着。这种榻上置椅的形式也是一种"高坐"，只是未必是和婚礼有关，因为

是反映《孝经》的内容，因此当和子女对父母的孝道相关。

　　吴自牧对于当时的嫁娶风俗还记有："先三日，男家送催妆髻、销金盖头、五男二女花扇、花粉盝、洗项画彩钱果之类。"[2]其中的花粉盝就是一种不可缺少的男方彩礼之一。盝是一种方盒，其盒盖由四角呈一定斜度斜下，这种造型的盒子自唐代以来就很流行。我们在河北宣化辽墓壁画中可以看到许多盝顶型的盒、箱，只是与这里嫁娶风俗中的用来装花粉的盒不同，宣化辽墓壁画中的不少盒子则是茶具，而且和当时的佛教颂经与丧葬礼仪有关。吴自牧记载"重午节"[3]时也描述过盝，其中，"红纱彩金盝子"是重要道具，不仅要"以菖蒲或通草，雕刻天师驭虎像于中"，还要"四周以五色染菖蒲悬围于左右"，可见作为庋具的盝承载的实际意义。

　　在宋代丧葬习俗中，存在着一种著名的"一桌二椅"的家具陈设形式，这种形式主要见于宋和金的墓室壁画上。如：河南禹县白沙宋赵大翁墓壁画、河南安阳小南海北宋墓壁画、河南安阳新安庄西地44号宋墓壁画、河南辉县百泉金墓壁画、山西闻喜县下阳金墓北壁壁画、河北曲阳南平罗北宋墓壁画等墓室壁画和宁夏泾源北宋墓砖雕（图6-2-2）等中。由目前的考古发现可知，我国以河南地区对"一桌二椅"这一家具陈设形式的运用最多，也最成熟。由于桌椅是最重要的高坐家具品种，在这里它们的组合已经定型，说明高坐起居方式已经在这一地区逐渐普及开来。由于这一形式的传播是如此之广，所以它应当是当时中国北方地区的重要社会习俗。以河南禹县白沙宋赵大翁墓壁画中的"一桌二椅"式（图2-3-7）为例，赵大翁夫妇相对端坐在靠背椅子上，虽

图6-2-2　宁夏泾源北宋墓砖雕中的"一桌二椅"

然这里的"一桌二椅"画的是侧面，但是二人均将头转过来，面对观众。据研究，这是表示正在观看歌舞表演（东壁的确有乐舞图壁画），所以这是一种典型的"夫妻开芳宴"的形式，他们中间的桌子上放着温酒用的酒注与注碗，后面有仆人端着各种器具在随时伺候着。作为墓室装饰上的《宴享行乐图》形式，可上溯到汉代，而在宋代，这种"一桌二椅"式的"夫妻开芳宴"可看作《宴享行乐图》在这一时期的代表形式。"一桌二椅"虽是宋代丧葬社会习俗中的重要形式，在正式的宋代绢纸绘画中却属于罕见，但不能排除这一形式在实际生活中的运用可能。前述北宋李公麟（传）《孝经图》（美国普林斯顿大学美术馆藏）中所描绘的也可以当作是一种《行乐图》，或是一种"一几二椅"式的"夫妻开芳宴"。

　　我们还可以通过江苏江阴北宋"瑞昌县君"孙四娘子墓出土的木桌（图2-4-13）和木椅（彩图·坐具3）发现一种独特的风俗习惯。木桌每只足均钉有侍俑，有的侍俑手中持物，木椅的两后腿也钉有侍俑。这些钉于桌椅腿上的侍俑具体说明了木桌椅的明器特征，这种其他地区没有的明器形式鲜明地反映了江阴在北

图6-2-3　南宋佚名《春游晚归图》局部

宋时期曾有过的特定风俗,这值得作进一步研究。

再如,南宋朱熹《朱子家礼》中的葬仪插图(图5-2-3)为我们描绘了南宋丧葬礼仪的一些具体细节,在这些图形中,可以发现家具在其中所担当的角色。这一插图分6幅进行了交代,即《灵车图》、《功布□》、《发柩图》、《香案图》、《明器图》和《食案图》。其中除了《灵车图》、《功布□》之外,其他4幅图的焦点均是某一种家具,《发柩图》中的是大箱子一类的灵柩,而《香案图》、《明器图》和《食案图》中的虽然名叫香案、明器和食案,但今天看来,其中大家所抬家具的下半部全是一种束腰三弯腿带托泥的四足几。如上一章所述,它们的区别则主要体现在几面以上,其造型都是模仿当时建筑的样式:《香案图》中的为盝顶式,《明器图》中的为多顶式,《食案图》中的为歇山式。由此我们可以得出后来明清家具中盛行的束腰三弯腿的造型早在南宋就已经在一些社会风俗中较为流行了(在其他的宋代绘画与出土实物中也可以看到一些束腰三弯腿的家具形象),这种束腰三弯腿带托泥的几在当时的民间丧葬风俗中具有重大作用,虽然人们给它起了不同的名称,而实质上它们的造型是大同小异的,从这里也可以反映出南宋人对丧葬道具的态度,即具体的形态是次要的,重要的是人们赋予它们的意义与内涵。

南宋佚名《春游晚归图》(图6-2-3)还为后人展示了当时官员出行习俗的特点,而这些特点的不少重要内容即为家具所承载,画中仆人们扛的马杌、太师椅,挑的箱盒即是如此。头戴乌纱的官员在仆人们的前呼后拥下春游归来,由这些画中家具可以推测他们在郊外都干了什么。马杌是一种供上层人物上、下马用的凳子,太师椅则是当时一种功能较完善的交椅,是当时官场流行的颇为舒适的休息坐具。而这次这位大人想必是在郊外观看春景时使用了它,仆人挑的箱盒装的则主要是食物,另外一些外出小型用具这里面可能也有。所以,南宋官员在郊游之时是颇为注重舒适程度的,这种有较高社会地位之人的出行习俗在这里被刻画得具体而丰富。

诸如以上的例子在宋代家具中仍有许多,这里不再赘述。总之,宋代家具作为宋代社会习俗的重要载体,是研究当时风俗习惯的具体内容,二者的关系无疑是相辅相成的,即宋代风俗的研究成果可有助于对宋代家具的探讨,而宋代家具的研究所得也能为探寻宋代风俗提供大量帮助。

注释:

[1] (北宋)欧阳修《归田录》卷二。

[2] (宋)吴自牧《梦粱录·嫁娶》。

[3] (宋)吴自牧《梦粱录·五月》。

6.3 宋代家具反映了生活与设计的密切关系

家具作为实用艺术，讲究的是功能与形式的结合，生活是实用功能的母体，设计艺术是形式的创造方式。宋代家具在某种意义上可谓宋人生活与设计艺术的密切关系的产物。正是宋代家具的丰富表现，使我们看到宋人生活的诸多方面如此多彩。在大量的宋画中，这些也被反映得较为充分：《清明上河图》使我们看

到了形形色色的北宋末期市井家具的特点，繁忙的商业使大小酒店的客人络绎不绝，人们大多数使用桌、凳等高坐家具而有条不紊；《张胜温画梵像》使我们对于当时变化多端、形制各异的佛教家具记忆深刻；河北宣化辽墓壁画又使我们感受到在辽人统治之下的中国北方汉人的生活与信奉习俗特征；《宋代帝后像》则使我们体会到宋代皇室家具的华丽繁复以及多种风格的并存；而以《韩熙载夜宴图》中为代表的宋代文人家具更为我们揭示了最具代表性的经典宋代家具所具有的雅正简练的魅力所在。这些独具一格的家具既是实际生活的产物，也是设计艺术结合不同阶层的生活现实特点而创造出的功能与形式的具体结合。

具体来说，比如前述太师椅的发明灵感就源于南宋官场生活的实际需要，即不让头巾脱落或便于假寝，这样只要增加一荷叶托首就解决问题，而没有那种特殊的官场生活需求，家具设计者与制作者也很难有这样的革新意图。再如，《清明上河图》中画了一种商贩使用的

图6-3-1　南宋佚名《蚕织图》局部一

图6-3-2 南宋佚名《蚕织图》局部二

折叠圆桌，方便实用，利于收放与移动，这是下层百姓在实际生活中的设计创造。而山西岩山寺金代壁画中的抬桌也处于相同目的，为了使桌面便于搬运，特意将桌子的两个长边向两头延伸出来以形成抬杠，这样一来，有两个人就可以迅速抬起桌子走。

而我们在南宋佚名《蚕织图》中也可以更为具体地看到普通人民在养蚕织丝这样的日常劳作中所创造出的家具样式与特征。《蚕织图》中所展现的长凳、长桌以及架格虽为实际生活与工作而设，但风格统一、朴实无华、简练单纯、实用方便，凳、桌上枨、牙头、牙条恰到好处的组合与此时的文人家具一脉相承，其间蕴涵的美学意味是后来经典明式家具的源泉。画中架格能根据盛放蚕的圆形器具（见图6-3-1）与盛放茧的方形器具（见图6-3-2）的不同设计出相应的造型与结构。因此，宋代丝织业的发达与这些生活、生产类家具的精当设计与制作不无关系。

以当时文人生活与家具的关系为例，北宋欧阳修在其《非非堂记》中说：“予居洛之明年，既新厅事，有文纪于壁末。营其西偏作堂，户北向，植丛竹，辟户于其南。纳日月之光，设一几一榻，架书数百卷，朝夕居其中。以其静也，闭日澄心，览今照古，思虑无所不至焉，故其堂以非非为名云。”由此我们可看出，在欧阳修的观念中，对于古代的生活方式还是比较怀念的，因为其“非非堂”上所设的一几一榻均为低坐家具的经典代表。正因为他提倡“古味殊淡泊”和“古味虽淡醇不薄”中的“古”与“淡”，故而在他的室内设计中，自然与古朴成了第一要义的审美追求。在“丛竹”的掩映下，在“日月之光”的观照下，在“书数百卷”的衬托下，也在“一几一榻”的具体承载中，生活与设计被结合得如此古雅宁静，如此方可以“闭日澄心，览今照古，思虑无所不至”而体现他的艺术观与人生观。以欧阳修为代表的宋代文人所持的这种生活与家具的观念给后来的明清文人产生了重大影响，譬如明文震亨《长物志》中的设计艺术思想就是对以上观念的继承与发展。

另外，中国家具史上的第一本设计著作《燕几图》也可谓是南宋文人燕闲生活与设计艺术的高级融合，其中设计的燕（宴）几及其组合方式堪称一绝，集中反映了文人宴会中的实际需要和情趣性、丰富性、艺术性的密切联系，也可视为当时家具反映生活与设计艺术关系的佳例。

7 宋代家具与后世家具设计艺术

7.1 宋代家具——明式家具之源

7.1.1 概述

几千年来，我国人民以智慧创造出了众多别具风格的家具。其中，无论是低坐家具还是高坐家具，均形成了鲜明的中国传统家具特征，而宋代家具之后的明式家具[1]更是融多种中国古代艺术（如建筑、绘画、书法、诗歌、小说和戏曲等）精粹于一身，简雅端庄，材美工巧，为世界瞩目。近二三十年来，对于明式家具的关注逐渐升温而成为热点。今天，在人们对明式家具的研究已十分深入的背景下，其渊源性探索也应被提上日程。中国高坐家具几个时期的代表，如宋代家具、元代家具均可谓是明式家具的发展源泉，其中，明式家具传承发展最多的是宋代家具。[2]

宋代之后的元代是由蒙古族建立的政权，在宋代家具的丰厚基础上元代家具形成了自己的特点。由于蒙古族崇尚武力，追求享受，这些因素反映在元代家具的造型上，其形体多厚重粗大，雕饰繁缛华丽，具有雄伟豪放之美。例如床榻尺寸大，坐具多为马蹄足等。高型桌增多，进一步发展了抽屉桌，并将桌子的直枨革新为罗锅枨，这是元代对中国家具结构美与装饰美的一种创造，而霸王枨的使用也有着相似的重要意义。元代灭亡之后，明代家具对元代家具的继承更多的是表现在工艺上，而在其他很多方面则是上溯到宋代，等到诸多条件成熟之后，一举形成了中国家具史上的高峰——明式家具。

实际上，宋代家具对明式家具的影响与启示是客观存在的。譬如，王世襄先生在其编著的《明式家具研究》第六章中说："家具的造型，尤其是常见品种的基本形式，往往延续数百年无显著变化。例如夹头榫条案，灯挂椅或扶手椅，宋代已基本定型，而直到今天，有些工匠还在如法制造。"

目前流行的对明式家具的形成原因的分析主要归结为以下几点：明初手工业的繁荣对明式家具的发展起了促进作用；明代总结各种工艺技术经验的专门书籍增多；海外贸易为明式家具提供了物质条件；住宅、园林的发展对家具的影响；木工工具的发展解决了硬木加工的难题等。而实际上，除了这些因素之外，宋代家具在诸多方面对明式家具的直接与间接的引导也是十分重要的，我们下面从理念与风格，造型与结构，装饰等几个方面来对这一问题进行探讨。

7.1.2 理念与风格

虽然宋代政治软弱，工艺美术缺乏恢宏的气魄，但是其艺术格调却沉静典雅、平淡含蓄。盛唐艺术具有博大之势，到了北宋，时代精神已"不在世间，而在心境"。陈寅恪先生认为："华夏民族之文化，历数千载之演进，造极于赵宋之世。"[3]宋代文化中，宋代文人的心境和意绪对于宋代美学的形成与发展起到了关键作用。宋代家具正是一种在特定哲学思想、审美观念的观照下，在多彩的社会生活中产生的不断升华的艺术载体。中国艺术史上早有"错彩镂金"和"出水芙蓉"的不同审美追求，而在宋代文人的审美观念中，天工清新的"出水芙蓉"之美无疑有着至高无上的地位，而苏轼的那种"大凡为文，当使气象峥嵘，五色绚烂，渐老渐熟，乃造平淡"[4]对平淡美的大力倡导更成为文人的审美潮流。这时兴起的理学是新时期道、佛思想对儒家思想的渗透而形成的一种新儒学，虽然理学在其本质意义上是轻视器物的具体设计的，但是正是由于它的

流行，使那种具有谨严、平易、雅正、质朴、含蓄的哲学理念成为许多文人们在"以玉比德"时的自觉追求，当他们去观照像家具这样的实际器物并用心指导它们的设计与制作实践时，宋代家具自然达到了较为精纯的层次，艺术境界也得以提升，这是早年的程颐兄弟没有想到的。正是这些形而上的内容，最终在审美观念上铸就了宋代家具辉煌的可能。

有着这种审美情趣的士大夫们在生活器用上潜移默化地贯彻这种审美风格是自然的，简洁素雅的家具在南宋逐渐成熟是顺应审美思想发展趋向的，传世的南宋绘画上这种风格的家具形象也是常见的。

2006年，笔者从画中家具的角度将《韩熙载夜宴图》的断代定于南宋，而非流行观点中的五代，因为画中家具体现了典型的南宋风格。[5]此图中的数十件家具在种类较为完备的基础上形制也较为成熟，且已形成统一风格，有格调素雅、色彩浑穆、线条瘦劲的特点。这些特征可谓是以后经典明式家具风格的形成基础和发展方向，它们和文人思潮、审美理想有关，也和家具用材、加工工具以及区域气候有关。

在宋代家具基础上发展起来的明式家具的成因较多，如：明代隆庆之后，"海禁"大开，东南亚一带的硬木源源不断进入中土被大量用于制作家具。园林建筑的发达，木工工具技术的进步，工匠们在很大程度上解除了"匠籍"制度的束缚，有了较多的自由性与积极性而导致资本主义萌芽的出现。另外，明代文人雅士的巨大关注以及一些文人的亲自参与也产生了重要作用，他们的审美理念在对家具总体风格的把握上起到了关键作用。由于这些木材有着优美的纹理与良好的硬度和性能，故用它

们来做家具更能体现材料的自然属性，这样从宋代以来开始大兴的水墨画中崇尚摒弃五彩、归于单纯的色彩思想得以在家具上得到成功使用，并一举创立了明式家具的审美品格，而这时候水墨画已盛行几百年了，实际上正是这几百年来的审美积淀为"明式家具"在审美上的升华奠定了基础。水墨画依赖于毛笔、墨和宣纸，水是其中流动媒介。由于这些工具、材料的属性而使水墨画能呈现出"墨分五色"、"简寂空灵"、"玄妙精深"的美学效果，它受惠于老庄"见素抱朴"、"朴素而天下莫能与之争美"的思想，并一度将中国人的绘学观提升到超逸境地。典型的"明式家具"也"不贵五彩"、"法贵自然"，设计者在设计前均要充分考虑如何将手中木材的天然性能和纹理发挥到最佳地步,让木中蕴含的自然美充分释放。木纹美如同一些用于家具填嵌的"文石"的纹理美一样，有着出神入化的美学效果，故被称为"文木"。它们被琢磨出来后是那样的自然天真、朴素无华，叫人难以忍心在其表面髹饰任何材料，而多以揩漆或上蜡的方式让木纹美纤毫毕现。一般南方用揩漆，北方用上蜡或烫蜡，目的主要不在髹饰，而是为了保护这些优质木材并使之更好地呈现纹理。韩非子说："和氏之璧，不饰以五彩；隋侯之珠，不饰以银黄。其质至美，物不足以饰之。夫物待饰而后行者，其质不美也。"[6]所以这种纹理美是符合上述思想的，也是孔子"质有余者，不受饰也"理念的实际运用。它的美诚如水墨画，清新自然、原汁原味、玄妙高洁、超凡脱俗，是设计艺术与中国传统哲学思想精髓结合的典范之一。

明代中期以后，这种审美主体和思想基础得以在宋代基础上不断发展，加上多种因素

的促进，简洁素雅的明式家具一举跃上顶峰。许多明代文人十分关心家具这类和生活密切相关的艺术，提倡精雅的生活方式，这对于经典明式家具简雅风格的形成至关重要。文震亨《长物志》对家具的设计与制作就提出了不少理念。例如："随方制象，各有所宜，宁古无时，宁朴无巧，宁俭无俗；至于萧疏雅洁，又本性生，非强作解事者所得轻议矣。"[7]"古人制几榻，虽长短广狭不齐，置之斋室，必古雅可爱，坐卧依凭，无不便适……今人制作，取雕绘文饰，以悦俗眼，而古制荡然，令人慨叹实深。"[8]"古人制具尚用……今人见闻不广，又习见时世所尚，遂致雅俗莫辩。更有专事绚丽，目不识古，轩窗几案，毫无韵物，而侈言陈设，未之敢轻许也。"[9]他提倡古朴疏雅、俭洁适用，反对雕绘文饰与专事绚丽，可谓是明代精英文人对生活艺术的普遍追求，并由此深入到具体器物的论述中。李渔《闲情偶寄》也提出了类似思想，如："土木之事，最忌奢靡，匪特庶民之家，当崇俭朴，即王公大人，亦当以为尚。盖居室之制贵精不贵丽，贵新奇大雅，不贵纤巧烂漫。"[10]他对"俭朴"、"精"、"新奇大雅"的推崇，对"奢靡"、"丽"、"纤巧烂漫"的排斥也可看成是对宋代文人思想的继承与发展。

明代文人不仅在理念上对家具制作施加影响，甚至有不少人亲自动手设计，例如戈汕设计制作了功能多样、变化多端的"蝶几"；曹明仲在《格古要论》中设计了琴桌；屠隆在《考盘余事》中设计了多款轻便的郊游家具（叠桌、叠几和衣匣、提盒）；高濂在《尊生八笺》中设计了二宜床与欹床；明末李渔则在《闲情偶寄》中设计了凉杌和暖椅；有些文人甚至还在家具上题诗作画，并请人镌刻，

图7-1-1 宋佚名《文会图》局部

图7-1-2 明代紫檀长方案(故宫博物院藏)

以增加家具品位。另外,《三才图会》、《园冶》、《髹饰录》、《天工开物》和明代家具形制与规范的经典之作——《鲁班经》等重要手工业典籍的产生和流传也和明代文人密不可分。总之,宋代家具奠定了雅正的基调,这使得后来的明清家具在追求这一特点之时无形中多以之为标准。

我们从图7-1-1~图7-1-8可以自然地体悟到宋画上的桌椅与明式桌(案)椅实物在审美理念上的相通,而这种建立在精炼美之上的追求也造就了二者风格的相近。

7.1.3 造型与结构

宋代家具的造型在整体上改变了唐代家具富丽厚重的特色,而走向了以实用功能为主,崇尚简练精粹的道路,特别是在宋代绘画中描绘的一些家具上,这种追求更为明显。在当时各国家具的造型中,辽、金等国家具的表现可谓各具特色。一般来说,辽国家具朴实粗厚,追求简单实用的特色;金国家具与宋朝家具风格较为接近,精工细作。与此同时,金国也深受辽国的影响,这样其家具形式也有丰富的表现,例如刘刚先生就提出"几乎宋、辽所有的桌案形式,在金代桌案上都可见到"。[11]

因此,没有宋代这一时期人们对于家具的理念与风格、造型与结构、材料与装饰的丰富探索,中国高坐家具的最高峰——明式家具就无法取得如此成就,因为家具总在不断传承与改进中攀升到新的水平。

宋代家具造型特色的形成在大背景中取决于当时高坐方式的逐渐普及。据笔者的最近研究成果表明北宋中期以后,高坐的生活方式开始在中国深入人心而流行开来,高坐家具也被更多的人接受。[5]不过,低坐家具也没有完全退出舞台,可以说直到清代,这种古老的家具形式仍占有一席之地。

由于深受当时建筑的影响,大木梁架式的结构方式也深深影响了宋代家具的造型,而由以前的箱形结构转变为梁柱式的框架结构(也有部分为折叠结构,例如一些交椅的结构)并以其较为合理的部件组合与榫卯设计，获得了丰富的形式变化。这种新型的家具结构形式使得家具的高度增加，使用空间增大，材料使用减少，牢固性增强，形式变化的可能性也变大。如此使得高坐家具获得了空前发展，创造了许多新形式与新功能，后世明清家具中的主要品种在这时候已基本齐全，获得了"宋制完备"的局面。以高坐家具中最为重要的椅子来说，就其造型而言，当时就有高靠背椅、低靠背椅、灯挂椅、四出头扶手椅、文椅、玫瑰椅、交椅、圈椅（有较多造型变化）和宝座等形式，这些差不多完成了后来明式椅造型的主要变化形式。就它们的部件来说，搭脑有直型与弓型的变化，背板有纵向与横向的不同，腿也有直腿、三弯腿和交足的区别，这些不同部件的不同交差组合可以形成多样的表现形式。

宋代家具还在整体造型上形成了"有束腰"与"无束腰"两大体系，虽然此时束腰家具所占比重尚不大，但是一些家具实物与图像的表现已为明式束腰家具的发展作了有力铺垫。王世襄先生在其《明式家具研究》中认为无束腰的家具为直腿，而弯腿多在有束腰的家具上出现。这虽然是就明式家具总体而言，但基本上也适用于宋代家具。例如《维摩演教图》中的香几、《五学士图》中的高几、《张胜温画梵像》中的方几、《六尊者像》中的雕花杌香案、南宋佚名《观径序分羲变相图轴》（现藏于日本福中县西福寺）中的圈椅、山西侯马金代董氏墓砖雕中的两件方桌、陕西汾阳金墓壁画上的3件花几等家具就体现了这种后来明清家具中流行的束腰与弯腿结合的造型特征。当然，现存宋代家具图像也有独立于这两大体系之外的，例如南宋时由日本僧人绘制的《五山十刹图》（现是日本国宝）中的径山方

图7-1-3　南宋佚名《女孝经图》中的书桌

图7-1-4　明代黄花梨平头案(原藏于美国加州中国古典家具博物馆)

丈圈椅与《无准师范像轴》（绘于南宋嘉熙二年(1238)，现藏于日本京都府东福寺）中的圈椅均是无束腰、三弯腿造型的独特圈椅范例。

一些宋代椅子座面和腿的造型与结构已表现出成熟形式，例如宋椅多使用"两格角榫座屉"，这在巨鹿宋椅、江阴宋椅模型和宁波南宋石椅等宋椅上均有发现，明式家具上更成熟的"四格角榫座屉"当是由此而来。而金墓出土的柴木靠背椅的坐面也是攒框镶板，下设曲尺形牙子，枨为"步步高"式，前枨接近地面，是典型的管脚枨，椅足则有明显的"侧脚"与"收分"。另外，一些宋椅的背板上也体现了

图7-1-5　南宋佚名《商山四皓会昌九老图》中的玫瑰椅(折背样)

图7-1-6　明代黄花梨禅椅(原藏于美国加州中国古典家具博物馆)

这种攒框装板的结构形式，如河南方城县金汤寨北宋墓石椅，其上有明显的由三段攒成的纵向背板结构。以上这些特征对后来的明式家具颇有影响。

不可否认，宋代家具的结构仍处于不断发展之中。例如，此时家具的束腰式结构脱胎于唐朝壶门大案；不少家具保留着托泥或管脚枨；椅子有与足承连为一体的复杂做法；椅子座屉使用"两格角榫"；无束腰结构的桌案前后均保留着横枨。这些均反映出宋代家具的探索与变化过程，为明代家具的成熟铺设了基石。

众所周知，中国传统家具上无论是单线浅雕、块面浅雕、浅浮雕，还是各种镶嵌、彩绘，不但适合于中国平面化的线性装饰而且与主体内容相映生辉，就连家具的整体造型也往往是以线的特点来呈现的。家具中对简绰线条美的追求在宋代已较成熟，后以明式家具为高峰。宋代家具的造型充满线的变化，从边抹、枨子和腿足等部位的各式刚柔相济的线脚的有机组合到装饰纹样中各种直线、曲线的使用使中国传统绘画中线的艺术魅力通过家具这一载体反映了出来。另外，宋代椅子的背板、搭脑和扶手所形成的线条美也自然流畅，与家具总体造型和谐统一，使家具形体的线性美发展到相当的高度。而明式家具的造型中富含的线更是有刚有柔，有阴有阳，有实有虚，有血有

中国宋代家具

肉。硬木的运用令经典明式家具的主要结构简明扼要、紧凑和谐，主要部件瘦劲利落、挺拔有力，整体线感呼之欲出。

具体而言，图7-1-1~图7-1-8中的承具与坐具就为我们描述了宋代家具与明式家具在造型与结构的关联性。虽然就整体而言，后来的明式家具由于广泛使用硬木而使得其工艺水平更为精湛，造型更为丰富，结构更为合理，然而，没有宋人在这一领域中的探索和筑基，明式家具的辉煌也不会那么早地出现。

7.1.4 装饰

对于多数的宋代家具而言，其中纯粹作为装饰的部分是不多的，这一点特别表现在宋代文人家具上。当然，这时家具的一些结构部件在具备结构与造型意义的同时，实际上也体现了一种更高层次的装饰性所在。以桌子为例，虽然它的一些结构部件（如足、枨、矮老、牙头、牙条等）的组合主要是为了使桌子坚固耐用，有时它们本身十分朴素，无任何装饰，但是它们的有机组合却往往能产生独特的节奏美与韵律美，这些美自然也是家具装饰美的种类之一，而且这种装饰美也影响了后来的明式家具。在承具、坐具的装饰上，宋代家具与明式家具在功能与形式的统一上所达到的层次是那么的"亲密无间"，因此，自然朴素的观念不仅左右着宋人，也同样影响着明人，正是这两个时代的文人对这种独特的装饰美的态度造就了宋代家具与明式家具的成功。

不可否认，宋代家具装饰中当然也有为了装饰而装饰的，这样一来，装饰的象征、显示、炫耀功能成为了主体，这主要表现在当时的皇室家具、贵族家具与少数佛教家具上。

图7-1-7 南宋张训礼《围炉博古图》中的玫瑰椅(折背样)

图7-1-8 明代黄花梨玫瑰椅(清华大学美术学院藏)

宋代的家具装饰和材料有一定关联，以普通材料制作的家具一般以实用为主，装饰少。而以高档材料制作的家具在立足于功能基础上，点缀以恰当装饰，虽然少数也有繁琐装饰，但在总体上宋代家具是偏于精简的。这一方面源于文人士大夫的审美观念（如前所述），另一方面也和当时政府的倡导节俭有关，比如宋太祖就不事侈靡，崇尚纯朴，并注意表率作用。《宋朝事实类苑》载："太祖服用俭素，退朝常絁衣裤麻鞋，寝殿门悬青布缘帘，殿中设青布缦"，"乘舆服用，皆尚质素。"[12]这对于以后的宋代统治者不无深远影响。

和唐代相比，宋代家具的装饰要素有了新的变化，这些为日后明式家具装饰上的丰富变化奠定了基础。宋代家具装饰的典型特征是与牙头、牙条、券口、矮老、卡子花、枨子和托泥等结构件密切相连，而使家具既坚固耐久，又装饰恰当。腿足是宋代家具最重要的装饰处，我们熟悉的明清家具中常出现的三弯腿、花腿、云板腿、蜻蜓腿、波纹腿、琴腿和马蹄足等均有宋代的实物或图像流传下来。在牙头与牙条的装饰中，云纹、水波纹、如意纹、几何纹和壸门装饰各显特色，而这些则是后来明式家具中的主要装饰纹样。此外，明式家具中常出现的卡子花在这一时期则以浮雕或透雕手法做出瓶形、四瓣花纹(如见北京房山岳各庄辽塔供桌)等变化形式出现。

作为明式家具重要装饰手段的线脚，是许多装饰线条与凹凸面的总称，多用于家具腿部与面板外缘。早在北宋早期，家具上已出现装饰线脚，比如河北巨鹿出土的北宋木桌的边抹与角牙都起有凹线，说明在那时运用线角已成为家具装饰的重要形式。当时家具的线脚乍看较简单，不外乎平面、凸面、凹面，线不外乎阴线和阳线，但是悉心观察可发现其中是有具体变化的，而剑脊棱（宁波南宋石椅）、冰盘沿(拜寺口双塔西夏木桌)、三棱线（金汤寨北宋墓石桌）等线脚的发展更为后来家具中线脚的丰富性做了探索。因此，在以后发展起来的

明式家具中的线脚上，令人更可品味到自然舒畅的流动乐章，如线香线、捏角洼线等线脚，单纯、清晰、饱满，给家具增添了爽利的线性感。另外，有的宋代桌椅四足的断面除了方形、圆形外，还出现了马蹄形足面。

镶嵌也是宋代家具装饰的一种手法，如《十八学士图》中填嵌大理石的画案、内蒙古宝山辽墓壁画上以蓝色石材填嵌的条桌也反映了这种装饰，而明式家具中这种手法被运用得更为成熟。

虽然宋代家具在总体上趋于方正简洁，但是并不排除少数家具在装饰上的穷工极妍，奢华无度（这种情形其实历代均有，明代也不例外）。《宋会要辑稿》中记载，开宝六年（973），两浙节度使钱惟濬进贡"金棱七宝装乌木椅子、踏床子"等物。从"金棱七宝装"看，说明对这些乌木家具的装饰工艺是极为富丽的，并使用了较多珍贵材料，这和当时太祖的节俭提倡并不吻合。另外，一些贵族富户也有以"滴粉销金"、"金漆"来装饰家具的。宋江少虞还记载："杭人素轻夸，好美洁，家有百千，必以太半饰门窗，具什器。荒歉既甚，鬻之亦不能售，多斧之为薪，列卖于市，往往是金漆薪。"[13]有的贵族家具还要精雕细刻，如"窦仪曾雕起花椅子两把，以便右丞及太夫人同坐"[14]。在现存宋代家具图像中，《宋代帝后像》中的坐椅有的装饰就极为繁复华丽，而《六尊者像》、《张胜温画梵像》、《罗汉像》等宋画中的一些佛教家具也有讲究复杂装饰的。虽然这些家具的审美倾向和宋代家具主流不一致，然而它们在这些复杂工艺上的锤炼与熟练技术上的积累无疑为日后明式家具的发展奠定了坚实的工巧基础。

7.1.5 结语

综上所述，宋代是中国高坐家具发展的重要阶段，缺少这一时期的积累，后来明式家具的繁荣也就无从谈起。因此，宋代家具是中国家具研究不能回避的一个重要课题，而对它的研究又由于各方面资料的缺乏而较难深入地进行下去，不过，值得肯定的是宋代家具研究的进展不但可以揭示它与明式家具的密切关系，促进明式家具研究工作的溯本求源，而且对于推进当代家具文化研究的蓬勃发展，指导中国当代设计实践均能发挥积极作用。

注释：

[1] 直到如今，人们对明式家具的定义仍未统一，王世襄先生在其编著的《明式家具研究》中认为明式家具有广义与狭义之分：广义不仅包括制作于明代的家具，也不论是由一般杂木制作的，民间日用的，还是贵重木材、精雕细刻的家具，而且就是近代制品，只要具有明式风格，均可称为明式家具。狭义指明至清前期材质优良、做工精细、造型优美的家具。这一时期，尤其是从明代嘉靖、万历到清代康熙、雍正这两百年间(1522～1725)的制品，不论从数量来看，还是从艺术价值来看，均是传统家具的黄金时代。《明式家具研究》一书所讨论的主要是狭义的明式家具。许柏鸣《明式家具的设计透析与拓展》（南京林业大学2000届博士学位论文）进一步提出，明式家具应指明至清初，尚无明显的清代装饰(复杂、繁琐)特征的各种家具，以此区别于清式家具。笔者则认为，既然被称为明式家具，而非明代家具，对其要义的把握主要在"式"，"式"的主要含义有：1.准则、法度；2.楷模、榜样；3.效法；4.示范；5.规格、标准；6.样式、风格、格式；7.方式、形式；8.仪式、典礼；9.规则、制度。因此，"式"主要指的是准则、样式、风格一类的概念，而非时间概念，明式家具主要是从风格上去判断的，其风格体现了中国传统高坐家具发展到高峰时期的典型特征：简净、端庄、雅正等，并以此区别于后来清式家具繁琐、奢华、富丽等风格。所以，明式家具不限于明代，今人也可设计明式家具。而至于材美工巧这类要素则非明式家具独有，故不是其最重要内涵。

[2] 元代家具虽然离明式家具最近，但是由于元代是蒙古人统治，他们对宋人文化继承得较少，在家具样式上倒是和唐代家具有些相近。

[3] 陈寅恪《金明馆丛稿二编》，第245页。

[4]《东坡诗话》。

[5] 邵晓峰《<韩熙载夜宴图>断代新解》，《美术&设计》2006年第1期。

[6]《韩非子·解老》。

[7]（明）文震亨《长物志》卷一《室庐》。

[8]（明）文震亨《长物志》卷六《几榻》。

[9]（明）文震亨《长物志》卷七《器具》。

[10]（明）李渔《闲情偶寄》之《居室部·房舍第一》。

[11] 刘刚《宋、辽、金、西夏桌案研究》，《上海博物馆集刊》2002年第9期。

[12]（宋）江少虞《宋朝事实类苑》卷一《祖宗圣训》。

[13]（宋）江少虞《宋朝事实类苑》卷六0《杭人好饰门窗什器》。

[14]（北宋）丁谓《丁晋公谈录》。

7.2 宋代家具对现当代家具设计的启示

宋代文化不但对明代产生了重大影响，对近现代的影响也是不可忽视的。对于这一点，晚清的严复就意识到了，他在写给熊纯如的信中说："古人好读前四史，亦以其文字耳！若研究人心政俗之变，则赵宋一代，最宜究心。中国所以成为今日现象者，为善为恶，姑不具论，而为宋人之所造就，什九可断言也。"[1] 宋史专家赵铁寒先生为此认为："元、明、清以来的政教大经，以至社会现象，人群的生活意识形态，除去近百年来受到西方文化的冲击变动的成份不算，若在我国文化史上找它的根源，那末，宋代的三百二十年，便是中继线上的一个新的起点了。严几道(严复)的几句话，道出实情，一点也不过份。"[2] 作为宋代文化重要组成部分的宋代家具所展现出来的在理念与风格、造型与结构、装饰诸方面的艺术特色也为中国乃至世界的现当代家具设计艺术的发展提供了丰厚源泉。

笔者师友中国设计界著名学者方海先生在其博士学位论文的早期阶段性成果《西方现代家具设计中的中国风》中论述了荷兰设计师里特维而德（Rietveld，1888~1964）于1919年设计的作品《红蓝椅》（图7-2-1），在谈到其构思源头时认为不排除作者的这个被称为"现代家具与古典家具分水岭"的设计是受到了宋代家具的影响，他说："事实上，红蓝椅与中国宋代的一种椅子有着直接的关系。我敢说，就设计思想而言他们几乎就是一样的，这是不是一种巧合呢？"他还进一步解释，如果考察一下当时中国与荷兰之间的文化交流，就不难看出这并非巧合。恰恰就是荷兰在对中国进行殖民扩张的过程中打开了中国的大门，那时正是中国的明代，从而开始了中国与欧洲之间文化交流的新阶段。尽管后来英国和法国取代荷兰成为与中国加强文化和其他方面交流的主要国家，但荷兰在欧洲与中国的关系中始终占有很重要的地位。这些交流使得欧洲和美国的中国风一浪高过一浪，他们各自带有不同的中国文化信息，就家具设计而言，这些信息包括从明式家具的简洁性和功能性到清式家具的装饰母题，从宋式家具的设计思想和创新精神到明式家具的精湛工艺和材料运用的合理性。[3]

里特维而德是将荷兰风格派艺术从平面延伸到立体的重要设计家，风格派主张艺术应脱离于自然而取得独立，以几何形象的组合和构图来表现宇宙根本的和谐法则是最重要的，其灵魂人物是冷抽象的代表画家——蒙德里安（Mondrian，1872~1944），而《红蓝椅》在形式上可谓是蒙德里安的代表性作品的立体翻译。此椅以互相垂直的13根木条以及斜置的木靠背与木坐垫组成，各构件之间以螺丝紧固，这种标准化的构件方式为日后家具的批量化生产提供了可能。现代工业美学对它的阐释在于突出结构问题，而且实际上工业产品的形式也取决于结构。的确，《红蓝椅》与众不同的结构与色彩形式摆脱了西方传统风格家具的影响，堪称西方现代主义家具设计的典范之作，给那个时代的设计师们以很大启示，也深刻影响了世界现代主义设计运动的进展。

关于《红蓝椅》及其作者里特维而德，方先生认为，正是里特维而德首先真正地向着简洁而又更为功能化、风格化、更具创新的现代椅子设计迈出了第一步。从那时起，在世界各地所设计和生产的现代椅子中，也许有一半或多或少、明显或不明显地受到过他的启示，这些启示不仅仅来自于《红蓝椅》，还有许多里特维而德设计的其他椅子，比如1927年设计的《单一构架椅》、1934年设计的《Z形椅》和《平民椅》，从这些作品中也可以看出中国宋代家具的某些影响，他们不仅在现在，即使是在将来也将具有深远的意义。[3]

《红蓝椅》虽不实用，但色彩单纯而热烈，结构简练，后一点正和宋代家具相似，虽然方先生当时并未明说它到底和宋代的哪一种椅子有着直接关系，但是随后他在其正式出版的博士学位论文[4]中指出了南宋刘松年《四季山水图·夏》中的那件供人纳凉斜靠，结构简练的躺椅（图7-2-2）可以看作是里特维而德《红蓝椅》的源头，并将其命名为《松年椅》，给予了极高评价。他的这个视角是独到的，敏锐地看到了宋代家具的典型特征不仅对后来的中国明式家具产生影响，还对西方世界的现代家具设计有可能产生影响，由此折射出中国古代工匠的睿智。当然，这种影响的最直接的实物载体应源于明清家具。《松年椅》其实未必由刘松年设计，如此舒适与雅致，当是南宋家具工匠与文人合作的结果，这种类型的躺椅还可见于宋代版画《天竺灵签》。宋代躺椅在形式与功能上是颇为完美的，它不像晚于它约800年的里特维而德《红蓝椅》只是一味

图7-2-1 荷兰里特维而德《红蓝椅》

图7-2-2 南宋刘松年《四季山水图·夏》中的躺椅

地标新立异而忽视了基本功能，事实上《红蓝椅》的意义更多在于它的形式，我们将它看作是一件现代雕塑作品也许更合适。

宋代家具对现当代家具设计艺术的启示从另一层面讲更多地是源于在其基础上发展起来的明式家具对世界现当代设计艺术的影响。

图7-2-3 丹麦维格纳《中国椅》

图7-2-4 丹麦维格纳《古典椅》

如前所述，明式家具源自宋代家具，而且在特征上二者联系颇为紧密。因此，明式家具对世界现当代设计艺术的贡献在一定程度上还要归功于宋代家具。代表我国古典高坐家具最高水

平的明式家具在世界设计艺术中产生了深远影响。1754年，英国家具设计师、家具商齐平德尔出版了《绅士与家具木工指南》一书，这部著名的家具著作涵盖众多类型的家具图谱，其中便有"中国风格"的家具，齐平德尔将它和哥特式、洛可式并称为世界家具的三大类型，这对欧洲家具的设计和制作产生了重大影响。

上世纪初，享有世界声誉的诺贝尔奖在设立时虽然包括不少学科，但是其中缺少设计类的评选。为弥补这一遗憾，诺贝尔的同胞龙宁及其基金会在50年以后(1950)设"龙宁设计奖"以弥补诺贝尔奖中设计奖之缺。1951年，37岁的丹麦设计师汉斯·维格纳（Hans Wegner，1914~2007）以其独特的成就获得该奖。15年后，33岁的芬兰设计师约里奥·库卡波罗（Yrjo·Kukkapuro，1933~）也以杰出的业绩荣获该奖，并从此将芬兰以至整个北欧的室内与家具设计引向一个新途径。发人深思的是，后来成为国际性设计大师的这两位存在不少共性，除了在许多设计领域都卓有建树且均以椅子设计而名扬天下外，他们和明式家具之间都有着不解之缘。

维格纳一直对明式家具推崇倍至，一度汲取明式圈椅的神韵设计了多款《中国椅》（图7-2-3、图7-2-5、图7-2-6），它们在现代家具设计史上具有崇高地位。其《中国椅》对中国圈椅的改动主要表现在适当地精简与添加，例如省略了中国圈椅原有的牙头、牙条和靠背上的局部装饰，增设了座面垫子，使坐者感觉更舒适。椅腿造型上中下均有细腻的粗细变化，给人以轻松的趣味感，也传达出现代北欧生活的特点。并以当地生产的木材制作，以树木的天然纹理作为椅子的主要装饰，朴素自

然，典型地表现出北欧现代工业产品的简约性特征。1949年，他在以上几款《中国椅》的基础上完成了《古典椅》的设计（图7-2-4），此件设计作品被刊登在美国《室内》杂志上，并被称为"世界上最美的椅子"。它在商业上也获得了巨大的成功，并适用于多种场合。今天看来，无论是《古典椅》的整体韵味，还是它的细节处理，均是维格纳从对明式圈椅的体悟中得到的灵感而来，当然，若是溯本求源，则可以联系到宋代圈椅（图7-2-7）。《古典椅》这一经典之作将中国圈椅几乎简化到所谓"多一分嫌重，少一分嫌轻"的境地。

图7-2-5　丹麦维格纳《中国椅》组合

1999年初，对中国传统文化也早就情有独钟的库卡波罗在其助手方海（方先生在库卡波罗的指导下获得芬兰赫尔辛基艺术与设计大学博士学位）的陪同下远涉重洋来到南京林业大学，与校方建立了"中芬设计中心"，并担任了南京林业大学的名誉教授。他们依据明式家具的法则与精神，利用当代生产工艺，共同设计了具有明式风格与意韵的《东西方系列椅》（图7-2-8）、《中国几》（图7-2-9、7-2-10）。同年4月，库卡波罗以它们的实物样品为例在无锡轻工业大学设计学院（今江南大学设计学院）作了题为《设计的构思与手法》的学术讲座，阐述了他的设计思想。之后他又以同样命题在南京林业大学作了学术讲座，引起了强烈反响，一时之间促进了设计界对于中国传统家具设计的进一步关注。其《东西方系列椅》进一步发展了中国圈椅与扶手椅的特点，局部贯彻并改进了中国式元素，并结合人体工程学的新成果，使人坐起来颇为舒适，而且可以叠放，便于收拾与运输。

图7-2-6　丹麦维格纳《中国椅》

2007年6月，库卡波罗再次来到南京林业大学为师生们作了精彩演讲（图7-2-11），专

图7-2-7　宋佚名《会昌九老图》中的圈椅

图7-2-8 芬兰库卡波罗、中国方海《东西方系列椅》之一

图7-2-9 芬兰库卡波罗、中国方海《中国几》之一

图7-2-10 芬兰库卡波罗、中国方海《中国几》之二

题介绍了近年来他和方海（现为北京大学建筑设计研究所教授）在中国所做的设计工作。其间特别展示了他与方海设计的一款以竹集成材制作的躺椅（图7-2-12）。除了材料运用上的当代性，很明显，在设计理念与结构方式上它受到了前述南宋刘松年《四季山水图·夏》中的那件《松年椅》的巨大影响与启示。在现场讲解时，74岁的库卡波罗甚至爬到置于高桌上的这件躺椅上亲自演示其躺坐的舒适性（图7-2-13）。由于高桌是校方临时找来的塑料制品，初衷只是为了摆放设计样品而已，没曾料到他竟然爬到上面作起了示范。他的活动几乎令这件并不结实的桌子摇摇欲倒，下面的观众很替他捏了把汗，他却形如顽童，眉飞色舞，神采奕奕，这一风度令笔者一直记忆犹新。当代家具设计观念与久远的宋代家具精神在这里居然得到了一种新的契合，令在场的有识之士感慨不已。

目前，在世界当代设计艺术中，中国元素广泛渗透到家具、时装、布艺、陶艺等众多领域，有的已成为国际时尚。一些中国家具特有的造型、结构与装饰已为越来越多的西方设计师所利用。前述的库卡波罗就曾利用中国的龙纹和剪纸图样，设计出了几款具有中国元素的现代家具，产生了良好效应。一位以色列设计师在宁波开设了家具厂，产品主要采用双鱼形雕刻、铜合页和具有纹理的饰面等中国式元素，产品出口到美国等西方国家，颇为走俏。而在国内，中国传统家具的设计与产品在市场上所占的份额也越来越大，人们对它们的喜爱程度也越来越高。

客观而言，包括宋代家具在内的中国传统设计艺术所面临的时代环境是喜忧参半的：一方面，人们热衷于对它们进行了解，学者们的

研究力度也在加大；而另一方面，在商品经济
的大潮下，人们易急功近利而迷恋于浅层的浮
光掠影，难以沉下心来发掘传统艺术中的深层
内容与独特价值。因此，中国家具等设计艺术
的复兴不能仅满足于中国元素的拼凑，而应立
足于中国文化特有的内涵和深度，直面当代丰
富多彩的生活，运用适当的技术手段，开发好
古人留给我们的家具艺术资源，在此基础上寻
求进一步的创造，这是有志者的努力方向。

图7-2-11　芬兰库卡波罗在南京林业大学讲学，中国方海翻译

注释：

[1]《严几道与熊纯如书札节钞》，《学衡杂志》
第13期。

[2] 赵铁寒《代序》，《宋史资科萃编》第一辑，
台北文海出版社，1970年版。

[3] 参见方海《西方现代家具设计中的中国风》，
《室内设计与装修》1997年第6、7期。

[4] Fanghai.*Chinesism in Modern Furniture
Design──The Chair as an Example*.Publication
Series of the University of Art and Design Helsinki A
41.

图7-2-12　芬兰库卡波罗、中国方海《躺椅》

图7-2-13　芬兰库卡波罗亲自坐在《躺椅》上说明其舒适性

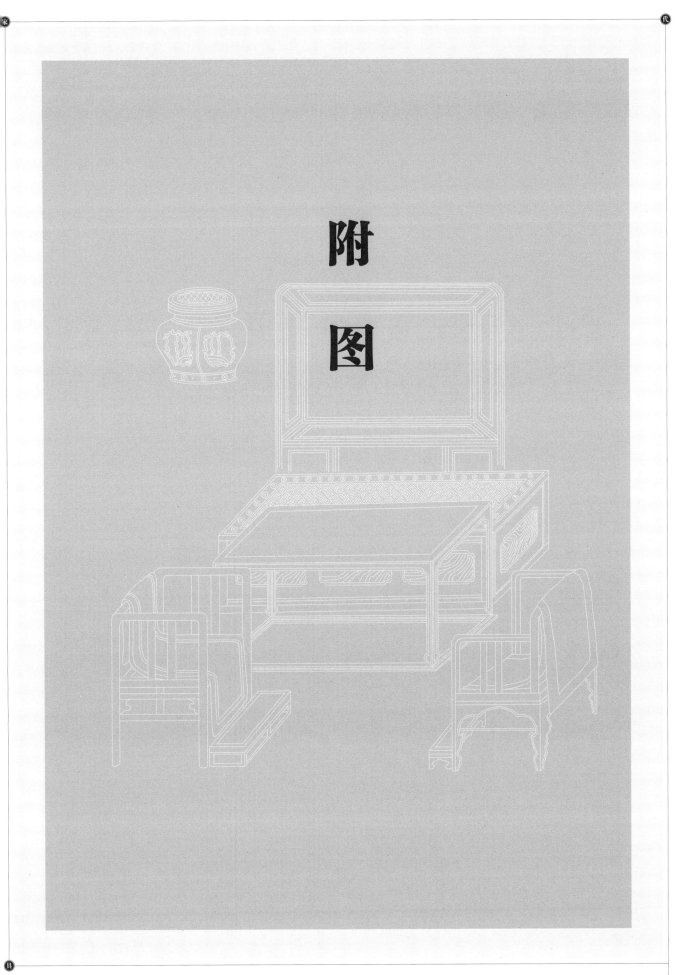

附图

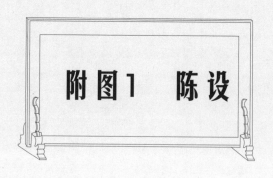

附图1 陈设

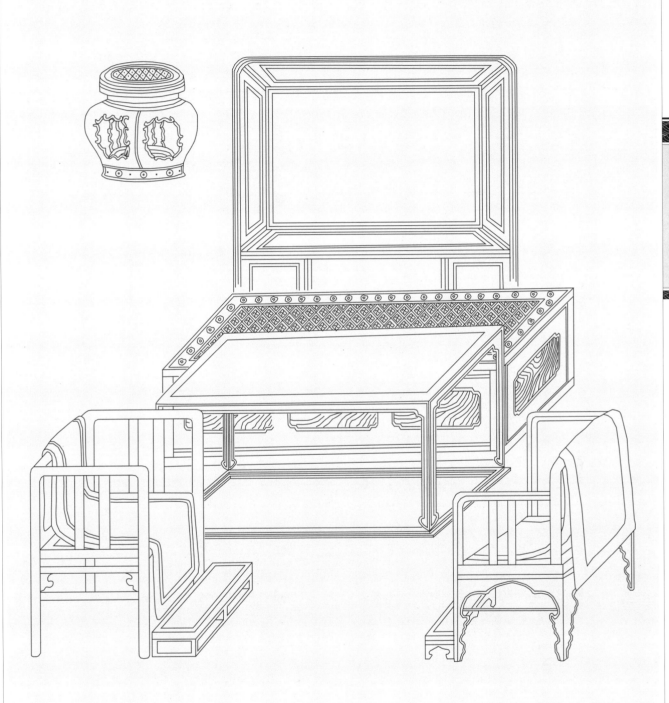

附图一　陈设

附图1-1　北宋李公麟《高会习琴图》中的陈设（玫瑰椅〔折背样〕、案、榻、屏风、墩）

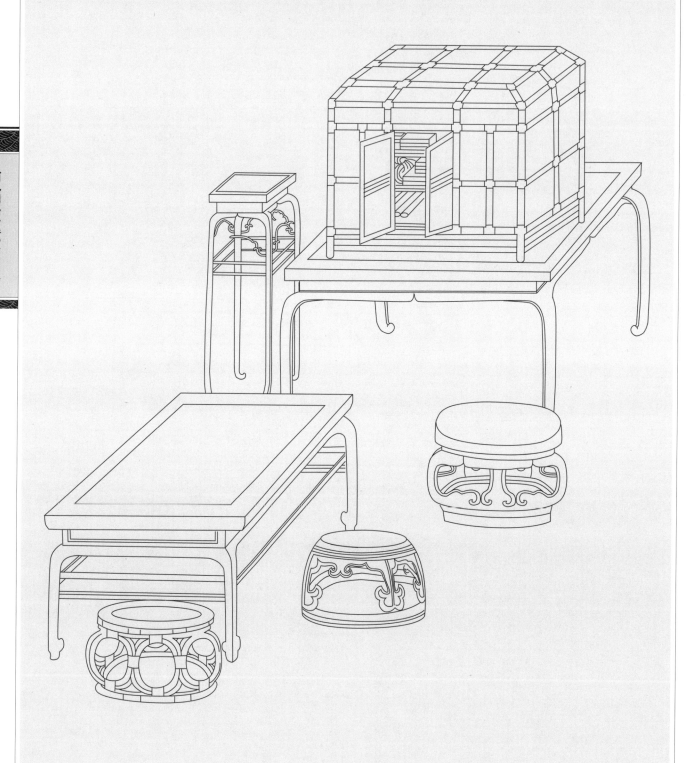

附图1-2　南宋刘松年《唐五学士图》中的陈设（墩、长桌、方桌、书橱、几）

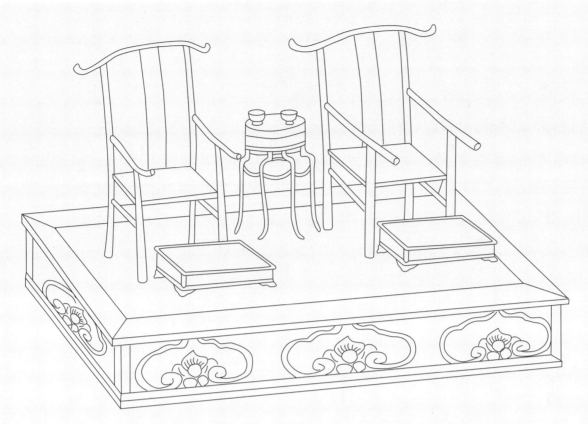

附图1-3　北宋李公麟（传）《孝经图》中的陈设（扶手椅、足承、榻、茶几）

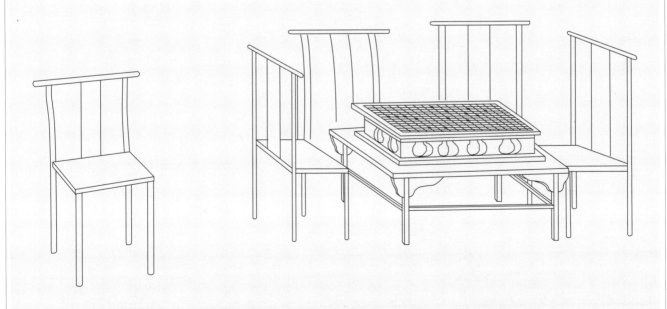

附图1-4　北宋张先《十咏图》中的陈设（靠背椅、棋桌、棋枰）

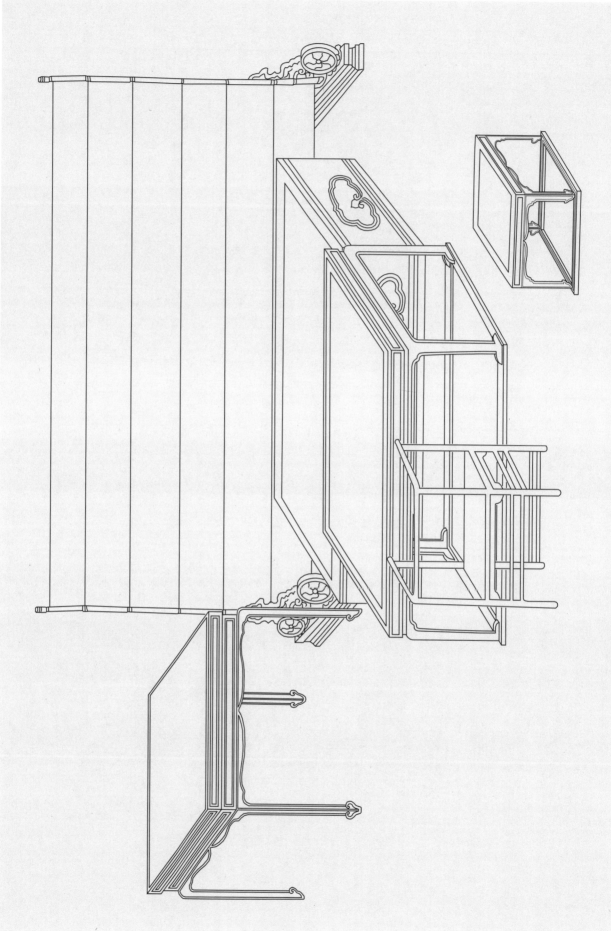

附图1-5 北宋张训礼《围炉博古图》中的陈设（玫瑰椅〔折背样〕、方凳、方桌、案、榻、屏风）

附图1-6　北宋版画《灵山变相图》中的陈设（供案、须弥座、莲花台）

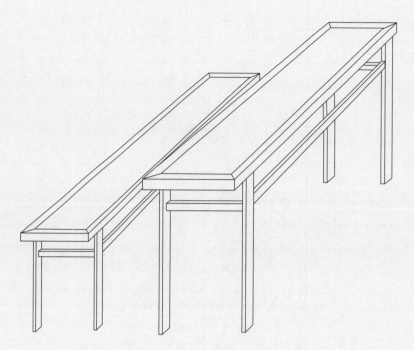

附图1-7　山西高平开化寺北宋壁画《善事太子本生故事·屠沽》中的陈设（桌、凳）

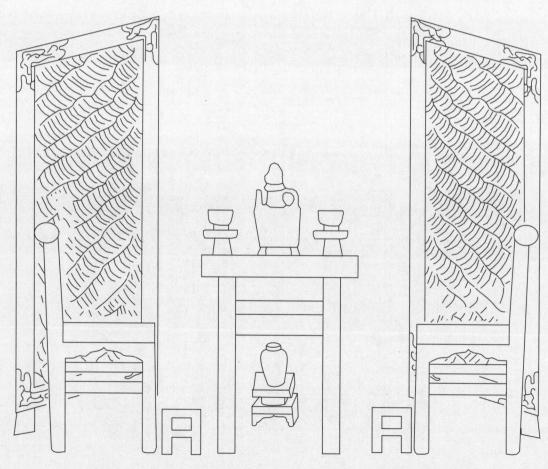

附图1-8　河南禹县白沙宋赵大翁墓壁画中的陈设（靠背椅、足承、桌、酒桌、屏风）

中国宋代家具

附图1-9　南宋刘松年《琴书乐志图》中的陈设（圆墩、圆凳、案、榻、足承、屏风）

附图1-10　南宋刘松年《溪亭客话图》中的陈设（美人靠、桌）

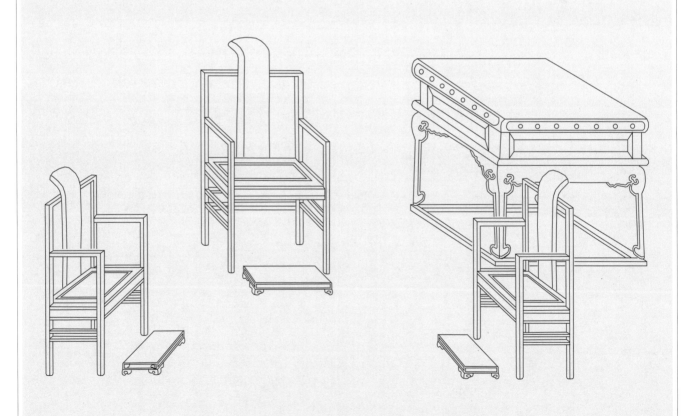

附图1-11　南宋刘宋年《蓬壶仙侣图》中的陈设（扶手椅、足承、案）

中国宋代家具

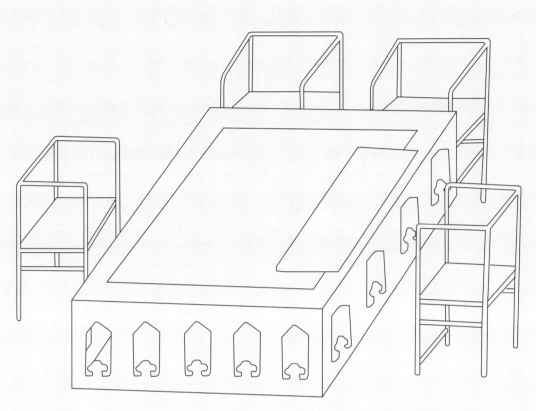

附图1-12 南宋马远《西园雅集图》中的陈设（玫瑰椅〔折背样〕、案）

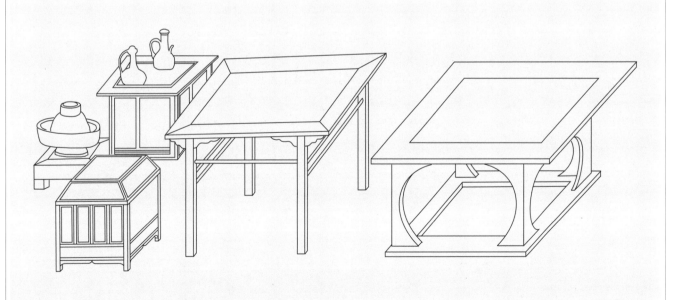

附图 1-13 南宋佚名《春宴图》中的陈设（桌、案、炉架、锅架、柜）

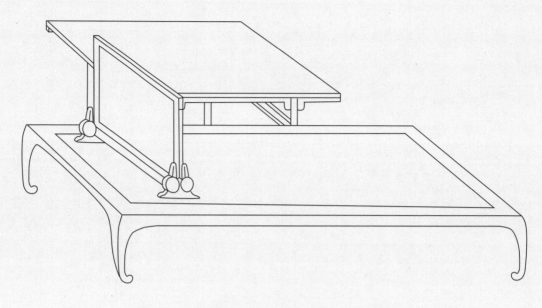

附图1-14 南宋佚名《荷亭儿戏图》中的陈设（榻、枕屏、桌）

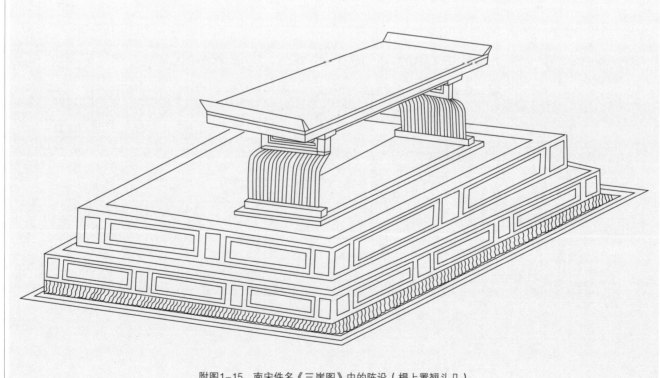

附图1-15 南宋佚名《三崖图》中的陈设（榻上置翘头几）

附图1-16　山西高平开化寺宋代壁画中的
　　　　　陈设（书案、靠背椅、书架）

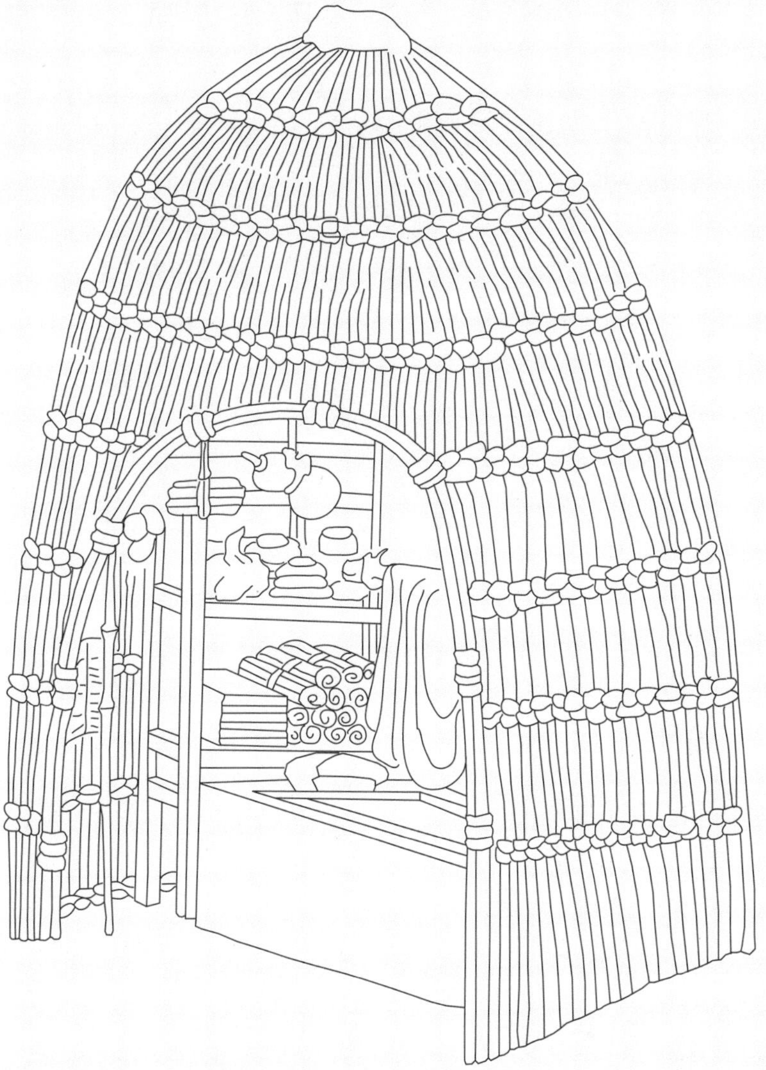

附图1-17　山西岩山寺金代壁画中的陈设（美人靠、桌、鼓）

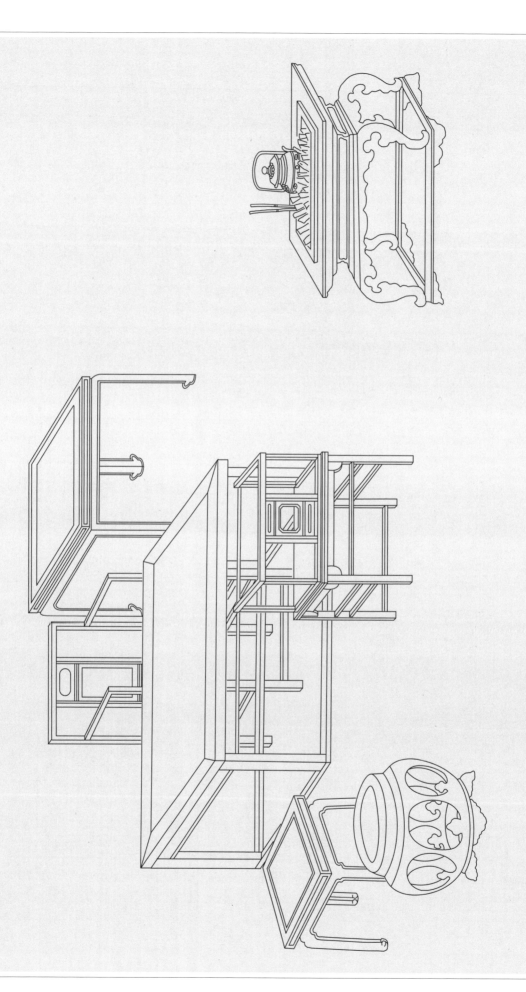

附图1-18 宋佚名《博古图》中的陈设（墩、凳、玫瑰椅〔折背样〕、案、桌、扶手椅、炉架）

中国宋代家具

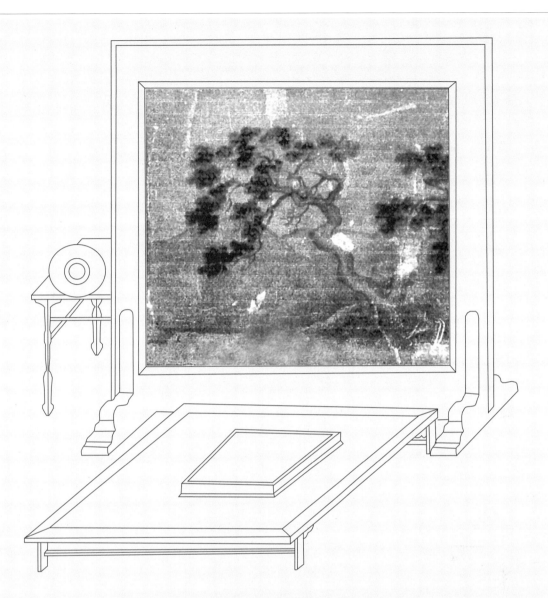

附图1-19　宋佚名《高僧观棋图》中的陈设（榻、棋枰、屏风、桌）

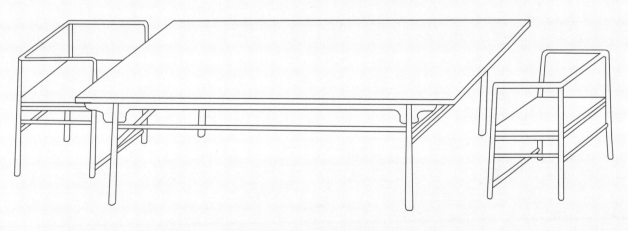

附图1-20　南宋佚名《商山四皓会昌九老图》中的陈设（桌、椅）

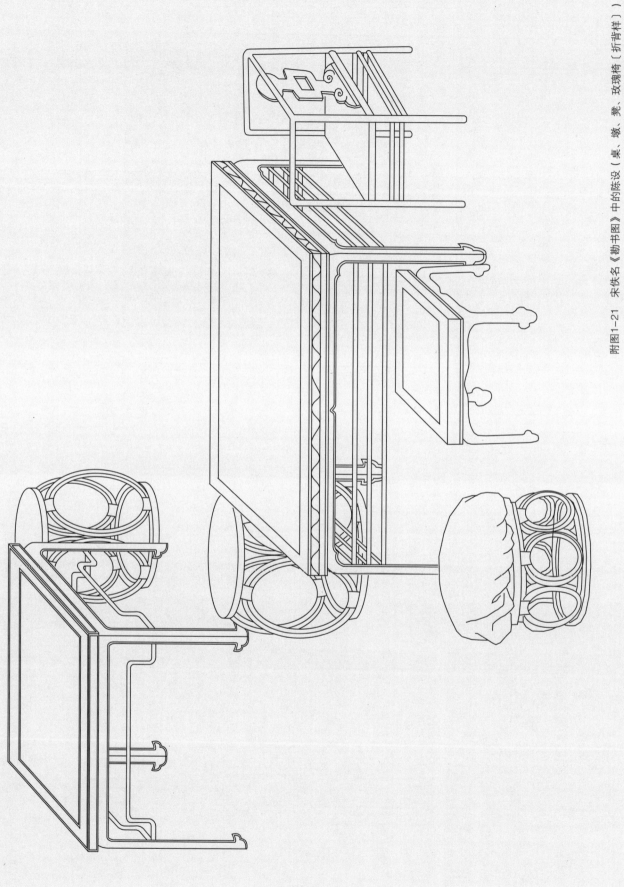

附图1-21 宋佚名《勘书图》中的陈设（桌、墩、凳、玫瑰椅〔折背样〕）

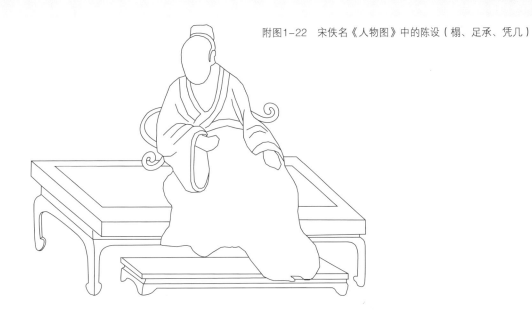

附图1-22 宋佚名《人物图》中的陈设（榻、足承、凭几）

附图1-23 宋佚名《宋人写梅花诗意图》中的陈设（翘头案、圈椅、屏风）

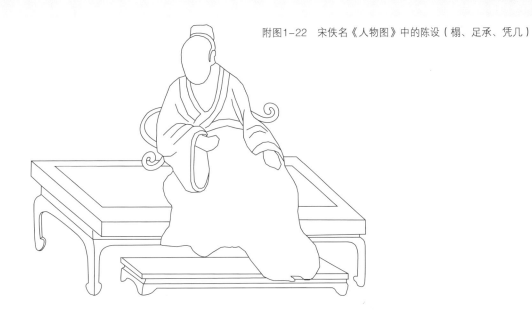 附图一 陈设

 219

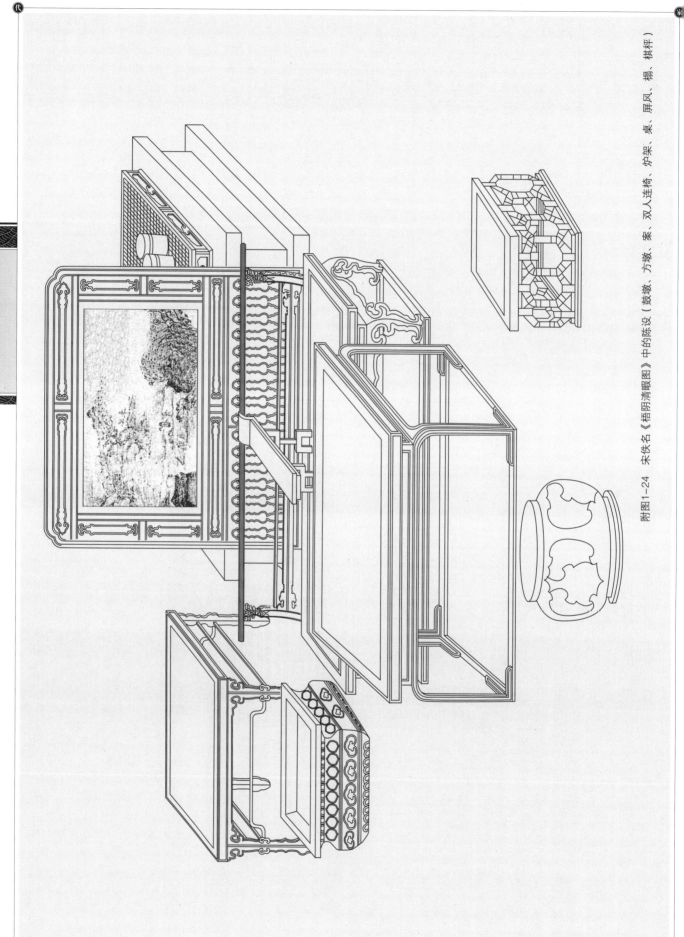

附图1-24 宋佚名《梧阴清暇图》中的陈设（鼓墩、方墩、双人连椅、炉架、案、屏风、榻、棋枰）

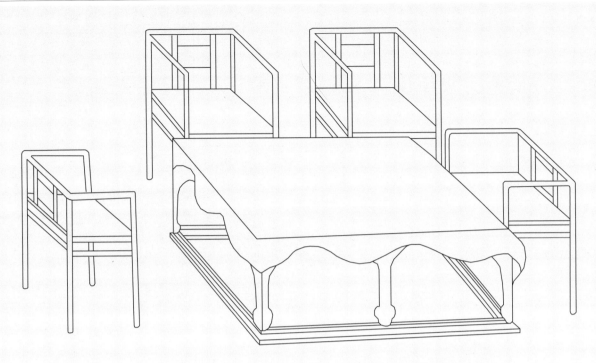

附图1-25　宋佚名《西园雅集图》中的陈设（玫瑰椅〔折背样〕、案）

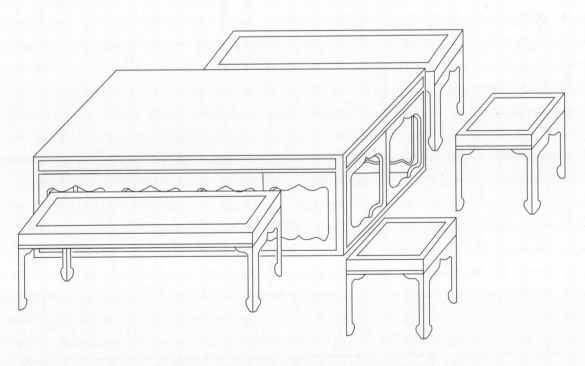

附图1-26　宋佚名《夜宴图》中的陈设（方凳、长凳、案）

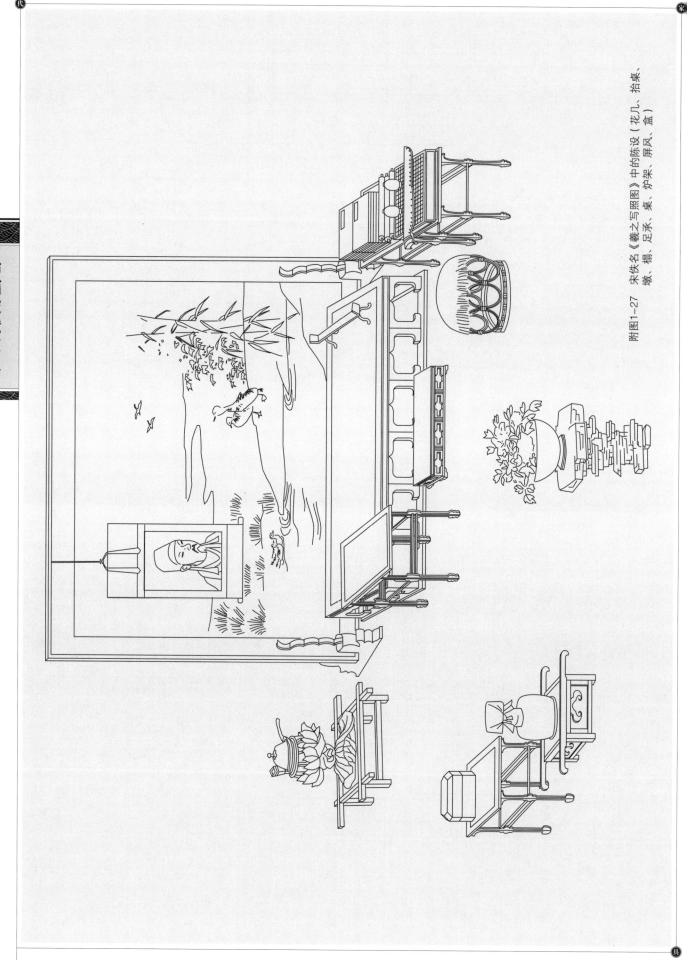

附图1-27　宋佚名《羲之写照图》中的陈设（花几、抬桌、墩、榻、足承、炉架、桌、屏风、盒）

附图1-28　四川泸县南宋墓石刻陈设（桌、椅）

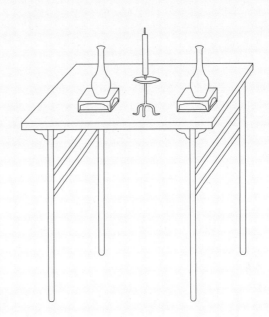

附图1-29　南宋陆兴宗《十六罗汉图》中的陈设(桌、瓶架、烛架)

附图1-30　南宋佚名《蕉阴击球图》中的陈设（长桌、交椅）

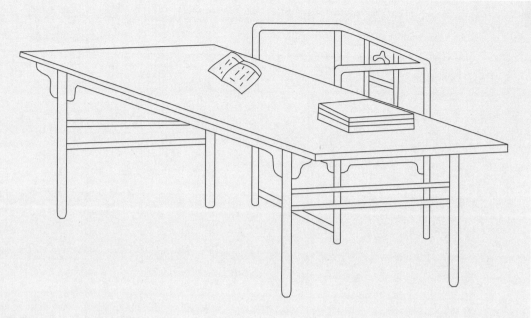

附图1-31　宋佚名《孟母教子图》中的陈设（桌、椅）

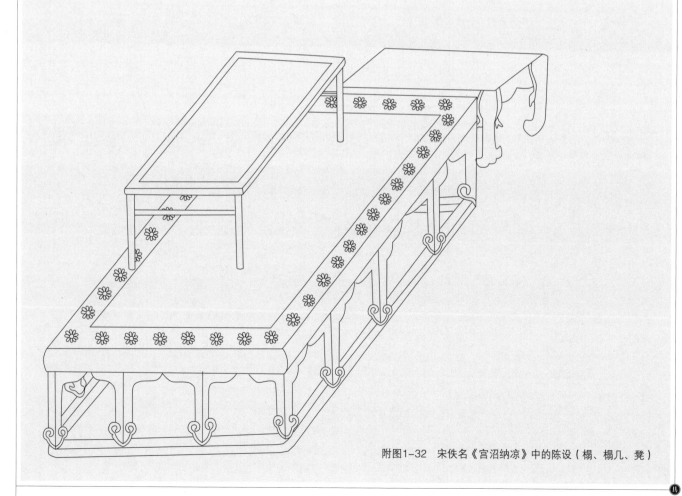

附图1-32　宋佚名《宫沼纳凉》中的陈设（榻、榻几、凳）

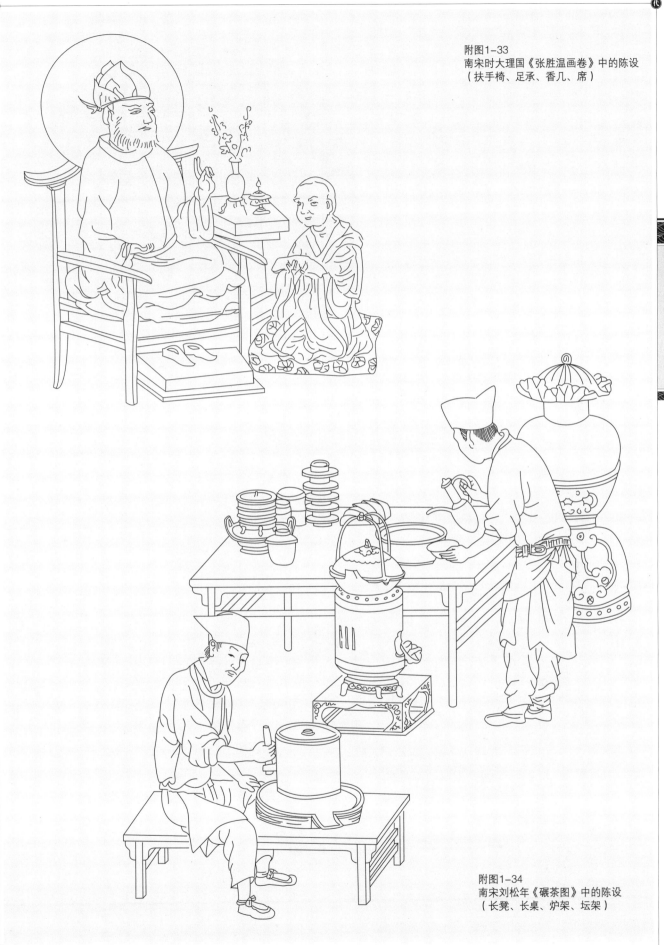

附图1-34
南宋刘松年《碾茶图》中的陈设
（长凳、长桌、炉架、坛架）

附图1-35
北宋王诜《绣枕晓镜图》中的陈设
（桌、镜架、榻、榻屏、屏风、盒）

附图1-36
宋佚名《十八学士图·观弈》中的陈设
（榻、墩、棋枰、屏风）

附图1-37　宋佚名《十八学士图·焚香》中的陈设(凳、墩、玫瑰椅、案、榻、靠背、盒)

附图1-38　宋佚名《十八学士图·作书》中的陈设(凳、玫瑰椅、案、书桌、方桌、榻、屏风、靠背椅、花案、盒)

中国宋代家具

附图1-39 宋佚名《白描大士像》中的陈设（榻、屏风、足承）

附图1-40　北宋苏汉臣《妆靓仕女图》中的陈设（长凳、长案、花案、屏风、盒）

附图1-41　宋佚名《乞巧图》中的陈设（桌、凳、案）

附图1-42　山西平阳金墓砖雕墓主人对坐像中的陈设（靠背椅、花几、足承）

附图1-43　河南安阳新安庄西地44号宋墓西南壁上的陈设（桌、椅、灯架）

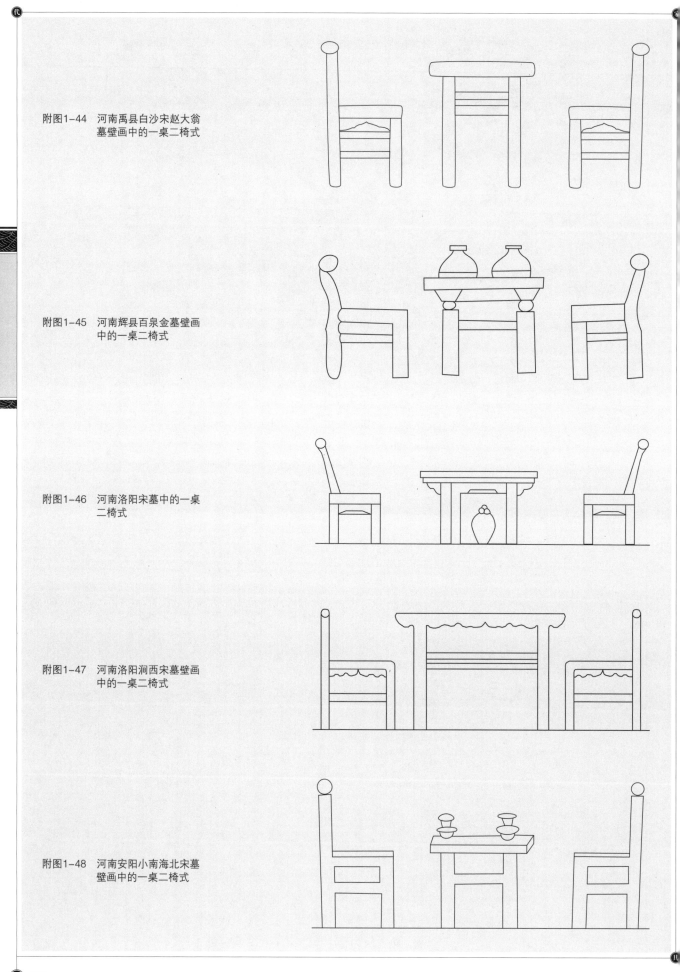

附图1-44 河南禹县白沙宋赵大翁墓壁画中的一桌二椅式

附图1-45 河南辉县百泉金墓壁画中的一桌二椅式

附图1-46 河南洛阳宋墓中的一桌二椅式

附图1-47 河南洛阳涧西宋墓壁画中的一桌二椅式

附图1-48 河南安阳小南海北宋墓壁画中的一桌二椅式

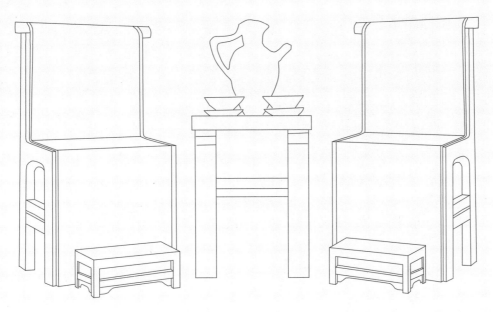

附图1-49　河南方城盐店北宋彊氏墓出土石家具中的一桌二椅式

附图1-50　河南郑州宋墓砖雕中的一桌二椅式

附图1-51　河南安阳新安庄西地44号宋墓西壁上的一桌二椅式

附图1-52　宁夏泾源北宋墓砖雕中的一桌二椅式

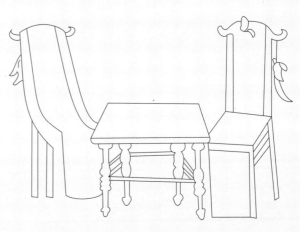

附图1-53　江苏淮安北宋墓壁画中的一桌二椅式

附图1-54　山西平阳金墓砖雕开芳宴中的一桌二椅式

附图1-55　山西闻喜寺底金墓壁画中的一桌二椅式

附图1-56　山西闻喜县下阳金墓壁画中的一桌二椅式

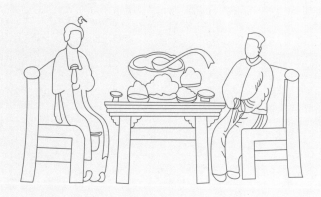

附图1-57　山西闻喜县下阳金墓壁画中的一桌二椅式

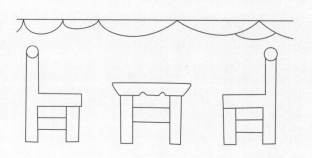

附图1-58　河北曲阳南平罗北宋墓壁画中的一桌二椅式

注:
陈设的形象还可见于宋佚名《槐阴消夏图》（彩图陈设1）、北宋佚名《文会图》（彩图·陈设2）、山西平阳金墓砖雕（彩图·陈设3）、宋佚名《十八学士图·观画》（彩图·陈设4）、山西平阳金墓砖雕（彩图·陈设5）。

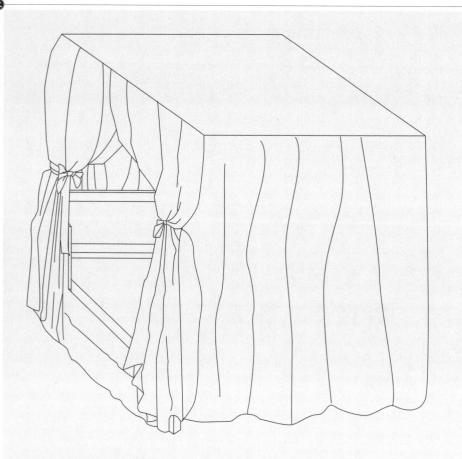

附图2-1
南宋佚名《韩熙载夜宴图》中的帐床

注：
床的形象还可见于辽代印花三彩陶床（彩图·卧具1）、山西大同金代阎德源墓出土围子床（图2-2-1）、内蒙古翁牛特旗解放营子辽墓出土围子床（图2-2-2）、山西大同金代阎德墓出土小榻床（图2-2-3）、襄汾金墓出土围子床（图2-2-4）、四川广汉宋墓出土棺床（图2-2-5）、南宋佚名《韩熙载夜宴图》中的床（图2-2-6）、山西汾阳金墓壁画中的床（图2-2-7）、《五山十刹图》中的方丈坐床（图2-2-8）、《五山十刹图》中的径山僧堂长连床（图2-2-9）。

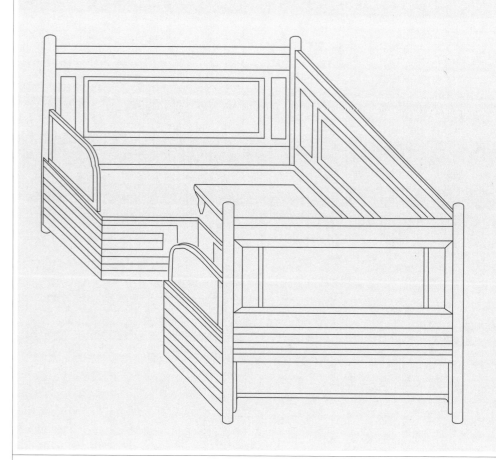

附图2-2
南宋佚名《韩熙载夜宴图》中的榻

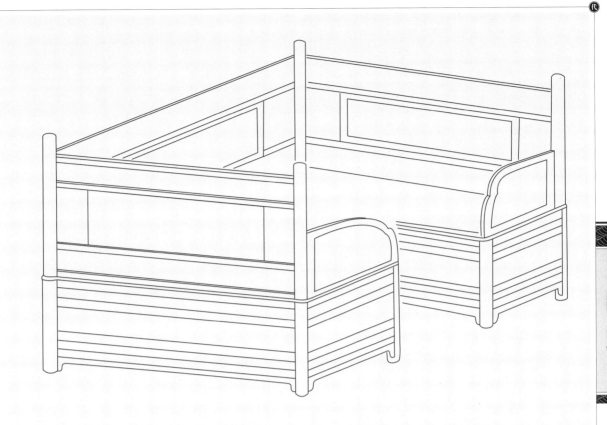

附图2-3　南宋佚名《韩熙载夜宴图》中的榻（上）

附图2-4　南宋苏汉臣《婴戏图》中的三围子榻（下）

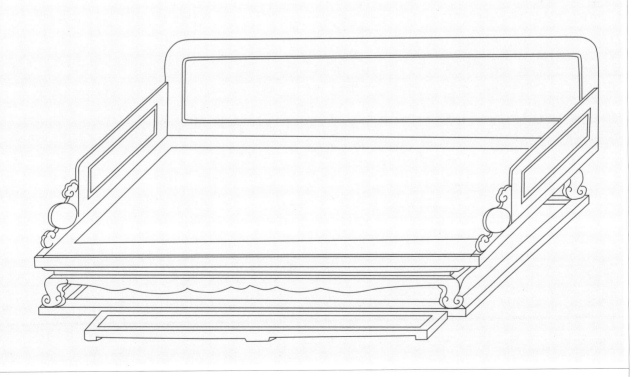

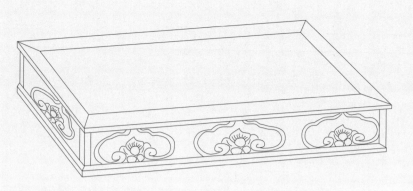

附图2-5　北宋李公麟（传）《孝经图》中的榻

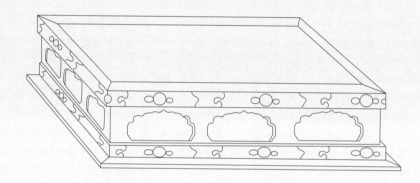

附图2-6　北宋佚名《洛神赋全图》中的榻

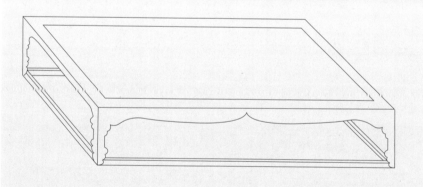

附图2-7　南宋李嵩《听阮图》中的榻

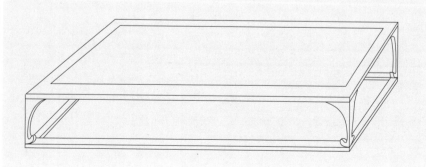

附图2-8　南宋佚名《荷亭对弈图》中的榻

附图2-10　南宋版画《耕织图·剪帛》中的榻

附图2-11　宋代敦煌壁画《弟子举哀》中的须弥座式榻

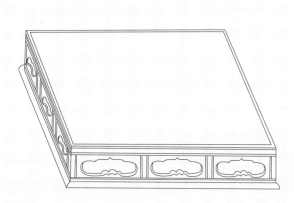

附图2-12　南宋佚名《白莲社图》中的榻

附图2-13　南宋佚名《孝经图》中的榻

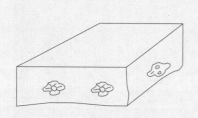

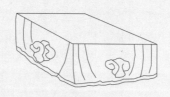

附图2-14　宋代敦煌《地藏十王》中的榻　　　　　附图2-15　北宋《妙法莲花经》插图中的高榻

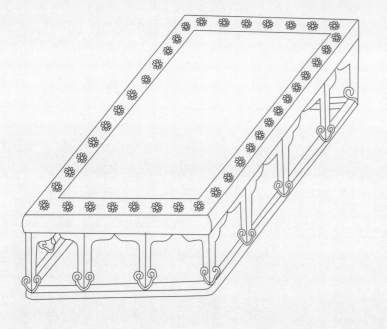

附图2-16　宋佚名《宫沼纳凉》中的榻

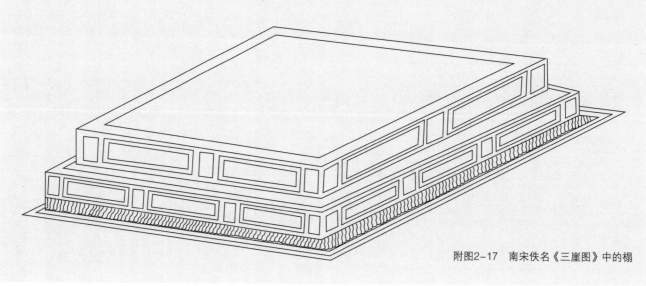

附图2-17　南宋佚名《三崖图》中的榻

中国宋代家具

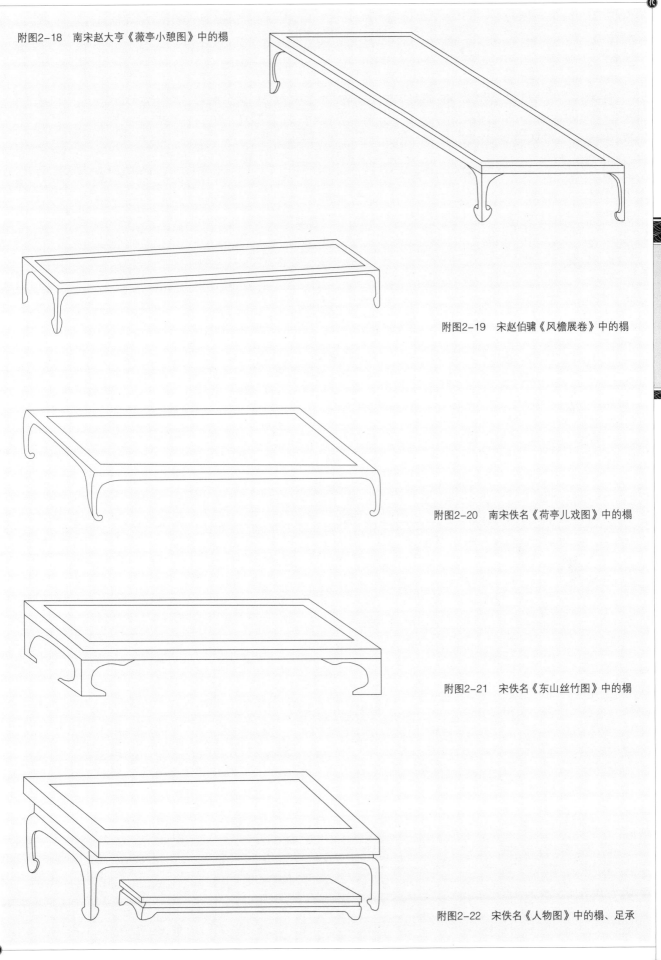

附图2-18　南宋赵大亨《薇亭小憩图》中的榻

附图2-19　宋赵伯骕《风檐展卷》中的榻

附图2-20　南宋佚名《荷亭儿戏图》中的榻

附图2-21　宋佚名《东山丝竹图》中的榻

附图2-22　宋佚名《人物图》中的榻、足承

附图2-23　北宋张训礼《围炉博古图》中的榻

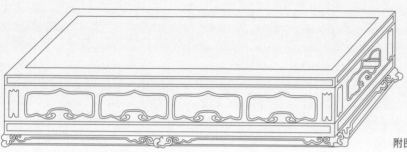

附图2-24　宋佚名《十八学士图·作书》中的榻

附图2-25　北宋李公麟《高会习琴图》中的榻

附图2-26　南宋刘松年《琴书乐志图》中的榻

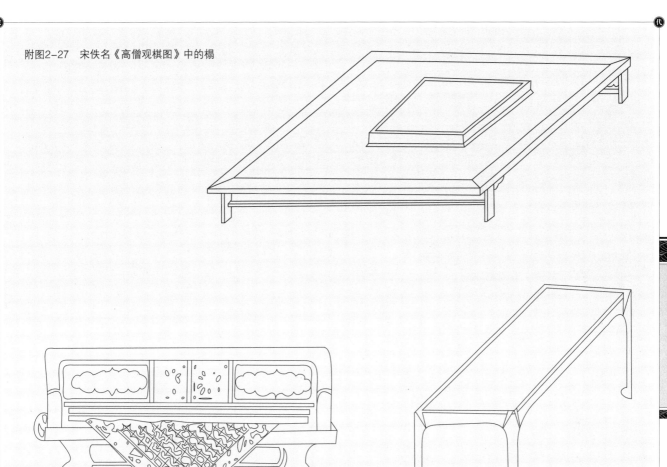

附图2-27　宋佚名《高僧观棋图》中的榻

附图2-28　贵州遵义桑木桠皇坟嘴宋墓出土石雕坐榻

附图2-29　北宋王诜《绣枕晓镜图》中的榻

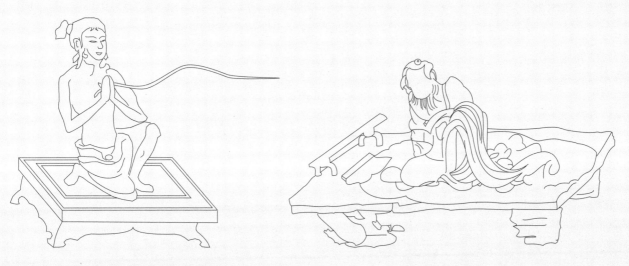

附图2-30　南宋时大理国《张胜温画卷》中的榻

附图2-31　金杨世昌《崆峒问道图卷》中的石榻

附图2　卧具

243

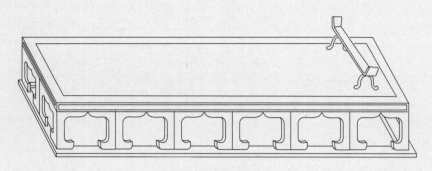

附图2-32　宋佚名《羲之写照图》中的榻

中国宋代家具

附图2-33　宋佚名《消夏图》中的榻

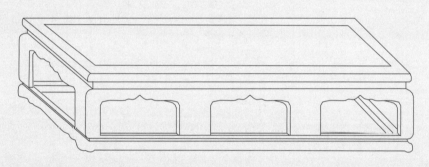

附图2-34　宋佚名《十八学士图·观画》中的榻

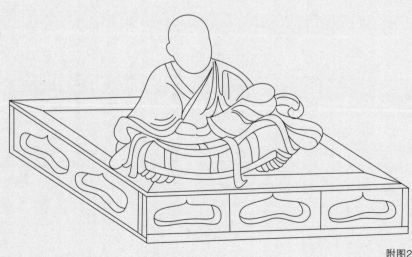

附图2-35　南宋佚名《莲社图》（水墨本）中的榻

附图2-36　山西平阳金墓砖雕《二女弈棋》中的榻　　　　　　附图2-37　南宋时大理国《张胜温画卷》中的榻、凭几

附图2-38　北宋《水月观音像》中的3件榻

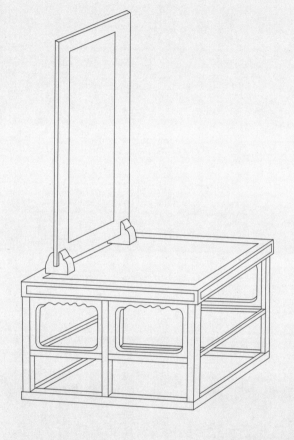

附图2-39
南宋佚名《白莲社图》中的矮榻（上）

附图2-40
山西高平开化寺北宋壁画中的榻（中）

附图2-41
宋佚名《梧阴清暇图》中的棋榻（下）

注：
榻的形象还可见于北宋定窑孩儿瓷枕中的榻(彩图·卧具2)、北宋李公麟《维摩诘像》中的榻（彩图·卧具3）、北宋李公麟《维摩天女像》中的榻（彩图·卧具4）、北宋李公麟（旧题）《维摩演教图》中的榻（彩图·卧具5）、南宋陆信忠《佛涅槃图》中的榻（彩图·卧具6）、南宋高宗书《孝经图》中的榻（彩图·卧具7）、南宋高宗书《孝经图》中的榻（彩图·卧具8）、南宋佚名《蚕织图》中的榻（彩图·卧具9）、南宋牟益《捣衣图》中的榻（彩图·卧具10）、南宋张思恭（传）《猴侍水星神图》中的榻（彩图·卧具11）、宋佚名《维摩图》中的三围子榻（彩图·卧具12）、南宋苏汉臣《婴戏图》中的榻（图2-2-10）、宋佚名《乞巧图》中的榻（图2-2-11）、南宋李嵩《听阮图》中的榻（图2-2-12）、宋佚名三彩陶枕画《柳阴读书》中的榻（图2-2-13）、南宋马和之《荷亭纳爽图》中的榻（图2-2-14）、山西平阳金墓砖雕《二十四孝·王武子妻割股奉亲》中的榻（图2-2-15）、南宋马和之《唐风图》中的榻（图2-2-17）、镇江市博物馆藏北宋景德镇窑影青孩儿枕中的榻（图2-2-18）、南宋刘松年《补衲图》中的榻（图3-3-8）。

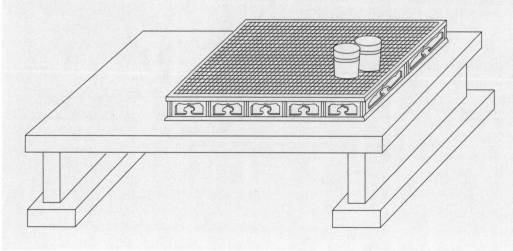

附图3 坐具

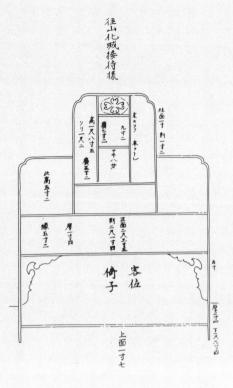

附图3-1　南宋佚名《五山十刹图》中的径山化
　　　　城寺客位椅子

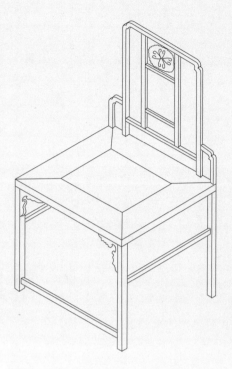

附图3-2　南宋佚名《五山十刹图》中的径山化
　　　　城寺客位椅子立体图（方海先生绘）

附图3-3　山西平阳金墓砖雕墓主人像中的靠背椅

附图3-4　南宋佚名《六尊者像》中的靠背椅、足承

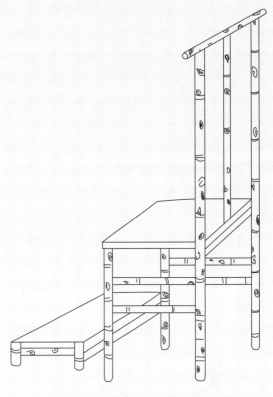

附图3-5　宋佚名《文汇图》中的斑竹椅

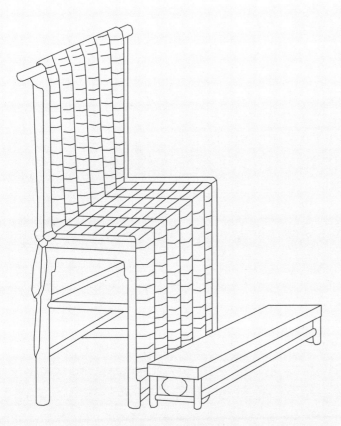

附图3-6　宋佚名《孝经图》中的靠背椅、足承

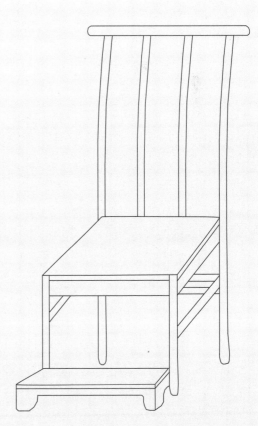

附图3-7　宋佚名《女孝经图》中的靠背椅、足承

中国宋代家具

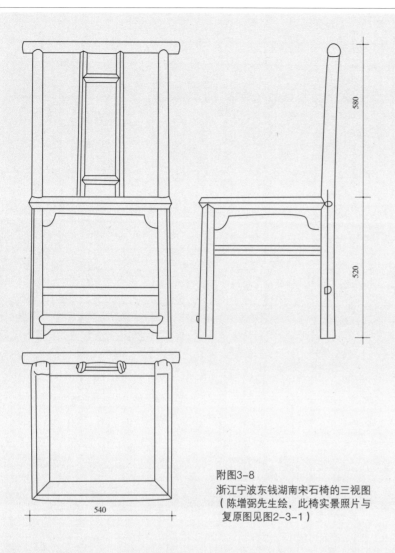

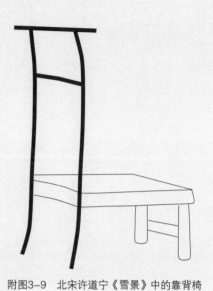

附图3-9　北宋许道宁《雪景》中的靠背椅

附图3-8
浙江宁波东钱湖南宋石椅的三视图
（陈增弼先生绘，此椅实景照片与
复原图见图2-3-1）

附图3-10　山西汾阳金墓砖雕靠背椅

附图3-11　江苏扬州宋邵府君王氏石刻椅

附图3-12 河北孤台4号宋墓出土靠背椅

附图3-13 北宋张先《十咏图》中的靠背椅

附图3-14 山东高唐虞寅墓壁画中的靠背椅1

附图3-15 山东高唐虞寅墓壁画中的靠背椅2

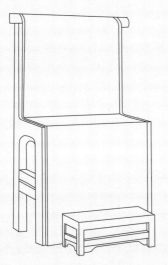

附图3-16 河南方城盐店北宋墓出土石靠背椅

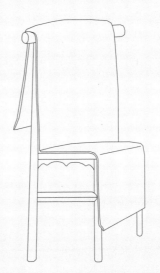

附图3-17 四川泸县南宋墓石刻靠背椅

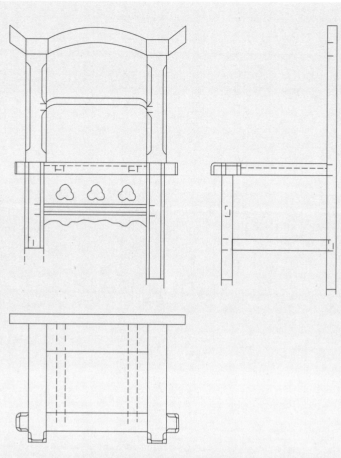

附图3-18　河北宣化张文藻墓出土木椅三视图

附图3-19　内蒙古赤峰辽墓出土靠背椅

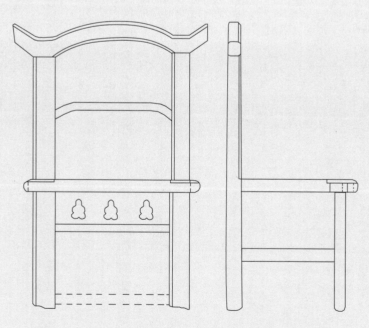

附图3-20　河北宣化辽张世本墓出土木靠背椅正视图与左视图

附图3-21　河北宣化辽张匡正墓出土木椅

附图3-22　河南荥阳宋墓石棺线刻中的椅

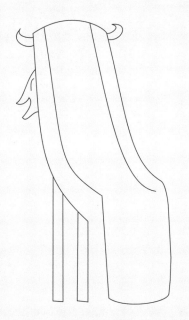

附图3-23　淮安北宋墓壁画上的靠背椅1

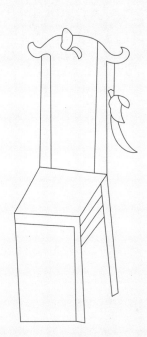

附图3-24　淮安北宋墓壁画上的靠背椅2

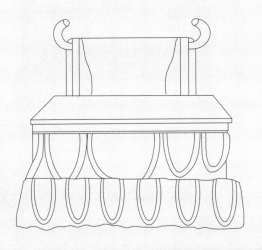

附图3-25　河南洛宁北宋乐重进石棺画像《赏乐图》中的靠背椅

附图3-26　江苏溧阳竹箐乡李彬夫妇墓陶椅

附图3-27 南宋木刻版画中的10余件扶手椅陈设（选自《远东博物馆会刊》第61期，1989年，瑞典斯德哥尔摩）

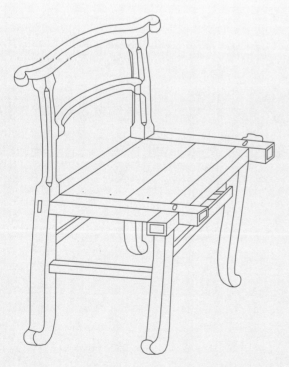

附图3-28 内蒙古喀喇沁旗娄子店乡辽墓出土靠背木椅

附图3-29 辽宁博物馆藏辽代靠背木椅

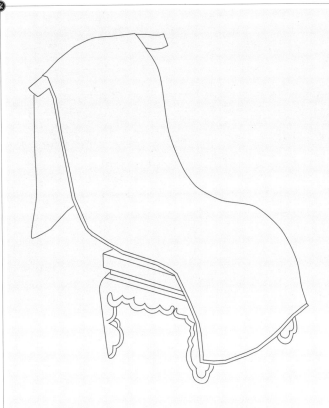

附图3-30　南宋钱选《鉴古图》中的靠背椅

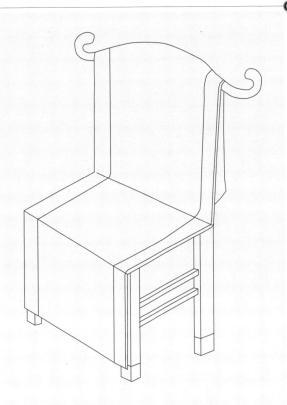

附图3-31　内蒙古辽墓壁画中的靠背椅

附图3-32　南宋陆兴宗《十六罗汉图》中的靠背椅

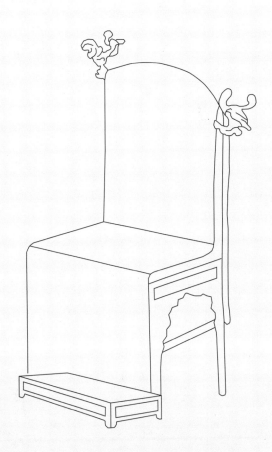

附图3-33　南宋佚名《孝经图》中的靠背椅

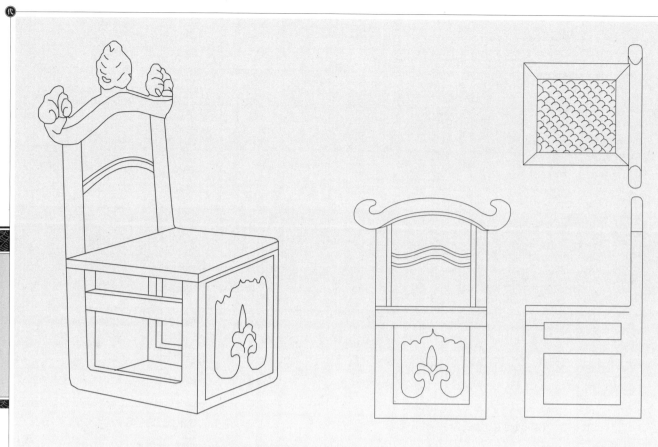

附图3-34　四川广汉雒阳镇北宋墓出土陶椅（上左）

附图3-35　四川广汉雒阳镇北宋墓出土陶椅三视图（上右）

附图3-36　山西闻喜县下阳金墓壁画中的靠背椅（下左）

附图3-37　南宋木刻版画中的靠背椅（选自《远东博物馆会刊》第61期，1989年，瑞典斯德哥尔摩）（下中）

附图3-38　四川泸州凤凰山宋墓石刻浮雕靠背椅（下右）

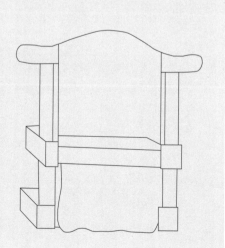

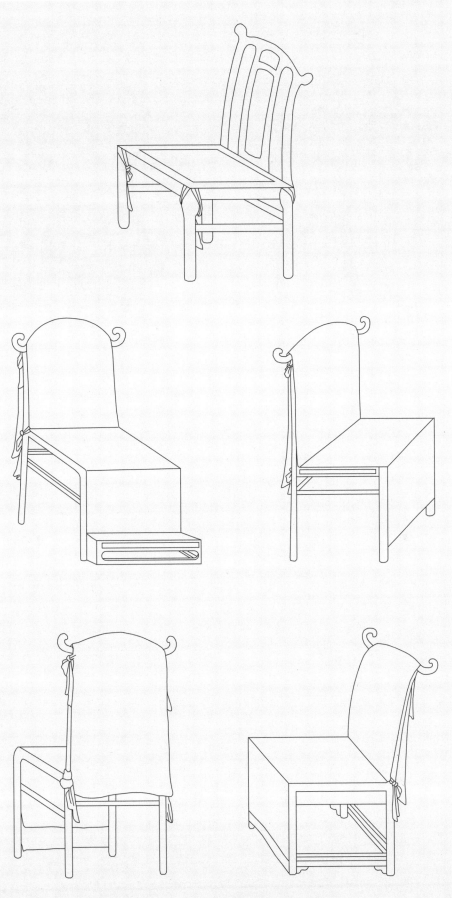

附图3-39　南宋佚名《韩熙载夜宴图》中的5件靠背椅

附图3-40 西夏汉文版画《注清凉心要》(内蒙古额济纳旗黑水城出土)中的2件靠背椅

附图3-41 宋佚名《十八罗汉》中的靠背椅

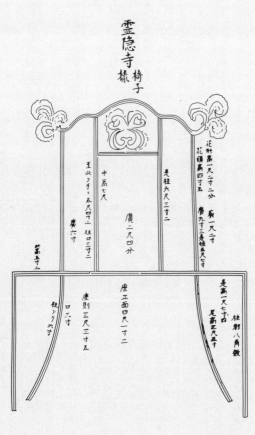

附图3-42 南宋佚名《五山十刹图》中的灵隐寺椅子

附图3-43　山西平阳金墓砖雕墓主人像中的靠背椅、足承

附图3-44　山西平阳金墓砖雕《二十四孝之崔孝芬事婶如母（左）、丁兰刻木奉亲（右）》中的靠背椅、足承

附图3-45　山西平阳金墓砖雕彩绘《二十四孝之丁兰刻木奉亲》中的靠背椅

附图3-46　山西平阳金墓砖雕《孝子图》中的靠背椅

附图3 坐具

259

附图3-47　山西平阳金墓砖雕男墓主人像（左1）、女墓主人像（右3）中的靠背椅、足承

附图3-48　四川大足南宋石刻《东岳大帝像》的靠背椅

附图3-49　四川大足南宋石刻《玉皇大帝像》的靠背椅

中国宋代家具

附图3-50　四川大足南山第5号窟南宋三清古洞群像中的靠背椅、足承

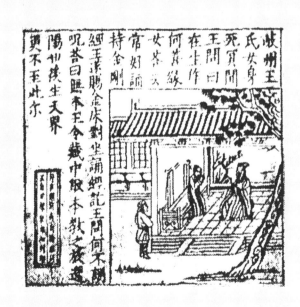

附图3-51　宋《金刚般若波罗蜜经》中的长椅、屏风、墩

附图3-52　宋佚名《十八罗汉（第六）》中的靠背椅

附图3-53
山西平阳金墓砖雕墓主人对坐像中的靠
背椅（上）

附图3-54
西夏刻印西夏文《现在贤劫千佛名经》
卷首《译经图》中的靠背椅（下）

中国宋代家具

注：
靠背椅形象还可见于金代木靠背椅（彩图·坐具1）、内蒙古解
放营子辽墓出土木靠背椅（彩图·坐具2）、江苏江阴宋孙四娘
子墓出土木靠背椅（彩图·坐具3）、江苏武进南宋墓出土木
靠背椅（彩图·坐具4）、《宋代帝后像·徽宗》中的靠背椅
（彩图·坐具5）、《宋代帝后像·仁宗后》中的靠背椅（彩
图·坐具6）、内蒙古额济纳旗黑水城出土西夏《玉皇大帝图》
中的靠背椅（彩图·坐具7）、四川大足南山第5号窟南宋石刻
玉皇大帝像中的椅（彩图·坐具8）、四川泸县南宋墓石刻靠
背椅（彩图·坐具9）、山西平阳金墓砖雕墓主人像中的靠背
椅（彩图·坐具10）、南宋龚开《中山出游图》中的抬椅（彩
图·坐具11）、南宋佚名《十六罗汉之四》中的树根靠背椅
（彩图·坐具12）、南宋佚名《罗汉图之二》中的靠背椅（彩
图·坐具13）、浙江宁波东钱湖南宋石椅（图2-3-1）、宋佚名
《女孝经图》中的靠背椅（图2-3-2）、内蒙古林西辽墓出土木

靠背椅（图2-3-3）、宋佚名《十八学士图》中的靠背椅（图
2-3-4）、内蒙古翁牛特旗解放营子辽墓出土木靠背椅（图
2-3-5）、河北宣化张文藻墓出土木靠背椅（图2-3-6）、巨
鹿北宋遗址出土的木靠背椅（图2-3-8）、江苏江阴孙四娘子
墓出土木靠背椅（图2-3-9）以及《宋代帝后像》中的宣祖
后（赵匡胤之母）像（图3-4-5）、高宗像（图3-4-6）、孝
宗像（图3-4-7）、光宗像（图3-4-8）、宁宗像（图3-4-
9）、理宗像（图3-4-10）、度宗像（图3-4-11）、光宗后
像（图3-4-12）、真宗像（图3-4-13）、仁宗像（图3-4-
14）、英宗后像（图3-4-15）、神宗像（图3-4-16）、神
宗后像（图3-4-17）、哲宗像（图3-4-18）、徽宗后像（图
3-4-19）、钦宗像（图3-4-20）、钦宗后像（图3-4-21）、
高宗后像（图3-4-22）、宁宗后像（图3-4-23）中的靠背椅
等。

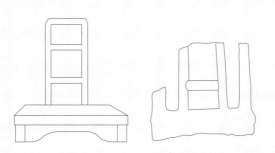

附图3-55　河南方城金汤寨北宋墓出土的2件残椅

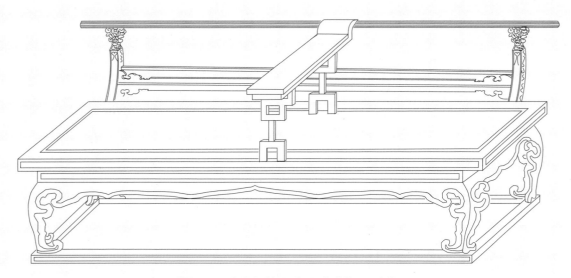

附图3-56　宋佚名《梧阴清暇图》中的双人连椅

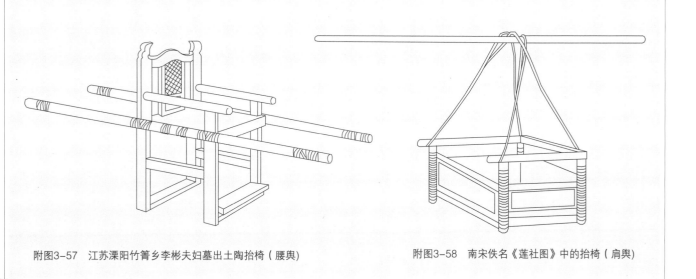

附图3-57　江苏溧阳竹箐乡李彬夫妇墓出土陶抬椅（腰舆)　　　　　附图3-58　南宋佚名《莲社图》中的抬椅（肩舆)

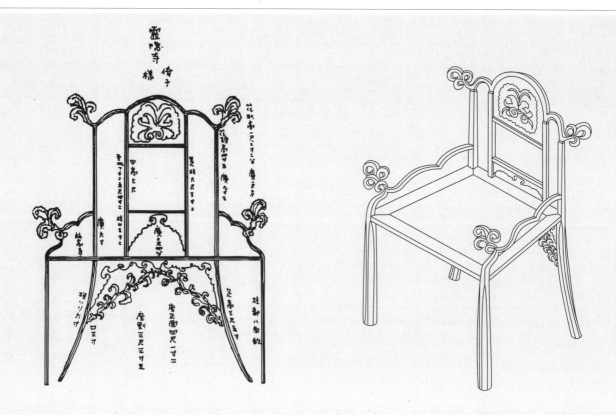

附图3-59 南宋佚名《五山十刹图》中的灵隐寺椅子（左）与其立体示意图（右，方海先生绘）

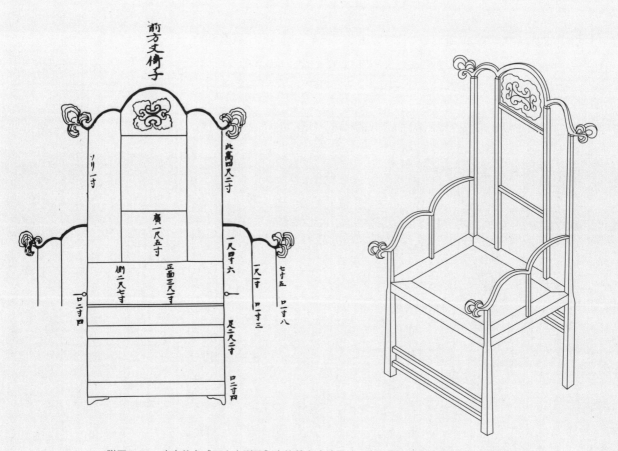

附图3-60 南宋佚名《五山十刹图》中的前方丈椅子（左）与其立体示意图（右，方海先生绘）

附图3-61　宋佚名《不空三藏图》（日本高山寺藏）中的扶手椅、足承

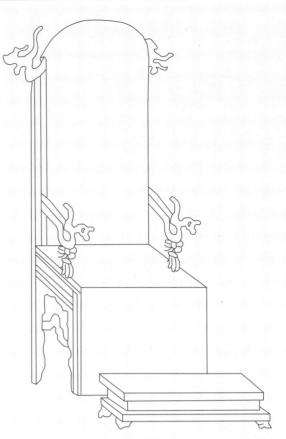

附图3-62　南宋高宗书《孝经图》中的扶手椅

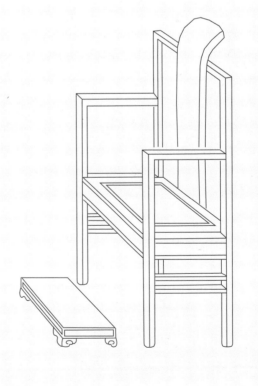

附图3-63　南宋刘宋年《蓬壶仙侣图》中的扶手椅、足承

附图3
坐具

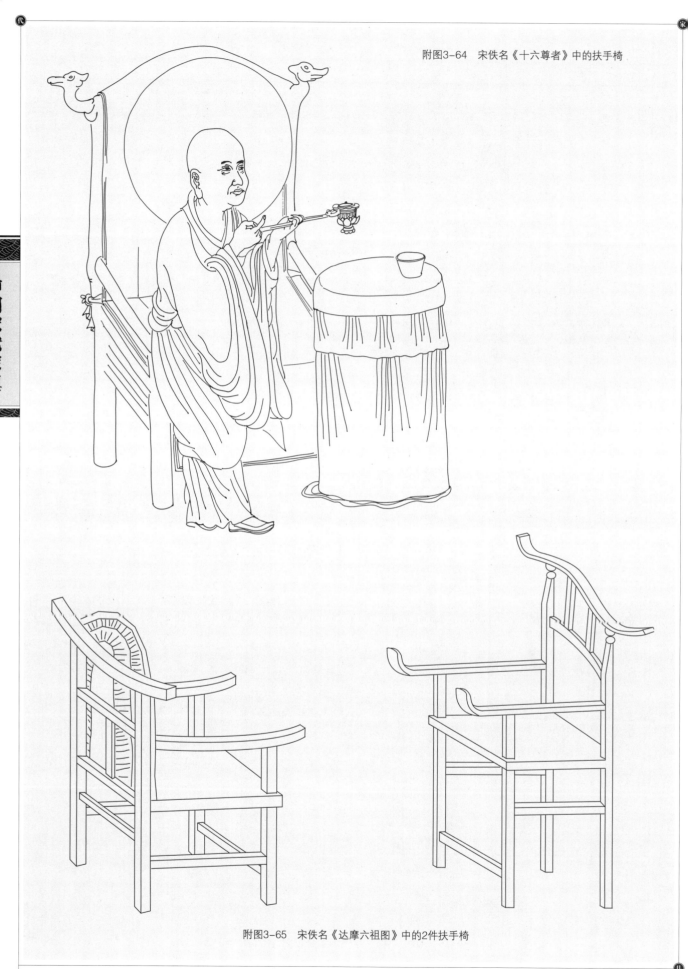

附图3-65　宋佚名《达摩六祖图》中的2件扶手椅

中国宋代家具

附图3-66　四川华蓥南宋安丙墓后龛正立面石刻中的扶手椅、足承

附图3-67　广东新兴六榕寺慧能像（北宋端拱2年铸）中的扶手椅　　　　附图3-68　敦煌62窟宋壁画中的扶手椅

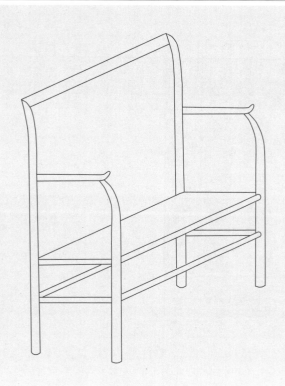

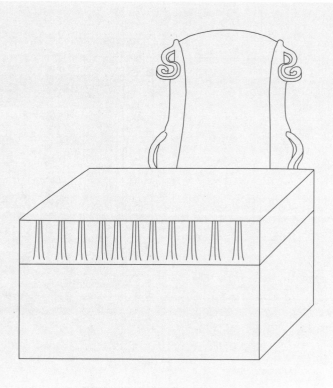

附图3-69　宋佚名《村童闹学图》中的扶手椅

附图3-70　宋佚名《十王图》中的椅、案

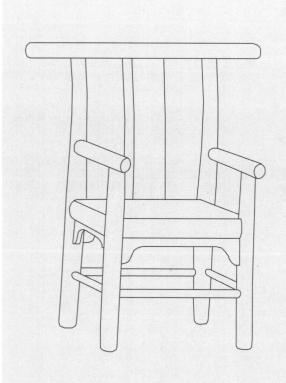

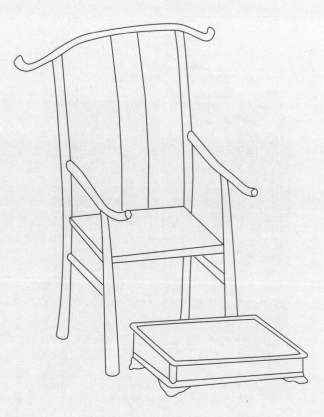

附图3-71　山西大同金阎德源墓出土木制四出头扶手椅

附图3-72　北宋李公麟（传）《孝经图》中的四出头扶手椅、足承

中国宋代家具

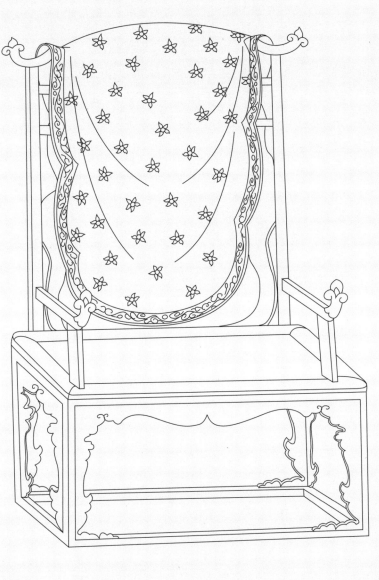

附图3-73
宋佚名《道子墨宝：地狱变相图》（美国克
里夫兰艺术博物馆藏）中的扶手椅（上）

附图3-74
宋佚名《护法天王图》（日本大阪市立美术
馆藏）中的车式扶手椅（下）

附图3　坐具

附图3-75
北宋李公麟（传）《孝经图》（美国大都会
博物馆藏）中的扶手椅（上）

附图3-76
宋佚名《道子墨宝：地狱变相图》（美国克里
夫兰艺术博物馆藏）中的扶手椅、足承（下）

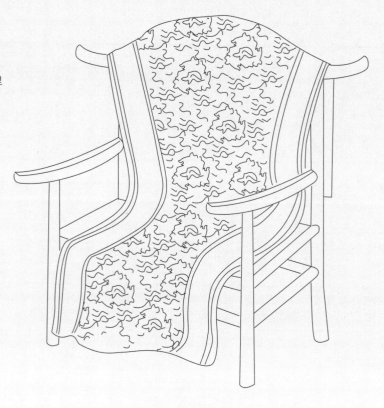

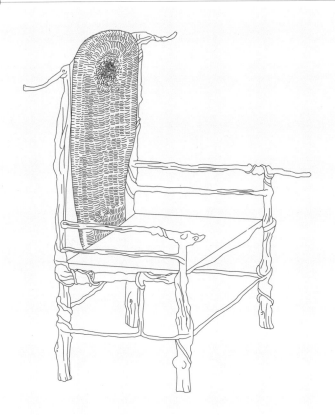

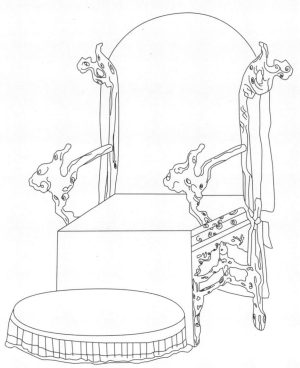

附图3-77　南宋佚名《萧翼赚兰亭图》中的扶手椅（上左）

附图3-78　南宋马和之《女孝经图》中的扶手椅、足承（上右）

附图3-79　宋佚名《白描罗汉册》中的扶手椅（下左）

附图3-80　宋佚名《十六尊者》中的扶手椅、足承（下右）

附图3-81 南宋佚名《六尊者像》中的竹扶手椅、足承（上）

附图3-82 南宋佚名《达摩六祖像》中的竹扶手椅（下左）

附图3-83 宋佚名《白描罗汉册》中的竹扶手椅、足承（下右）

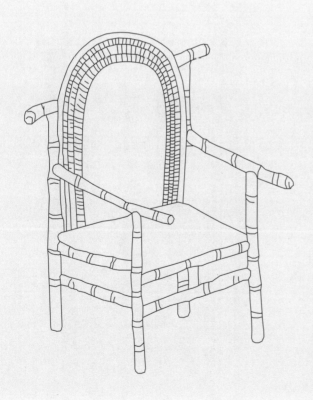

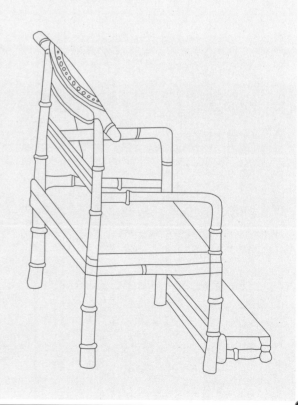

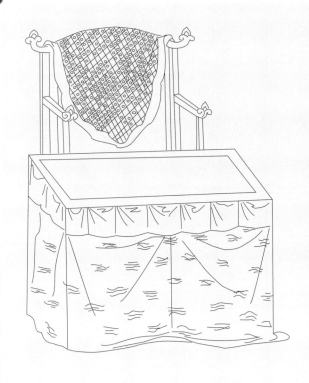

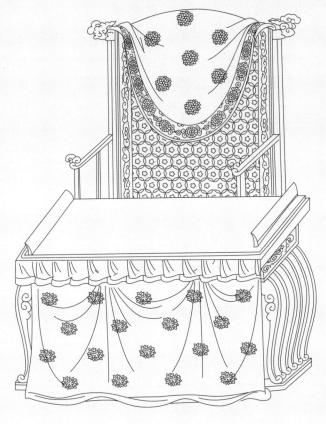

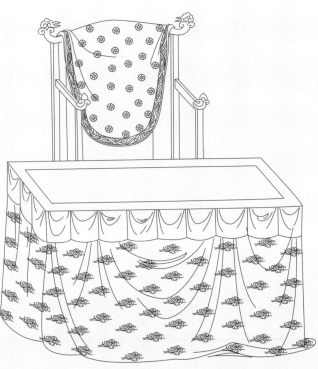

附图3-84
宋佚名《道子墨宝：地狱变相图》（美国克里夫兰艺术博物馆藏）中的3套扶手椅与案

注：
扶手椅形象还可见于宁夏贺兰县拜寺口双塔出土西夏彩绘木椅（彩图·坐具15）、北京房山区天开塔地宫出土辽代木扶手椅（彩图·坐具16）、日本正仓院藏宋代扶手椅（图2-3-10）、山西大同金代阎德源墓出土木扶手椅（图2-3-11），南宋时大理国《张胜温画卷》中的三祖僧璨大师竹椅（图3-3-13）、七祖神会大师竹椅（图3-3-14）、初祖达摩大师坐椅（图3-3-15）、四祖道信大师坐椅（图3-3-16）、五祖弘忍大师坐椅（图3-3-17）、二祖慧可大师坐椅（图3-3-18）、六祖慧能大师坐椅（图3-3-19）、法光和尚坐椅（图3-3-20）、贤者买纯嵯坐椅（图3-3-21）等。

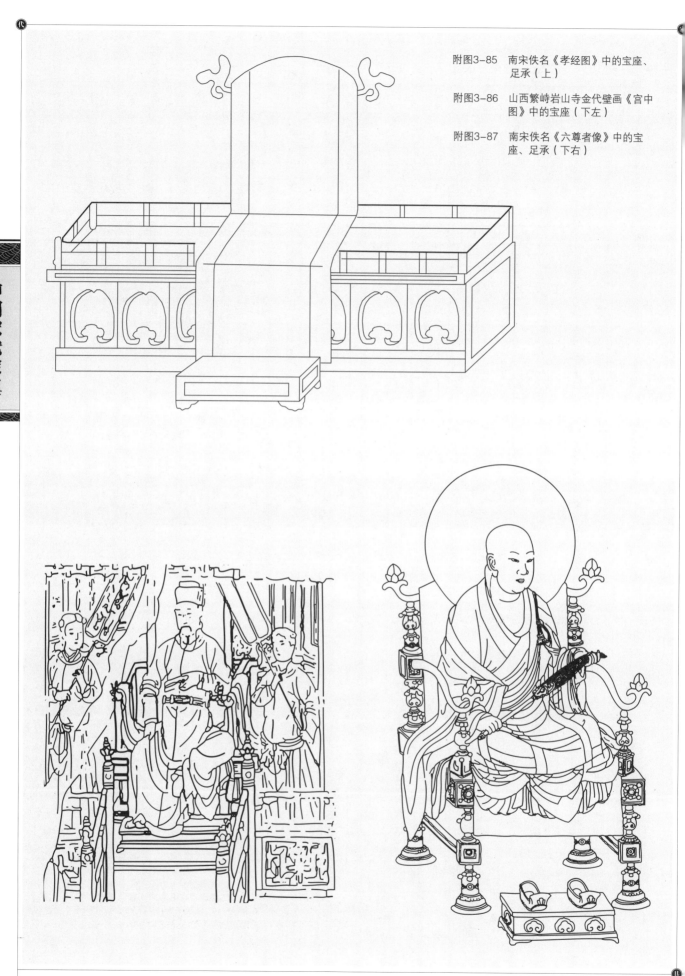

附图3-85 南宋佚名《孝经图》中的宝座、足承（上）

附图3-86 山西繁峙岩山寺金代壁画《宫中图》中的宝座（下左）

附图3-87 南宋佚名《六尊者像》中的宝座、足承（下右）

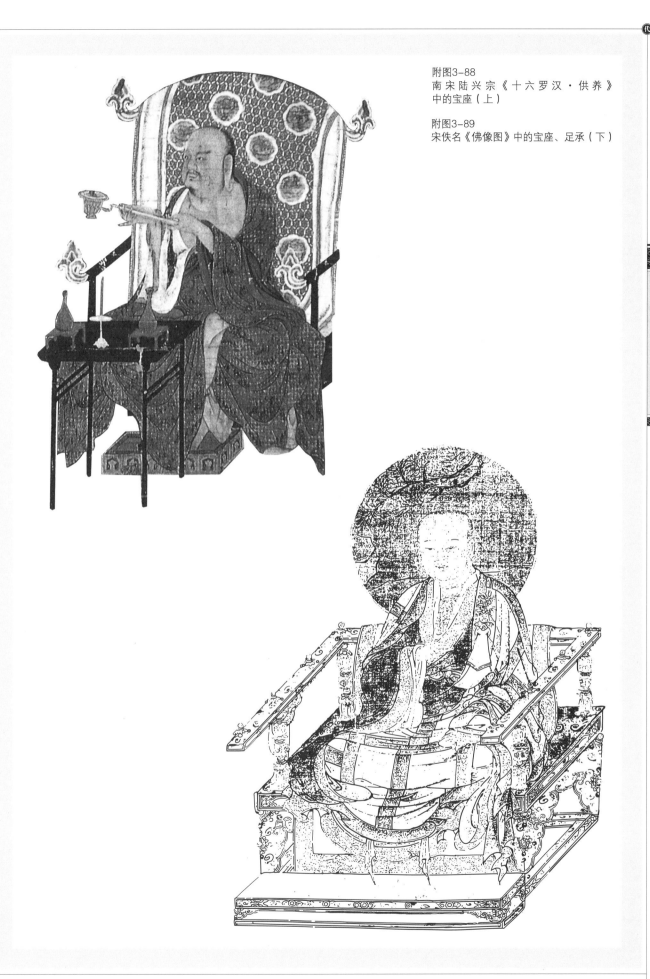

附图3-88
南宋陆兴宗《十六罗汉·供养》
中的宝座（上）

附图3-89
宋佚名《佛像图》中的宝座、足承（下）

附图3-90　南宋陆兴宗《十六罗汉·斗兽》（日本相国寺藏）中的宝座

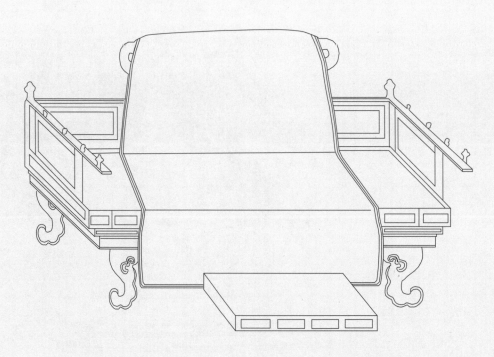

附图3-91　宋佚名《十六罗汉·伐弗多罗尊者》（日本高台寺藏）中的宝座

中国宋代家具

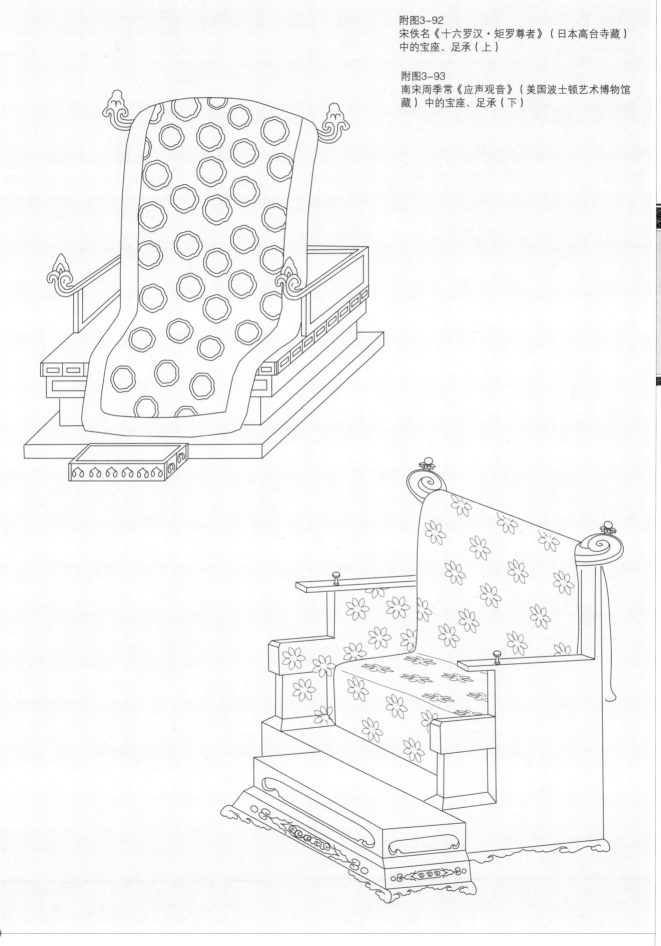

附图3-92
宋佚名《十六罗汉·矩罗尊者》（日本高台寺藏）
中的宝座、足承（上）

附图3-93
南宋周季常《应声观音》（美国波士顿艺术博物馆
藏）中的宝座、足承（下）

中国宋代家具

附图3-95
宋佚名《道子墨宝：地狱变相图》（美国克里夫兰艺术博物馆藏）中的2套宝座、足承

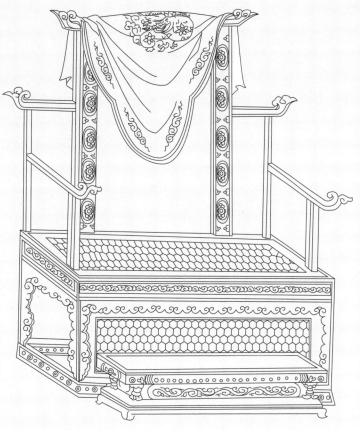

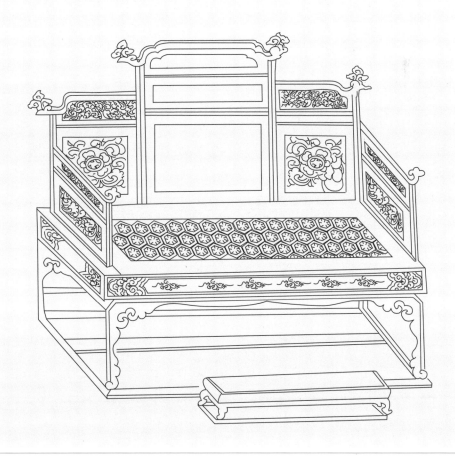

附图3-96 宋佚名《道子墨宝：诸神朝谒图》（美国克里夫兰艺术博物馆藏）中的宝座、足承

附图3-97
宋佚名《道子墨宝：地狱变相图》
（美国克里夫兰艺术博物馆藏）中的
宝座、足承（上）

附图3-98
宋佚名《道子墨宝：地狱变相图》
（美国克里夫兰艺术博物馆藏）中的
宝座、案（下）

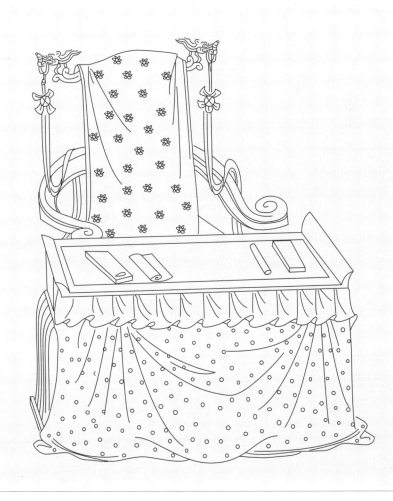

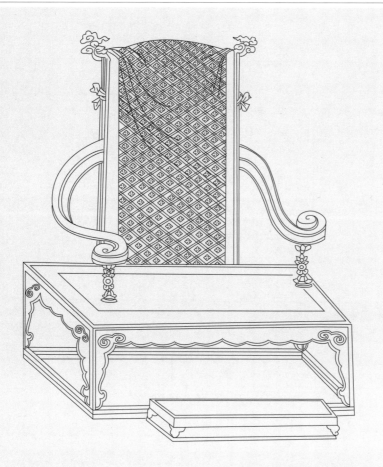

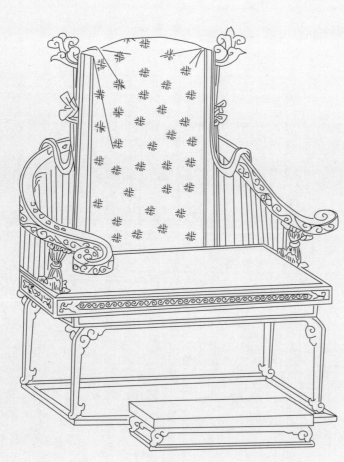

附图3-99
宋佚名《道子墨宝：地狱变相图》（美国克里夫兰艺术博物馆藏）中的2套宝座、足承

注：
宝座形象还可见于山西太原北宋晋祠圣母殿内的宝座（彩图·坐具17）、贵州遵义永安乡南宋杨粲墓石雕扶手椅（图2-3-12），《宋代帝后像》中的太祖宝座（彩图·坐具18）、真宗后宝座（彩图·坐具19）、宣祖（赵弘殷）宝座（图3-4-1）、英宗宝座（图3-4-2），南宋佚名《六尊者像》中第十五锅巴嘎尊者宝座（图3-3-2）、南宋高宗书《孝经图》之四中的宝座（图3-4-3）、南宋高宗书《孝经图》之十二中的宝座（图3-4-4）等。

中国宋代家具

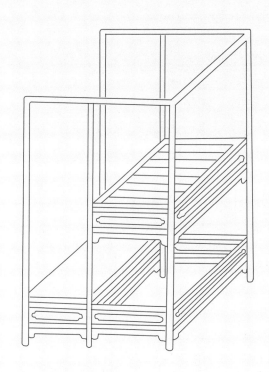

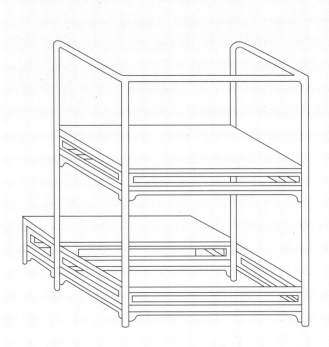

附图3-100　宋佚名《十八学士图》中的2件玫瑰椅（折背样）

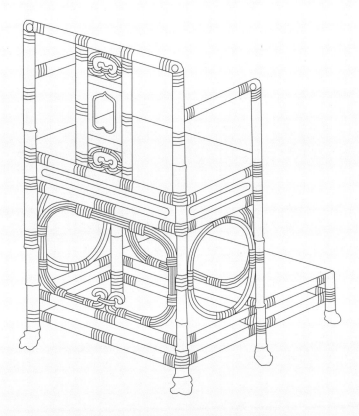

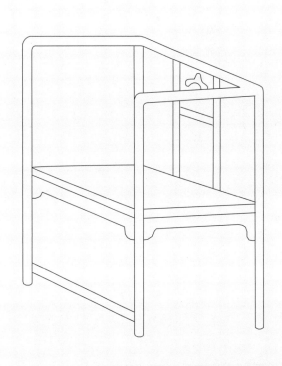

附图3-101　宋佚名《十八学士图》中的竹玫瑰椅（折背样）

附图3-102　宋佚名《孟母教子图》中的玫瑰椅（折背样）

附图3　坐具

283

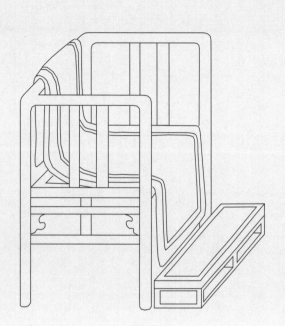
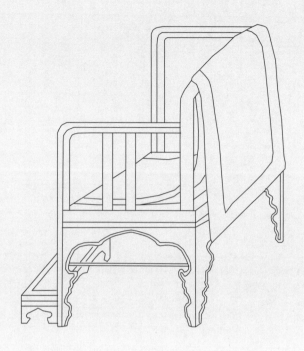

附图3-103　北宋李公麟《高会习琴图》中的2件玫瑰椅（折背样）、足承

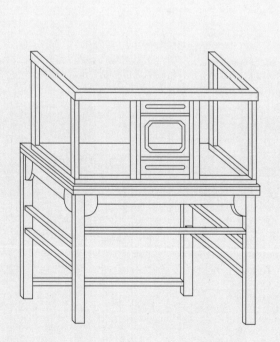
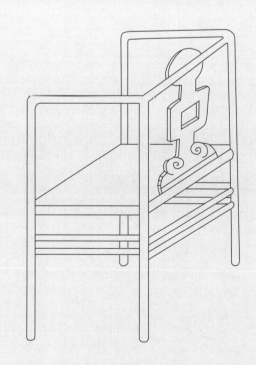

附图3-104　宋佚名《勘书图》中的玫瑰椅(折背样)　　　　附图3-105　宋佚名《博古图》中的玫瑰椅(折背样)

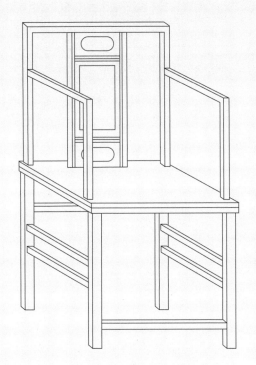

附图3-106　宋佚名《博古图》中的玫瑰椅

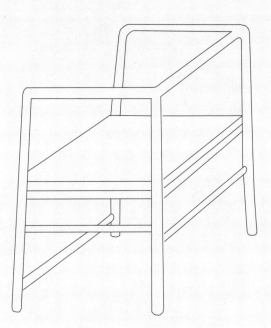

附图3-107　南宋佚名《商山四皓会昌九老图》中的玫瑰椅(折背样)

附图3-108　南宋佚名《南唐文会图》中的玫瑰椅（折背式）

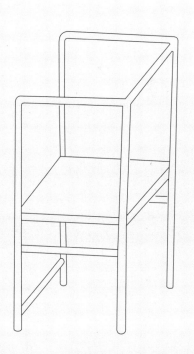

附图3-109　南宋马远《西园雅集图》中的玫瑰椅（折背样）

注：
玫瑰椅（折背样）形象还可见于南宋马远《西园雅集图》（图2-3-13）、宋佚名《罗汉》（图2-3-16）、北宋张先《十咏图》（图2-3-17）、南宋张训礼《围炉博古图》（图7-1-7）等。

中国宋代家具

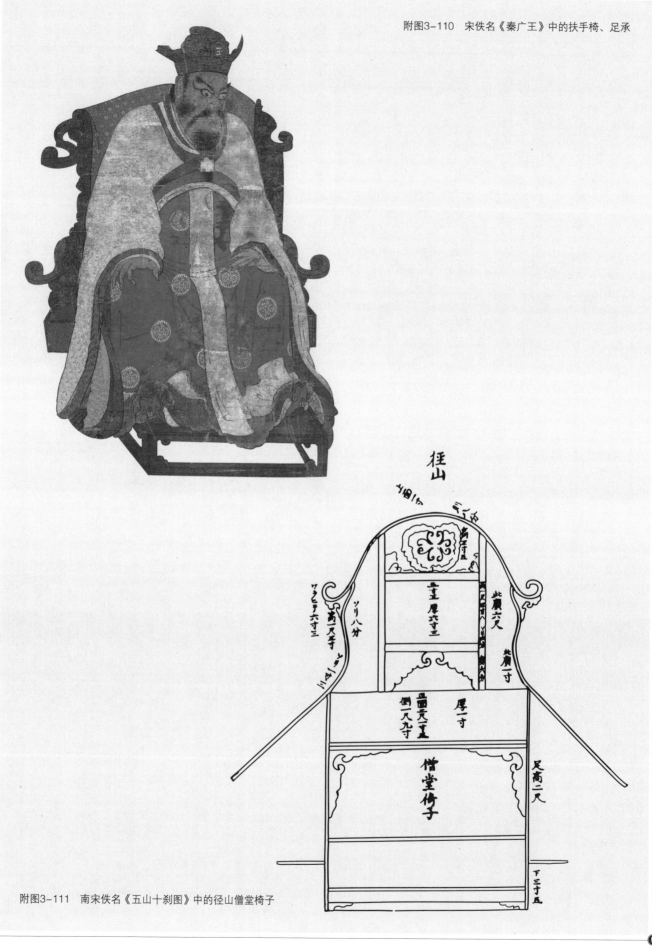

附图3-111 南宋佚名《五山十刹图》中的径山僧堂椅子

附图3-112　南宋嘉熙年间佛教刻本中的圈椅、足承

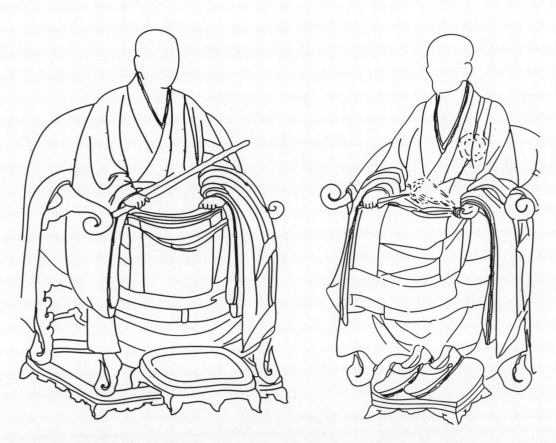

附图3-113　日本传顶像画（左图绘于1343年，右图绘于1315年）中的2件宋代圈椅

中国宋代家具

附图3-116
南宋佚名《无准师范像》（日本东福寺藏，公元1238年绘）中的圈椅（上）

附图3-117
南宋马麟《秉烛夜游图》中的圈椅（中）

附图3-118
宋佚名《宋帝王图》（日本奈良国立博物馆藏）中的圈椅（下）

附图3-119
北宋木刻《皇家钦定佛典》插图中的圈椅
（上左）

附图3-120
四川广元南宋墓石刻画像中的肩抬圈椅（肩
舆）（上右）

附图3-121
南宋马远《王弘送酒图》中的圈椅（下左）

附图3-122
宋佚名《却坐图》中的圈椅、足承（下右）

注：
圈椅形象还可见于宋佚名《会昌九老图》中
的圈椅（图2-3-22）、南宋佚名《五山十
刹图》中的径山方丈椅及其立体示意图（图
2-3-23、图2-3-24）、《宋人写梅花诗意
图卷》中的圈椅（图2-3-25）等。

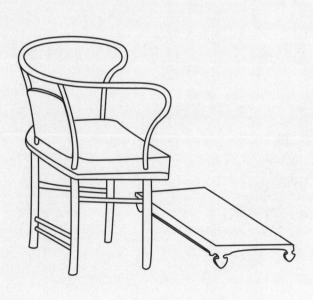

附图3-123　山西平阳金墓砖雕《二十四孝·丁兰刻木奉亲》中的交椅　附图3-124　宋佚名《历代名臣像·岳飞像》(南薰殿旧藏)中的交椅

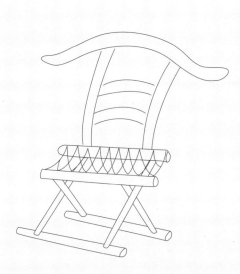

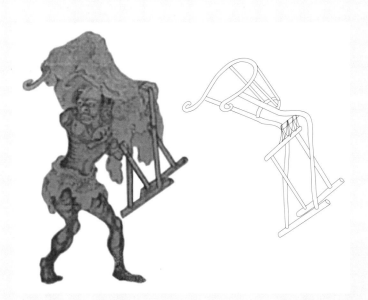

附图3-125　山西闻喜县下阳金墓壁画中的交椅　　　　附图3-126　宋佚名《小鬼图》中的交椅与示意图

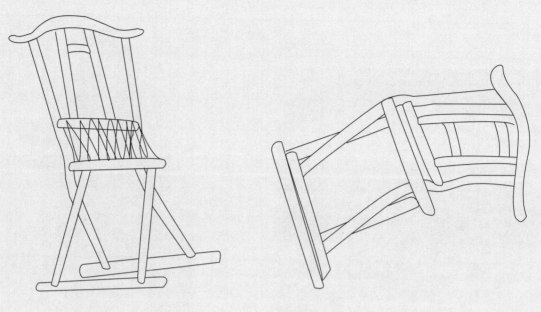

附图3-127　南宋肖照《中兴瑞应图》中的2件交椅与示意图

附图3-128　河南焦作宋冯汝楫墓《冯汝楫画像》中的交椅与示意图

附图3-129　福建尤溪宋墓壁画中的交椅

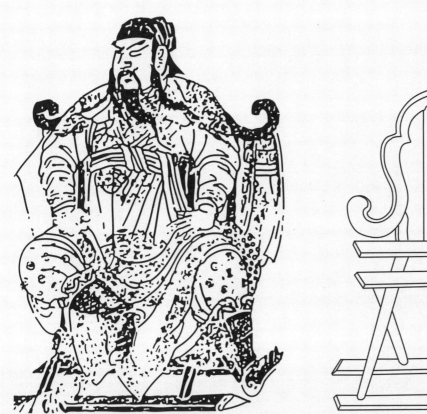

附图3-130　西夏佚名《关羽像》(内蒙古额济纳旗黑水城出土)中的交椅

附图3-131　江西乐平南宋墓壁画中的交椅

附图3-132　金代《二十四孝图》中的2件交椅

附图3-133　辽佚名《狩猎图》中的交椅

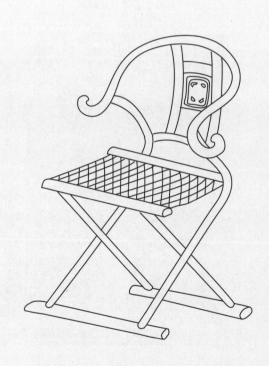

附图3-134　南宋佚名《蕉阴击球图》中的交椅

附图3-135　四川广元南宋墓浮雕中的2件交椅

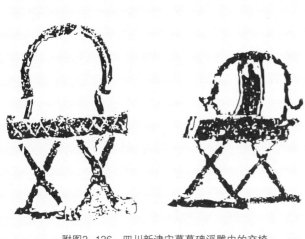

附图3-136　四川新津宋墓墓碑浮雕中的交椅

附图3-137　南宋时大理国《张胜温画卷》中的交椅

附图3-138　南宋刘松年《秋窗读易图》中的交椅

附图3-139　南宋佚名《南唐文会图》中的交椅

附图3　坐具

295

附图3-140 宋佚名《三顾草庐图》中的交椅与示意图

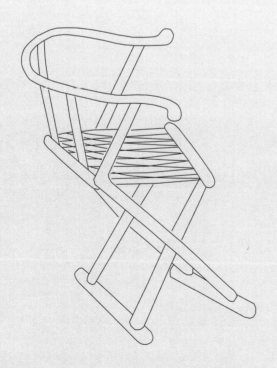

附图3-141 山西岩山寺金代壁画中的交椅

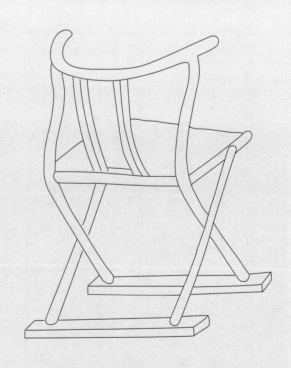

附图3-142 南宋赵仲间《五王熙春图》中的交椅

注:
交椅形象还可见于北宋张
择端《清明上河图》中
"赵太丞家"交椅（图
2-3-26），太师椅形象
可见于宋佚名《春游晚
归图》中的太师椅（图
2-3-27）、南宋佚名
《水阁纳凉图》中的太师
椅（图2-3-28）。

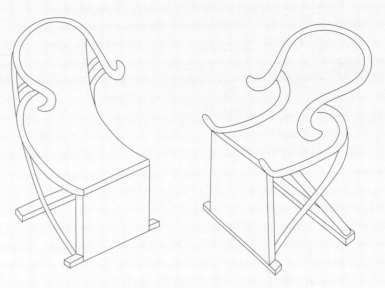

附图3-143　四川广元南宋嘉泰四年墓石刻浮雕中的交椅

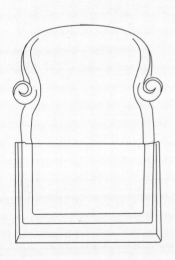

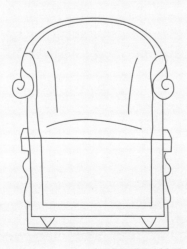

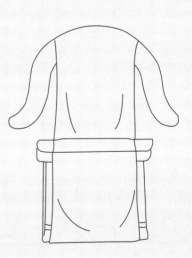

附图3-144　四川泸县南宋墓石刻中的5件交椅

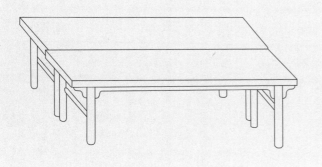

附图3-145　南宋佚名《蚕织图》中的并排长凳

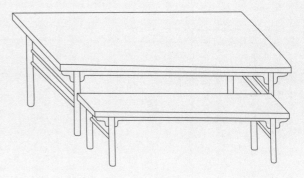

附图3-146　南宋佚名《蚕织图》中的长凳与长桌

附图3-147　宋佚名《征人晓发图》中的长凳

附图3-148　宋佚名《夜宴图》中的长凳

附图3-149　南宋刘松年《溪亭客话图》中的长凳

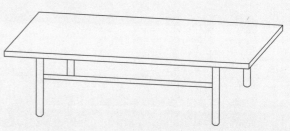

附图3-150　南宋佚名《耕获图》中的长凳

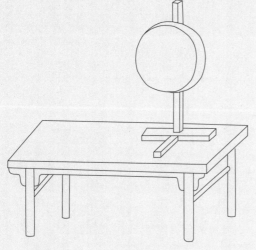

附图3-151　南宋佚名《蚕织图》中的长凳

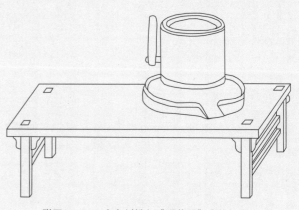

附图3-152　南宋刘松年《碾茶图》中的长凳

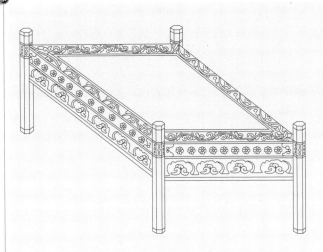

附图3-153　南宋李嵩《罗汉图》中的长凳

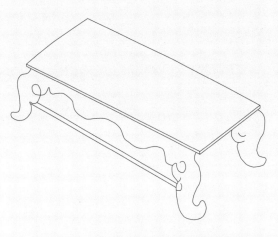

附图3-154　山西孝义金墓墓道西壁壁画上的长凳

附图3-155　北宋张择端《清明上河图》中的刨凳

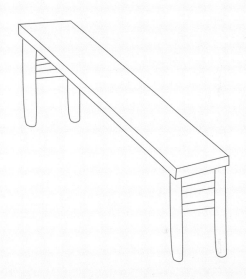

附图3-156　南宋佚名《文姬归汉·长安归来》中的长凳

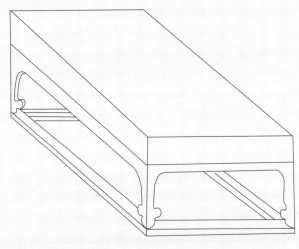

附图3-157　南宋苏汉臣《妆靓仕女图》中的长凳

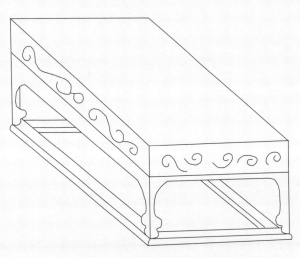

附图3-158　宋佚名《妆镜图》中的长凳

附图3 坐具

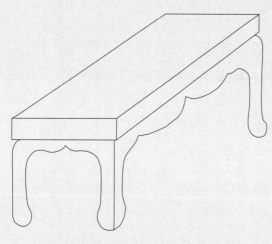

附图3-159　宋佚名《戏猫图》中的长凳

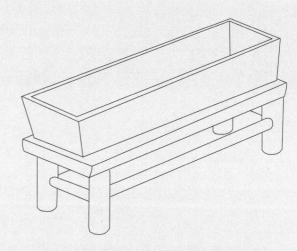

附图3-160　南宋刘松年《百马图》中的马槽长凳

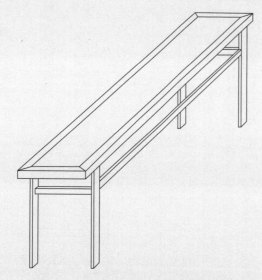

附图3-161　山西高平开化寺北宋壁画《善事太子本生故事·屠沽》中的长凳

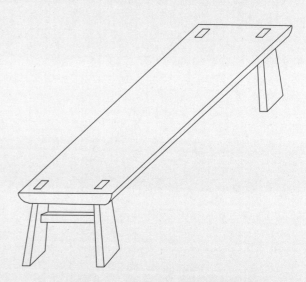

附图3-162　南宋佚名《盘车图》中的长凳

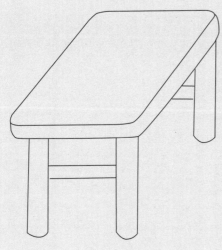

附图3-163　南宋版画《耕织图》中的凳

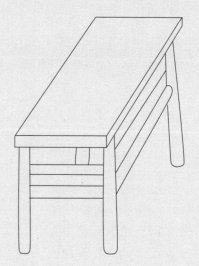

附图3-164　北宋张择端《清明上河图》中的凳

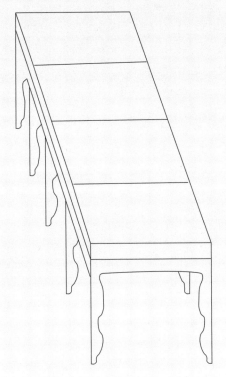

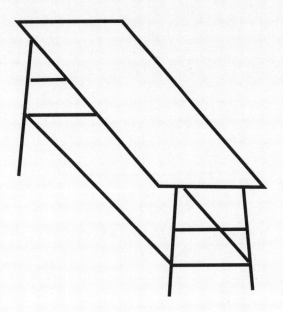

附图3-166　南宋佚名《山店风帘图》中的长凳

附图3-165　宋佚名《乞巧图》中的长凳

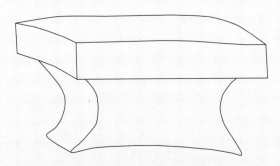

附图3-167　南宋马远《王弘送酒图》中的石凳

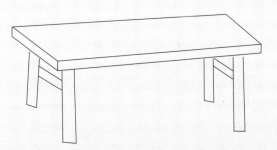

附图3-168　南宋佚名《文姬归汉·长安归来》中的长凳

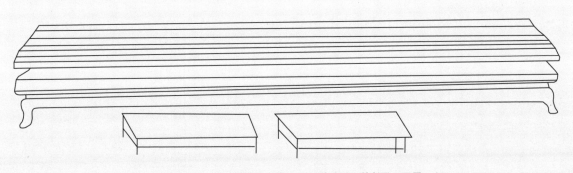

附图3-169　山西孝义金墓北室北壁壁画上的长凳、足承

附图3-170　北宋张择端《清明上河图》中的长凳

注：长凳形象还可见于山西高平开化寺北宋壁画《善事太子本生故事·观织》中的长凳（图2-3-29）。

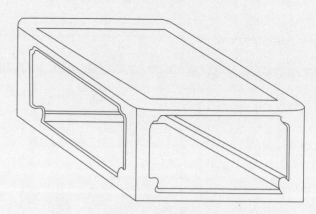

附图3-171　南宋西金居士《十六罗汉像其二》中的凳

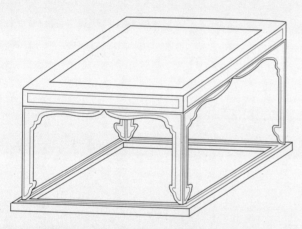

附图3-172　北宋张训礼《围炉博古图》中的方凳

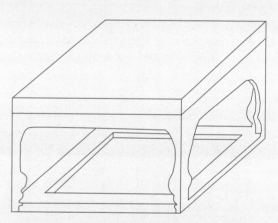

附图3-173　南宋马远《西园雅集图》中的方凳

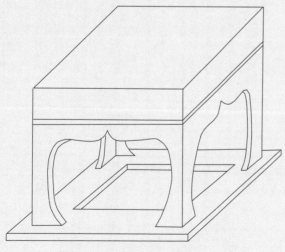

附图3-174　南宋佚名《春宴图》中的方凳

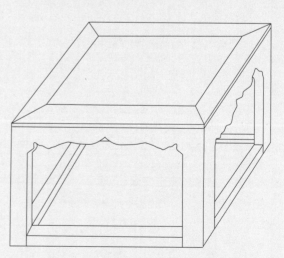

附图3-175　南宋佚名《春宴图》中的方凳

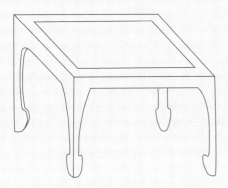

附图3-176 南宋佚名《小庭婴戏图》中的方凳

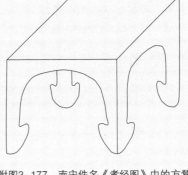

附图3-177 南宋佚名《孝经图》中的方凳

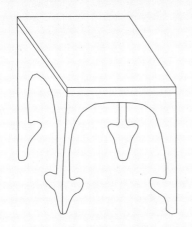

附图3-178 南宋佚名《水阁纳凉图》中的方凳

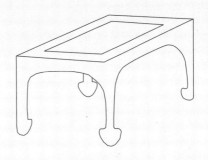

附图3-179 南宋佚名《荷亭纳凉图》中的凳

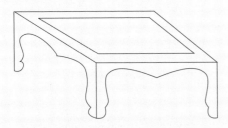

附图3-180 宋佚名《扑枣图》中的方凳

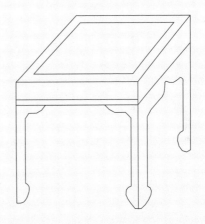

附图3-181 宋佚名《夜宴图》中的方凳

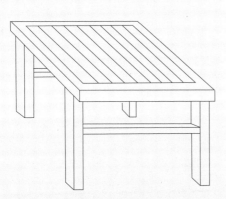

附图3-182 南宋佚名《萧翼赚兰亭图》中的方凳

附图3-183 宋佚名《子孙和合图》中的凳

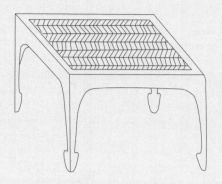

附图3-184 宋佚名《小庭婴戏图》中的方凳

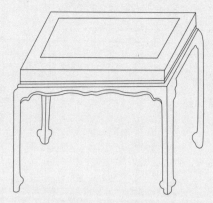

附图3-185 宋佚名《夜宴图》中的方凳

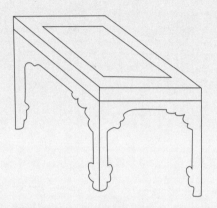

附图3-186 南宋李嵩《观灯图》中的凳

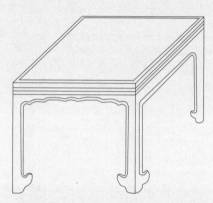

附图3-187 宋佚名《夜宴图》中的方凳

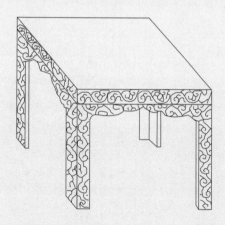

附图3-188 宋佚名《十八学士图》中的方凳

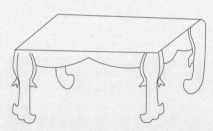

附图3-189 宋佚名《宫沼纳凉》中的凳

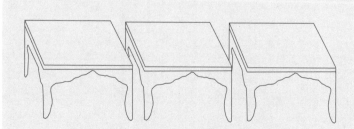

附图3-190 宋佚名《乞巧图》中的方凳

附图3-191 山西岩山寺金代壁画中的方凳

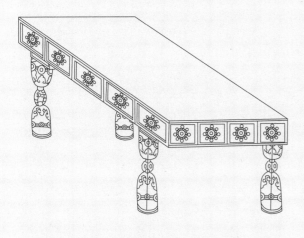

附图3-192　南宋刘松年《天女献花图》中的凳

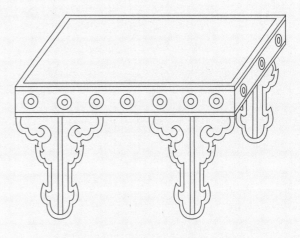

附图3-193　南宋佚名《戏猫图》中的凳

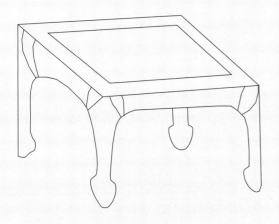

附图3-194　南宋刘松年《宫女刺绣图》中的方凳

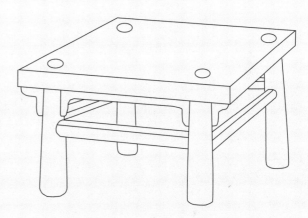

附图3-195　南宋佚名《蚕织图》中的方凳

附图3-196　南宋佚名《博古图》的方凳

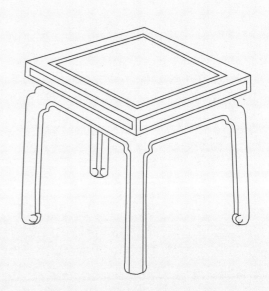

附图3-197　宋佚名《博古图》中的方凳

附图3　坐具

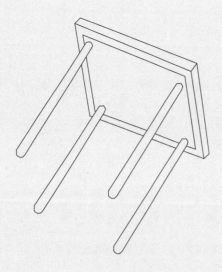

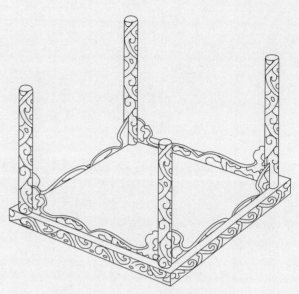

附图3-198　南宋佚名《洛神赋图》中的方凳（马杌）

附图3-199　宋佚名《婴戏图》中的方凳

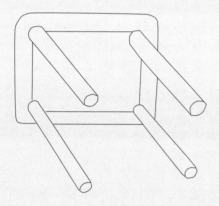

附图3-200　南宋苏汉臣《春游晚归图》中的方凳（马杌）

附图3-201　南宋佚名《六尊者像》中的方凳

附图3-202　南宋时大理国《张胜温画卷》中的凳与足承

附图3-203　山西平阳金墓砖雕墓主人像中的方凳

注:
方凳形象还可见于宋佚名《勘书图》中的方凳
（图2-3-30）。

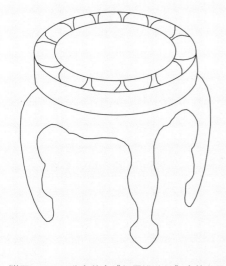

附图3-204　北宋佚名《妃子浴儿图》中的圆凳

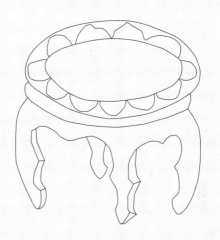

附图4-205　南宋苏汉臣《妃子浴婴图》中的圆凳（原画见图2-3-33）

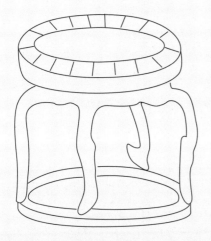

附图3-206　北宋陈居中《王建宫词图》中的圆凳

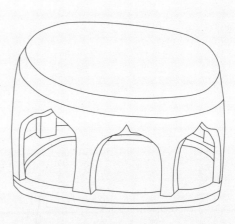

附图3-207　南宋佚名《春宴图》中的圆凳

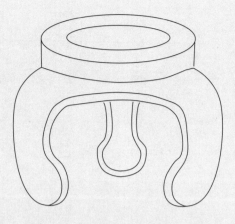

附图3-208 南宋刘松年《博古图》中的凳

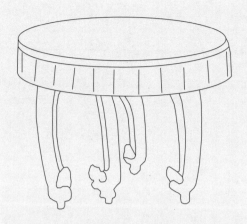

附图3-209 南宋刘松年《琴书乐志图》中的凳

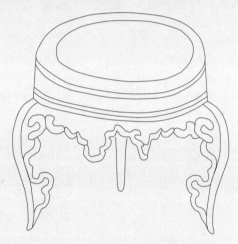

附图3-210 宋佚名《夜宴图》中的圆凳

附图4-211 南宋佚名《盥手观花图》中的圆凳

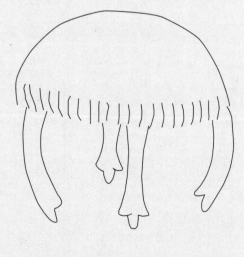

附图3-212 南宋苏汉臣《长春百子图》中的圆凳

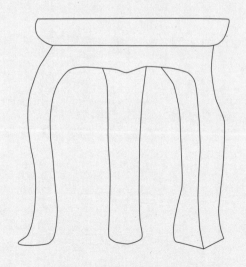

附图3-213 河南涧西宋墓砖雕圆凳

中国宋代家具

附图3-214 南宋时大理国《张胜温画卷》中的圆凳

附图3-215 北宋佚名《妙法莲华经变图卷》中的圆凳

附图3-216 南宋时大理国《张胜温画卷》中的圆凳

附图3-217 南宋版画《耕织图·剪帛》（宋楼寿撰）中的凳

附图3-218 北宋乔仲常《后赤壁赋图卷》中的圆凳

附图3-219 南宋佚名《江妃玩月图》中的圆凳

注：月牙凳形象见于南宋萧照《中兴瑞应图》中的
月牙凳（图2-3-32）。

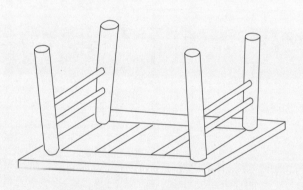

附图3-220 宋佚名《村童闹学图》中的小板凳

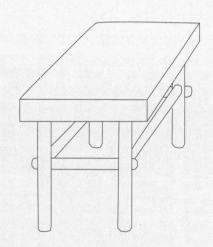

附图3-221 南宋佚名《柳阴群盲图》中的小板凳

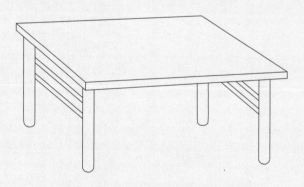

附图3-222 宋佚名《罗汉图》中的小板凳

注：小板凳形象还可见于北宋王居正《纺车图》
中的小板凳（彩图·坐具25）、南宋李唐《灸艾
图》中的小板凳（图2-3-33）。

附图3-223　北宋赵佶《听琴图》中的石凳

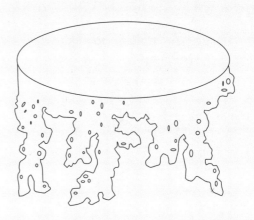

附图3-224　南宋傅贯休《十六罗汉像之三》中的树根凳

注：树根凳形象还可见于南宋佚名《十六罗汉像之三》中
的树根凳（彩图·坐具24）、南宋佚名《十六罗汉像之
八》中的树根凳（图2-3-34）。

附图3-225　河南金代邹復墓石刻画像中的折叠凳

附图3-226　山西高平县西李门村二仙庙金代石刻中的折叠凳

附图3-227　山西岩山寺金代壁画上的折叠凳

附图3-228　北宋张择端《清明上河图》中的折叠凳

注：折叠凳形象还可见于宋《重修政和证类备用本草》插图《解盐图》中的折叠凳（图2-3-35）。

附图3-229　南宋刘松年《溪亭客话图》中的美人靠

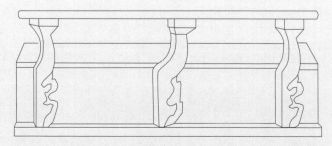

附图3-230　南宋佚名《孝经图》中的美人靠（原画见彩图·坐具20）

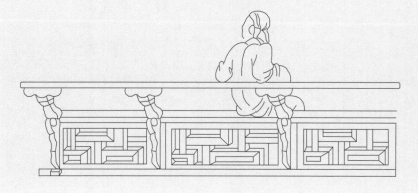

附图3-231　山西岩山寺金代壁画中的美人靠

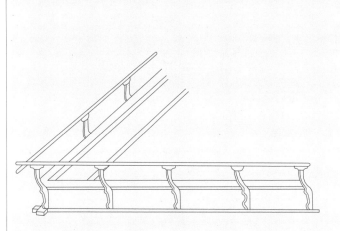

附图3-232　南宋佚名《荷亭对弈图》中的美人靠

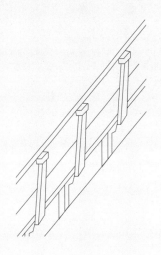

附图3-233　南宋佚名《商山四皓会昌九老图》中的船上美人靠

注：美人靠(依栏长条凳)形象还可见于南宋佚名《孝经图》中的美人靠（彩图·坐具20）、南宋赵大亨《薇亭小憩图》中的美人靠（彩图·坐具21）。

附图3-234　宋佚名《高士图》中的鼓墩

附图3-235　南宋刘松年《唐五学士图》中的鼓墩

附图3-236　南宋刘松年《琴书乐志图》中的鼓墩

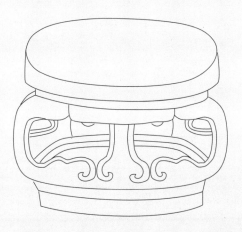

附图3-237　南宋刘松年《唐五学士图》中的鼓墩

附图4-238　北宋李公麟《高会习琴图》中的鼓墩

附图3-239　宋佚名《博古图》中的鼓墩

附图3-240　宋佚名《梧阴清暇图》中的鼓墩

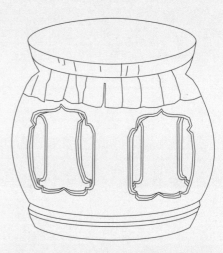

附图3-241　宋佚名《猫戏图》中的鼓墩

附图3-242　宋佚名《女孝经图》中的鼓墩

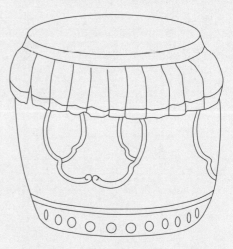

附图3-243　宋佚名《十八学士图》中的鼓墩

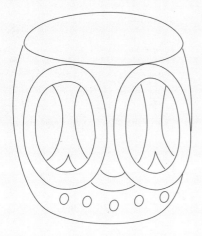

附图3-244　北宋陈居中《王建宫词图》中的鼓墩

附图4-245　南宋马和之《豳风七月图·八段》中的鼓墩

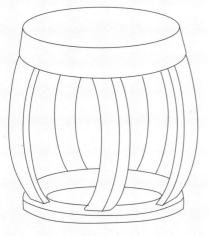

附图3-246　南宋苏汉臣《婴戏图》中的鼓墩

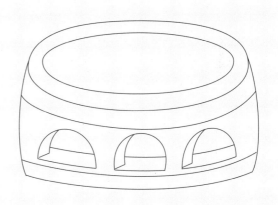

附图3-247　南宋佚名《春宴图》中的鼓墩

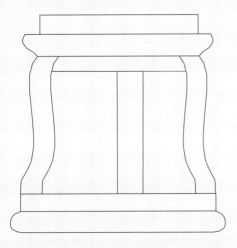

附图3-248　河南洛阳涧西宋墓壁画中的鼓墩

附图3-249　宋佚名《夜宴图》中的鼓墩

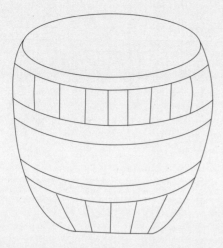

附图3-250　河南洛宁北宋乐重进石棺画像《韩伯瑜》中的鼓墩

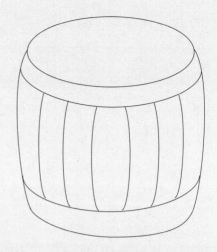

附图3-251　宋木刻《金刚般若波罗蜜经》插图中的鼓墩

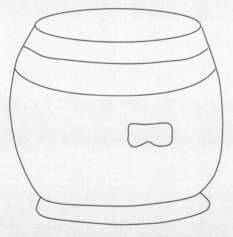

附图3-252　南宋佚名《山居对弈图》中的鼓墩

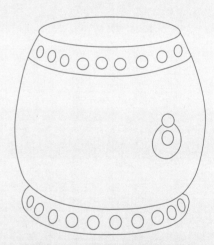

附图3 253　福建南平宋墓出土石鼓墩

附图3-254　南宋佚名《纳凉观瀑图》中的鼓墩

附图3-255　南宋佚名《会昌九老图》中的鼓墩

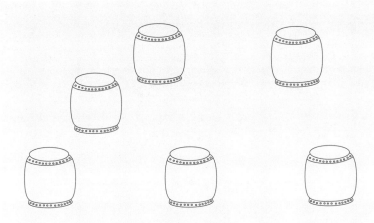

附图3-256　南宋佚名《会昌九老图》中的亭内7件鼓墩陈设

附图4-257　南宋佚名《南唐文会图》中的鼓墩

附图3-258　河南洛宁北宋乐重进石棺画像《老莱子娱亲》中的鼓墩

附图3-259　南宋佚名《耕获图》中的鼓墩

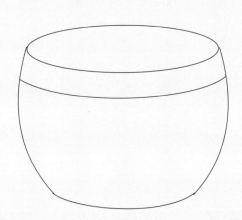

附图3-260　南宋马和之《豳风七月图·八段》中的鼓墩

注：鼓墩形象还可见于南宋苏汉臣《秋庭婴戏图》中
的鼓墩(彩图·坐具29)、北京西郊辽墓壁画中的鼓墩
（图2-3-36）。

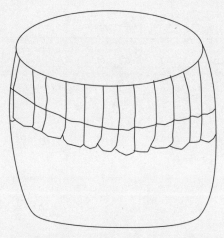

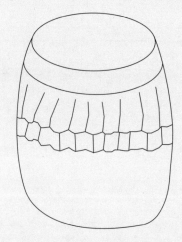

附图3-261　南宋刘松年《碾茶图》中的圆墩

附图3-262　南宋佚名《孝经图卷》中的圆墩

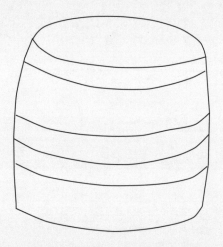

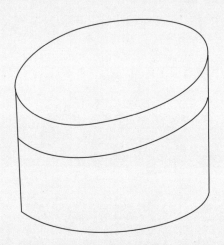

附图3-263　河北宣化辽墓壁画中的圆墩

附图4-264　河北宣化辽墓壁画中的圆墩

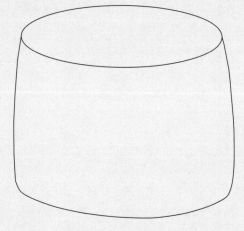

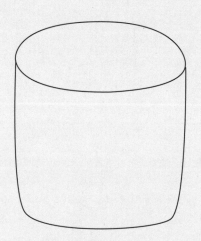

附图3-265　南宋高宗书《女孝经图》中的圆墩（原画见图2-3-37）

附图3-266　南宋李嵩《观灯图》中的圆墩

中国宋代家具

附图3-267　宋佚名《洗马图》中的圆墩

附图3-268　山西平阳金墓砖雕《孝子图》中的圆墩

附图3-269　南宋佚名《韩熙载夜宴图》中的圆墩

附图3-270　南宋马和之《女孝经图》中的圆墩

注：圆墩形象还可见于南宋马和之《女孝经图》中的圆墩（彩图·坐具28）；
　　方墩形象还可见于宋佚名《梧阴清暇图》中的方墩（图2-3-38）；
　　绣墩形象还可见于南宋马和之《女孝经图》中的绣墩（彩图·坐具26）、
　　南宋佚名《却坐图》中的绣墩（图2-3-39）。

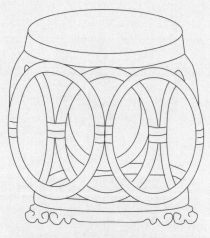

附图3-271　宋佚名《罗汉图》中的藤墩

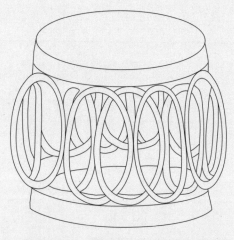

附图3-272　北宋佚名《文会图》中的藤墩

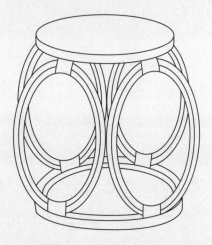

附图3-273　宋佚名《勘书图》中的藤墩

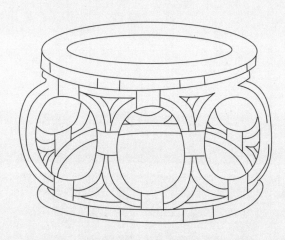

附图3-274　宋佚名《唐五学士图》中的藤墩

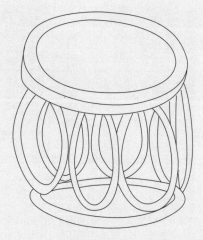

附图3-275　宋佚名《浴婴图》（美国弗利尔美术馆藏）中的藤墩

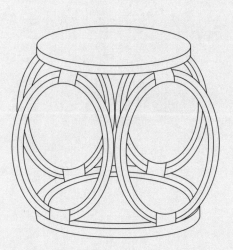

附图3-276　宋佚名《勘书图》中的藤墩

中国宋代家具

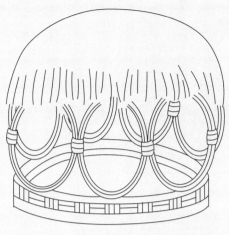

附图3-277 宋佚名《羲之写照图》中的藤墩

附图3-278 宋佚名《十八学士图》中的藤墩

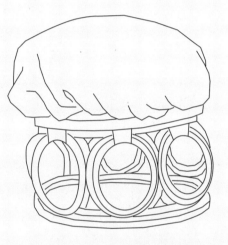

附图3-279 宋佚名《勘书图》中的藤墩

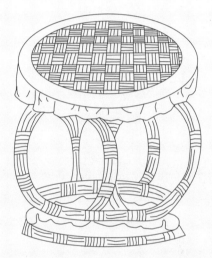

附图3-280 南宋佚名《写生四段》中的藤墩

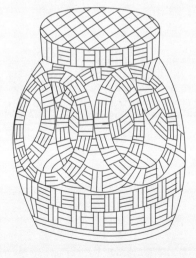

附图3-281 宋佚名《消夏图》中的藤墩

附图3-282 南宋刘松年《罗汉图》中的藤墩

附图3 坐具

附图3-283　南宋苏汉臣《桐阴玩月图》中的藤墩

附图3-284　宋佚名《贝经清课图》中的藤墩

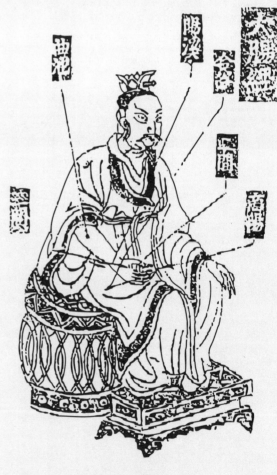

附图3-285　金代木刻《新刊补注铜人腧穴针灸图
经》插图中的藤墩、足承

注：藤墩形象还可见于北宋佚名《文会图》中的藤墩（彩图·坐具27）、
南宋刘松年《松阴鸣琴图》中的藤墩（图4-3）。

附图3-286　南宋佚名《莲社图》（水墨）中的须弥座

附图3-287　北宋高文进《宝相观音》中的须弥座

附图3-288　金代刊本版画《金藏卷》首图中的须弥座

附图3-289　南宋版画《佛国禅师文殊指南图赞》中的须弥座

附图3-290　宋《金刚般若波罗蜜经》中的须弥座

附图3-291　宁夏文殊山石窟万佛洞西夏《弥勒经变图》中的须弥座

附图3-292　北宋雍熙元年（984）高文进画、僧知礼刻版画《弥勒菩萨像》（日本清凉寺藏）中的须弥座

附图3-293　南宋时大理国《张胜温画卷》中的4件须弥座

附图3-294　南宋时大理国《张胜温画卷》中的4件须弥座

中国宋代家具

附图3-295　南宋时大理国《张胜温画卷》中的须弥座

附图3-296　南宋时大理国《张胜温画卷》中的须弥座

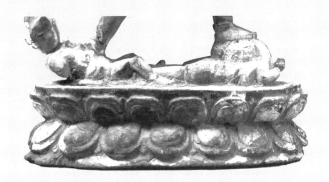

附图3-297　西夏上乐金刚像（宁夏贺兰拜口寺双塔出土）中的莲花座

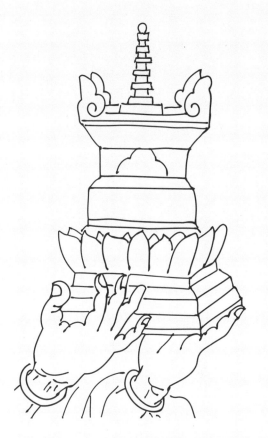

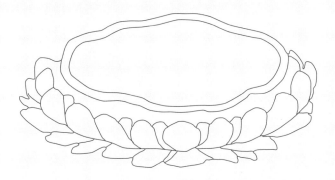

附图3-298　宋代敦煌壁画《供养菩萨》中的莲花座

附图3-299　宋佚名《十八罗汉》中的莲花座

附图3-300　宋赵光辅《番王礼佛图》中的须弥座

附图3-301　宋代敦煌壁画《八塔变·思念寿量处》中的莲花座

中国宋代家具

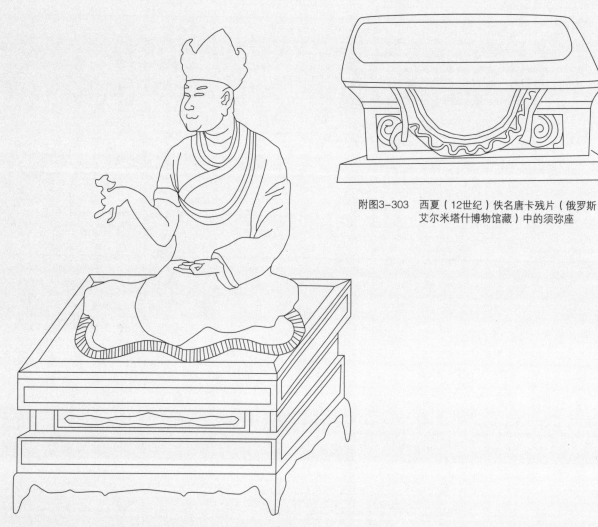

附图3-303　西夏（12世纪）佚名唐卡残片（俄罗斯
艾尔米塔什博物馆藏）中的须弥座

附图3-302　甘肃酒泉安西榆林窟第29窟西夏《国师》中的须弥座

附图3-304　宋佚名《罗汉图》（美国克利夫兰艺术博物馆藏）中的须弥座、足承

附图3-305
西夏（12世纪）佚名《观音》（内蒙古额济纳
旗黑水城出土，俄罗斯艾尔米塔什博物馆藏）中
的须弥座（上）

附图3-306

宋佚名《罗汉图》（美国克利夫兰艺术博物馆
藏）中的须弥座、足承（下）

附图3-307
北宋（南宋补版）木刻《东家杂记》插图中的座台

附图3-308　北宋木刻《灵山变相图》（日本清凉寺藏）中的须弥座、莲花台

附图3-309　南宋木刻《法华经图》（日本西大寺藏）中的须弥座、莲花台

附图3-310　宋代金铜观音像（中国历史博物馆藏）

附图3-311　宋代《普贤菩萨铜像》（故宫博物院藏）中的座

附图3-312　浙江金华万佛塔出土北宋鎏金地藏菩萨造像中的方座

附图3-313　宋代青铜观音像中的座

附图3-314　双城市周家镇出土辽代铜佛像中的须弥座

附图3-315　金代铜佛像中的莲花座（黑龙江省历史博物馆藏）

附图3-316　辽代统和二年造观音菩萨铜像中的莲花座

附图3-317　北宋石贴金《阿密陀佛坐像》中的莲花座

附图3-318　宁夏银川新华街出土西夏鎏金普贤菩萨（左）、文殊菩萨（右）铜造像中的莲花座、蒲团

附图3-319　宋代（西藏地区）金铜四臂观音像中的须弥座、莲花台　　附图3-320　宋代（西藏地区）自在观音像中的黄铜莲花座

附图3　坐具

附图3-321　山西太原北宋晋祠圣母殿内的座

附图3-322　宁夏银川新华街出土西夏鎏金拾得铜造像中的座

附图3-323　甘肃酒泉安西榆林窟第3窟泥塑
《五十一面千手观音变》中的须弥座

附图3-324　四川大足北山佛湾北宗不空观音像中的座

附图3-325 安西愉林窟第2窟南壁中间西夏《说法图》中的须弥座

附图3-326 宋佚名《长生法会图》中的须弥座

附图3-327 北宋熙宁2年烧造潮州水东窑佛像中的座

附图3-328 浙江温州白象塔出土北宋青釉菩萨坐像中的须弥座

附图3-329　常州出土宋代景德镇窑影青观音坐像中的须弥座　　　附图3-330　山东曲阜出土北宋加彩男俑中的方座

附图3-331　金代耀州窑兽驮瓶中的座　　　附图3-332　云南大理三塔主塔发现宋代青玉雕水月观音像中的垒石座

附图3-333　山西平阳金墓砖雕须弥座

附图3-334　山西平阳金墓砖雕须弥座、莲花台

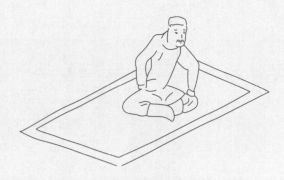

附图3-335　北宋佚名《报父母恩重经变图》中的席　　　　　　附图3-336　南宋佚名《柳塘牧马图》中的席

附图3-337　北宋佚名《报父母恩重经变图》中的席　　　　　　附图3-338　南宋佚名《春宴图》中的席

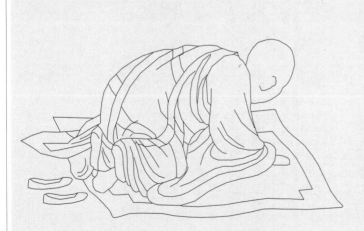

附图3-339　南宋佚名《六尊者像》中的席　　　　　　附图3-340　宋苏汉臣《濯佛戏婴》中的圆席

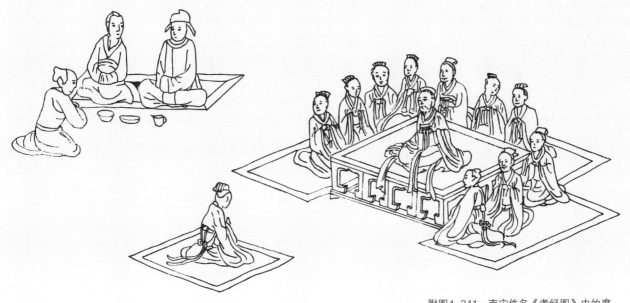

附图4-341　南宋佚名《孝经图》中的席

附图3-342　南宋佚名《孝经图》中的席

附图3-343　南宋佚名《纳凉观瀑图》中的席

附图3-344　宋代敦煌壁画《十一面观音像》中的席

附图3-345　南宋佚名《白莲社图》中的席

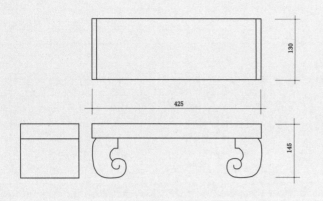

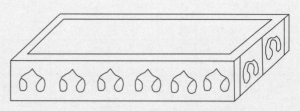

附图3-347　宋佚名《十六罗汉·矩罗尊者》中的足承

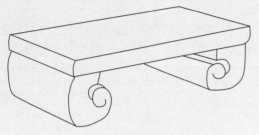

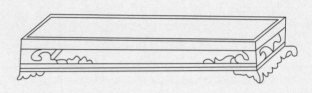

附图3-348　宋佚名《调鹦图》（美国波士顿艺术博物馆藏）中的足承

附图3-346　浙江宁波东钱湖南宋石椅足承三视图
与透视图（参考陈增弼先生绘图）

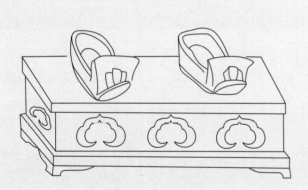

附图3-349　宋佚名《梧阴清暇图》中的足承

附图3-350　南宋佚名《六尊者像》中的足承

附图3-351　宋佚名《人物图》中的足承

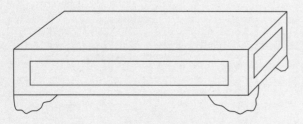

附图3-352　南宋佚名《孝经图》中的足承

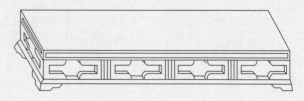

附图3-353　宋佚名《羲之写照图》中的足承

中国宋代家具

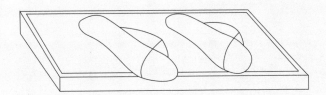

附图3-354　南宋时大理国《张胜温画卷》中达摩坐椅足承

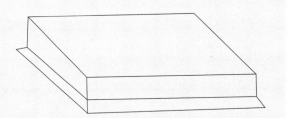

附图3-355　南宋时大理国《张胜温画卷》中慧可坐椅足承

附图3-356　南宋时大理国《张胜温画卷》中僧璨竹坐椅足承

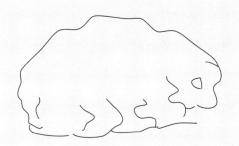

附图3-357　南宋时大理国《张胜温画卷》中的道信坐椅石足承

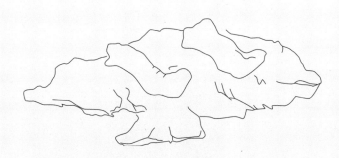

附图3-358　南宋时大理国《张胜温画卷》中弘忍坐椅足承

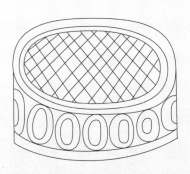

附图3-359　南宋时大理国《张胜温画卷》中慧能坐椅足承

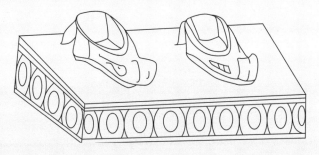

附图3-360　南宋时大理国《张胜温画卷》中神会竹坐椅足承

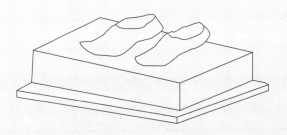

附图3-361　南宋时大理国《张胜温画卷》中法光和尚坐椅足承

附图3-362　南宋佚名《罗汉图（之二）》
（日本静嘉堂文库藏）中的足承

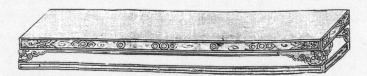

附图3-363　宋佚名《佛像图》中的足承

附图4-364　金代扒村窑彩绘女坐像（上海博物馆藏）中的足承　　　附图4-365　北宋釉上彩绘女俑中的足承（上右）

附图4 承具

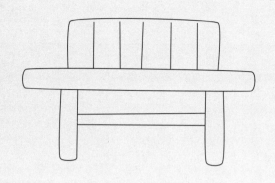

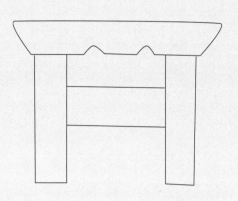

附图4-2　河北曲阳南平罗北宋墓壁画中的桌

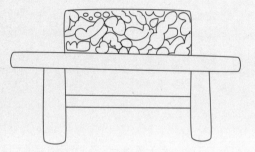

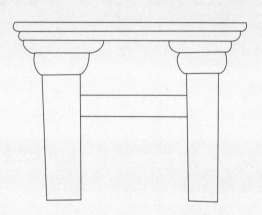

附图4-3　山西闻喜寺底金墓壁画中的桌

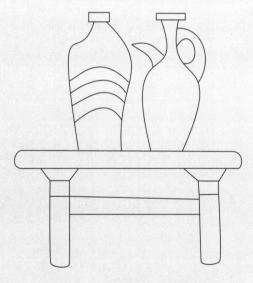

附图4-1　河南辉县百泉金墓3件砖雕桌

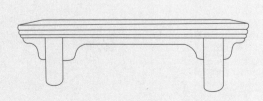

附图4-4　河南方城金汤寨北宋墓出土石桌

附图4-5　山西闻喜县下阳金墓壁画中的桌

附图4-6 山西汾阳金墓砖雕桌

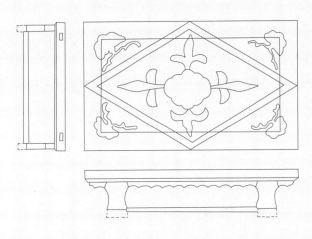

附图4-7 辽宁朝阳沟门子辽墓出土木桌三视图

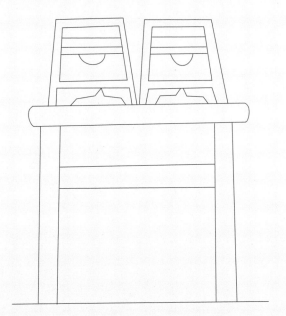

附图4-8 河南安阳新安庄西地宋墓砖雕壁画中的桌

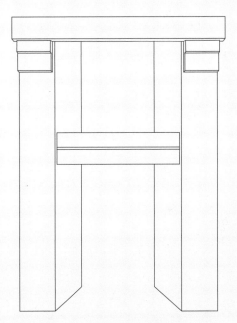

附图4-9 河南方城盐店北宋墓出土石桌

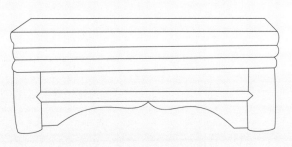

附图4-10 河南方城金汤寨北宋墓出土石桌

附图4-11 辽佚名《西瓜图》中的桌

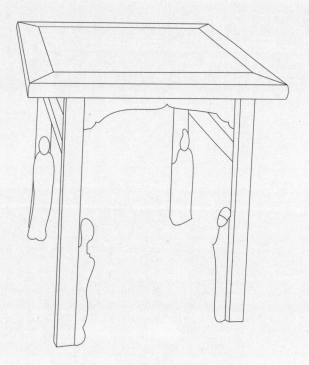

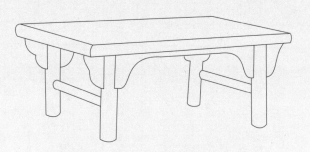

附图4-13　山西大同金阎德源墓出土木长炕桌

中国宋代家具

附图4-12　江苏江阴孙四娘子墓出土木桌
（实物照片见图2-4-12）

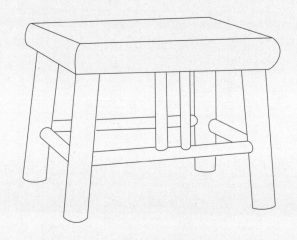

附图4-14　山西大同金阎德源墓出土木方炕桌

附图4-15　山东济南青龙桥宋墓壁画中的桌

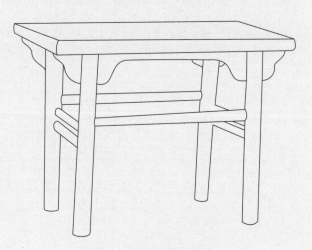

附图4-16　山西大同金阎德源墓出土木桌

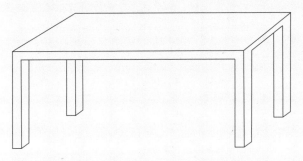

附图4-17　南宋佚名《飞阁延风图》中的桌

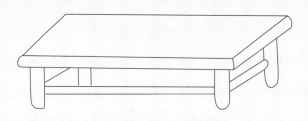

附图4-18　南宋佚名《胡姬归汉·溪岸饮食》中的矮桌1

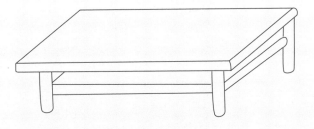

附图4-19　南宋佚名《胡姬归汉·溪岸饮食》中的矮桌2

附图4-20　河南安阳小南海北宋墓壁画中的矮桌

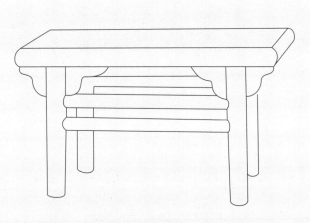

附图4-21　甘肃武威西郊林场西夏墓出土木炕桌

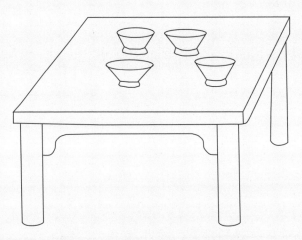

附图4-22　山西岩山寺金代壁画中的桌

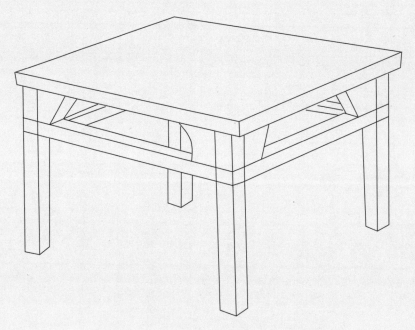

附图4-23　江苏溧阳竹箐乡李彬夫妇墓出土陶桌

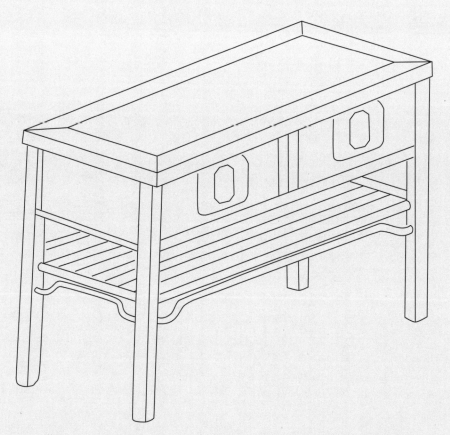

附图4-24　南宋龚开（传）《钟进士移居图》（台北故宫博物院藏）中的抽屉桌

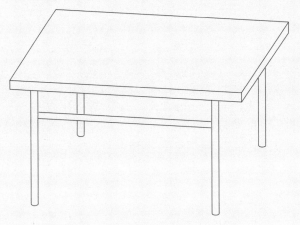

附图4-25　南宋佚名《耕获图》中的长桌

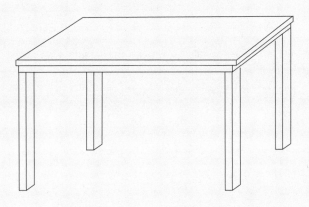

附图4-26　南宋刘松年《溪亭客话图》中的桌

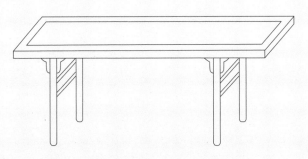

附图4-27　南宋佚名《月下把杯图》中的长桌

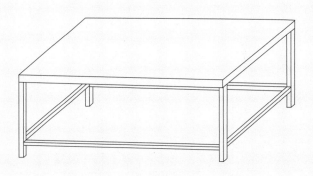

附图4-28　宋佚名《楼阁图》中的桌

附图4-29　北宋佚名《文璐公耆英会图》中的桌

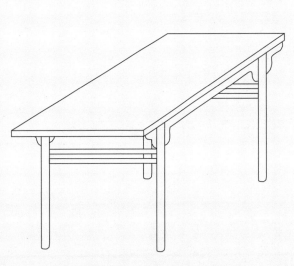

附图4-30　南宋佚名《蚕织图》中的长桌

附图4　承具

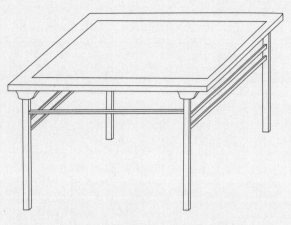

附图4-31　北宋佚名《文会图》中的桌

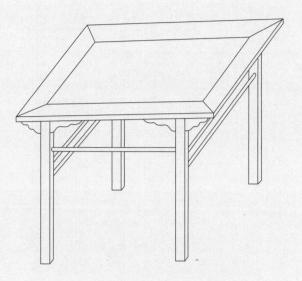

附图4-32　南宋佚名《春宴图》中的方桌

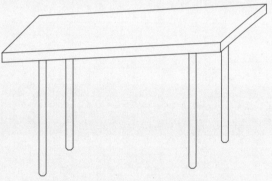

附图4-33　南宋马远《松风赏月图页》中的桌

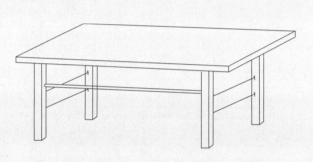

附图4-34　南宋佚名《山居对弈图》中的长桌

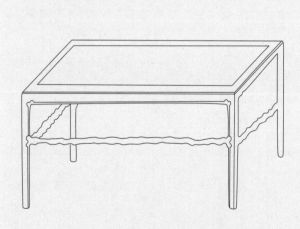

附图4-35　北宋陈居中《王建宫词图》中的桌

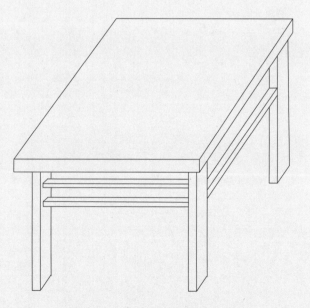

附图4-36　南宋佚名《盘车图》中的桌

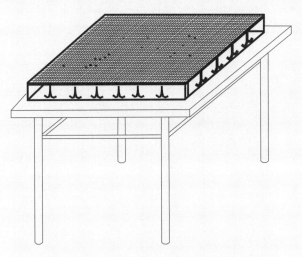

附图4-37　南宋佚名《会昌九老图》中的棋桌

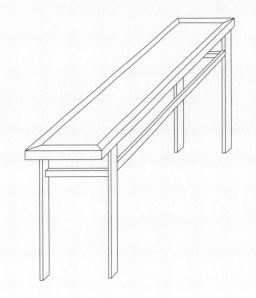

附图4-38　山西高平开化寺北宋壁画《善事太子本生故事》中的桌

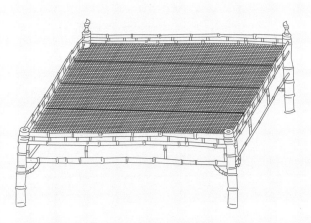

附图4-39　南宋佚名《萧翼赚兰亭图》中的方桌

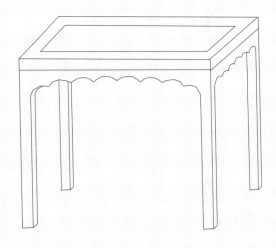

附图4-40　宋佚名《猫戏图》中的方桌

附图4-41　宋佚名《宫沼纳凉》中的桌

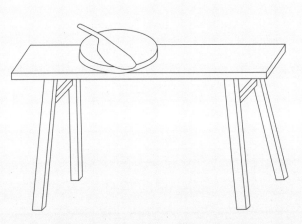

附图4-42　山西高平开化寺北宋壁画《善事太子本生故事》中的桌

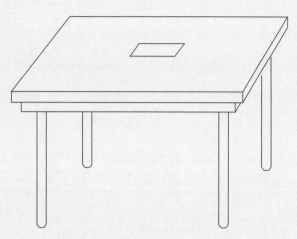

附图4-43　宋佚名《溪堂客话图》中的桌

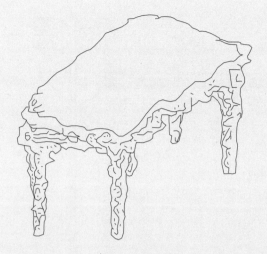

附图4-44　南宋佚名《柳阴群盲图》中的树根桌

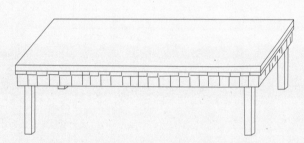

附图4-45　南宋刘松年《琴书乐志图》中的桌

附图4-46　山西金墓出土木桌

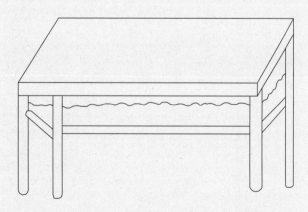

附图4-47　四川彭山南宋虞公著夫妇墓石刻《备宴图》的长桌

附图4-48　内蒙古昭乌达盟敖汉旗辽墓壁画《备食图》中的矮桌

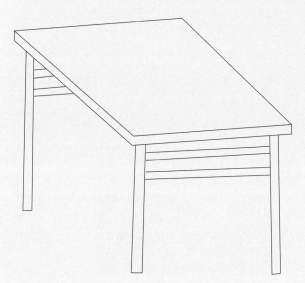

附图4-49　南宋佚名《文姬归汉·长安归来》中的桌

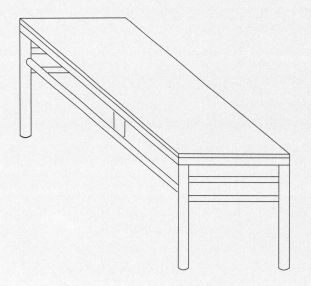

附图4-50　南宋李嵩《岁朝图》中的长桌

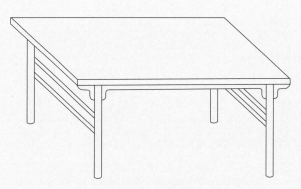

附图4-51　宋佚名《蚕织图》中的长桌

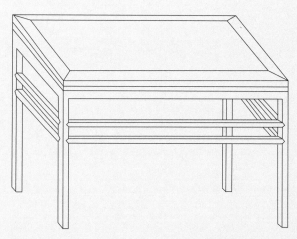

附图4-52　西夏《国师》（甘肃酒泉安西榆林窟第29窟）中的桌

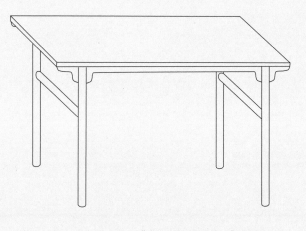

附图4-53　南宋西金居士《十六罗汉像·其二》中的长桌

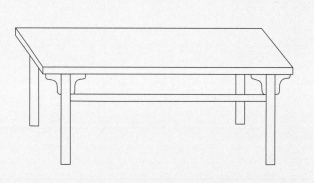

附图4-54　山西汾阳金墓壁画中的桌

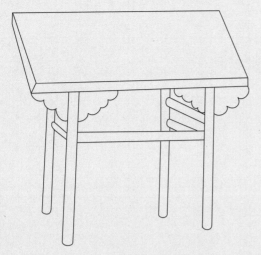

附图4-55 河南洛宁北宋乐重进石棺画像《赏乐图》中的桌

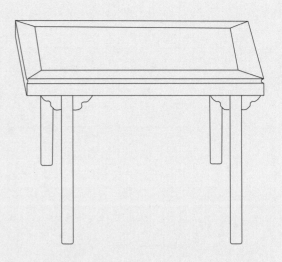

附图4-56 山西岩山寺金代壁画中的桌

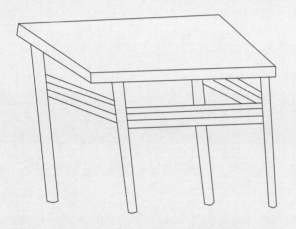

附图4-57 山西闻喜县下阳金墓壁画中的桌

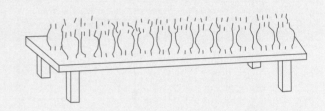

附图4-58 南宋佚名《丝纶图》中的桌

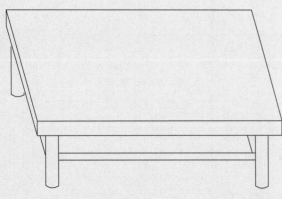

附图4-59 辽宁昭乌达盟敖汉旗康营子辽墓壁画中的矮桌

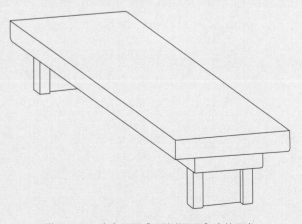

附图4-60 南宋马远《王弘送酒图》中的石桌

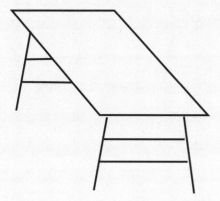

附图4-61　南宋佚名《山店风帘图》中的长桌

附图4-62　河南洛宁北宋乐重进石棺画像
《老莱子娱亲》中的桌

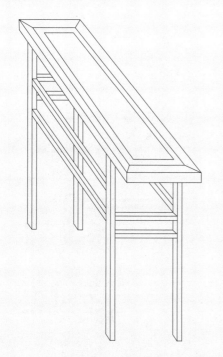

附图4-63　内蒙古赤峰宝山辽墓壁画《颂经图》
中的嵌石长桌

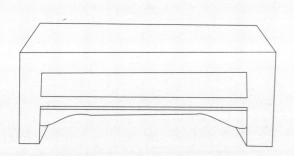

附图4-64　河南方城盐店北宋墓出土石桌

附图4-65　山东高唐虞寅墓壁画中的方桌

附图4-67　山西大同金阎德源墓出土木桌

附图4-66　河南禹县白沙2号宋墓壁画上的置抽屉柜桌

附图4-68　南宋版画《耕织图·剪帛》中的桌

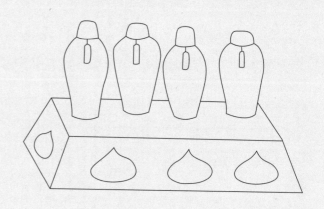

附图4-69　山西沁源正中村金代闫氏墓壁画上的桌

附图4-70　内蒙古昭乌达盟敖汉旗下湾子5号墓壁画中的酒桌

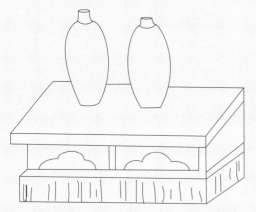

附图4-71　辽宁朝阳金马令夫妇墓壁画《备膳图》中的酒桌

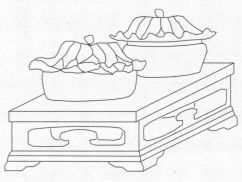

附图4-72　宋佚名《西园雅集图》中的酒桌

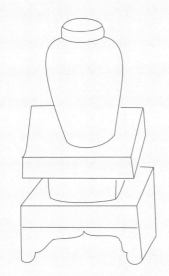

附图4-74　河南禹县白沙宋赵大翁墓壁画中的酒桌1

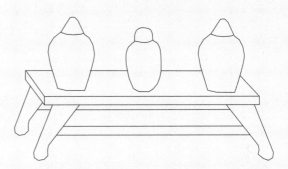

附图4-73　山西汾阳金墓壁画中的酒桌

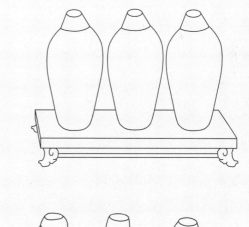

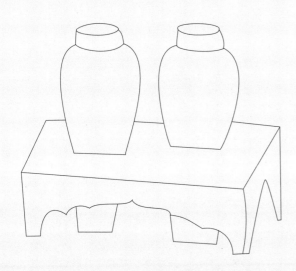

附图4-75　河南禹县白沙宋赵大翁墓壁画中的酒桌2

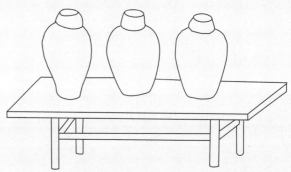

附图4-76　河北宣化辽墓壁画中的酒桌（上下两件）

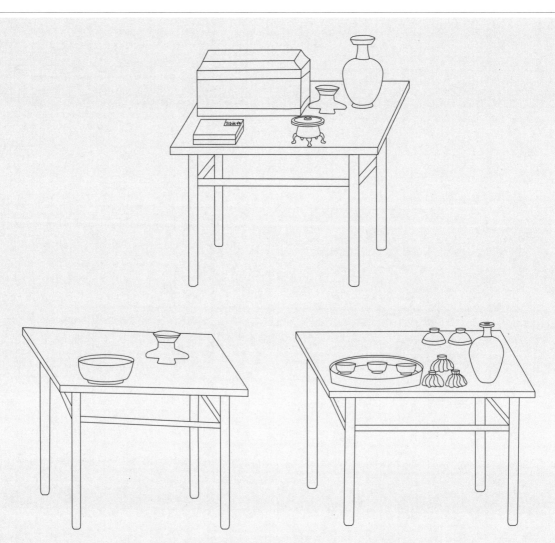

附图4-77　河北宣化辽墓壁画中的桌（单枨、无矮老型）

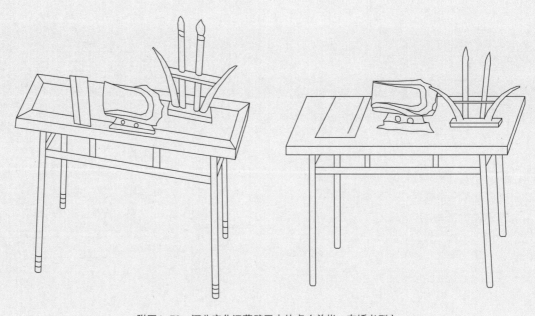

附图4-78　河北宣化辽墓壁画中的桌（单枨、有矮老型）

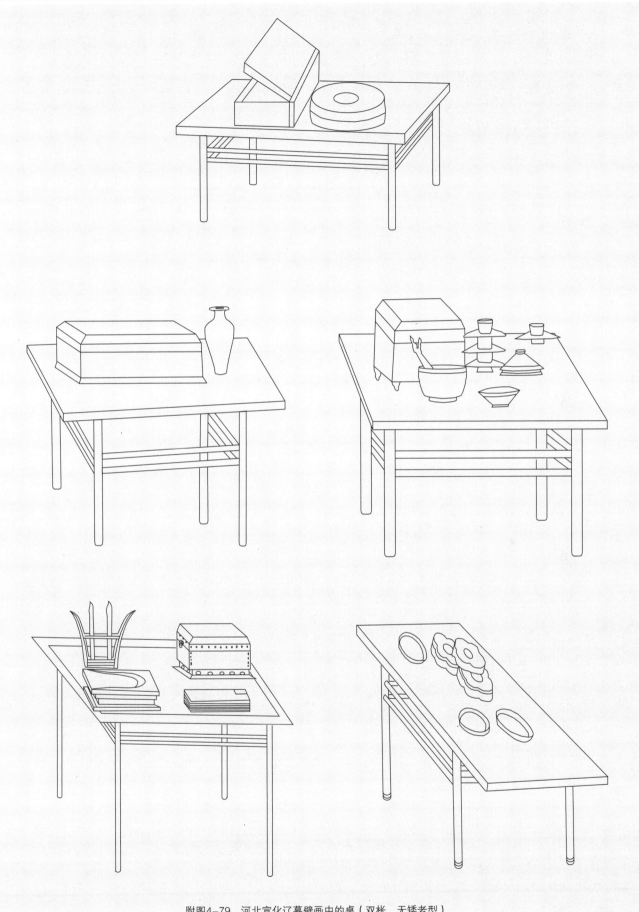

附图4-79　河北宣化辽墓壁画中的桌（双枨、无矮老型）

附图4-80 河北宣化辽墓壁画中的桌（双枨、有矮老型）

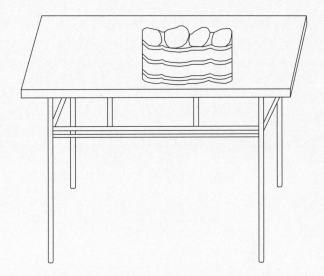

附图4-81　河北宣化辽墓壁画中的桌（双枨、有矮老型）

附图4-82　河北宣化辽墓壁画中的桌（双枨、有矮老型）

附图4-83　河北宣化辽墓壁画中的桌（双枨、有矮老型）

附图4-84　河北宣化辽墓壁画中的桌（双枨、双枨之间有矮老型）

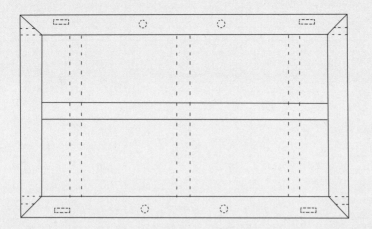
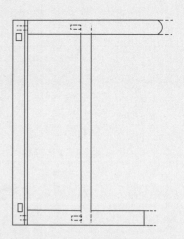
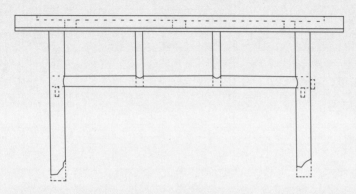

附图4-85　河北宣化张文藻墓出土大木桌三视图，实物图见彩图·承具5，还可参见此墓出土的小木桌（图3-5-13）

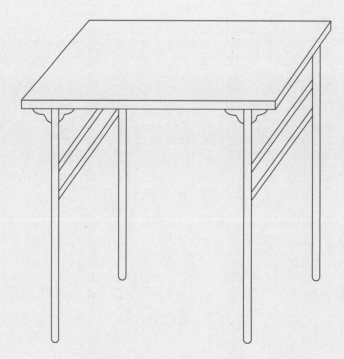

附图4-86　南宋陆兴宗《十六罗汉图》中的桌

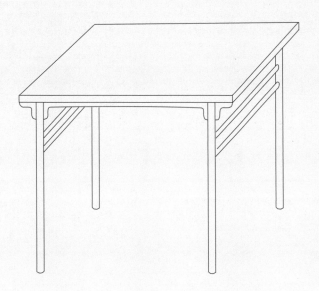

附图4-87 南宋高宗书《女孝经图》中的书桌

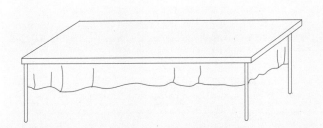

附图4-88 南宋佚名《南唐文会图》中的桌

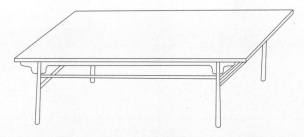

附图4-89 南宋佚名《商山四皓会昌九老图》中的长桌

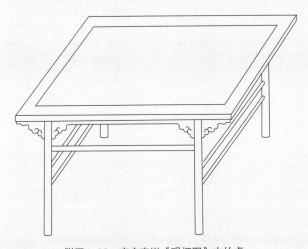

附图4-90 南宋李嵩《观灯图》中的桌

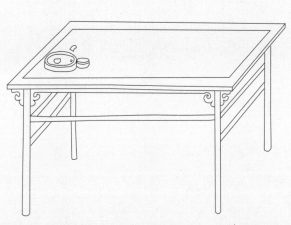

附图4-91 宋佚名《道子墨宝：地狱变相图》（美国克里夫兰
艺术博物馆藏）中的桌

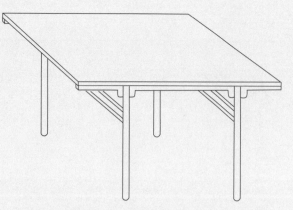

附图4-92　南宋佚名《荷亭儿戏图》中的桌

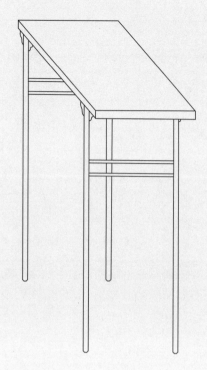

附图4-93　南宋陆兴宗《十六罗汉图》中的桌

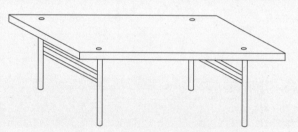

附图4-94　宋佚名《征人晓发图》中的桌

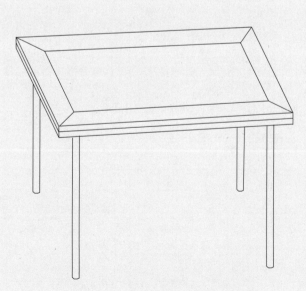

附图4-95　河南禹县白沙宋墓壁画中的桌

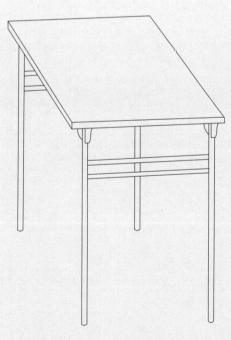

附图4-96　南宋高宗书《女孝经图》中的桌

附图4-97 南宋佚名《蕉阴击球图》中的长桌

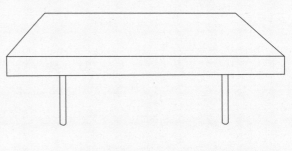

附图4-98 河南洛阳新安县李村一号墓墓室北壁壁画《宴饮图》中的案

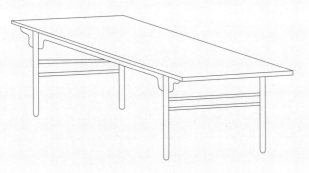

附图4-100 宋佚名《孟母教子图》中的长桌

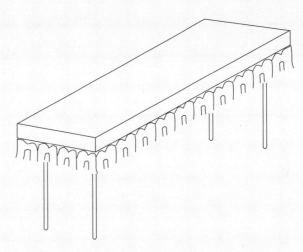

附图4-99 南宋庆元年间《大字妙法莲花经》卷首图中的桌

附图4-101 南宋刘松年《松阴鸣琴图》中的琴桌

附图4-102 山西高平开化寺宋代壁画中的长桌

附图4 承具

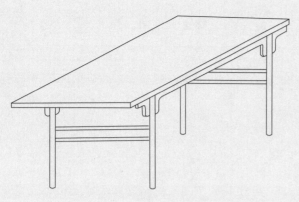

附图4-103　宋佚名《村童闹学图》中的桌

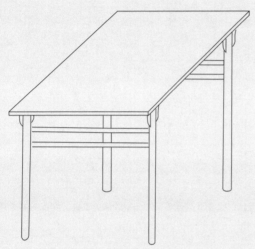

附图4-104　南宋佚名《韩熙载夜宴图》中的桌

附图4-105　河南偃师酒流沟水库北宋墓砖刻《厨娘图》中的桌

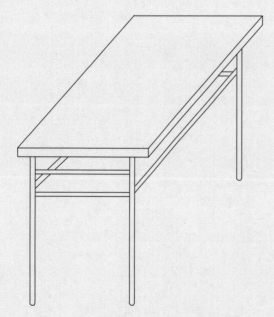

附图4-106　宋佚名《文汇图》中的长桌

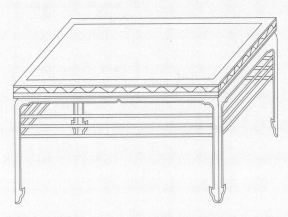

附图4-107　宋佚名《勘书图》中的桌

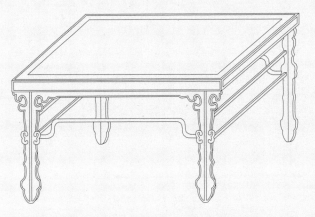

附图4-108　宋佚名《梧阴清暇图》中的桌

附图4-109　河南洛阳邙山北宋墓壁画中的桌

附图4-110　南宋时大理国《张胜温画卷》中的桌

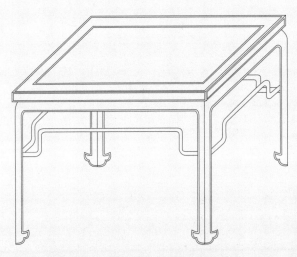

附图4-111　宋佚名《勘书图》中的桌

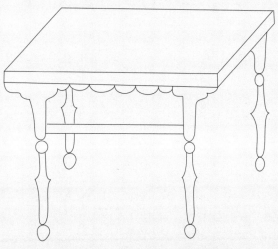

附图4-112　河南郑州柿园宋墓砖雕桌

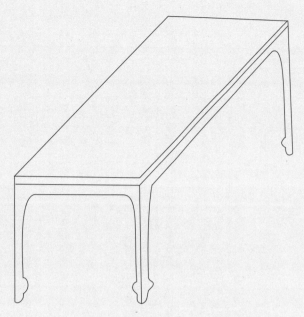

附图4-113　宋佚名《半闲秋兴图》中的桌

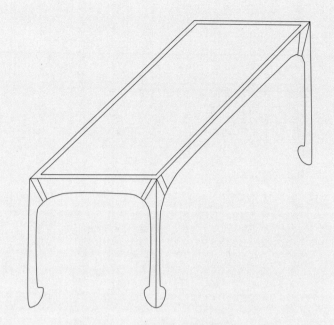

附图4-114　北宋王诜《绣栊晓镜图》中的桌

附图4-115　河南郑州宋墓砖雕桌

附图4-116　南宋苏汉臣《婴戏图》中的桌

中国宋代家具

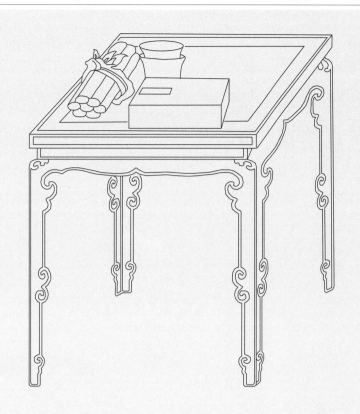

附图4-117
宋佚名《十八学士图·作书》中的桌

附图4-118
宋佚名《道子墨宝：地狱变相图》
（美国克里夫兰艺术博物馆藏）中的
桌

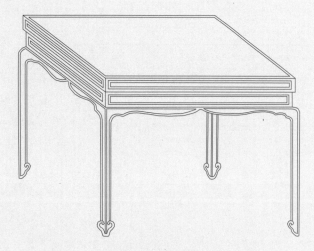

附图4-119　北宋张训礼《围炉博古图》中的桌

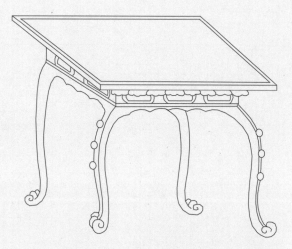

附图4-120　南宋时大理国《张胜温画卷》中的曲足桌

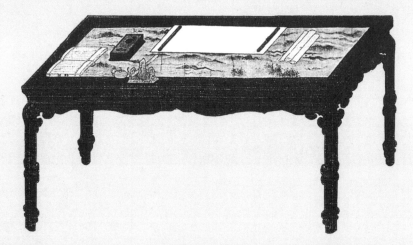

附图4-121　宋佚名《十八学士图·作书》中的书桌

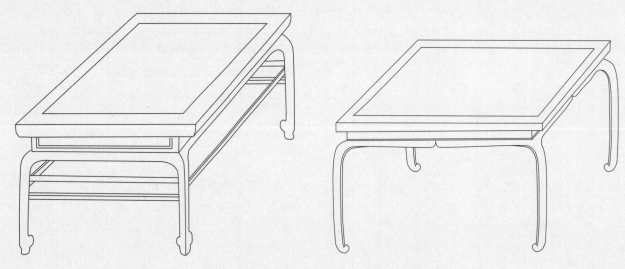

附图4-122　南宋刘松年《唐五学士图》中的两件桌

附图4-123　淮安北宋墓壁画上的桌

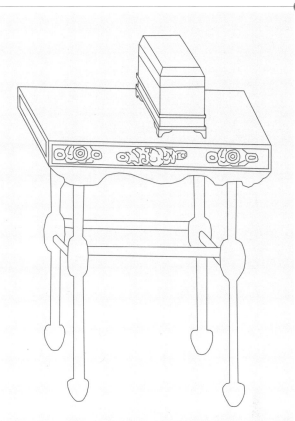

附图4-124　南宋佚名《六尊者像》中的桌

附图4-125　宋佚名《蚕织图》中的桌

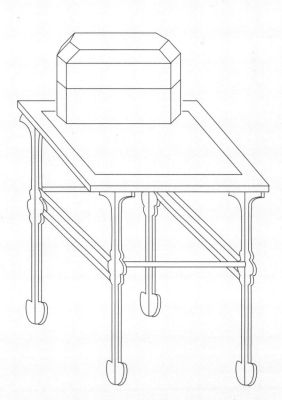

附图4-126　宋佚名《羲之写照图》中的桌

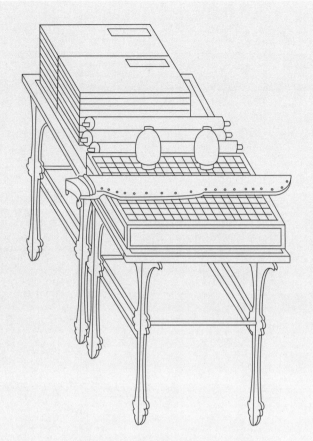

附图4-127　宋佚名《羲之写照图》中的桌

附图4-129　内蒙古巴林右旗白音尔登苏木辽墓出土木桌

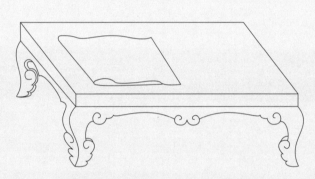

附图4-130　南宋牟益《捣衣图》中的桌

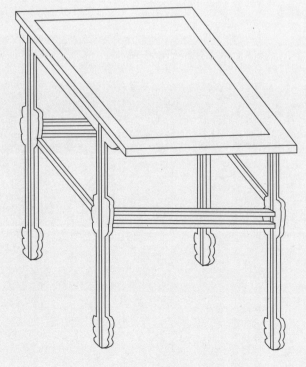

附图4-128　宋佚名《羲之写照图》中的桌

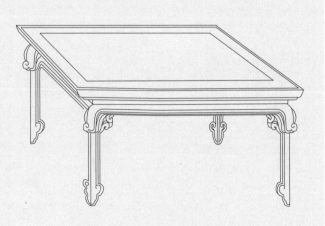

附图4-131　宋佚名《消夏图》中的桌

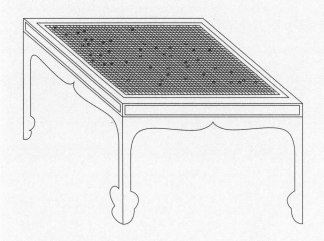

附图4-132　宋佚名《洛阳耆英会图》中的棋桌

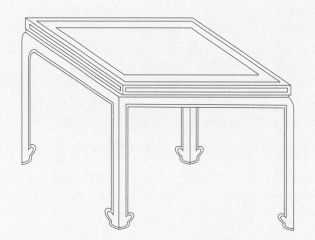

附图4-133　宋佚名《博古图》中的桌

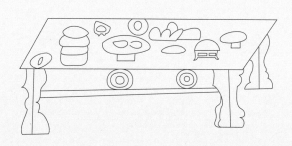

附图4-134　内蒙古解放营子辽墓壁画《宴饮图》中的桌

附图4-135　南宋高宗书《孝经图》中的承箱桌

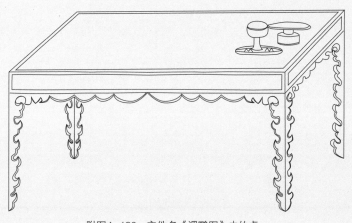

附图4-136　宋佚名《调鹦图》中的桌

附图4-137 山西平阳金墓砖雕墓主人像中的桌

附图4-139 宁夏贺兰县拜寺口西塔出土供桌局部（整体见于彩图·承具7）

注：
桌的形象还可见于江苏武进村前6号南宋墓出土木桌（彩图·承具1）、金代木桌（彩图·承具2）、金代石桌（彩图·承具3）、南宋佚名《柳阴群盲图》中的树根桌（彩图·承具4）、河北宣化辽张文藻墓出土大木桌（彩图·承具5）、南宋佚名《蚕织图》中的方桌、长桌与供桌（彩图·承具6）、北京房山区天开塔地宫出土辽代木桌（彩图·承具8）、甘肃武威西郊林场西夏墓出土木桌（图2-4-1）、南宋佚名《蕉阴击球图》中的细腿桌（图2-4-2）、宋佚名《夜宴图》中的花腿桌（图2-4-3）、内蒙古翁牛特旗解放营子辽墓出土木炕桌（图2-4-4）、山西岩山寺金代壁画中的折叠桌（图2-4-5）、北宋佚名《听琴图》中的琴桌（图2-4-6）、北宋张先《十咏图》中的棋桌（图2-4-7）、山西岩山寺金代壁画中的抬桌（图2-4-8）、宋佚名《羲之写照图》中的抬桌（图2-4-9）、山西岩山寺金代壁画中的挑桌（图2-4-10）、宋佚名《吕洞宾过岳阳楼图》中的桌（图2-4-11）、河北巨鹿宋城遗址出土木桌（图2-4-12）、江苏江阴北宋"瑞昌县君"孙四娘子墓出土木桌（图2-4-13），北宋张择端《清明上河图》中店铺中的桌（图3-2-1）、交足桌（图3-2-3）、路边摊的简易桌（图3-2-4），宋佚名《文会图》中的桌（图7-1-1）、南宋佚名《女孝经图》中的书桌（图7-1-3）等。

附图4-138 山西平阳金墓砖雕《教子识读》中的桌

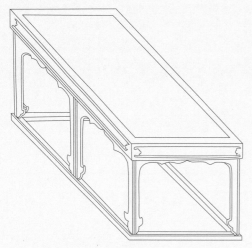

附图4-140　南宋刘松年《碾茶图》中的画案

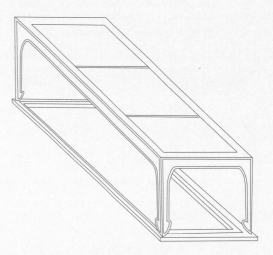

附图4-141　南宋刘松年《宫女刺绣图》中的案

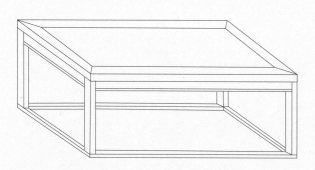

附图4-142　宋佚名《博古图》中的案

附图4-143　南宋苏汉臣《妆靓仕女图》中的花案

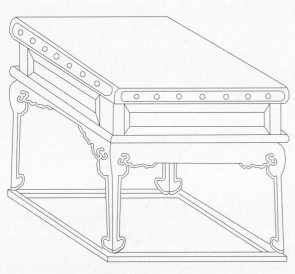

附图4-144　南宋刘松年《蓬壶仙侣图》中的案

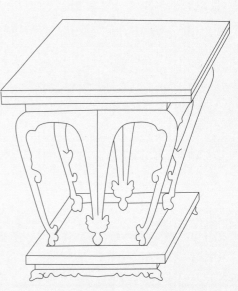

附图4-145　南宋刘松年《琴书乐志图》中的书案

附图4　承具

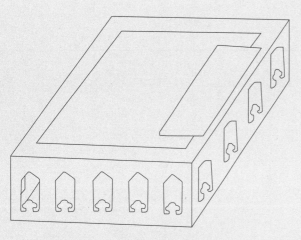

附图4-146 南宋马远《西园雅集图》中的书案

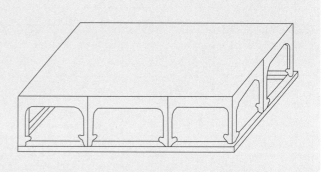

附图4-147 南宋佚名《南唐文会图》中的案

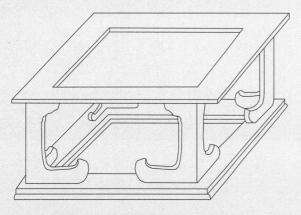

附图4-148 北宋佚名《文会图》中的案

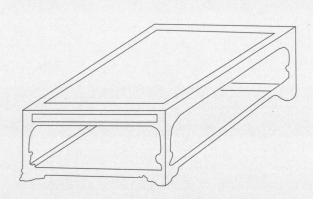

附图4-149 南宋马远《西园雅集图》中的画案

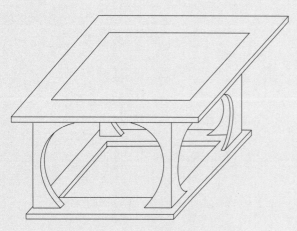

附图4-150 南宋佚名《春宴图》中的案

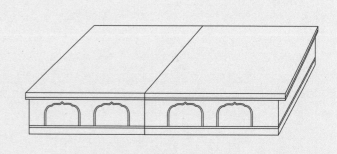

附图4-151 南宋佚名《春宴图》中的双拼式食案

中国宋代家具

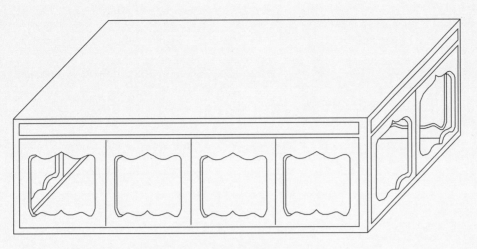

附图4-152　宋佚名《夜宴图》中的案

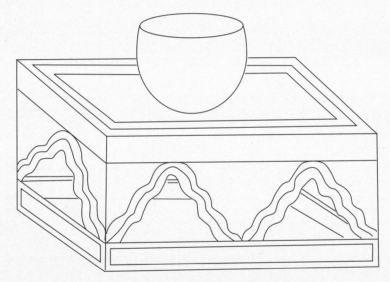

附图4-153　北宋陈旸《乐书》插图中的抚拍案

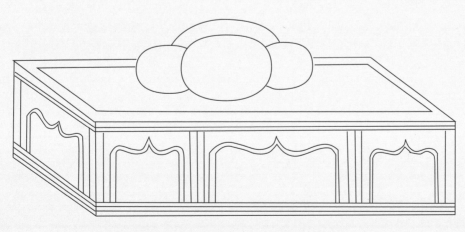

附图4-154　北宋陈旸《乐书》插图中的拊案

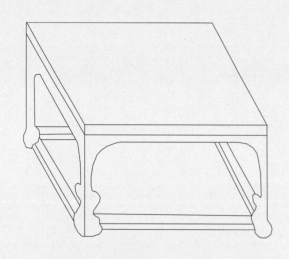

附图4-155 南宋萧照《中兴瑞应图》中的棋桌

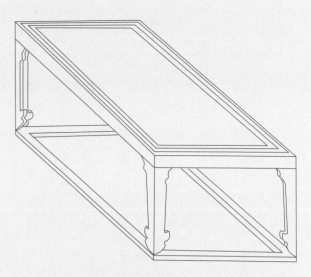

附图4-156 南宋佚名《盥手观花图》中的案

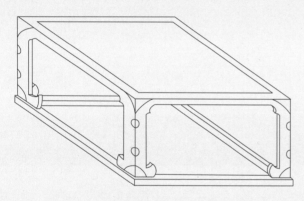

附图4-157 南宋西金居士《十六罗汉像其二》中的案

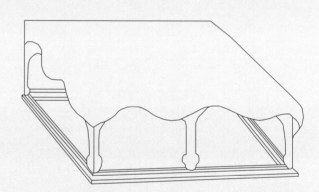

附图4-158 宋佚名《西园雅集图》中的书案

附图4-159 宋佚名《十八学士图》中的嵌大理石书案

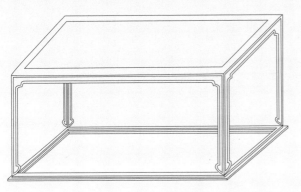

附图4-160　北宋李公麟《高会习琴图》中的案

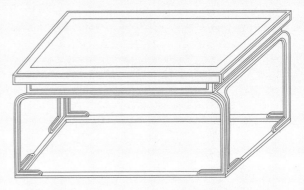

附图4-161　宋佚名《梧阴清暇图》中的书案

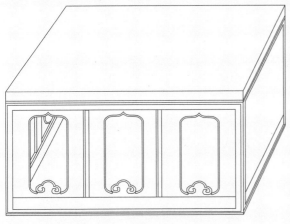

附图4-162　宋佚名《夜宴图》中的案

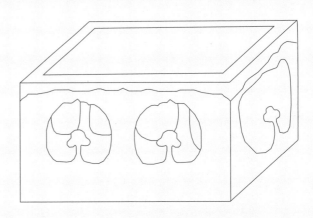

附图4-163　江苏淮安杨庙北宋墓壁画中的案

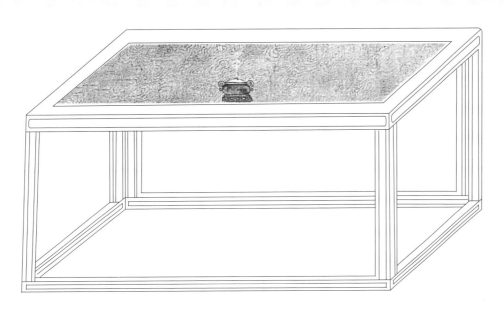

附图4-164　宋佚名《十八学士图》中的案

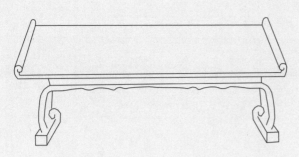

附图4-165　南宋佚名《女孝经图》中的翘头案

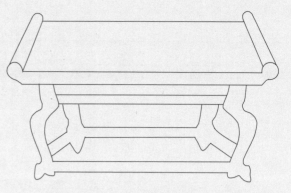

附图4-166　南宋高宗书《孝经图》中的案

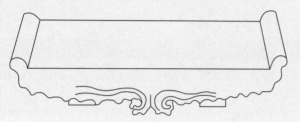

附图4-167　四川成都东郊北宋墓出土翘头陶案

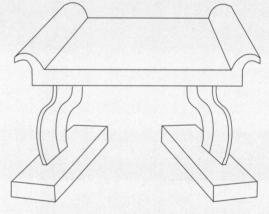

附图4-168　南宋佚名《孝经图卷》中的翘头案

附图4-169　南宋钱选《鉴古图》中的翘头小案

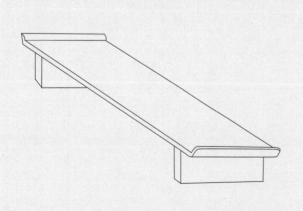

附图4-170　南宋钱选《鉴古图》中的长翘头案

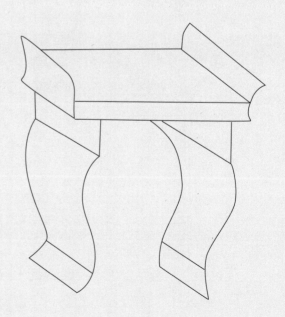

附图4-171　南宋陆信忠《十六罗汉·写经》局部中的翘头案

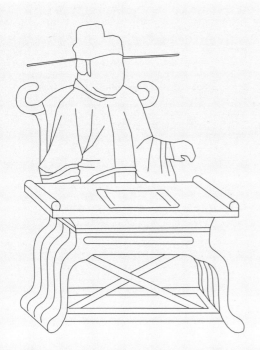

附图4-172　北宋佚名《闸口盘车图》中的翘头案

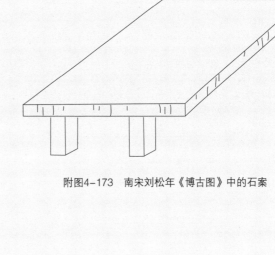

附图4-173　南宋刘松年《博古图》中的石案

附图4-174　北京永定门外辽墓壁画《揉面图》中的案

附图4-175　宋佚名《十八学士图》中的案(放置花盆)

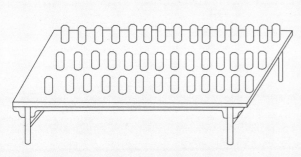

附图4-176　宋佚名《蚕织图》中的案

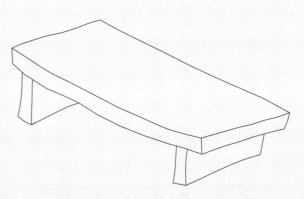

附图4-177　南宋佚名《松下闲吟图》中的石案

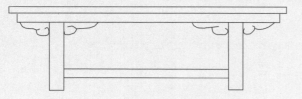

附图4-178　河南焦作西冯封金墓砖雕地帐案

附图4-179　河南洛阳涧西13号宋墓矮榻式长案

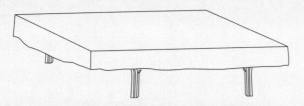

附图4-180　南宋刘松年《博古图》中的案

附图4-181　南宋牟益《捣衣图》中的石案

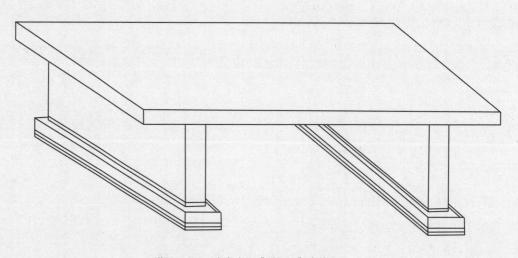

附图4-182　南宋李嵩《听阮图》中的案

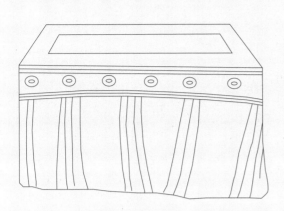

附图4-183　宋代敦煌《地藏十王》中的案

附图4-184　北宋李公麟（传）《孝经图》中的案

附图4-185　西夏木刻《现在贤劫千佛名经》
卷首《译经图》中的供案

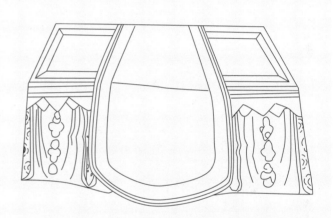

附图4-186　北宋佚名《十一面观音菩萨坐像》
（大英博物馆藏）中的供案

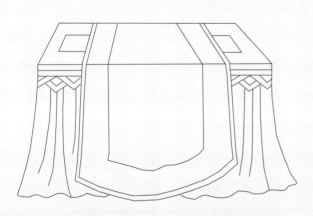

附图4-187　宋佚名《十王图》（日本和泉市藏）中的案

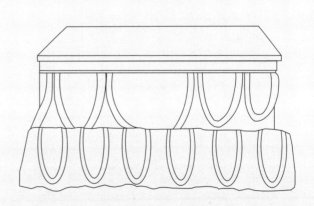

附图4-188　河南洛宁北宋乐重进石棺画像《赏乐图》中的案

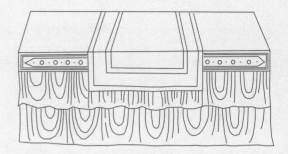

附图4-189 西夏刻印西夏文《现在贤劫千佛名经》卷首《译经图》中的供案

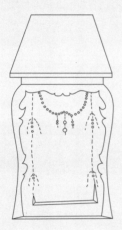

附图4-190 南宋时大理国《张胜温画卷》中的案

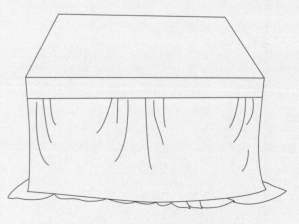

附图4-191 北宋佚名《报父母恩重经变图》中的案　　附图4-192 南宋时大理国《张胜温画卷》中的案3

中国宋代家具

附图4-193　山西长子石哲金墓壁画《丁兰图》中的案

附图4-194　四川泸县南宋墓石刻案

附图4-195　宋《重修政和证类备用本草》插图《解盐图》中的案

附图4-196　山西汾阳金墓壁画上的柜案

附图4-197 内蒙古额济纳旗黑水城出土西夏版画《注清凉心要》中的香案

附图4-198 北宋画像砖《妇女烹茶图》中的案

附图4-199 南宋高宗书《孝经图》中的车载食案

附图4-200 河南温县宋墓出土砖雕《庖厨图》中的案

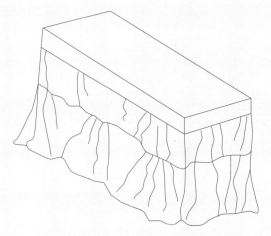

附图4-201　宋《金刚般若波罗蜜经》中的案

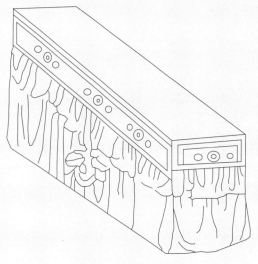

附图4-202　内蒙古额济纳旗黑水城出土西夏文《佛说
　　　　　宝雨经卷第十》中的案

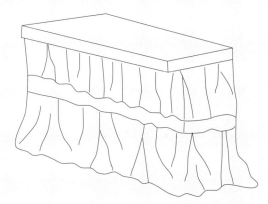

附图4-203　南宋木刻中的案（引自瑞典斯德哥尔摩
　　　　　《远东博物馆 会刊》1989年第61期)

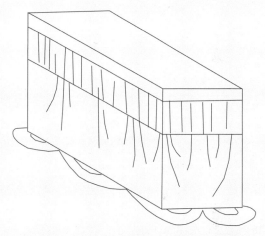

附图4-204　南宋佚名《孝经图卷》中的案

附图4-205　北宋佚名《妙法莲华经变图》中的案

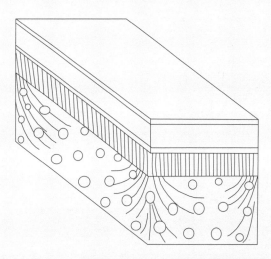

附图4-206　北宋庆历4年（1044）木刻《妙法莲花经
　　　　　如来说法图》中的案

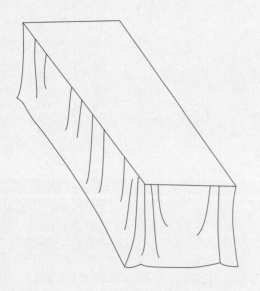

附图4-207　南宋时大理国《张胜温画卷》中的案

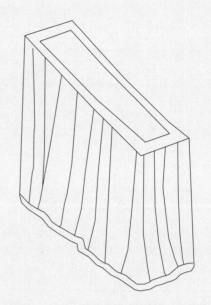

附图4-208　宋代敦煌《地藏十王》中的案

附图4-209　宋佚名《十王经赞图卷》中的两件案

附图4-210　南宋时大理国《张胜温画卷》中的达摩大师所用案

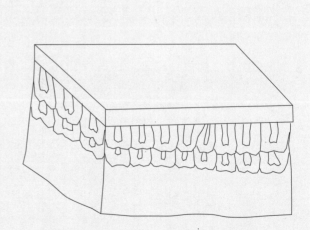

附图4-211　南宋佚名《孝经图卷》中的祭案

附图4-212　宋佚名《十王图》（日本和泉市藏）中的案

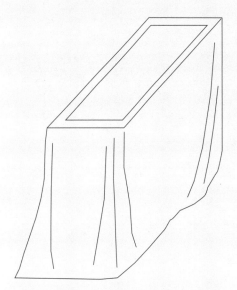

附图4-213　宋代敦煌《地藏十王》中的案

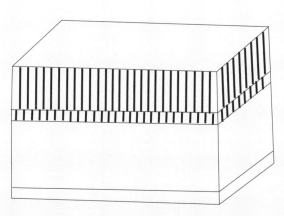

附图4-214　南宋金处士《十王图》中的案

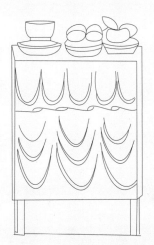

附图4-215　四川泸县南宋墓石刻案

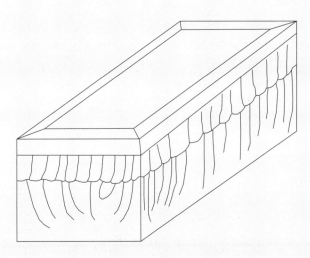

附图4-216　南宋高宗书《孝经图》中的办公案

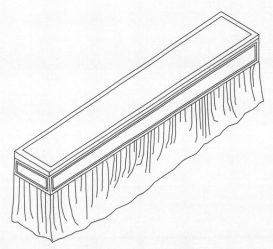

附图4-217　西夏《现在贤劫千佛名经》卷首《译经图》中的案

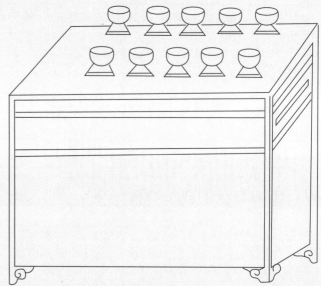

附图4-218 北宋陈旸《乐书》插图中放置缶（上）、瓯（中）、水盏(下)的3件案

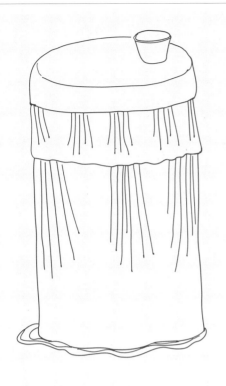

附图4-219
宋佚名《十六尊者》中的圆案（上左）

附图4-220
辽胡瓌《卓歇图》中的案（上右）

附图4-221
四川大足舒成岩4号龛 南宋三清像中的
凭几（下）

注：
案的形象还可见于南宋佚名《歌乐图》
中的案（彩图·承具9）、北宋建隆2
年铭敦煌壁画《水月观音变相图》中
的案（彩图·承具10）、 北宋张训
礼《围炉博古图》中的案（图2-4-
16）、南宋马公显《药山李翱问答
图》中的石案（图2-4-17）、 北京
门头沟斋堂村辽墓壁画《孝悌故事》中
的供案（图2-4-18）、北宋佚名《菩
萨像》中的供案（图2-4-19）、南
宋佚名《白莲社图》中的案（图2-4-
20）、南宋佚名《六尊者像》中的翘
头案（图2-4-21）、《宋人写梅花
诗意图》中的曲栅足翘头案（图2-4-
22）、南宋萧照《中兴瑞应图》中的
象棋案（图2-4-23）等。

附图4-222　南宋刘松年《琴书乐志图》中的凭几（上）

附图4-223　江苏淮安4号墓凭几（中）

附图4-224　宋佚名《十八学士图·焚香》中的凭几（下）

中国宋代家具

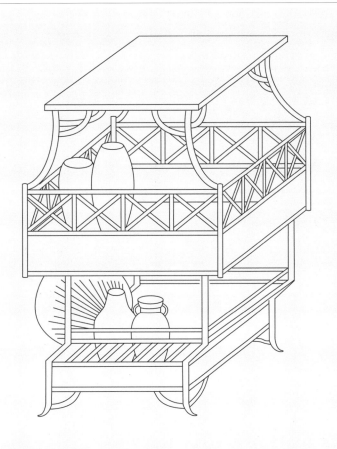

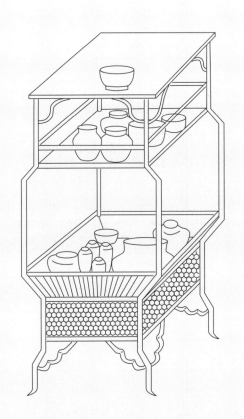

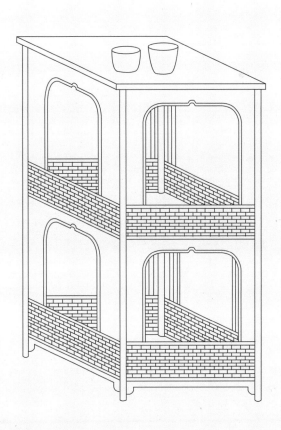

附图4-225　南宋刘松年《斗茶图》中的3件茶几

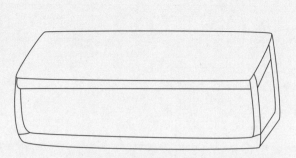

附图4-226　河南洛宁北宋乐重进石棺画像《赏乐图》中的茶几

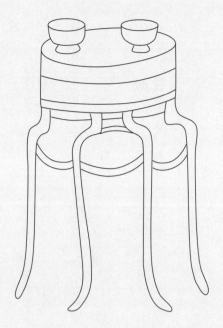

附图4-227　北宋李公麟（传）《孝经图》中的茶几

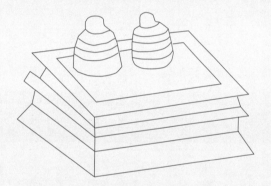

附图4-228　南宋时大理国《张胜温画卷》中的茶几

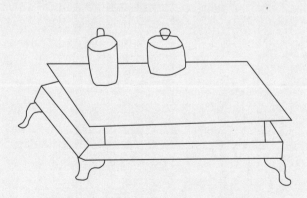

附图4-229　山东高唐虞寅墓壁画中的双层茶几

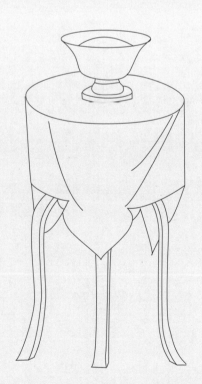

附图4-230　南宋时大理国《张胜温画卷》中的茶几

附图4-231　南宋丰兴祖《万年青图》中的花几
（原画见图2-4-24）

附图4-232　北宋佚名《报父母恩重经变图》中的花几

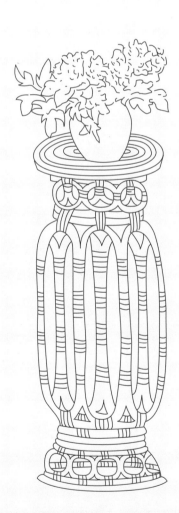

附图4-233　南宋佚名《六尊者像》中的花几

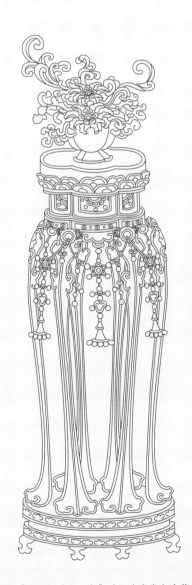

附图4-234　南宋佚名《罗汉图（之一）》（日本嘉堂文库藏）中的花几

附图4-235　宋佚名《十八罗汉（第二）》中的花几

附图4-236　南宋佚名《盥手观花图》中的花几

附图4-237　宋佚名《羲之写照图》中的石花几

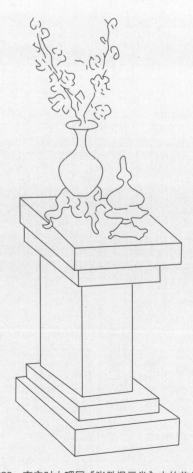

附图4-238　南宋时大理国《张胜温画卷》中的花几

附图4-239　山东高唐虞寅县壁画墓中的花几

附图4-240　西夏佚名版画《官人与侍者》中的花几

附图4-241　河北宣化下八里辽张匡正墓壁画中的藤花几

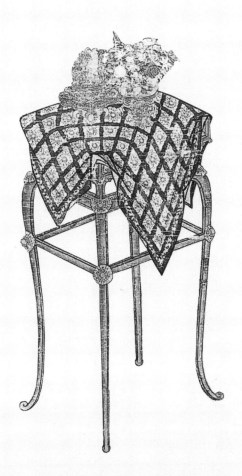

附图4-242　南宋佚名《罗汉图》中的香几

附图4-244　河南武陟县小董金墓砖雕盆栽牡丹花几

附图4-243　河南安阳新安庄西地宋墓花几

附图4-245　四川新津宋墓墓碑浮雕中的花几

附图4-246　山西汾阳金墓壁画上的5件花几

中国宋代家具

附图4-250 宋佚名《十八罗汉》中的花几

附图4-248 山西平阳金墓砖雕墓主人对坐像中的花几

附图4-247 宋佚名《万年青》中的花几

附图4-249 山西平阳金墓砖雕墓主人对坐像中的花几

注：花几形象还可见于南宋佚名《柳枝观音像》中的花几（彩图·承具11）、山西平阳金墓砖雕（几上架几）花几（彩图·承具14）。

中国宋代家具

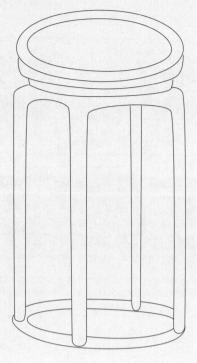

附图4-251 北宋陈居中《王建宫词图》中的香几

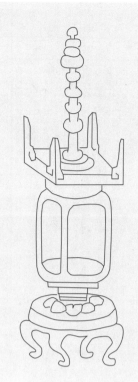

附图4-252 北宋佚名《十六罗汉·第十尊者》
（日本清凉寺藏）中的香几

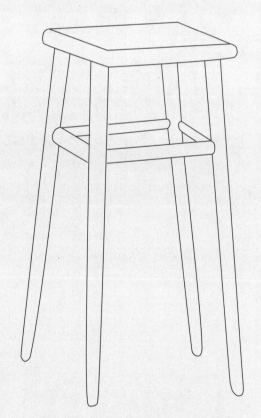

附图4-253 山西大同金阎德源墓出土木香几

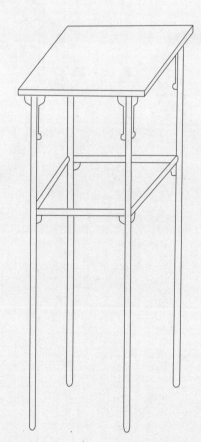

附图4-254 北宋佚名《听琴图》中的香几

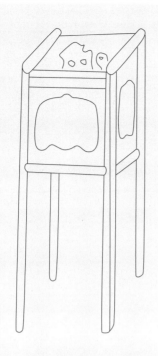

附图4-255　河南禹县白沙宋墓壁画中的高方香几

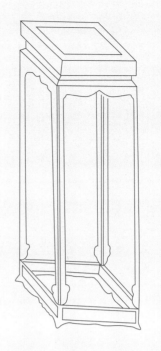

附图4-256　南宋李嵩《听阮图》中的香几

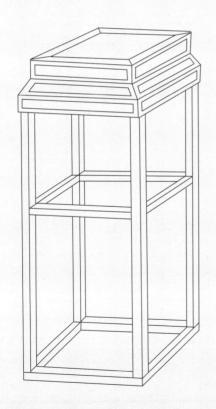

附图4-257　山西高平开化寺北宋壁画中的香几

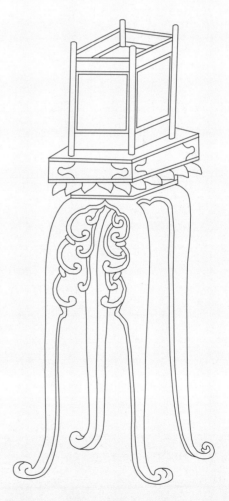

附图4-258　南宋时大理国《张胜温画卷》中的香几

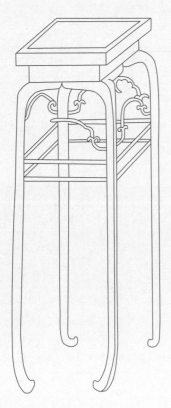

附图4-259 南宋刘松年《唐五学士图》中的香几

附图4-260 南宋佚名《胡笳十八拍》中的香几

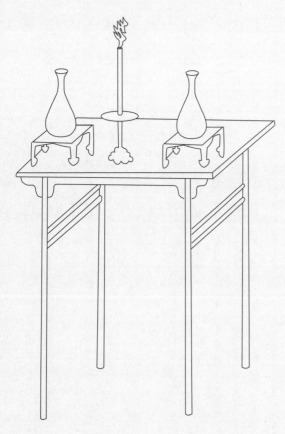

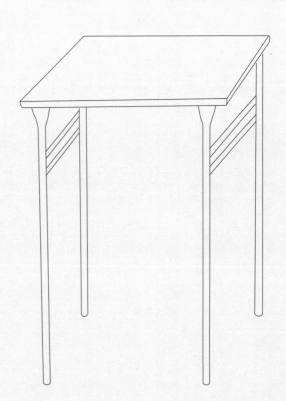

附图4-261 南宋陆信忠《十六罗汉·供养》中的香几

附图4-262 宋佚名《十六罗汉·矩罗尊者》中的香几

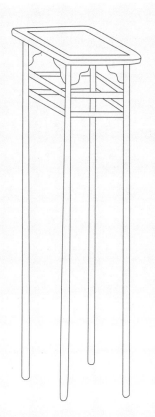

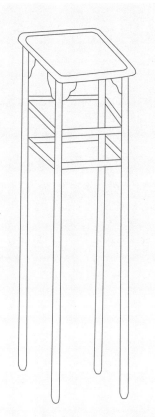

附图4-263　南宋刘松年《松阴鸣琴图》中的香几　　　　　附图4-264　南宋萧照《中兴瑞应图》中的香几

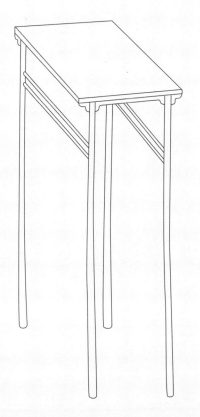

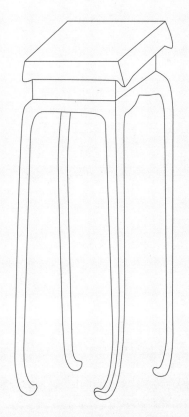

附图4-265　南宋陆信忠《十六罗汉·写经》中的香几　　　　附图4-266　宋佚名《佛像》中的香几

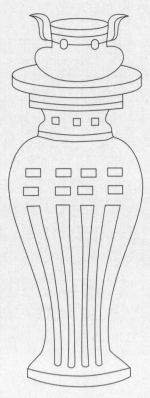

附图4-267　宋佚名《拜月图》中的香几

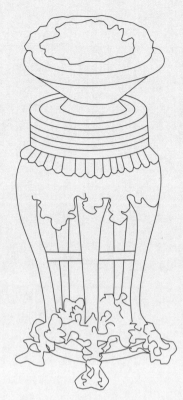

附图4-268　甘肃酒泉安西榆林窟第2窟西夏《说法图》中的香几

附图4-269　宋佚名《罗汉》中的香几

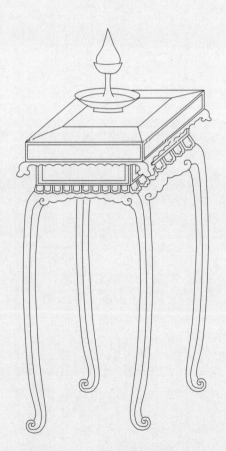

附图4-270　宋佚名《佛像图》中的香几

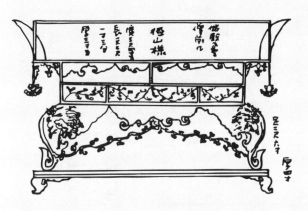
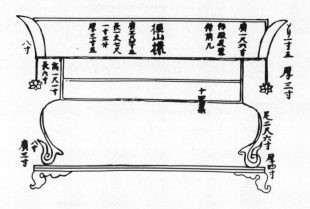

附图4-271　南宋佚名《五山十刹图》中的径山样佛殿及堂僧前几

附图4-272　宋佚名《果老仙踪图》中的香几

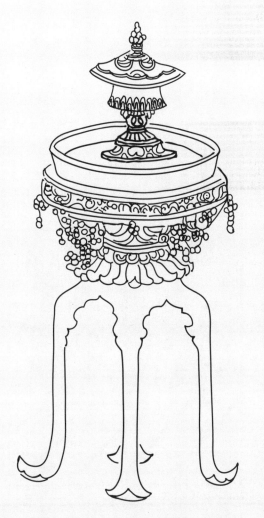

附图4-273　宋佚名《如来说法图》中的香几

附图4　承具

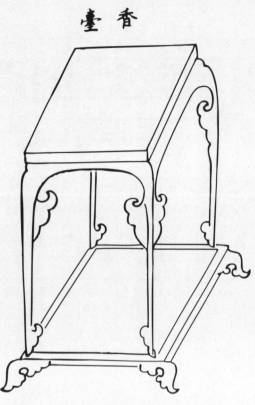

附图4-274 南宋佚名《五山十刹图》中的香几

附图4-275 南宋佚名《水阁纳凉像》中的束腰三弯腿圆香几

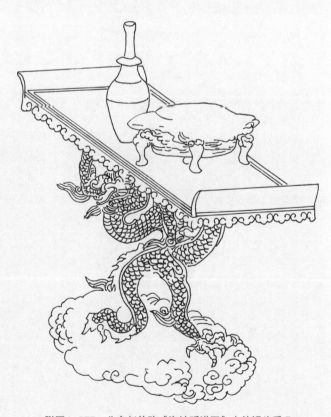

附图4-276 南宋朱熹《朱子家礼》葬仪插图中的香几（案）

附图4-277 北宋赵伯驹《海神听讲图》中的翘头香几

附图4-278　南宋佚名《六尊者像》中的藤香几

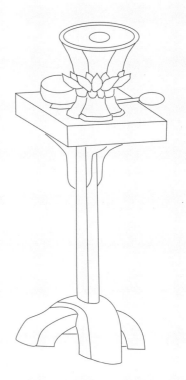

附图4-279　南宋佚名《耕织图》中的香几

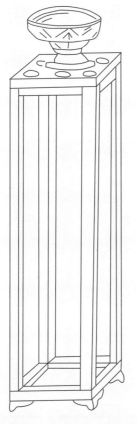

附图4-280　宋佚名《调鹦图》中的香几

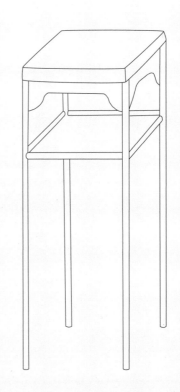

附图4-281　南宋佚名《南唐文会图》中的方几

附图4-282　南宋陆信忠《佛涅槃图》中的香几

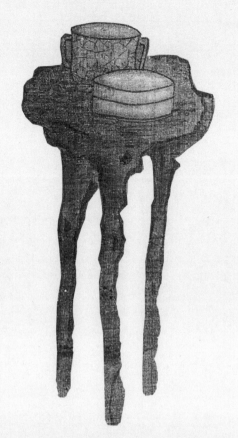

附图4-283　宋佚名《十八罗汉·第十》中的香几

附图4-284　金代磁州窑枕面绘唐元稹《会真记·崔莺莺月夜焚香》中的香几

注：
香几形象还可见于北宋李公麟《维摩演教图》中的香几（彩图·承具12）、
南宋佚名《罗汉图之二》中的香几（彩图·承具13）、宋佚名《贝经清
课图》中的香几（图2-4-27）、山西大同金阎德源墓出土木香几（图
2-4-28）、南宋李嵩《罗汉图》中的香几（图3-3-7）等。

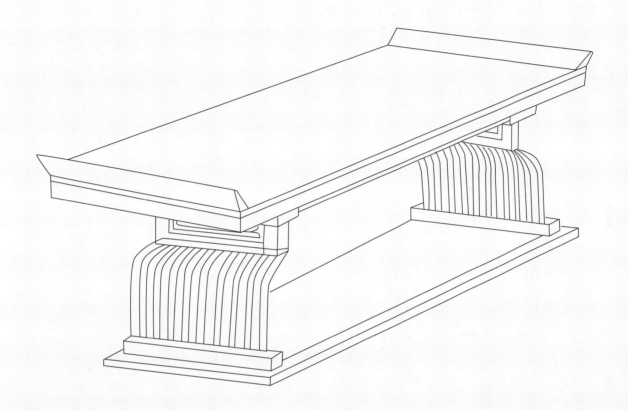

附图4-285　南宋佚名《三崖图》中的榻几

注：
榻（炕）几形象还可见于河南白沙宋墓壁
画中的榻几（图2-4-29）、山西大同金阎
德源墓出土的木炕几（图2-4-30）。
桌几形象可见于河北宣化下八里辽韩师训
墓壁画中的桌上摆放佛教经卷的翘头几
（图2-4-31）。

附图4-286　南宋时大理国《张胜温画卷》中的几

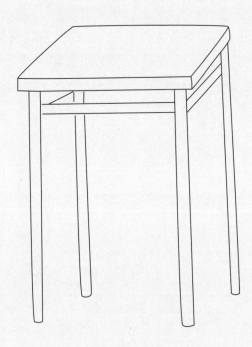

附图4-287　内蒙古库伦旗7号辽墓壁画中的几

附图4-288　南宋时大理国《张胜温画卷》中的书几

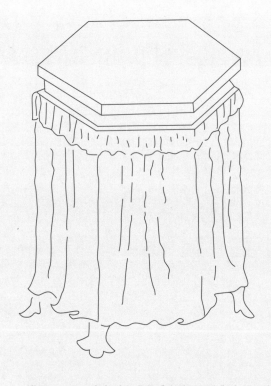

附图4-289　南宋时大理国《张胜温画卷》中的六边形几

注：
书几形象还可见于北宋武宗元《朝元仙仗图》中的书几（图2-4-32）。
燕几形象可见于南宋黄伯思《燕几图》（图2-4-33）。

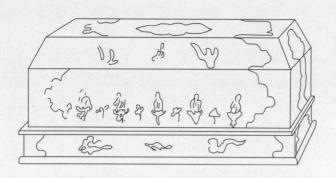

附图5-1　浙江瑞安慧光塔出土北宋描金堆漆檀木经盒(外函)

附图5-2　南宋佚名《六尊者像》中的盒

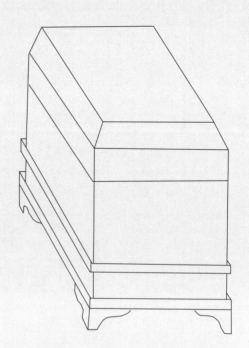

附图5-3　南宋佚名《六尊者像》中的盒

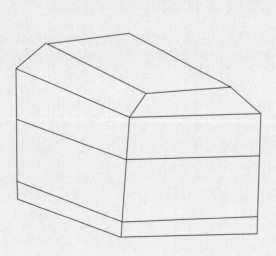

附图5-4　北宋武宗元《八十七神仙卷》中的盒

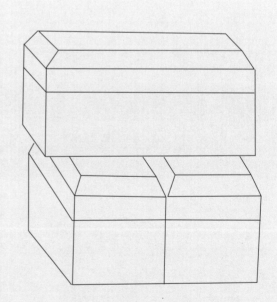

附图5-5　南宋佚名《六尊者像》中的盒

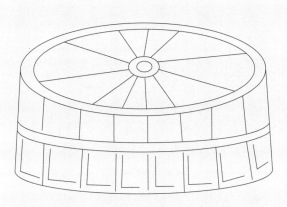

附图5-6　南宋钱选《鉴古图》中的盒

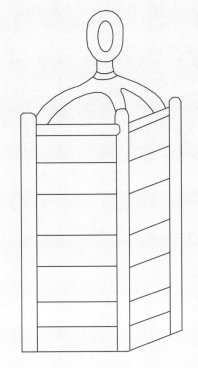

附图5-7　南宋刘松年《琴书乐志图》中的盒

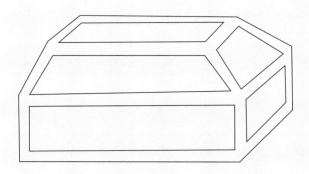

附图5-8　内蒙古赤峰宝山辽墓壁画《寄锦图》中的盒

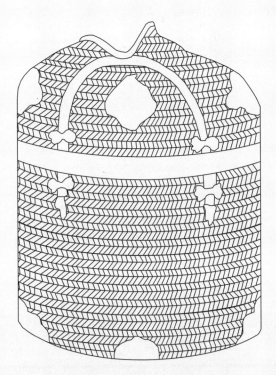

附图5-10　北宋佚名《文苑图》中的盒

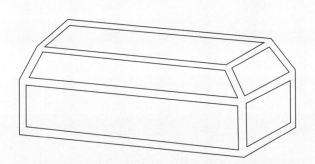

附图5-9　内蒙古赤峰宝山辽墓壁画《寄锦图》中的盒

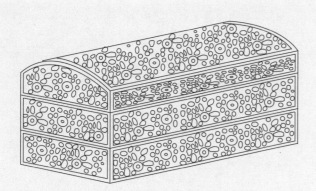

附图5-11 南宋苏汉臣《货郎图》中的盒

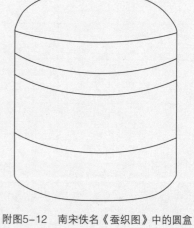

附图5-12 南宋佚名《蚕织图》中的圆盒

附图5-13 南宋苏汉臣《货郎图》中的盒

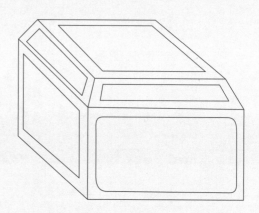

附图5-14 南宋佚名《盥手观花图》中的盒

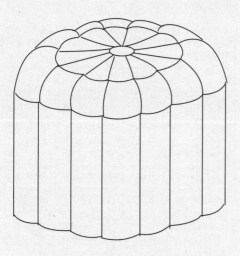

附图5-15 南宋苏汉臣《货郎图》中的盒

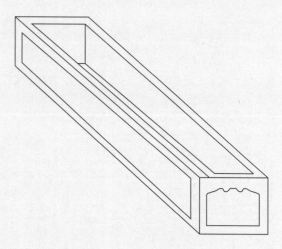

附图5-16 南宋佚名《盥手观花图》中的盒

附图5-17 南宋佚名《盥手观花图》中的盒

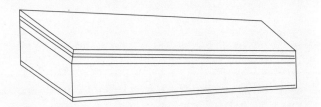

附图5-18 南宋时大理国《张胜温画卷》中的盒

附图5-19 宋佚名《博古图》中的圆盒

附图5-20 宋代敦煌壁画《水月观音》中的盒

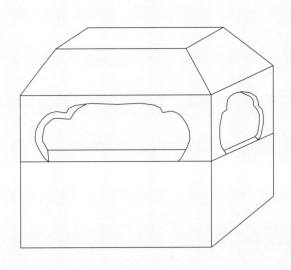

附图5-21 宋佚名《罗汉图》中的盒

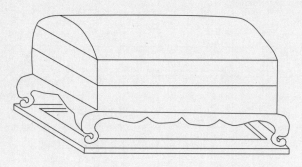

附图5-22 宋佚名《十八学士图·焚香》中的盒

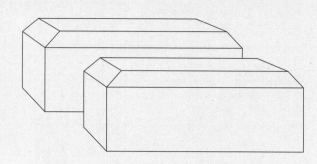

附图5-23 南宋马公显《药山李翱问答图》中的盒

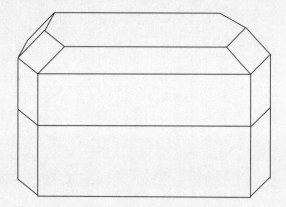

附图5-24 宋佚名《羲之写照图》中的盒

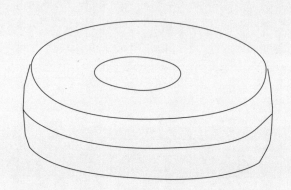

附图5-25 河北宣化辽墓壁画中的盒

附图5-26 宋佚名《十八学士图·焚香》中的盒

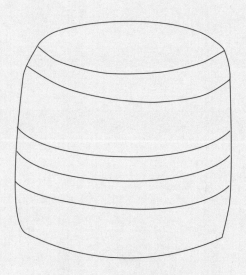

附图5-27 河北宣化辽墓壁画中的盒

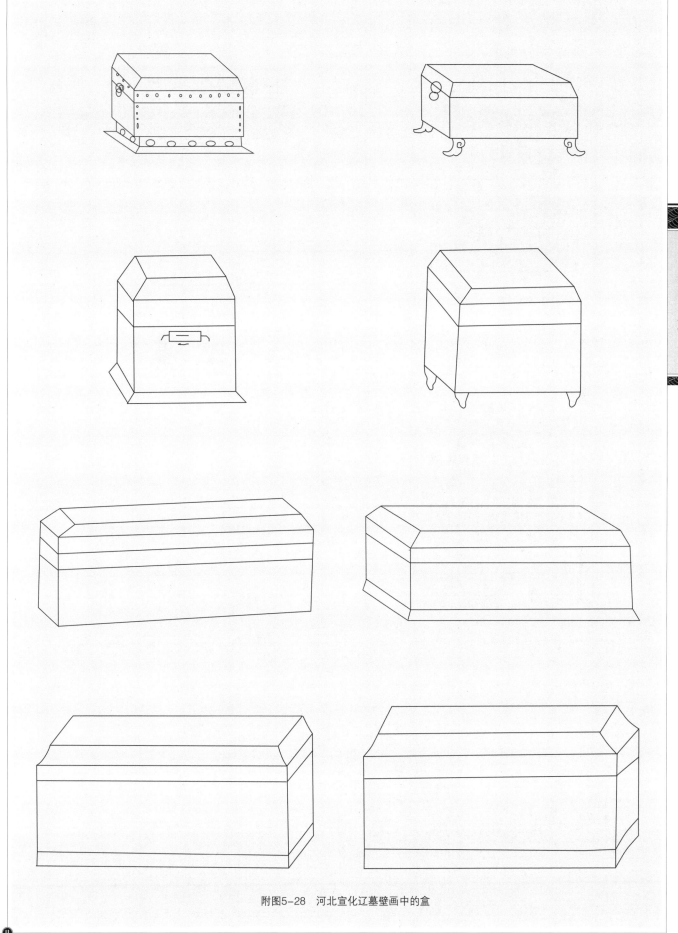

附图5-28　河北宣化辽墓壁画中的盒

附图5-29　甘肃武威出土西夏骨灰盒（木缘塔）

附图5-30　宋佚名《千手观音图》（日本永保寺藏）中的盒

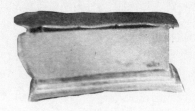

附图5-31　江苏省句容市崇明寺大圣塔地宫出土北宋金盒

附图5-32　江苏武进村前南宋墓出土多层圆盒（奁）

附图5-33　浙江义乌出土宋舍利盒（函）

注：
盒的形象还可见于江苏武进出土南宋戗金莲瓣形朱漆盒（彩图·皮具1）、浙江慧光塔出土北宋描金堆漆檀木经盒（彩图·皮具2）、山西大同金墓出土剔犀盒（彩图·皮具3）、浙江瑞安慧光塔出土北宋描金堆漆舍利盒（彩图·皮具4）、江苏武进村前出土南宋戗金花卉纹黑漆填朱盒（彩图·皮具6）、福州市茶园山南宋墓出土剔犀菱花形盒（彩图·皮具7）、江苏常州市博物馆藏南宋戗金长方形朱漆盒（彩图·皮具8）、河南密县出土宋代三彩琉璃舍利盒（图2-5-1）、宋佚名《十六尊者》中的盒（图2-5-3）。

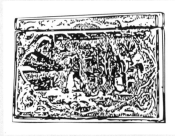

附图5-34　江苏武进村前南宋墓出土镜盒
（左为正面，右为侧面）

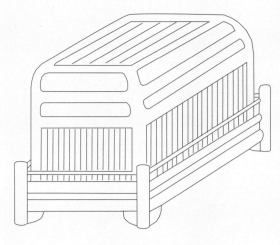

附图5-35 南宋马远《西园雅集图》中的竹箱

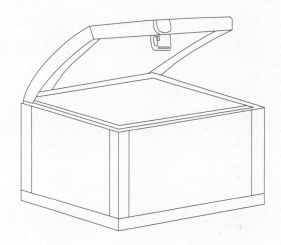

附图5-36 内蒙古敖汉旗北三家1号辽墓出土银铤箱

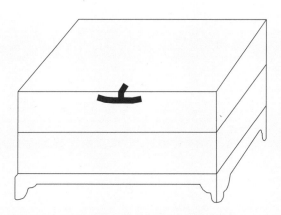

附图5-37 山东高唐金虞寅墓壁画中的平顶箱

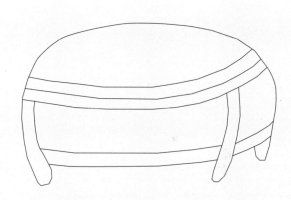

附图5-38 南宋高宗书《孝经图》中的箱

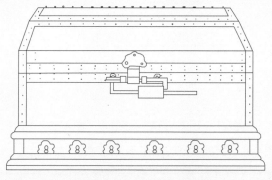

附图5-39 江苏虎丘宋代云岩寺塔出土平顶箱

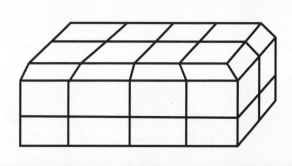

附图5-40 南宋高宗书《孝经图》中的桌上箱

附图5-41　河北宣化辽墓壁画中的箱

附图5-42　河北宣化辽墓壁画中的箱

附图5　皮具

423

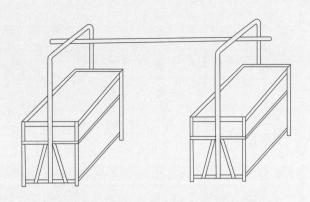

附图5-43　南宋佚名《孝经图卷》中的挑箱

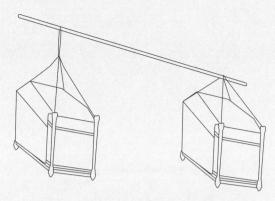

附图5-44　南宋佚名《洛神赋图》中的挑箱

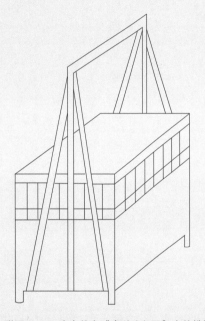

附图5-45　南宋佚名《春游晚归图》中的挑箱

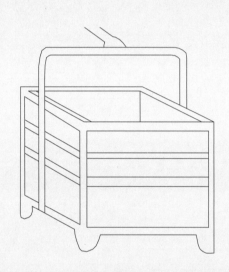

附图5-46　宋李嵩《骷髅幻戏图》中的挑箱

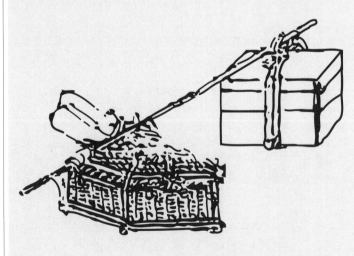

附图5-47　南宋夏圭《山居留客图》中的挑箱

附图5-48　宋佚名《征人晓发图》中的抬箱

注：
箱的形象还可见于江苏虎丘云岩寺塔出土北宋
初期楠木箱（彩图·皮具5）、江苏武进村前南
宋墓出土梳妆镜箱（图2-5-2）、山西高平开
化寺宋代壁画中的抬箱（图2-5-4）、宁夏泾
源宋墓砖雕中的挑箱（图2-5-5）、南宋牟益
《捣衣图》中的箱（图2-5-6）。

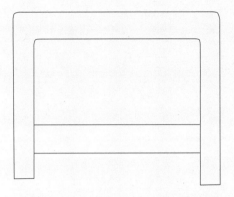

附图5-50　河北曲阳南平罗北宋墓砖雕高脚柜

附图5-49　河南方城盐店北宋墓出土石柜

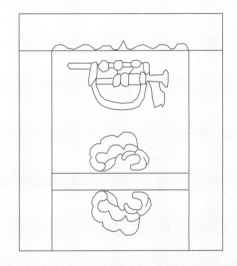

附图5-51　河南安阳新安庄西地宋墓砖雕壁画中的柜

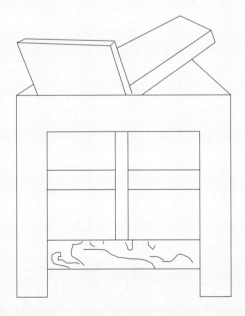

附图5-52　河北井陉宋代壁画《捣练图》中的柜

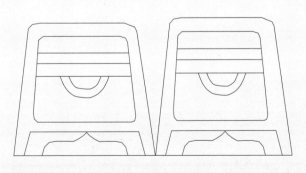

附图5-53　河南安阳新安庄西地宋墓砖雕壁画中的桌上对橱

中国宋代家具

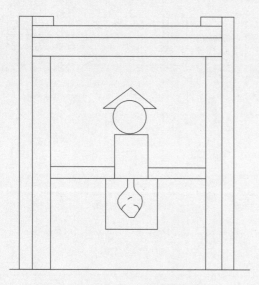

附图5-54　河南洛阳涧西宋墓高脚柜

附图5-55　北宋佚名《文会图》中的柜

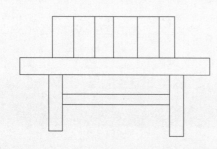 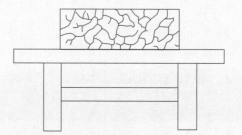

附图5-56　河南辉县百泉金墓壁画中置于桌上的2件长方箱

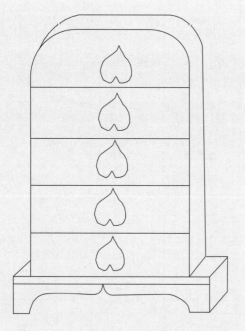

附图5-57　河南禹县白沙2号宋墓壁画中的抽屉柜

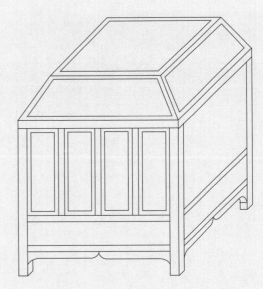

附图5-58　南宋佚名《春宴图》中的柜

附图5-59　南宋佚名《会昌九老图》中的炉柜

附图5-60　山东济南青龙桥宋墓壁画中的桌上食橱

附图5-61　南宋佚名《蚕织图》中的柜

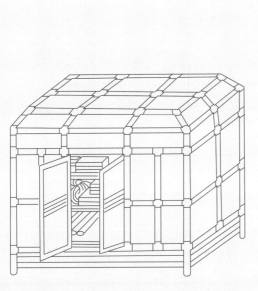

附图5-62　南宋刘松年《唐五学士图》中的书柜

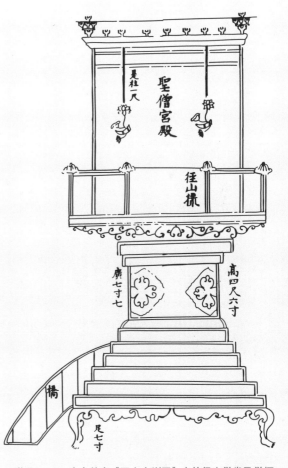

附图5-63　南宋佚名《五山十刹图》中的径山僧堂圣僧橱

注：
橱的形象还可见于南宋佚名《五山十刹图》中的众寮
圣僧橱（图2-5-7）、南宋佚名《蚕织图》中的橱（图
2-5-8）。

附图6　屏具

附图6-1　山东高唐金虞寅墓壁画中的独屏

附图6-2　河南禹县白沙宋赵大翁墓壁画上的屏风

附图6-3　北宋张训礼《围炉博古图》中的屏风

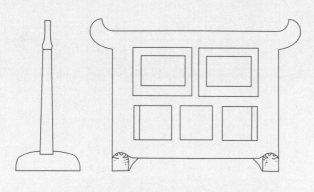

附图6-4　四川成都张角墓出土陶独屏正视图与左视图

附图6-5　河南方城盐店北宋墓出土石屏座

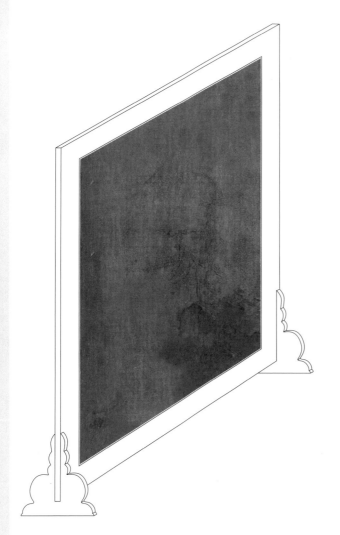

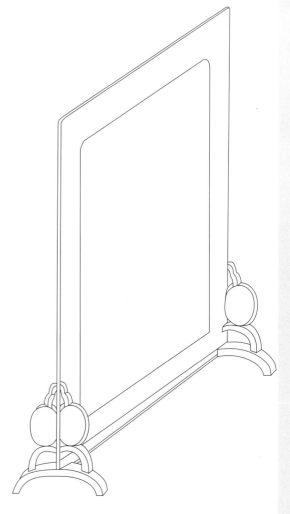

附图6-6　南宋佚名《韩熙载夜宴图》中的屏风

附图6-7　南宋苏汉臣《婴戏图》中的屏风

附图6-8　江西乐平南宋墓壁画中的屏风

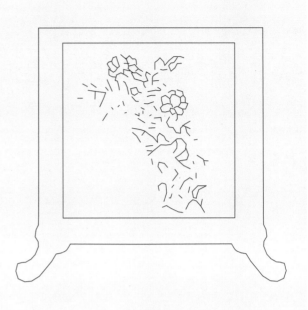

附图6-9　山西汾阳金墓砖雕屏

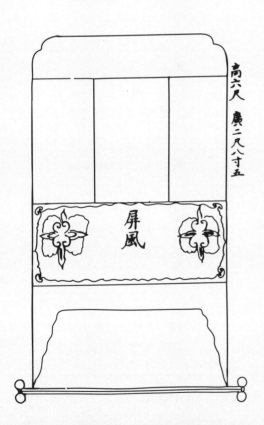

附图6-10　南宋佚名《五山十刹图》中的屏风

附图6-11　山西汾阳5号金墓砖雕独屏

附图6-12　《宋人写梅花诗意图》中的屏风

附图6-13　宋佚名《孝经图》中的屏风

附图6-14　南宋时大理国《张胜温画卷》中的屏风

附图6-15
宋佚名《高僧观棋图》中的屏风

附图6-16　南宋时大理国《张胜温画卷》中的水纹屏风

附图6-17　山西大同十里铺辽墓壁画中的屏风

附图⑥　屏具

433

附图6-18
宋佚名《羲之写照图》
中的屏风（上）

附图6-19
宋佚名《十八学士
图·作书》中的屏风
（下）

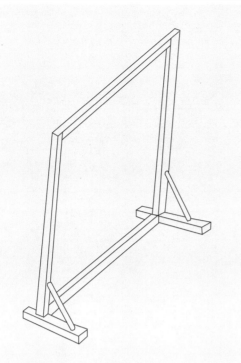

附图6　屏具

附图6-22 南宋苏汉臣《妆靓仕女图》中的屏风

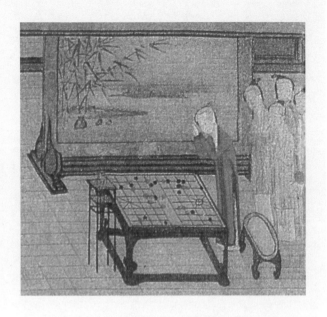

附图6-23 南宋萧照《中兴瑞应图》中的屏风

附图6-24 山西平阳金墓砖雕屏风

附图6-25　山西平阳金墓4件砖雕屏心

中国宋代家具

附图6-26　山西平阳金墓4件砖雕屏心

附图6-28　南宋佚名《孝经图》中的屏风

附图6-27　宋佚名《槐阴消夏图》中的屏风

附图6-29　南宋佚名《孝经图》中的屏风

附图6-30　南宋佚名《孝经图》中的屏风

注：
屏风形象还可见于南宋高宗书《孝经图》中的车载屏风(彩图·屏具1)、辽代彩绘木雕马球屏风(彩图·屏具2)、南宋刘松年《罗汉图》中的三折屏风(彩图·屏具3)、南宋马和之《女孝经图》中的屏风(彩图·屏具4)、南宋佚名《蚕织图》中的屏风(彩图·屏具5)、南宋佚名《孝经图》中的屏风(彩图·屏具6)、山西平阳金墓砖雕加彩绘屏心(彩图·屏具7)、山西平阳金墓砖雕屏风(彩图·屏具8)、宋佚名《女孝经图》中的屏风(彩图·屏具9)、山西太原北宋晋祠圣母宝座后的屏风(彩图·屏具10)、南宋佚名《韩熙载夜宴图》中的屏风（彩图·屏具11）、山西大同金阎德源墓出土木屏（图2-6-1）、河南方城盐店庄宋墓出土石独屏（图2-6-2）、北宋王诜《绣枕晓镜图》中的座屏（图2-6-3）、南宋刘松年《琴书乐志图》中的屏风（图2-6-4）、宋佚名《十八学士图·观弈》中的屏风（图2-6-5）、《五山十刹图》中的灵隐寺屏风（图2-6-6）、河南洛阳邙山宋墓壁画上的挂屏（图2-6-7）、南宋高宗书《女孝经图》中的山水屏风（图2-6-8）、南宋高宗书《女孝经图》中的书法屏风（图2-6-9）、山东高唐金虞寅墓壁画中的书法屏风（图2-6-10）、南宋佚名《荷亭儿戏图》中的枕屏（图2-6-11）、北宋李公麟《高会习琴图》中的屏风（图2-6-12）、山东高唐金虞寅墓壁画中的圆形四方连续图案屏风（图2-6-13）等。

附图7 架具

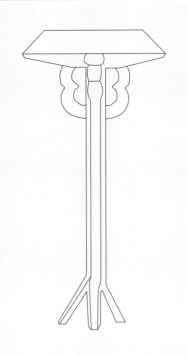
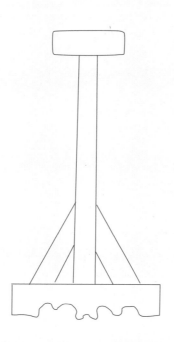
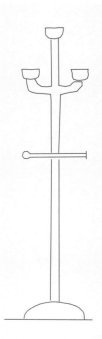

附图7-1　河北井陉宋代壁画《捣练图》中的灯架（上左）

附图7-2　河北曲阳南平罗北宋墓砖雕灯架（上中）

附图7-3　河南洛阳涧西宋墓灯架（上右）

附图7-4　南宋陆兴宗《十六罗汉》中的烛架（下左）

附图7-5　南宋佚名《蚕织图》中的灯架（下中）

附图7-6　南宋陆兴宗《十六罗汉·供养》中的烛架（下右）

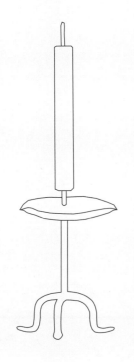
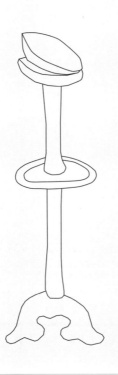
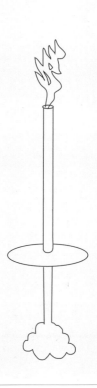

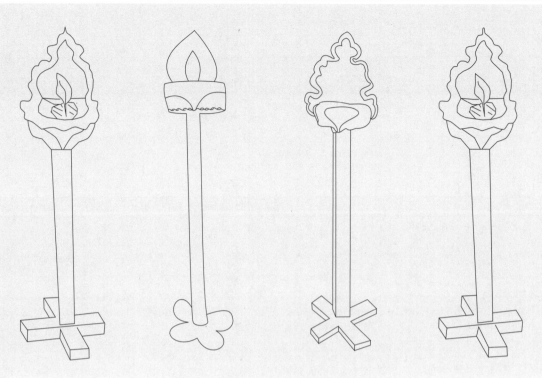

附图7-7　河北宣化下八里辽墓壁画中的灯架

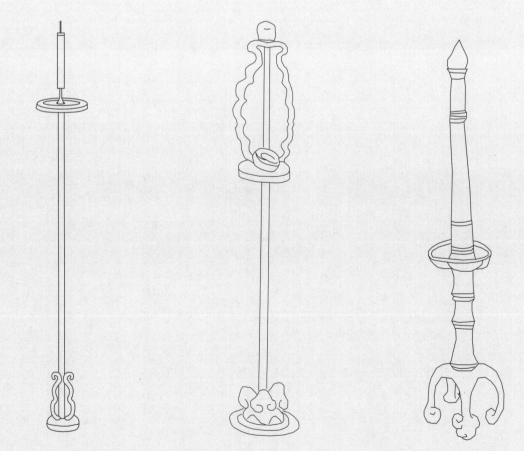

附图7-8　南宋牟益《捣衣图》中的烛架　附图7-9　南宋佚名《蚕织图》中的灯架　附图7-10　河北宣化辽墓壁画中的灯架

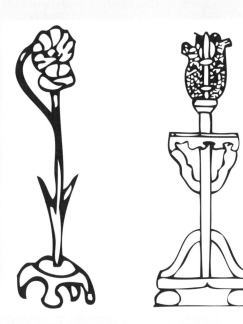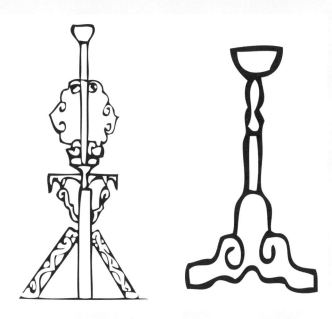

（按自左向右顺序）

附图7-11　河北宣化下八里辽韩师训墓壁画中的灯架

附图7-12　河南安阳新安庄西地44号宋墓壁画中的灯架

附图7-13　山东高唐金代虞寅墓壁画中的灯架

附图7-14　河南辉县百泉金墓壁画中的灯架

附图7-15　南宋李嵩《岁朝图》中的烛架

附图7-16　河南洛阳邙山宋墓壁画中的灯架、挂屏

附图7-17　金代竹节铜灯架(北京房山出土)

注：
灯架形象还可见于内蒙古鄂尔多斯博物馆藏西夏羊铁灯架（彩图·架具1）、南宋佚名《韩熙载夜宴图》中的灯架（图2-7-1）、南宋马麟《秉烛夜游图》中的灯架（图2-7-2）、河北宣化辽张文藻墓出土的雁足灯架（图2-7-3）。

附图7　架具

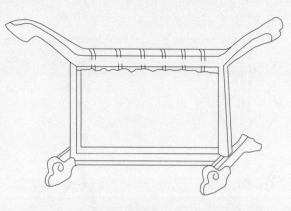

附图7-18　甘肃酒泉安西榆林窟第3窟西夏壁画五十一
面千手观音变中的《锻铁酿酒图》中的衣架

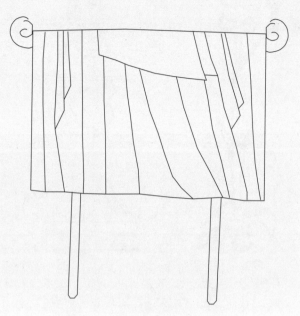

附图7-19　河北宣化辽墓壁画中的衣架

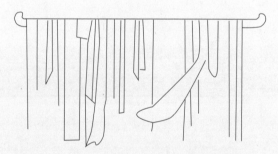

附图7-20　河北宣化下八里辽韩师训墓壁画中的衣架

附图7-21　河南安阳小南海北宋墓壁画中的衣架

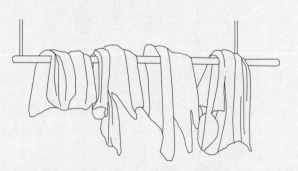

附图7-22　河北井陉宋代壁画《捣练图》中的衣架

附图7-23　河南安阳新安庄西地宋墓砖雕衣架

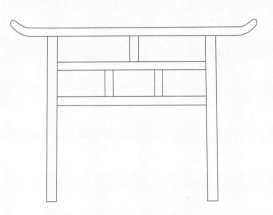

附图7-24　河南郑州宋墓砖雕衣架

附图7-25　河南洛阳涧西宋墓壁画中的衣架

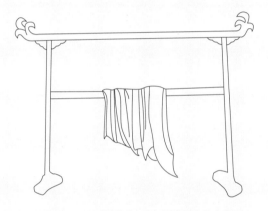

附图7-26　江苏淮安1号宋墓壁画中的衣架

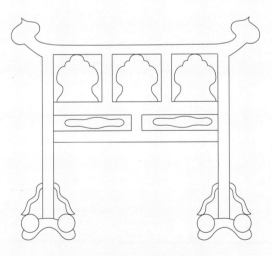

附图7-27　河南洛阳邙山宋墓砖雕衣架

附图7-28　河南禹县白沙宋墓壁画中的衣架

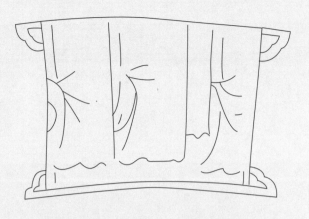

附图7-29 山西大同十里铺辽墓壁画中的衣架

注:
衣架形象还可见于甘肃武威西夏墓出土木衣架
（彩图·架具2）、山西大同金阎德源墓出土
木衣架（图2-7-4）、河北宣化辽张文藻墓出
土木衣架（图2-7-5）、内蒙古喀喇沁旗辽墓
出土木衣架（图2-7-6）。

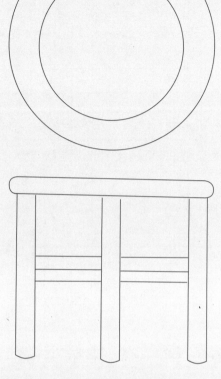

附图7-30 河北宣化下八里辽张世本夫妇墓出土木盆架

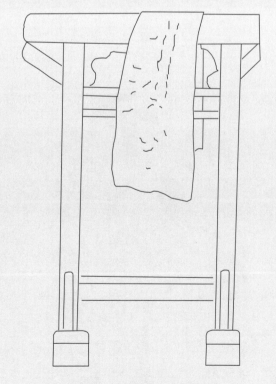

附图7-31 山西汾阳金墓砖雕巾架

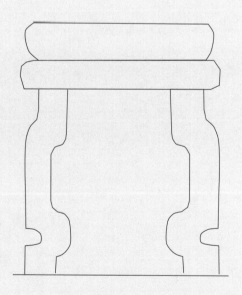

附图7-32 河南安阳新安庄西地宋墓砖雕盆架

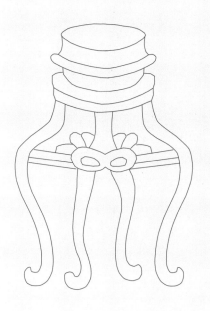

附图7-33　河南禹县白沙宋墓壁画中的盆架

附图7-34　南宋马公显《药山李翱问答图》中的石盆架

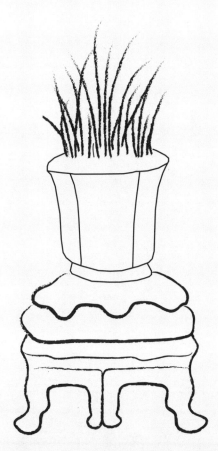

附图7-35　南宋苏汉臣《婴戏图》中的花盆架

附图7-36　南宋龚开《天香书屋图》中的花盆架

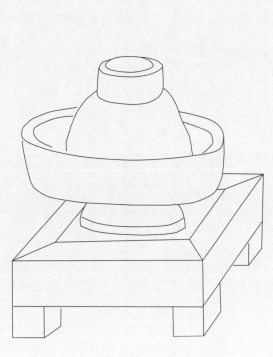

附图7-37　南宋佚名《春宴图》中的锅架

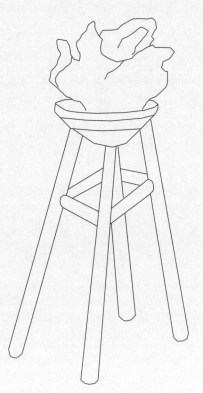

附图7-38　南宋佚名《孝经图卷》中的火盆架

附图7-39　南宋时大理国《张胜温画卷》中的花盆架

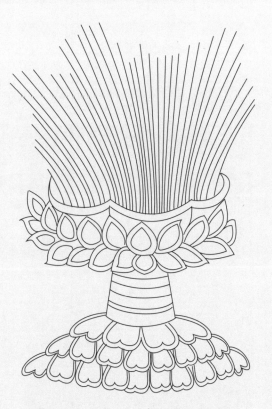

附图7-40　南宋佚名《戏猫图》中的花盆架

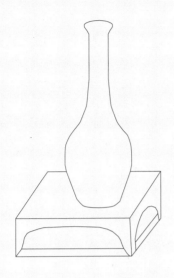

附图7-41　南宋陆兴宗《十六罗汉图》中的瓶架

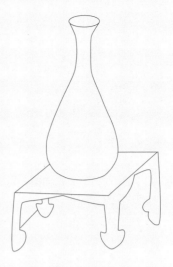

附图7-42　南宋陆兴宗《十六罗汉·供养》中的瓶架

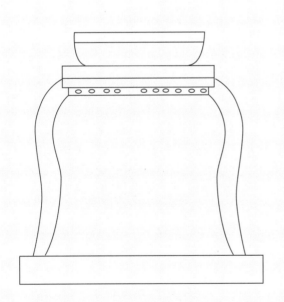

附图7-43　河南洛阳涧西13号宋墓盆架

附图7-44　宋佚名《水月观音图》中的盆架

注：
盆架形象还可见于河北宣化辽张文藻墓出土
木盆架（彩图·架具3）、山西大同金阎德
源墓出土木盆架（图2-7-8）。

附图7-45　宋佚名《华春富贵图》中的花瓶架

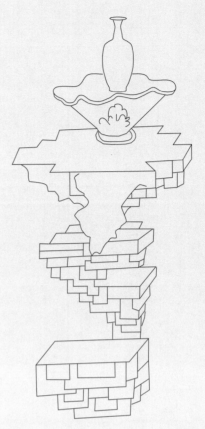

附图7-46　西夏佚名《水月观音》中的瓶架

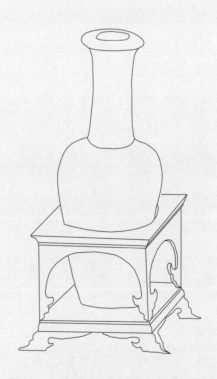

附图7-47　南宋佚名《胆瓶花卉图》中的花瓶架
（原画见图2-7-8）

注：
瓶架形象还可见于宁夏拜口寺出土西夏彩绘花瓶
架（彩图·架具9）。

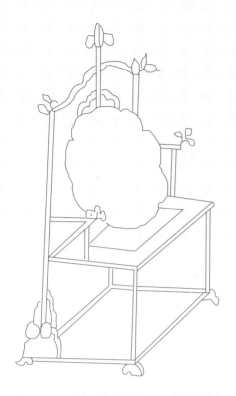

附图7-48　北宋王诜《绣栊晓镜图》中的镜架

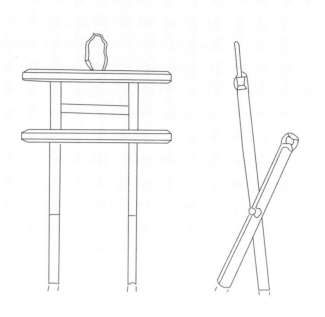

附图7-50　河北宣化辽张世本夫妇墓出土木镜架正视图、左视图

附图7-49　福建福州宋墓出土木镜架

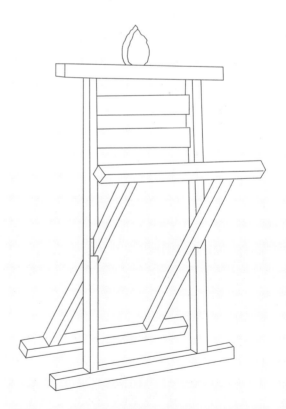

附图7-51　河北宣化辽张世本夫妇墓出土木镜架立体图

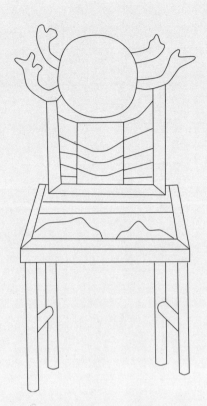

附图7-52　河南禹县白沙宋墓壁画中的镜架

附图7-53　河南禹县白沙宋墓壁画中的镜架

注:
镜架形象还可见于南宋陆兴宗《十王图》中的镜架(彩图·架具4)、河北宣化张文藻墓出土镜架正视图、左视图与立体图(图2-7-10)、南宋佚名《盥手观花图》中的镜架(图2-7-11)。

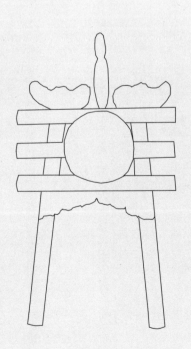

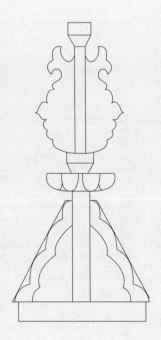

附图7-54　河南郑州宋墓砖雕镜架

附图7-55　河南涧西宋墓砖雕镜架

附图7-56　山东济南金墓出土砖雕镜架

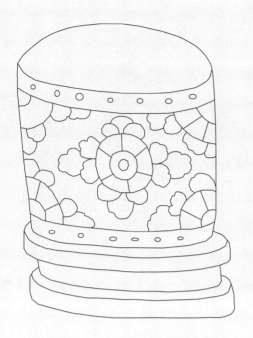

附图7-57　河北宣化辽墓壁画中的鼓架

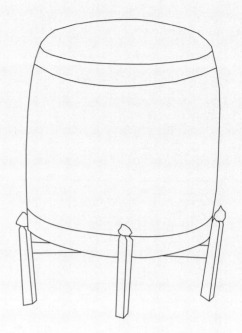

附图7-58　河北宣化辽墓壁画中的鼓架

附图7-59　河北宣化辽墓壁画中的鼓架

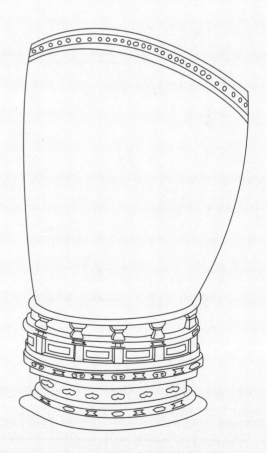

附图7-60　南宋佚名《韩熙载夜宴图》中的鼓架

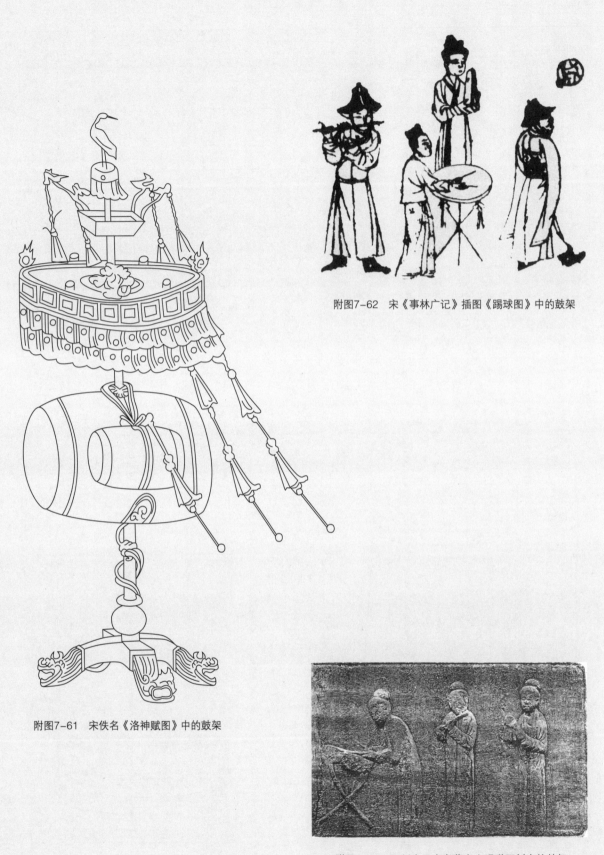

附图7-62 宋《事林广记》插图《踢球图》中的鼓架

附图7-61 宋佚名《洛神赋图》中的鼓架

附图7-63 四川广元南宋墓出土唱赚石刻中的鼓架

附图7-64　北宋陈旸《乐书》插图中的交龙鼓架

附图7-65　北宋陈旸《乐书》插图中的大鼓架

附图7-66　北宋陈旸《乐书》插图中的桴鼓架

附图7-67　北宋陈旸《乐书》插图中的教坊鼓架

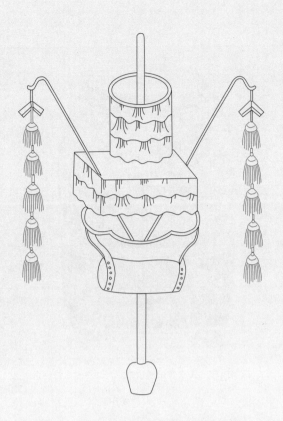

附图7-68　北宋陈旸《乐书》插图中的鼗鼓架

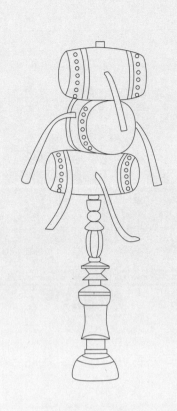

附图7-69　北宋陈旸《乐书》插图中的鼓（鞉牢）架

附图7-70　北宋陈旸《乐书》插图中的建鼓架

附图7-71　山西岩山寺金代壁画中的鼓架

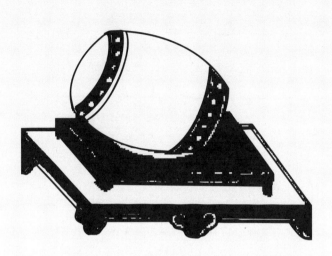

附图7-72 北宋陈旸《乐书》插图中的节鼓架

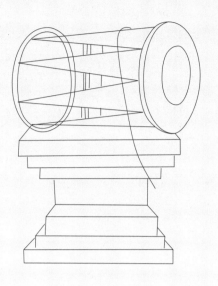

附图7-73 北宋陈旸《乐书》插图中的羯鼓架

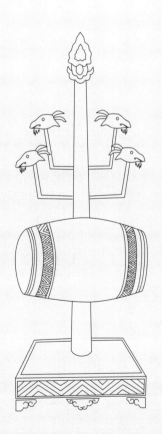

附图7-74 北宋陈旸《乐书》插图中的晋鼓架

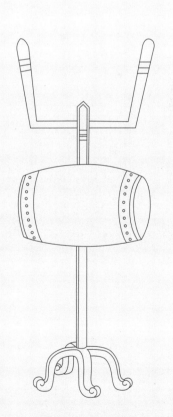

附图7-75 北宋陈旸《乐书》插图中的足鼓架

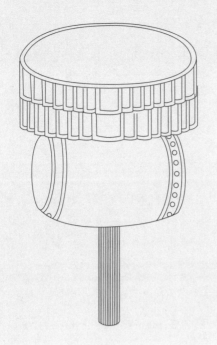

附图7-76　北宋陈旸《乐书》插图中的羽葆鼓架　　　　　附图7-77　北宋陈旸《乐书》插图中的雷鼓架之一

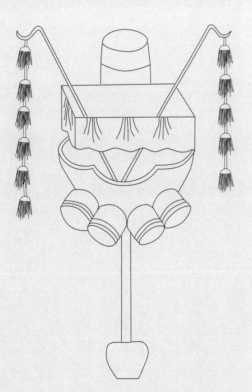

附图7-78　北宋陈旸《乐书》插图中的雷鼓架之二　　　　附图7-79　北宋陈旸《乐书》插图中的雷鼓架之三

附图7-80　北宋陈旸《乐书》插图中的灵鼓架之一

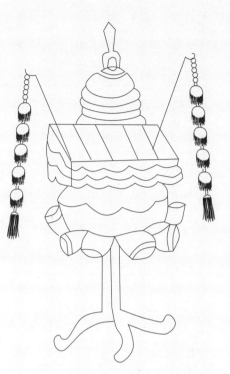

附图7-81　北宋陈旸《乐书》插图中的灵鼓架之二

附图7-82　北宋陈旸《乐书》插图中的灵鼓架之三

附图7-83　北宋陈旸《乐书》插图中的漏鼓架

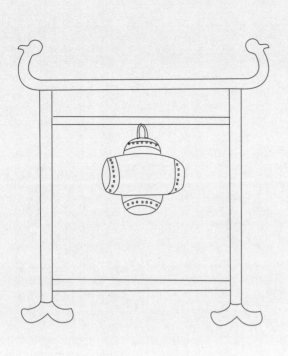

附图7-84　北宋陈旸《乐书》插图中的路鼓架之一

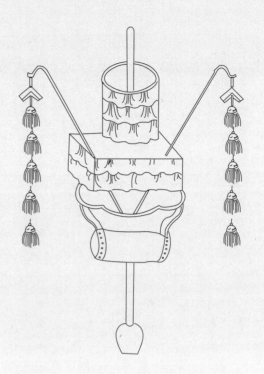

附图7-85　北宋陈旸《乐书》插图中的路鼓架之二

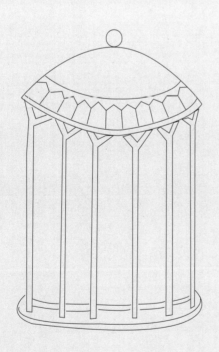

附图7-86　北宋陈旸《乐书》插图中的齐鼓架

附图7-87　北宋陈旸《乐书》插图中的朔鼓架

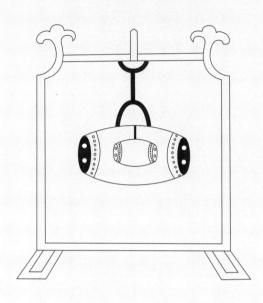

附图7-88　北宋陈旸《乐书》插图中的县鼓架

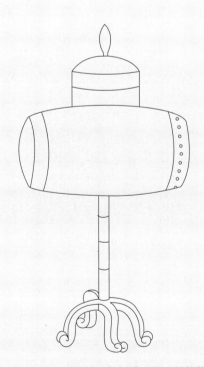

附图7-89　北宋陈旸《乐书》插图中的楹鼓架

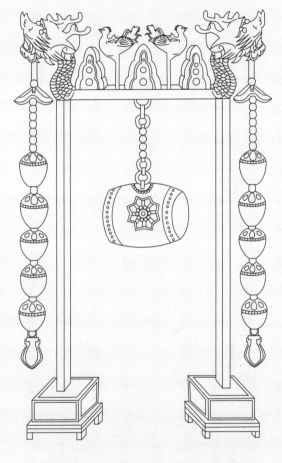

附图7-90　北宋陈旸《乐书》插图中的熊罴鼓架

注：
鼓架形象还可见于南宋佚名《杂剧·打花鼓图》中的鼓架（彩图·架具8）、南宋佚名《杂剧·眼药酸图》中的鼓架（图2-7-12）、南宋佚名《韩熙载夜宴图》中的鼓架（图3-1-19）。

附图7-91　南宋佚名《孝经图》中的钟架

附图7-92　南宋高宗书《孝经图》中的钟架

附图7-93　北宋陈旸《乐书》插图中的编钟架之一

附图7-94　北宋陈旸《乐书》插图中的编钟架之二

附图7-95　北宋陈旸《乐书》插图中的编钟架之三

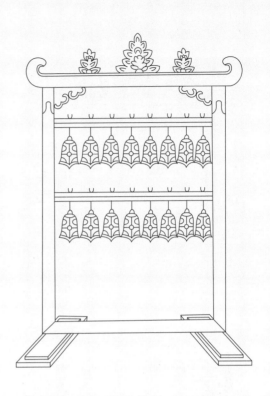

附图7-96　北宋陈旸《乐书》插图中的编钟架之四

附图7-97　北宋陈旸《乐书》插图中的编钟架之五

附图7-98　北宋陈旸《乐书》插图中的钟架（瑶虡）

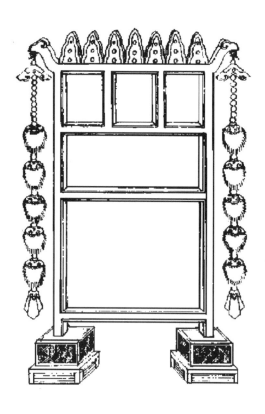

附图7-99　北宋陈旸《乐书》插图中的小钟架

附图7-100　北宋陈旸《乐书》插图中的钟架（九龙虡）

附图7-101　北宋陈旸《乐书》插图中的大钟架

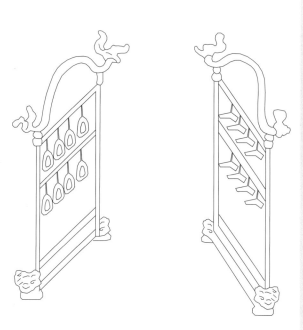

附图7-102　南宋佚名《孝经图》中的钟架与磬架

附图7-103　北宋陈旸《乐书》插图中的编磬架之一

附图7-104　北宋陈旸《乐书》插图中的编磬架之二

附图7　架具

附图7-105　北宋陈旸《乐书》插图中的编磬架之三

附图7-106　北宋陈旸《乐书》插图中的编磬架之四

附图7-107　北宋陈旸《乐书》插图中的编磬架之五

附图7-108　北宋陈旸《乐书》插图中的石磬架

附图7-109　北宋陈旸《乐书》插图中的玉磬架

附图7-110　北宋陈旸《乐书》插图中的磬架

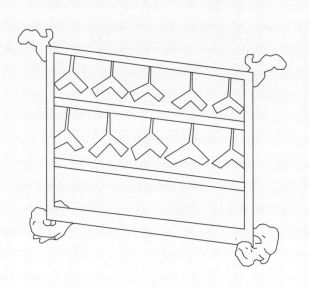

附图7-111　南宋佚名《孝经图》中的磬架

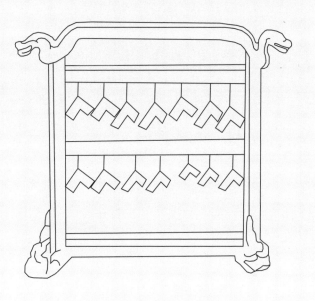

附图7-112　南宋高宗书《孝经图》中的磬架

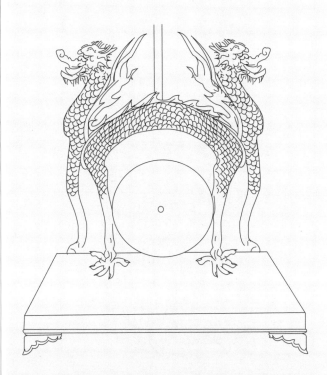

附图7-113　南宋萧照《中兴瑞应图》中的鼓吹钲架

附图7-114　南宋萧照《中兴瑞应图》中的铜钲架

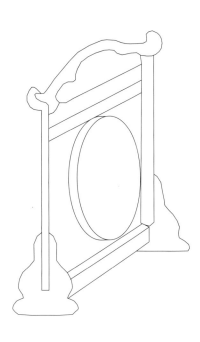

附图7-115　南宋萧照《中兴瑞应图》中的钲架

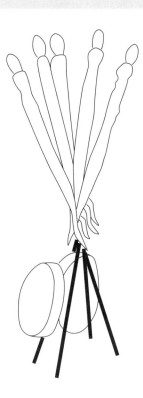

附图7-116　南宋佚名《胡姬归汉·溪岸饮食》中的锣架

附图7-117　甘肃天水宋墓出土砖雕方响架

附图7-118　河南温县宋墓出土砖雕方响架、案

附图7-119　北宋陈旸《乐书》插图中的方响架之一

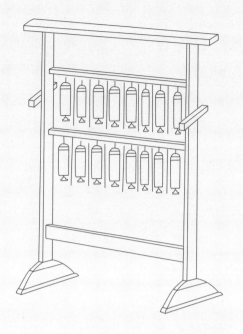

附图7-120　北宋陈旸《乐书》插图中的方响架之二

附图7-121　北宋陈旸《乐书》插图中的玉方响架

注：
方响架形象还可见于南宋佚名《歌乐图》中的方
响架（彩图·架具6）。

附图7-122　河南温县北宋墓出土雕刻《乐队图》中的琴架

中国宋代家具

附图7-123 北宋陈旸《乐书》插图中的镈于（将于）架

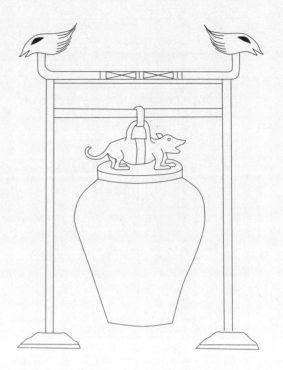

附图7-124 北宋陈旸《乐书》插图中的镈于（金錞）架

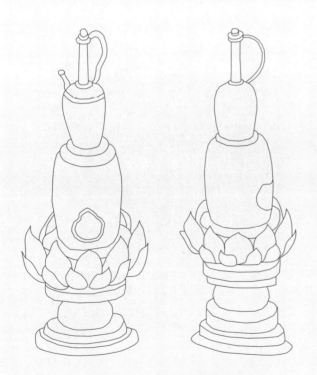

附图7-125 河北宣化辽墓壁画中的炉架

附图7-126 河北宣化辽墓壁画中的炉架

附图7-127　南宋李嵩《岁朝图》中的炉架

附图7-128　南宋刘松年《博古图》中的炉架

附图7-129　河南偃师酒流沟北宋墓砖刻《厨娘图》中的炉架

附图7-130　河南偃师酒流沟北宋墓砖刻《厨娘图》中的炉架

附图7　架具

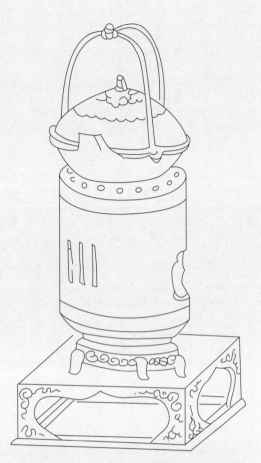

附图7-131　南宋刘松年《碾茶图》中的炉架

附图7-132　南宋佚名《萧翼赚兰亭图》中的炉架

附图7-133　南宋佚名《春宴图》中的炉架

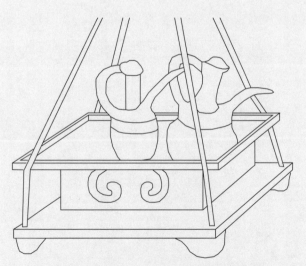

附图7-134　南宋佚名《春游晚归图》中的炉架

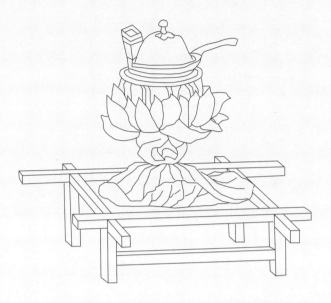

附图7-135　宋佚名《羲之写照图》中的炉架

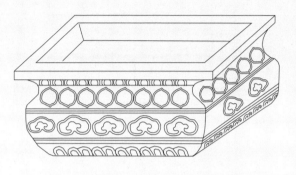

附图7-136　宋佚名《梧阴清暇图》中的炉架

附图7-137　宋佚名《博古图》中的炉架（原画见图2-7-13）

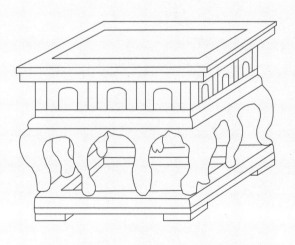

附图7-138　南宋马远《西园雅集图》中的炉架

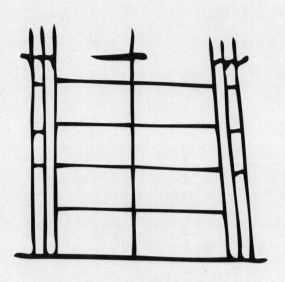

附图7-139　河南洛阳涧西宋墓兵器架

附图7-140　北宋陈旸《乐书》插图中的箭架

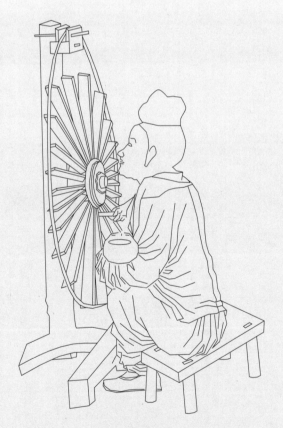

附图7-141　北宋王居正《纺车图》中的纺轮架
（原画见彩图·架具13）

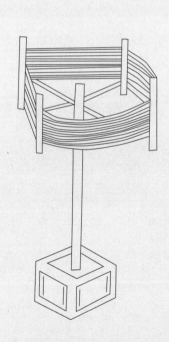

附图7-142　南宋《耕织图·木棉拨车》中的纺架

注：纺轮架形象还可参见南宋高宗书《女孝经
图》中的纺轮架（彩图·架具12）、南宋佚名
《蚕织图》中的纺架（图2-7-19）。

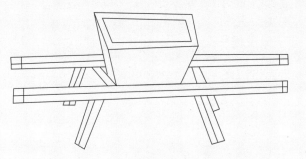

附图7-144　内蒙古库伦旗1号辽墓抬物架

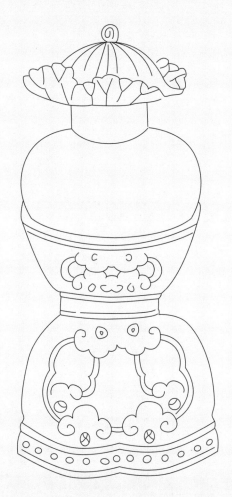

附图7-143　南宋刘松年《碾茶图》中的茶坛架

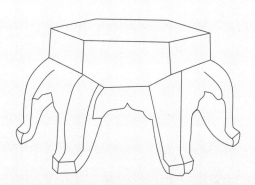

附图7-145　河南方城盐店宋墓出土石六足架

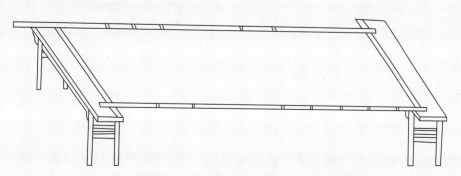

附图7-146　南宋佚名《蚕织图》中的简易蚕茧架

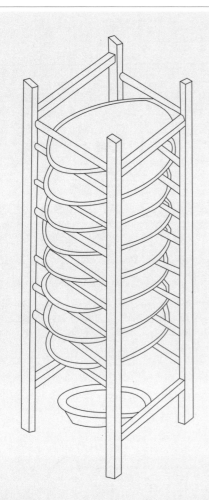

附图7-147
南宋佚名《蚕织图》中的格架，原图见
南宋佚名《蚕织图》局部一（图6-3-1）

附图7-149　南宋版画《耕织图》中的格架

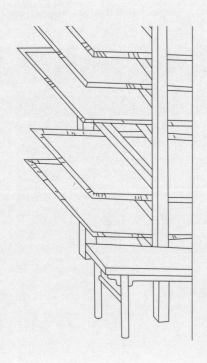

附图7-148
南宋佚名《蚕织图》中的格架，原图见南
宋佚名《蚕织图》局部二（图6-3-2）

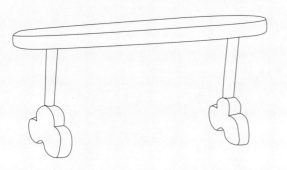

附图7-150　山西大同金阎德源墓出土木梆架

附图7-151　山西大同金阎德源墓出土帽架

附图7-152　南宋佚名《卖浆图》中的桶架

注:
桶架形象还可见于南宋佚名《卖浆图》中
的桶架（图2-7-17）。

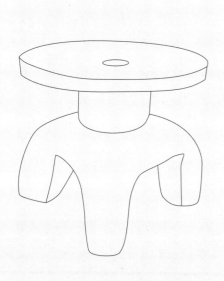

附图7-153　河南方城盐店宋墓出土石三足架

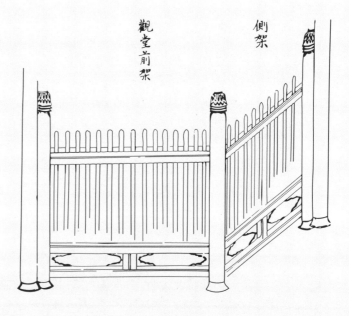

附图7-154　南宋佚名《五山十刹图》中的观堂架

附图7-155
宋代青白釉虎枕（湖北汉阳出
土,湖北省博物馆藏）中的枕架

注:
枕架还可见湖北汉阳出土北宋
景德镇窑影青蟠龙枕中的枕架
（彩图·架具10）。

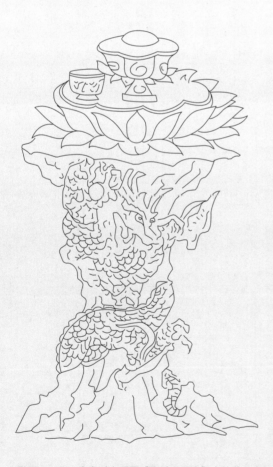

附图7-156　南宋时大理国《张胜温画卷》中的莲花台架　　　　附图7-157　南宋时大理国《张胜温画卷》中的钵架（都承盘架）

附图7-158
黑龙江齐齐哈尔泰来县塔子城
出土龟形砚架

注：
砚架形象还可见于河北宣化辽墓
壁画中的砚架（图2-7-16）。

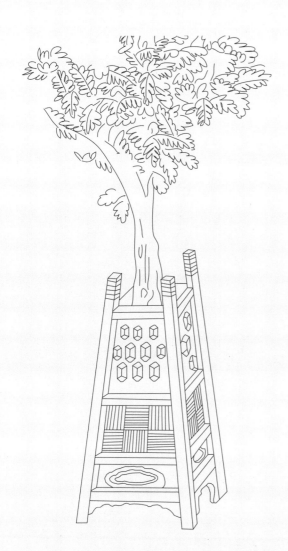

附图7-159　山西高平开化寺宋代壁画中的树木围架

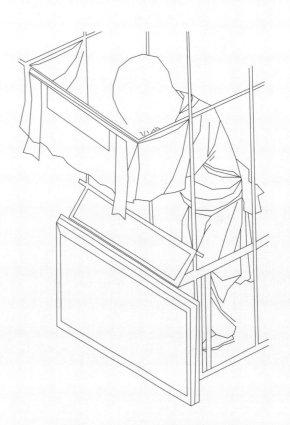

附图7-160　宋佚名《婴戏图轴》中的戏架

注：
架的形象还可见于金代铜香薰架（吉林塔
古城出土，彩图·架具11）、宋《重修政
和证类备用本草》中的插图《解盐图》中
的秤架（图2-7-14）、河北宣化辽墓壁画
中的笔架（图2-7-15）、河北宣化辽墓壁
画中的茶碾架（彩图·架具7）、河北宣化
辽墓壁画中的茶碾架（图2-7-18）等。

中国宋代家具

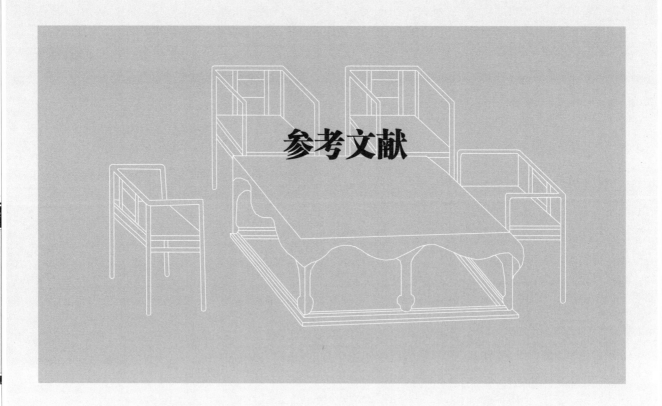

参考文献

[1] (北宋)李昉编纂，夏剑钦等校点，《太平御览》第6册，河北教育出版社，1994年版。

[2] (北宋)郭熙《林泉高致》。

[3] (北宋)《宣和画谱》。

[4] (北宋)沈括著，唐光荣译注《梦溪笔谈》，重庆出版社，2007年版。

[5] (宋)邵伯温《邵氏闻见录》。

[6] (南宋)陆游《老学庵笔记》。

[7] (南宋)李焘《续资治通鉴长编》。

[8] (南宋)吴自牧《梦梁录》。

[9] (南宋)周密《武林旧事》。

[10] (南宋)孟元老等《东京梦华录》，古典文学出版社，1956年版。

[11] (南宋)江少虞《宋朝事实类苑》，上海古籍出版社，1981年版。

[12] (南宋)黄长睿《燕几图》，《丛书集成初编》本，商务印书馆，1936年版。

[13] (南宋)洪迈著，尚川农编译《容斋随笔》，当代世界出版社，2007年版。

[14] (明)午荣编，张庆澜、罗玉平译注《鲁班经》，重庆出版社，2007年版。

[15] (明)文震亨著，海军、田君注释《长物志图说》，山东画报出版社，2004年版。

[16] 《二十五史·宋史》(钱建文制作电子书)。

[17] 文渊阁《四库全书》(原文电子版)，武汉大学出版社，2000年版。

[18] 北京卓群数码科技有限公司策划《中华传世藏书·全宋词》，多媒体电子版。

[19] 北京大学古文献研究所编《全宋诗》，北京大学出版社，1998年版。

[20] 《中国历史大辞典·宋史》，上海辞书出版社，1984年版。

[21] 宋德金、张希清总纂《中华文明史·第六卷辽宋夏金》，河北教育出版社，1992年版。

[22] 陈振《宋史》，上海人民出版社，2003年版。

[23] 李锡厚、白滨《辽金西夏史》，上海人民出版社，2003年版。

[24] 包伟民、吴铮强《宋朝简史》第五辑，福建人民出版社，2006年版。

[25] 汪菊渊《中国古代园林史》，中国建筑工业出版社，2005年版。

[26] 徐吉军等《中国风俗通史》，上海文艺出版社，2001年版。

[27] 庄华峰等《中国社会生活史》，合肥工业大学出版社，2003年版。

[28] 林业部教育司编《中国林业教育史》，中国林业出版社，1988年版。

[29] 姜锡东、李瑞华主编《宋史研究论丛》第五辑，河北大学出版社，2003年版。

[30] 漆侠《宋学的发展与演变》第五辑，河北人民出版社，2002年版。

[31] 李少林主编《宋元文化大观卷》，内蒙古人民出版社，2006年版。

[32] 伊永文《行走在宋代的城市》，中华书局，2005年版。

[33] 高谈文化编著《教你看懂宋代笔记小说》，当代世界出版社，2007年版。

[34] 成俊卿等《中国木材志》，中国林业出版社，1992年版。

[35] 《汉语大词典》（全三册），汉语大词典出版社，1997年版。

[36] 杨耀《明式家具研究》，中国建筑工业出版社，1986年版。

[37] 朱家溍主编《明清家具(上、下)》，上海科学技术出版社、商务印书馆(香港)，2002年版。

[38] 朱家溍编著《明清室内陈设》，紫禁城出版社，2004年版。

[39] 王世襄《明式家具研究》，三联书店(香港)有限公司，1989年版。

[40] 王世襄《明式家具珍赏》，文物出版社，2003年版。

[41] 王世襄《明式家具萃珍》，上海人民出版社，2005年版。

[42] 王世襄、朱家溍《竹木牙角器·明清家具》，《中国美术全集·工艺美术编》（光盘），

　　人民美术出版社、文物出版社、北京银冠电子科技公司联合制作出版。

[43] 陈增弼《中国建筑艺术史·家具部分》，萧默主编《中国建筑艺术史》，文物出版社，1996年版。

[44] 濮安国《明清苏式家具》，浙江摄影出版社，1999年版。

[45] 濮安国《中国红木家具》，浙江摄影出版社，1996年版。

[46] 濮安国《明清家具装饰艺术》，浙江摄影出版社，2001年版。

[47] 濮安国《明清家具鉴赏》，西泠印社出版社，2007年版。

[48] 胡景初、方海、彭亮编著《世界现代家具发展史》，中央编译出版社，2005年版。

[49] 张福昌主编《中国民俗家具》，浙江摄影出版社，2005年版。

[50] 胡德生《中国古代家具》，上海文化出版社，1992年版。

[51] 侯明主编《北京文物精粹大系——家具卷》，北京出版社，2003年版。

[52] 胡文彦《中国历代家具》，黑龙江人民出版社，1988年版。

[53] 胡文彦《中国家具文化》，河北美术出版社，2002年版。

[54] 马未都《马未都说家具》，中华书局，2008年版。

[55] 李宗山《中国家具史图说》，湖北美术出版社，2001年版。

[56] 李宗山《中国家具史图说(画册)》，湖北美术出版社，2001年版。

[57] 李德喜、陈善钰《中国古典家具》，华中理工大学出版社，1998年版。

[58] 王正书《明清家具鉴定》，上海书店出版社，2007年版。

参考文献

[59] 阮长江《新编中国历代家具图录大全》，江苏科学技术出版社，2001年版。

[60] 聂菲《中国古代家具鉴赏》，四川大学出版社，2000年版。

[61] 刘森林《中国家具宝库——中国家具》，上海古籍出版社，1998年版。

[62] 赵广超等《国家艺术·一章木椅》，三联书店，2008年版。

[63] 许柏鸣编著《家具设计》，中国轻工业出版社，2002年。

[64] 曾坚、朱立珊编著《北欧现代家具》，中国轻工业出版社，2002年版。

[65] 菲奥纳·贝克、基斯·贝克《20世纪家具》，中国青年出版社，2002年版。

[66] 沈从文《中国古代服饰研究》，上海书店出版社，1997年版。

[67] 张道一主编《工艺美术研究（一）》，江苏美术出版社，1988年版。

[68] 田自秉《工艺美术概论》，上海知识出版社，1991年版。

[69] 田自秉《中国工艺美术简史》，中国美术学院出版社，1989年版。

[70] 李翎、王孔刚编著《中国工艺美术史纲》，辽宁美术出版社，1996年版。

[71] 李砚祖《工艺美术概论》，中国轻工业出版社，1999年版。

[72] 卞宗舜、周旭、史玉琢编著《中国工艺美术史》，中国轻工业出版社，1993年版。

[73] 杭间《中国工艺美学史》，人民美术出版社，2007年版。

[74] 赵农《设计概论》，陕西人民美术出版社，2000年版。

[75] 王受之《世界现代设计史》，中国青年出版社，2002年版。

[76] 何人可主编《工业设计史》，北京理工大学出版社，2000年版。

[77] 李亮之编著《世界工业设计史潮》，中国轻工业出版社，2001年版。

[78] 中央工艺美术学院主编《装饰艺术文萃》，北京工艺美术出版社，1996年版。

[79] 杨泓《逝去的风韵：杨泓谈文物》，中华书局，2007年版。

[80] 潘谷西主编《中国建筑史》，中国建筑工业出版社，2001年版。

[81] 刘敦桢主编《中国古代建筑史》，中国建筑工业出版社，1984年第2版。

[82] 张十庆《<五山十刹图>与南宋江南禅寺》，东南大学出版社，2000年版。

[83] 沙孟海《沙孟海论书丛稿·古代书法执笔初探》，上海书画出版社，1987版。

[84] 吴光荣《茶具珍赏》，浙江摄影出版社，2004年版。

[85] 中国古代书画鉴定组编《中国绘画全集》，浙江人民美术出版社，1999年版。

[86] 林树中总主编《海外藏中国历代名画》八卷本，湖南美术出版社，1998年版。

[87] 林树中主编《海外藏中国历代雕塑》三卷本，江西美术出版社，2006年版。

[88] 周积寅、王凤珠编著《中国历代画目大典·战国至宋代卷》，江苏教育出版社，2002年版。

[89] 周积寅、王凤珠编著《中国历代画目大典·辽至元代卷》，江苏教育出版社，2002年版。

[90] 浙江大学中国古代书画研究中心编《宋画全集》，第六卷6册（欧美），第七卷2册（日本），浙江大学出版社，2008年版。

[91] 段宾编《宋画·佛道》，西泠印社出版社，2005年版。

[92] 段宾编《宋画·人物》，西泠印社出版社，2005年版。

[93]《中国人物画经典·南宋卷》，文物出版社，2006年版。

[94]《中国人物画经典·北宋卷》，文物出版社，2006年版。

[95]《宴游雅集——国宝在线》，上海书画出版社，2004年版。

[96]《清明上河——国宝在线》，上海书画出版社，2004年版。

[97]《宋人山水——国宝在线》，上海书画出版社，2004年版。

[98] 熊更生、秦忠《佛教图像集》，重庆出版社，2001年版。

[99]《台北国立故宫博物院珍藏书画》，日本东京二玄社复制。

[100]《中国古代书画》，朝华出版社，1984年版。

[101] 徐邦达编《中国绘画史图录》，上海人民美术出版社，1981年版。

[102] 王伯敏《中国绘画通史》，生活、读书、新知 三联书店，2000年版。

[103] 林树中、王崇人主编《美术辞林·中国绘画卷（上）》，陕西人民美术出版社，1995年版。

[104] 徐流、谭平、德英编《宋人院体画风》，重庆出版社，1994年版。

[105] 袁欣、苏辉、吴斌编《中国古代人物画风》，重庆出版社，1994年版。

[106]《荣宝斋画谱》古代编（12），荣宝斋出版社，1997年版。

[107]《宋高宗书孝经马和之绘图册》，四川美术出版社，1998年版。

[108] 河北省文物研究所编《宣化辽墓壁画》，文物出版社，2001年版。

[109]《白沙宋墓》，文物出版社，1957年。

[110]《中国大足石刻精萃》，重庆出版社，2001年版。

[111]《中国河北正定文物精华》，文化艺术出版社，1998年版。

[112] 林福厚《中外建筑与家具风格》，中国建筑工业出版社，2007年版。

[113] 徐邦达《古书画伪讹考辨》上卷，江苏古籍出版社，1984年版。

[114] 周积寅编著《中国画论辑要》，江苏美术出版社，1985年版。

[115] 王菊生《中国绘画学概论》，湖南美术出版社，1998年版。

[116] 李来源、林木编《中国古代画论发展史实》，上海人民美术出版社，1997年版。

[117] 何延喆《中国绘画史要》，天津人民美术出版社，1998年版。

[118] 王世襄《谈几种明代家具的形成》，《收藏家》1996年 第4期。

[119] 苏宁《近年〈清明上河图〉研究概述》，《史学月刊》1988年第1期。

[120] 周宝珠《〈清明上河图〉与清明上河图学》，《河南大学学报》1995年第3期。

[121] 朱大渭《中古汉人由跪坐到垂脚高坐》，《中国史研究》1994年第4期。

[122] 蒋绿荷《中国传统家具的继承与发展》，《家具》2002年第5期。

[123] 余辉《<韩熙载夜宴图>卷年代考——兼探早期人物画的鉴定方法》，《故宫文物院刊》1996年第3期。

[124] 方元《<韩熙载夜宴图>疑辨》，《荣宝斋》总第19期。

[125] 刘伟冬《<簪画仕女图>的"另类"欣赏》，《美术与设计》2004年第4期。

[126] 任大庆《<<韩熙载夜宴图>疑辨>的疑辨》，《荣宝斋》总第21期。

[127] 陈增弼《宁波宋椅研究》，《文物》1997年第5期。

[128] 陈增弼《太师椅考》，《文物》1983年第8期。

[129] 陈增弼《马机简谈》，《文物》1980年第4期。

[130] 张彬源、薛坤《宋代<张胜温画卷>图绘家具赏析——宋代家具研究》，南京林业大学
《21世纪家具设计与制造国际研讨会论文集》，2003年。

[131] 张彬源、陈于书《<五山十刹图>僧堂椅的研究》，《家具》2005年第4期。

[132] 张彬源、陈于书《<五山十刹图>方丈椅的研究》，《家具与室内装饰》2006年第11期。

[133] 张彬源《宋代圈椅的考证与探析》，《中国家具》2006年第6期。

[134] 刘刚《宋、辽、金、西夏桌案研究》，《上海博物馆集刊》2002年第9期。

[135] 刘刚《宋、辽、金、西夏椅式研究》，《上海博物馆集刊》2002年第10期。

[136] 方海《西方现代家具设计中的中国风》，《室内设计与装修》1997年第6、7期。

[137] 陈祖建《中国古代家具审美思想成因的研究》，《福建农林大学学报》2004年第7期。

[138] 李茂、唐渝宁《浅谈宋清两代建筑之比较》，《四川建筑》2005年第10期。

[139] 张十庆《建筑与家具——古代家具结构与风格的建筑化发展》，《室内设计与装修》2005年第4期。

[140] 付红领《辽代民间"奥运会"写真——彩绘木雕马球运动屏风》，《艺术市场》2008年第1期。

[141] 河北省文物研究所《河北宣化辽张文藻壁画墓发掘简报》，《文物》1996年第9期。

[142] 河南省文化局文物工作队《河南方城盐店庄村宋墓》，《文物》1958年第11期。

[143] 翁牛特旗文化馆等《内蒙古解放营子辽墓发掘简报》，《考古》1979年第4期。

[144] 大同市博物馆《大同金代阎德源墓发掘简报》，《文物》1978年第4期。

[145] 辽宁省博物馆等《法库叶茂台辽墓记略》，《文物》1975年第12期。

[146] 《洛阳涧西三座宋代仿构砖室墓》，《文物》1983年第8期。

[147] 张德祥《中国古代屏风源流》，《收藏家》第11期。

[148] 许柏鸣《明式家具的设计透析与拓展》，2000年南京林业大学博士学位论文。

[149] 刘文金《中国当代家具设计文化研究》，2003年南京林业大学博士学位论文。

[150] 邵晓峰《中国传统家具与绘画的关系研究》，2005年南京林业大学博士学位论文。

[151] 邵晓峰《艺术凝思录》，中国文史出版社，2008年版。

[152] 邵晓峰《中国最早的椅子图像辨析》，清华大学美术学院学报《装饰》2004年第12期。

[153] 邵晓峰《敦煌壁画在中国古代家具嬗变研究中的独特价值探微》，《美术&设计》2004年第4期。

[154] 邵晓峰《"燕矶"之美——中国传统家具上的绘画新论》，《国画家》2004年第6期。

[155] 邵晓峰《<清明上河图>与宋代市井家具研究》，《室内设计与装修》2005年第7期。

[156] 邵晓峰《<韩熙载夜宴图>断代新解》，《美术&设计》2006年第1期。

[157] 邵晓峰《河北宣化辽墓中的桌式研究》，《中国美术研究》2007年第3期。

[158] 邵晓峰《宋代家具：明式家具之源》，《艺术百家》2007年第5期。

[159] 邵晓峰《<宋代帝后像>中的皇室家具研究》，《艺术百家》2008年第4期。

[160] 邵晓峰《宋代家具材料探析》，《家具与室内装饰》2007年第8期。

[161] 邵晓峰《宋代家具与建筑的关系探析》，《艺苑》2008年第1期。

[162] 邵晓峰《<韩熙载夜宴图>的南宋作者考》，《美术》2008年第3期

[163] 邵晓峰《宋代家具与社会生活》，张道一主编《艺术学记》，苏州大学出版社，2008年版。

[164] Edward Lucie-Smith.*A History of Industrial Design*.Oxford:Phaidon Press Limited.1983.

[165] Fanghai.*Chinesism in Modern Furniture Design—The Chair as an Example*.Publication Series of the University of Art and Design Helsinki A 41.

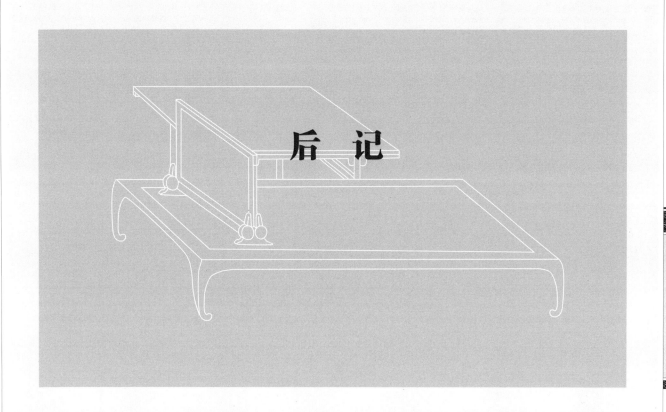

后 记

　　我对宋代家具的研究与撰写历时5年，虽然我于2005年9月进入东南大学艺术学博士后流动站后拟定的研究课题名称是"宋代家具研究"，然而就研究动机来说，早在2004年我撰写博士学位论文《中国传统家具与绘画的关系研究》（后被评为2006年江苏省优秀博士学位论文）期间就已有了，这自然离不开我的导师、南京林业大学家具与工业设计学院院长吴智慧教授的大力指导与热情关心。

　　在我完成这一课题期间得到了来自多方面的帮助，心存感激，特作表达。

　　特别感谢合作教师万书元教授，是他为我制定了具体而细致的计划；感谢中国博士后科学基金会的资助；感谢江苏省人事厅，使我有幸被评为江苏省资助博士后；感谢东南大学博士后管理办公室的吴凌尧老师，两年多来，他给我提供了亲切周到的帮助。

　　在我的博士后出站报告鉴定会上，国务院学位委员会艺术学科评议组三届召集人、苏州大学艺术学院院长张道一教授，南京艺术学院奚传绩教授、黄惇教授与邬烈炎教授为我提供了众多极有启发性的建议，使我的进一步研究有了可能，这里一并致谢。特别需要提及的是，张道一先生后来还精心为拙作撰写序言，对我的鼓励与引导甚大。

　　也要致谢南京艺术学院周积寅教授与南京林业大学张彬渊教授，他们谦逊的品格、渊博的学识与严谨的治学方法使我受益匪浅，屡获启发。

东南大学艺术学院陶思炎教授、程明震副院长、孙长初副教授、于向东副教授，北京大学方海教授，上海大学艺术研究院副院长顾平教授、汪小洋教授，南京艺术学院吕少卿博士后、朱光耀博士，著名设计师、书衣坊主人朱赢椿，南京林业大学外国语学院穆静老师，好友戴勇、邹水平、王显东等良师益友的热情相助、坦承建议常使我茅塞顿开、豁然开朗，其间的感激难以用言语来表达。

我的弟子杜月、尹秋生、王晓雯、万庆、徐萌笛、潘胤、高先镇、杨铮铮、盛静、刘小菁、孙秀红诸同学为本书绘制了大量精致线图，没有他们，本书的图像部分将难以呈现高品质，感谢他们的辛勤劳动并祝他们前途无量。

感谢我的母亲陈来云女士与妻子孙会女士，是她们的默默付出，才使我在博士毕业以后又可以全身心地投入博士后研究。我的爱子邵青宸，七岁的他，活泼可爱、朝气蓬勃，每每使我欣慰不已，有充沛的精力投入研究。

实际上，研究好宋代家具，总结出其间宝贵的设计思想和文化内涵颇具现实意义，不但可以填补中国物质文化研究在这一领域的某些空缺，而且为文艺与器具的关系研究提供较为深入的个案材料与具体成果，引发人们对家具等传统物质文化的关注，也使对它们的研究落于实处。从发展性来看，还可看出宋代家具与明式家具的密切关系和对现当代家具设计艺术的深刻启示，对于深化中国当代设计艺术内涵、指导设计艺术实践也有借鉴作用。随着大家在这一领域的不断努力与贡献，期待宋代家具日后也有可能像明式家具那样在研究、鉴赏、制作、收藏等领域成为人们的关注点，使宋代家具这一古老的物质文化展现新的意义、焕发新的光彩。

现在看来，宋代家具研究是一件浩瀚的工程，其内容博大精深，因此，这部以笔者博士后出站报告为核心的探索性著作仅是拉开宋代家具研究的序幕而已，但令我欣慰的是，它不但为后来者的继续研究铺设了一定基础，而且预示了一定方向。至于研究中的不足与遗憾只希望能随着这一著作的抛砖引玉，在广大读者与专家的批评中继续弥补了。在今后的岁月里，笔者仍将为之而努力。

2009年12月邵晓峰记于近林堂